유전자는 혼자 진화하지 않는다

인류의 삶을 뒤바꾼 공진화의 힘

NOT BY GENES ALONE: How Culture Transformed Human Evolution
By Peter J. Richerson and Robert Boyd

Not by Genes Alone

유전자는 혼자 진화하지 않는다

인류의 삶을 뒤바꾼 공진화의 힘

피터 J. 리처슨,
로버트 보이드 지음

김준홍 옮김

을유문화사

유전자는 혼자 진화하지 않는다
인류의 삶을 뒤바꾼 공진화의 힘

발행일
2024년 7월 30일 초판 1쇄

지은이 | 피터 J. 리처슨, 로버트 보이드
옮긴이 | 김준홍
펴낸이 | 정무영, 정상준
펴낸곳 | (주)을유문화사

창립일 | 1945년 12월 1일
주소 | 서울시 마포구 서교동 469-48
전화 | 02-733-8153
FAX | 02-732-9154
홈페이지 | www.eulyoo.co.kr

ISBN 978-89-324-7520-2   03470

추천사

최재천

(이화여대 에코과학부 석좌교수, 생명다양성재단 이사장)

　문화는 오랫동안 인간의 본성을 설명하는 만능 키였다. 그중에서도 인종이나 나라에 따라 확연히 다른 행동과 풍습의 독특함을 설명할 때 그저 문화적 차이만 언급하면 머리를 끄덕이던 시절이 있었다. 그러다가 1970년대로 들어서며 우리의 본성은 철학자 로크의 주장대로 타고난 '빈 서판tabula rasa'에 경험이 그려 주는 다양한 그림이 아니라 상당 부분 유전자에 적힌 채로 태어난다는 '이기적 유전자' 개념이 등장했다. 기존의 문화 옹호론자들의 반발은 전방위적이고 굳건했으나 분자유전학과 더불어 행동생태학 및 진화심리학의 눈부신 발전에 힘입어 유전자가 우리의 신체 구조는 물론 행동과 정신 형성에도 지대한 영향을 미친다는 개념은 이제 엄연한 과학적 사실로 자리 잡았다. 이 논쟁에 대해 『빈 서판The Blank Slate』의 저자 스티븐 핑커는 모든 걸 문화로 설명하려는 극단적 입장은 온건한 견해로 받아들이면서 인간의 본성에 유전자가 관여할 수 있다는 온건한 주장은 너무나 자주 극단적 입장이라며 비난한다고 정리했다.

　이어진 논쟁은 문화 역시 유전자의 '확장된 표현형'인지, 아니면 문화가 유전자 발현에 되먹임 작용을 하는 요인인지를 두고 벌어졌다. 1980년

찰스 럼스덴과 에드워드 윌슨은 '유전자-문화 공진화 이론'을 내세우며 유전자와 문화는 서로 영향을 미치며 함께 진화한다고 설명했다. 이 책은 바로 '유전자-문화 공진화'의 메커니즘과 결과를 다양한 실례를 들어 설명한 저서로 이 분야에서 이미 고전적 지위를 확보하고 있다. 저자들은 문화가 인간의 여러 생물학적 측면과 긴밀히 연관되어 있다는 사실을 바탕으로 문화의 진화가 인간이 자연선택에 대처하는 방법에 근본적인 변화를 불러왔다고 주장한다. 문화는 유전이나 환경으로 환원되지 않으며 오히려 유전과 학습을 아우른다고 설명한다. 문화의 변이에 가해지는 자연선택은 우리의 심리가 진화하는 환경을 조성하며 문화와 유전자가 서로 영향을 주고받도록 만든다.

저자들의 논리가 대체로 정연함에도 불구하고 이 책은 여전히 논쟁의 한복판에 놓여 있다. 문화는 유전자와 공진화하며 다양한 적응 형질을 창출하는 반면, 출생률 저하처럼 적지 않은 부적응 현상도 만들어 낸다. 유전자에 가해지는 자연선택과 마찬가지로 문화에 가해지는 자연선택도 인간 행동의 궁극적 원인으로 받아들이지만 그 메커니즘은 유전자 수준에서 벌어지는 반응만큼 깔끔하기 어렵다. 진화된 심리의 유전적 요소가 문화를 형성한다. 문화는 인간 뇌의 화려한 진화적 산물이며, 뇌는 자연선택에 의해 문화를 학습하고 전파하도록 진화했다. 나는 우리 인간을 '출발선을 들고 다니는 동물'로 규정한다. 동물행동학자들의 관찰에 의해 학습하는 동물의 예는 무수히 많이 밝혀졌지만 인간을 제외한 모든 동물은 태어나면 원래 출발선으로 되돌아가 다시 학습 과정을 반복하며 산다. 자연계에서 오로지 우리 인간만이 이전 세대가 학습해서 습득한 정보를 말과 글로 남겨 다음 세대에 전달한다. 그게 바로 문화이다.

"문화는 (유전자의) 족쇄에 묶여 있지만, 묶여 있는 개는 크고 똑똑하며 독립적이다." 문화라는 개는 때로 유전자에 가해지는 자연선택이 선호하지 않는 방향으로 배회한다. 그래서 발생한 새로운 문화적 환경은 유전자의 진화적 동역학에 영향을 미칠 수밖에 없다. 예기치 않게 나타난 돌연변이 유전자가 그래 왔듯이. 이 같은 유사성에도 불구하고 이 이론의 구체적인 메커니즘은 여전히 뜨거운 감자이다. 굳이 집단 선택설을 정당한 분석 도구로 끌어들였어야 했는지는 대표적인 논쟁거리 중 하나이다. 이 책은 리처드 도킨스의 『확장된 표현형』, 수잔 블랙모어의 『밈』, 최재천의 『다윈 지능』, 데이비드 무어의 『경험은 어떻게 유전자에 새겨지는가』와 함께 읽으면 좋을 책이다. 그런 책들을 읽은 사람들과 함께 둘러앉아 숙론하는 것도 바람직할 것 같다. 인간 행동과 사회 진화가 큰 그림으로 그려질 것이다.

옮긴이 서문

유전자-문화 공진화론이 진화사회과학에서 갖는 위치

김준홍

(포항공대 인문사회학부 교수)

이 책은 로버트 보이드와 피터 리처슨의 2005년 저서 『Not by Genes
Alone』을 우리말로 번역한 것이다. 그들의 1985년 저서 『문화와 진화 작용
Culture and the Evolutionary Process』, 윌리엄 더럼William Durham의 1991년
저서 『공진화Coevolution』 및 루이기 카발리-스포르자Luigi Cavalli-Sforza
와 마커스 펠드먼Marcus W. Feldman의 1981년 저서 『문화의 전달과 진화
Cultural transmission and Evolution』와 함께, 이 책은 유전자-문화 공진화론
Gene-Culture coevolution의 고전으로 손꼽히는 책이다. 하지만 저자들도 인
정하다시피 이 책을 쓴 시점에서 유전자-문화 공진화론은 이론화 및 경
험적인 사례에의 적용에 있어서 이제 겨우 첫걸음을 내딛었을 뿐이었
다. 이 책이 위에서 이야기한 저서 중에서 한국어로 처음 번역되는 책이
기도 하거니와, 진화심리학을 제외한다면 진화사회과학 분야가 학계 및
일반 대중에게 생경한 분야이므로 이에 대한 대략적인 해설이 필요할 것
같다. 본문을 읽다 보면 진화심리학, 인간행동생태학에서의 경쟁 가설을
소개하거나 비판하는 경우가 있는데, 세 가지 진화사회과학의 특징을 모
르고서는 이 논의를 모두 따라가기가 쉽지 않을 것이다(여기서 진화사회
과학이라고 하는 것은 진화론을 사용하여 인간의 행동 및 심리를 연구하는 분

야를 가리키며, 진화심리학, 인간행동생태학, 유전자-문화 공진화론이 이에 해당한다).

1859년 다윈은 『종의 기원*The Origin of Species*』의 마지막에서 인간의 심리에 관한 진화론이 미래에 발전할 것이라는 예측을 하였다. 그러나 진화사회과학 분야가 진정으로 꽃피게 된 것은 약 100년이 지난 후였다. 그 시점은 1960년 및 1970년대로 거슬러 올라갈 수 있는데, 일군의 생물학자들이 동물의 표현형phenotype(관찰 가능한 특질이며, 유전형이 발현한 것)을 연구하면서 그 표현형의 대부분이 본질적으로 행동과 관련된 것이라는 사실을 깨달으면서부터이다. 이즈음 현대 생물학 및 진화사회과학자들의 중요한 도구들인 친족 선택이론kin selection, 호혜적 이타주의reciprocal altruism, 생애사 이론life history theory, 양육 투자 이론parental investment theory, 부모-자식 갈등 이론parental-offspring conflict theory, 정자 경쟁 이론sperm competition theory, 최적 식량 채취 이론optimal foraging theory, 성별 할당 이론sex allocation theory 등이 등장했다. 이러한 이론들이 처음으로 인간에 적용된 것은 하버드 교수이던 에드워드 윌슨Edward Wilson의 1975년 저서 『사회생물학*Sociobiology*』 및 1978년 저서 『인간 본성에 관하여*On Human Nature*』이다. 이 후 이 두 저서는 많은 비판에 직면했는데, 그 비판은 주로 윌슨이 취하고 있는 접근 방법이 적응주의라는 것과 그의 주장이 사변적이며, 증거로 제시하는 사례들이 대체로 일화에 불과하다는 것으로 크게 나눌 수 있다. 적응주의적 접근 방법에 대한 비판은 지금도 진행 중이며, 이에 대해서는 4장의 논의를 참고하기 바란다. 하지만 저자들도 주장하다시피, 적응주의적인 접근 방법은 어떤 형질이 왜 진화하게 되었는가에 대한 검증을 가능하게 만들기 때문에 유용하다. 여기서 소개하고자 하는 세 가지의 진화사회과학은 후자에 대한 반작용, 다시 말해서 윌슨이 자신의 주장을 검증하는 방식이 엄밀하지 못하다는 생각에서 비롯되었다. 그들은 윌슨의 사회생물학과는 달리 진화론으로부터 가설을 제시하고 그 가설을 체계적으로 검증하고자 했다.

이 때문에 현대의 진화사회과학자들은 대체로 사회생물학으로부터 거리를 두고자 한다(예를 들어, 리처드 도킨스를 비롯한 몇몇 학자들은 자신들이 '사회생물학자'라고 불리길 꺼려 한다).

최근의 진화론에서 새로운 형질을 만들어 내는 힘으로 자연선택 외에도 발달 과정, 후생유전학 등이 강조되고 있지만, 자연선택이 그 핵심에 있는 것은 확실하다. 다윈의 자연선택 이론은 간결하며, 명쾌하다. 사회생물학을 비롯하여 모든 진화사회과학은 자연선택 이론에 그 바탕을 두고 있다. 자연선택 이론은 세 가지 전제로부터 출발한다.

첫째, 모든 개체들 간에는 변이가 존재한다.
둘째, 이러한 변이의 대부분은 유전된다. 다시 말해서 평균적으로 자식은 집단 내의 다른 개체들보다 부모를 더 많이 닮는다.
셋째, 개체들 간에 한정된 자원(식량, 짝, 서식지)을 두고 경쟁이 존재한다.

따라서 어떤 개체에게 어떤 특정한 환경에서 조금이라도 번식과 생존에서 이점이 있다면 그 개체는 자연선택에서 살아남을 것이다. 다만 환경이 지속해서 변화하기 때문에 자연선택에서 살아남았다는 것이 우위에 있다는 것을 뜻하지는 않는다. 그저 현재 또는 살아남은 환경에 조금 더 적합하다는 것뿐이다. 다시 말해 자연선택이 예측하는 바는 환경의 변화에 따라 형질이 변화한다는 것이다. 이처럼 간결한 이론을 인간 행동에 적용하는 데 의견이 엇갈리는 이유는 무엇일까? 그 이유는 적응을 해석하는 방법과 인간의 문화를 이 자연선택의 패러다임 안에 어떻게 포함할 것인가에 대한 의견이 다르기 때문이다. 이러한 차이에 대해 논하기 이전에 세 가지 진화사회과학을 간략히 짚어 보자.

진화심리학Evolutionary Psychology

저자들의 표현을 그대로 옮기면, 진화심리학자들은 "홍적세의 채취자들이 맞닥뜨렸던 일련의 제한적인 문제들을 해결할 수 있는 다소 좁게 전문화된, 유전자에 바탕을 둔, 내용이 풍부한 알고리즘들이 모여서 마음을 구성한다고 믿는 생득론자들(1장 주석)"이다. 이 설명을 자연선택의 논리로 풀어 보겠다. 진화론을 공부하는 사람들에게 인간을 비롯한 모든 생물의 심리적 성향 또는 행위가 유전자에 바탕을 두고 있다는 것은 상식에 해당한다. 진화심리학자들은 이 유전자에 대한 자연선택이 심리적 알고리즘(모듈module)을 궁극적으로 선택한다고 믿는다. 이를테면 남성이 건강하고 어리며 아름다운 배우자를 선호하는 것, 사람들이 단맛을 선호하는 것, 타인과의 상호 작용에서 사기꾼을 회피하는 것은 모두 특수한 모듈에서 비롯된다. 그들은 이 모듈들을 스위스 칼에 비유하면서, 스위스 칼의 세트를 이루는 특수한 심리적 알고리즘들은 홍적세의 적응적 문제들을 잘 해결할 수 있었다고 주장한다. 그들은 각각 특화된 임무를 담당하는 알고리즘의 총합이 하나의 프로그램으로 여러 과업을 처리하는 일반 학습 기전보다 더 효율적이라고 주장한다.

그들은 이어서 '심리'와 같은 복잡한 형질을 자연선택으로 진화시키는 데에는 오랜 시간이 걸리기 때문에, 현재 우리의 '심리'는 우리 조상들이 진화했던 환경(Environment of Evolutionary Adaptedness, 줄여서 EEA라고 쓰기도 한다)에 대한 적응이라고 주장한다. 그들은 때로는 우리의 조상들이 진화했던 환경을 명시적으로 홍적세라고 말하며, 때로는 우리가 진화했던 환경의 총체라고 말한다. 진화심리학자들은 우리의 진화된 심리는 우리의 조상들이 진화했던 환경에서 반복적으로 나타나는 적응적 문제를 해결하기 위해 진화했으며, 농업 및 현대 문명이 발생한 이후의 환경은 우리가 진화했던 환경과 너무 다르기 때문에, 현재 우리의 행동이 적응적이지 않을 수 있다고 주장한다. 다시 말해서, 우리가 적응적인 행동을 할 수 없는 이유는 "'환경'이 우리의 본유적인 의사 결정 능력이 측정하는 매개 변수보다 훨씬 바깥에 있기 때문이다(5장)". 그들은 이 때문에 현대 인간 행동의 적합도를 측정하는 것은 쓸모없다고 주장한다.

진화심리학자들은 보편론자이자 생득론자이다. 그들은 적응이 대개 종 보편적인 특질이기 때문에, 우리의 정보 처리 체계는 모든 인류에 동일하다고 주장한다. 본성론에 입각하여, 겉으로 보이는 집단 간 행동 다양성은 동일한 본성이 서로 다른 사회생태학적 환경과 만나 빚어진다고 가정한다. 또한 그 보편적인 정보 처리 체계는 우리가 태어나기 이전부터 우리가 살아갈 환경이 어떠어떠하고 규칙적으로 드러날 것이라고 '예상한다.' 다시 말해서 모든 아이는 세상에 대한 선험적인 지식을 갖고 태어난다. 왜냐하면 그 정보 처리 체계는 우리 조상의 환경에서 자연선택을 거치는 동안 환경의 규칙성을 학습했기 때문이다. 그들에 따르면 우리에게 본유적인 언어 학습 모듈이 없었다면 모든 인간은 언어를 학습하지 못했을 것이며, 우리에게 물리적인 인과성 및 생물/무생물의 운동에 대한 모듈이 없었다면 모든 인간은 자연스럽게 세계를 지각하지 못했을 것이다.

진화심리학의 대표적인 학자는 캘리포니아대학교 산타바바라 캠퍼스의 존 투비John Tooby, 레다 코스미데스Leda Cosmides, 도널드 사이먼즈Donald Symons, 폭력과 살인에 대한 연구로 유명한 마틴 데일리Martin Daly와 마고 윌슨Margo Wilson, 짝짓기에서의 선호도에 대한 연구로 유명한 데이비드 버스David Buss 등이 있다. 진화심리학 연구의 대다수는 짝짓기와 관련된 남성과 여성의 선호도, 남성과 남성 경쟁으로 인한 폭력에 관한 연구이다.

이들의 아이디어는 최근 "진화적 건강 촉진Evolutionary Health Promotion"이라는 이름으로 영양학에 도입되고 있는데(대표적 학자는 이튼 보이드Eaton Boyd이다), 이튼을 비롯한 동료들은 "생활 조건이 유전자가 선택된 환경에 가장 비슷할 때 가장 건강하다"고 주장한다. 예를 들어, 이들은 현대인들이 진화적 과거에 비해 소금을 더 많이 섭취하기 때문에(그들에 따르면 현대 서구인들은 현대 수렵 채집자보다 소금을 4배 정도 더 섭취한다고 한다) 고혈압에 시달리며, 과일과 야채를 적게 섭취하기 때문에 암에 더 많이 노출되었으며, 지방을 과다하게 섭취하기 때문에 관상동맥성 심장병에 취약하다고 주장한다.

인간행동생태학Human Behavioral Ecology

인간행동생태학은 현대에 적응적 지체adaptive lag가 흔할 것이라고 예측하는 진화심리학과는 달리 대부분의 사람이 인간 진화의 역사 동안 형성된 인지적, 문화적 메커니즘으로 인해 주어진 환경에서 유전적 적합도를 최대화할 수 있다고 본다. 일반적으로 말해서 인간행동생태학자들은 인간 행동이 이성적 선택 모델에 따를 것으로 기대한다. 모든 사람은 어떠한 행동의 비용과 편익을 고려할 수 있으며, 어떤 상황에든지 유연하게 대처할 수 있다고 여겨진다. 인간행동생태학은 직접 현지 조사를 선호하는 인류학의 전통과 맞닿아 있으며, 현지 조사로 관찰한 인간 행동의 다양성을 설명하려고 시도한다. 일반적인 집단 간 행동 다양성이 환경 차이에 의해 비롯된다는 것이다. 각 환경이 제시하는 적응적 문제는 서로 다르므로, 따라서 이에 대처하는 행동 전략도 다를 수밖에 없다. 이에 의해 집단 간 다양성이 나타난다는 주장이다.

인간행동생태학자들에게 자연선택의 단위는 '행동'이다. 진화심리학자들은 '행동'은 정보 처리 기관의 산출물일 뿐이라고 주장하지만, 행동생태학자들은 이에 대해 '행동'과 '심리' 모두 표현형이며, 관찰이 불가능한 '심리'보다는 관찰하고 수량화할 수 있는 '행동'에 대해 연구하는 것이 낫다고 본다. 이를테면, 그들은 "A와 같은 생태적 환경에서는 X라는 행동을 하며, B와 같은 조건에서는 Y라는 행동을 하라"라는 행동 전략이 자연선택에 의해서 선택된다고 여긴다. 그들은 관찰할 수 있는 '행동'을 산출하는 근인이 무엇이든 간에, 즉 그것이 심리적이든, 생리적이든, 문화적이든 간에, 그것이 유전되는 한 무시할 수 있다고 생각한다. 다윈이 유전자의 메커니즘에 대해서 전혀 알지 못한 채 진화의 원리를 설명했듯이, 인간행동생태학자들 역시 행동의 근인에 대해 불가지론적인 입장을 취하고서도 행동 전략에 대한 자연선택을 연구할 수 있다고 여긴다.

이에 더하여 인간행동생태학자들은 '행동'은 각자가 주어진 환경에 대한 적응적인 반응이라고 본다. 각각의 환경이 제시하는 적응적 문제는 다를 수밖에 없으며, 따라서 그에 대처하는 행동 전략도 다를 수밖에 없다. 이러한 적응주의적인 접근 방법에 따라 특정한 환경에 대해 특정한 행동 패턴이 대응될 때 자연선택의 증거로 여겨진다. 이처럼, 인간의 보편적인 심리적 성향을 설명하고자 하는 진화심리학자들과는 달리 인간행동생태학자들은 인간 행동의 다양성을 설명하고자 한다.

대표적인 인간행동생태학자들로는 킴 힐Kim Hill, 에릭 스미스Eric Smith, 모니크 보저호퍼-멀더Monique Borgerhoff-Mulder, 힐러드 카플란 Hillard Kaplan, 크리스틴 혹스Kristen Hawkes, 루스 메이스Ruth Mace 등이 있다. 대부분의 연구는 현존하는 수렵 채집자 사회에서 이루어지며, 연구 주제는 번식 전략(예를 들어, 어떤 생태적 조건에서 일처다부제가 발생하는가?), 부모 투자(예를 들어, 주어진 환경에서 질 좋은 자식을 많이 나을 수 있는 최적의 번식 터울은 어느 정도이어야 하는가? 주어진 사회적 조건에서 어떤 사람들이 딸을 낳는 게 유리하며, 어떤 사람들은 아들을 낳는 게 유리한가?), 수렵 채집 전략 및 자원 교환(예를 들어, 핵가족에서 남성과 여성의 역할은 무엇인가? 어떤 사냥꾼들은 작은 짐승을 사냥하면 더 많은 칼로리를 얻을 수가 있는데도 왜 큰 짐승만 쫓아다니는가?)과 관련된 것이 많다.

최근 인간행동생태학에서의 중요한 발견 중의 하나는 '인류가 다른 영장류에 비해 아동기가 길고 번식 터울이 더 짧은 데도 어떻게 지구상의 지배적인 종이 될 수 있었는가'에 대한 대답이다(이에 관련된 대표적인 학자는 루스 메이스, 레베카 시어Rebecca Sear, 세라 허디Sarah Hrdy이다). 전통적으로 인간행동생태학자들은 번식과 관련된 부부간, 세대 간의 협동에 관심을 두었는데, 최근 이들의 연구 결과에 따르면 다른 영장류들은 암컷이 전적으로 양육을 도맡는 데 비해, 인간은 아이의 어머니뿐만 아니라 아버지, 할머니, 외할머니를 비롯한 집단 내의 구성원들이 양육에 참여한다. 아버지, 할머니, 외할머니 중 누가 양육을 돕는가는 문화마다 상이하지만, 어느 문화이든지 보편적으로 누군가는 양육을 돕는다. 인간행동생태학자들은 이러한 도움이 존재할 때 아이의 생존율이 현저하게 증가한다는 것을 보여 주었다. 이러한 도움으로 인해 여성은 에너지를 비축하여 번식 터울을 줄일 수 있었고, 그에 따라 다른 영장류보다 더 빠른 속도로 번식할 수 있었으며, 그 결과 인류는 홍적세 동안 아프리카에서 다양한 서식지를 찾아 개척할 수 있었을 것이다.

유전자-문화 공진화 이론 Gene-Culture Coevolutionary Theory

유전자가 우리가 살아가는 세계에 대한 정보를 담아서 부모에서 자식에게로 전달하듯이, 문화 역시 어떤 방식으로든지 세계에 대한 유용한 정보를 담아서 동시대 사람들에게 그리고 결과적으로는 후손들에게 전달한다. 만약 이렇게 전달되는 문화적 변형인 신념, 가치, 기술이 비교적 오랜 시간 동안 원형에 가깝게 유지된다면, 집단유전학에서 각 세대별로 유전자 빈도를 추적하듯이 문화적 변형의 빈도를 추적하는 것이 가능할 것이다. 다만 유기체 진화의 힘인 자연선택, 유전자 흐름gene flow, 유전자 부동gene drift, 돌연변이mutation에 대응하는 문화 진화의 힘을 세분할 필요가 있을 것이다. 이에 대해 저자들은 3장에서 여러 종류의 편향, 문화적 돌연변이, 문화적 자연선택 등을 제시한다. 이처럼 사회적 학습 과정을 유전자의 승계와 같은 독립적인 전달 체계로 바라본다면, 우리는 유전자의 진화와 문화의 진화가 상호 간에 영향을 주고받는 것을 관찰할 수 있다. 이러한 관점이 바로 유전자-문화 공진화 이론이며, 때로는 이 중 유전 이론dual-inheritance theory이라고도 부른다.

유전자-문화 공진화 이론에서는 유전자 중심의 진화심리학, 인간행동생태학과는 달리 인간 행동을 유전적, 문화적, 환경적 원인의 상호 작용으로 설명한다. 유전자-문화 공진화 이론이 예측하는 바에 의하면, 문화의 개체군적인 현상으로 인해 유전자로만 진화된 심리만 존재할 때보다 환경에 대한 적응을 더 신속하게 진화시킬 수 있고(4장, 인간은 쓴맛을 내는 어떤 식물이 몸에 좋다는 지식을 공유함으로써 건강을 지킬 수 있다), 때로는 이기적 문화적 변형으로 인해 유전자의 관점에서 볼 때 부적응적인 관념이 확산될 수도 있으며(5장, 인간은 자신의 성공을 위해 적은 수의 자식에도 만족한다), 혹은 문화적 집단 선택으로 인해 유전자의 관점에서는 부적응적일지라도 집단 수준에서는 적응적인 협동의 규범과 '부족' 본능이 진화할 수도 있다(6장, 협동하지 않는 자를 처벌하는 것은 자신에게 손해가 되더라도 집단으로 볼 때에는 이득이다).

유전자-문화 공진화론자들은 저자들을 비롯하여 그들의 제자들인 조지프 헨릭Joseph Henrich, 리처드 맥앨리스Richard McElreath, 이 글의 처음에서 언급한 학자들인 윌리엄 더럼William Durham, 마커스 펠드먼Marcus Feldman, 케빈 랠런드Kevin Laland 등이 있다.

세 접근 방법의 비교 및 대조

동일한 진화론에서 잉태한 세 가지의 진화사회과학이 다른 이유는 앞서 지적했던 두 가지 원인에서 비롯된다. 첫째, '적응'을 해석하는 방법이 다르기 때문이다. 적응의 정의에 따르면, 적응이란 자연선택의 결과이다. 다시 말해, 오랜 진화적 시간 동안 다른 형질보다 상대적으로 생존과 번식에 이점을 주었기 때문에 자연선택에 의해 걸러진 형질을 말한다. 하지만 최근 20만 년 동안 급격하게 행동적 신체적으로 변화한 종인 인간의 경우에는 이 해석의 여지가 넓다. 예를 들어, 최근에 문명의 발달로 인해 환경의 변화가 급격히 빨라졌다면, 현재 이 시점에서의 적응은 지금 변화하는 환경에의 적응인가 혹은 급격한 변화가 이루어지기 이전 시기에 대한 적응인가? 혹은, 자연선택이 선택하는 것은 인간의 행동인가 심리인가? 이 두 질문에서 전자를 지지하는 것은 인간행동생태학이며 후자를 지지하는 것은 진화심리학이다. 인간행동생태학은 그 모태가 되는 인류학에서처럼 인간의 다양성(변이)을 설명하는 것을 그 목표로 하며, 인간 사회들이 보여 주는 변이를 제각각 특수한 환경에 대한 적응으로 본다. 한편, 진화심리학은 그 모태가 되는 인지심리학처럼 인간의 보편성을 강조하며, 인간 사회가 보여 주는 변이를 보편적 심리가 환경적 변이에 반응하여 다르게 발현된 것이라고 본다. 그들은 인간의 심리와 같이 복잡한 형질의 경우에는 자연선택으로 이루어 내는 데 오랜 시간이 걸리기 때문에 지금 이 시점에서의 인간 심리는 약 1만 년 전 농업이 시작된 이후의 문명에 대한 적응이라기보다 인류가 오랜 기간을 보냈던 수렵 채취자로서의 적응이라고 주장한다.

동물의 경우에는 이러한 해석의 여지가 넓지 않은데, 그 이유는 행동과 심리의 관계가 인간처럼 복잡하지 않고, 자연선택의 단위가 되는 행동(혹은 심리)이 다음 세대에 유전될 확률이 높기 때문이다. 먹이를 잘 사냥하는 사자의 사냥 유전자는 다음 세대에 제법 잘 전달되며, 사냥을 잘하도록 하는 형질의 유전자가 무엇이든 그 유전자와 표현형과의 관계가 비교적 단순하다. 한편 인간의 경우에는 어떤 행동(혹은 심리)이 유전자 때문인지, 개인적 학습의 결과인지, 사회적 학습의 결과인지 확실하지 않다.

둘째, 문화를 어떻게 취급할 것인가의 문제이다. 저자들이 이 책에서 밝히고 있다시피(4장 참조), 진정한 모방을 할 수 있고, 누적적인 문화를 지니고 있는 동물은 없다. 반면, 인간은 그렇지 않다. 거대한 진화적 구도에서 볼 때 인간의 사회적 학습 체계는 유전자와 함께 독립적인 승계 메커니즘으로 취급될 수 있다. 문화를 독립적인 유전 메커니즘으로 인정하느냐 하지 않느냐가 진화심리학과 인간행동생태학, 유전자-문화 공진화 이론의 접근 방법의 차이를 보여 준다. 대부분의 진화심리학자는 대개 그들의 설명 체계에서 문화를 유전자에 구속되는 것으로 여긴다. 다시 말해, 저자들의 표현처럼 진화심리학자들은 "문화는 약간은 배회할 수 있지만, 완전히 벗어나고자 시도한다면 주인인 유전자가 제어할 수 있다(6장)"고 여긴다. 또는 사회적 학습으로 전달되는 정보가 인간의 행동에 미치는 영향은 무시할 수 있는 수준이라고 여긴다. 한편, 인간행동생태학자들은 대개 어떤 행동의 발단이 되는 근접proximate 메커니즘에 관심이 없다. 그들은 그 근접 메커니즘이 심리적인 성향이든, 문화이든, 개인적인 학습이든 상관없다고 여긴다. 다만 그들은 우리가 현대 사회에서 적응적인 행동을 하는데 문화가 기여한다고 생각할 뿐이며, 문화에 대해 기술하는 것은 그들의 영역이 아니라고 생각한다. 이에 비해 공진화론자들은 문화가 없이 인간 행동의 변이를 설명하는 것이 불가능하다고 믿는다. 이 책에서 제시한 수많은 사례처럼 집단 간의 변이는 문화적 역사를 고려하지 않고서는 설명이 불가능하다.

이러한 세 분야가 확립된 것은 세 분야가 비롯한 분야의 영향이 크다. 이름에서 유추할 수 있다시피, 진화심리학은 인지심리학이, 인간행동생태학은 인류학과 행동생태학이 모태 학문이다. 이들의 연구 방법과 방향성은 모태 학문의 전통에서 크게 벗어나지 않는다. 진화심리학은 인지심리학에서처럼 인간의 보편성을 중요시하며, 통제된 실험이나 설문조사를 선호한다. 인간행동생태학은 인류학처럼 인간 집단의 다양성을 설명하려고 하며, 행동생태학처럼 그 다양성은 환경의 차이 때문이라는 입장을 견지한다. 연구 방법도 통제된 실험보다는 현장에서 직접 자료를 수집하는 것을 선호한다. 한편 유전자-문화 공진화론자들은 대개 인류학 혹은 생물학에서 집단유전학과 수학적 모델링의 훈련을 받은 사람들이다. 아직 그들이 직접 사례 연구를 한 것은 그리 많지 않지만, 대개 현실을 단순화하여 수학적으로 모델을 만들고, 그 모델이 현실을 반영하고 예측하는가를 비교하는 경우가 많다.

이 책의 번역을 시작할 당시에는 박사 유학을 앞두고 있어서 유전자-문화 공진화론자가 되어야겠다는 생각이 확고하지 않을 때였다. 번역을 하다 보니 박사 논문의 주제도 이 책에서 제시하는 연구의 연장선상에서 쓰게 되었고, 어느덧 유전자-문화 공진화론자가 되었다. 이렇게 좋은 시발점을 던져 준 데 대해 안승택 선배와 이음출판사에게 감사드린다. 이후 이 좋은 책이 잠시 절판되었는데, 다시 재출간을 결심해 주신 을유문화사에도 감사드린다. 재출간을 위해 원고를 다시 검토하면서 현재 공진화론의 토양의 대부분이 이 책에서 비롯되었다는 것을 다시 한번 깨달았다.

이 책을 번역하면서 주변의 많은 사람들에게 도움을 얻었다. 생경한 영어 표현이 있을 때, 더 높은 이론적 이해가 필요할 때 도움을 주신 지도 교수인 대릴 홀먼Darryl Holman 선생님, 그리고 헨리 라일Henry Lyle, 아만다 가이튼Amanda Guyton을 비롯한 동학들, 한국어 번역 용어를 다잡아 주신 석사 지도 교수인 박순영 선생님, 교환 프로그램으로 시애틀에 머무는 동안 좋은 말벗이 되어 주고, 무엇보다도 이 번역 전체를 꼼꼼하게 읽어 준 재휘 형, 번역을 처음 시작할 즈음 번역에 관련된 문제에 좋은 토론 상대가 되어 준 우진 형, 미국 대중문화에 대한 좋은 정보원이 되어 준 현준 형, 재출간이 진행되는 동안 꼼꼼히 원고를 봐주신 박화영 편집자 그리고 무엇보다도 꾸준히 지지를 보내 주었던 아내와 어머니에게 고맙다는 말을 하고 싶다. 덧붙여 이 책의 저자들인 보이드와 피터는 때때로 번역자의 궁금함을 해소시켜 주었다. 그럼에도 번역상에 있는 모든 오류는 모두 역자의 몫이다.

참고 문헌

(책 뒤편에 있는 참고 문헌에 서지 사항이 소개된 경우에는 저자와 연도만 표기했다)

세 분야에 대한 종합적인 개요를 보고 싶다면, Laland and Brown 2002, Smith 2000, Gangestad and Simpson 2007을 참조하라. 진화심리학에 대해서는 Tooby and Cosmides 1992를, 인간행동생태학에 대해서는 Borgerhoff-Mulder 2003를 참조하라.

Eric Smith(2000) "Three styles in the evolutionary study of human behavior." In *Human Behavior and Adaptation: An Anthropological Perspective*, edited by Lee Cronk, William Irons, and Napoleon Chagnon, pp 27. 46. Hawthorne, NY: Aldine de Gruyter.

Gangestad, Steve and Simpson, Jeffrey(2007). "An introduction to the evolution of mind: Why we developed this book." In *The evolution of mind: Fundamental questions and controversies*, edited by S. Gangestad & J. Simpson, pp. 1-21, NY: Guilford.

Borgerhoff-Mulder, Monique(2003) "Human Behavioral Ecology." In *Encyclopedia of Life Sciences*, Nature publishing group.

2024년 찌는듯한 여름, 포항에서

일러두기

1. 역자의 주석 가운데 긴 경우는 각주로, 짧은 경우는 본문의 괄호 안에 넣었습니다.
   저자의 주석은 모두 미주로 처리했습니다.
2. 외래어 표기는 국립국어원의 외래어 표기법 및 용례를 기준으로 표기했습니다. 다만
   통상적으로 널리 알려져 굳어진 표현의 경우 독자의 이해를 돕기 위해 그에 따랐습니다.
3. 학명의 경우 이탤릭체로 처리했습니다.

차례

1장

Culture Is Essential

문화는 중요하다

오랫동안 미국 남부는 북부보다 폭력적이었다. 18세기 이후로 미국 남부에 대한 신문 기사, 자서전, 방문자의 기록에서는 결투, 싸움, 게릴라전과 폭력적인 사적 제재에 대한 다채로운 묘사가 자주 등장한다. 통계 수치도 이를 방증한다. 예를 들어, 1865년부터 1915년까지 남부의 살인율은 현재 미국 전체의 살인율보다 열 배나 높을뿐더러, 가장 폭력적인 도시의 살인율보다 두 배 높다. 현대 미국 남부의 살인율도 마찬가지로 높다.

심리학자 리처드 니스벳Richard Nisbett과 도브 코언Dov Cohen은 그들의 책『명예의 문화 Culture of Honor』에서 미국 남부가 북부보다 폭력적인 이유는 남부 사람의 개인적인 명예에 대해 문화적으로 습득한 신념이 북부와 다르기 때문이라고 주장했다.[1] 그들에 따르면 남부 사람들은 북부 사람들보다 개인의 명예는 소중하며 어떠한 대가를 치르더라도 지킬 만한 가치가 있다고 여기는 경향이 매우 강하다. 따라서 앰허스트Amherst 나 앤 아버Ann Arbor(이상 미국 북부의 도시)에서 욕설이나 사소한 다툼으로 그칠 논쟁거리와 대립이 애쉬빌Asheville이나 오스틴Austin(이상 미국 남부의 도시)에서는 치명적인 폭력으로 끝나는 경우가 많다.

무엇이 이런 차이를 설명할 수 있을까? 남부 환경의 어떤 특성, 가령 더운 기후로 인해 남부 사람들이 폭력적이라고 설명할 수도 있을 것이다. 이런 가설이 그럴듯하기 때문에 니스벳과 코언은 이를 검증하려고 노력했다. 북부 사람들과 남부 사람들이 유전적으로 다를 수도 있겠지만, 이 가설이 옳을 것 같지는 않다. 북부와 남부에 정착한 사람들은 대부분 브리튼 제도와 이와 인접한 서북부 유럽 출신이다.[2] 인간 집단은 이 정도 규모에서 꽤 잘 혼합된다.

니스벳과 코언은 그들의 가설을 지지하는 상당히 많은 증거를 보여준다. 우선 폭력의 통계적인 경향부터 살펴보자. 남부의 시골과 작은 마을에서는 친구나 서로 안면이 있는 사람 사이의 말다툼으로 인한 살인율이 높게 나타나지만, 심각한 범죄로 인한 살인율은 그리 높지 않다. 다시 말해서 남부에서는 북부보다 술집에서 말다툼이 일어날 때 안면이 있는 사람을 죽일 가능성이 높지만, 주류 판매점을 털 때 카운터에 있는 점원을 죽일 확률은 그리 높지 않다. 따라서 남부 사람들은 개인의 명예가 걸려 있는 상황에서만 다른 미국인들보다 폭력적인 것 같다. 살인율에서 나타나는 이러한 변이에 대해 다른 가설들은 그리 설득력이 없다. 백인 1인당 소득이나 무더운 기후, 노예제의 역사 모두 이러한 살인율의 변이를 설명하지 못한다.

남부 사람과 북부 사람이 폭력에 대해서 말하는 방식의 차이도 "명예의 문화" 가설을 지지한다. 예를 들어, 니스벳과 코언은 사람들에게 한 남자가 명예를 위협당하는 짤막한 글을 읽도록 했다. 글의 내용은 어떤 경우에는 아내가 모욕을 당하는 글처럼 사소한 것이었고, 또 어떤 경우에는 아내를 도둑맞는 글처럼 심각한 것이었다. 남부 출신의 남성은 북부 출신보다 대부분 폭력적인 반응이 당연한 것이라고 말하는 경향이 강했으며, 만약 그러한 모욕에 대해 폭력적으로 반응하지 않는다면 "남자 구실을 못하는 것"이라고 여기는 경향도 강했다. 좀 더 심각한 모욕에 대해서는 남부 출신의 남성은 북부 출신보다 가해자를 쏴 버리는 것도 정당하다고 여기는 경우가 두 배 많았다.

흥미롭게도 행동에 있어서 이러한 차이는 그저 말뿐만이 아니다. 이 차이는 통제된 심리학적인 실험 조건에서도 관찰된다. 미시간대학교에 재직 중인 니스벳과 코언은 지각에 대한 실험이라는 표면상의 목적을 내

걸고 남부 출신과 북부 출신의 사람들을 모집했다. 실험이 시작되자 실험자 중 누군가가 피실험자에게 부딪친 다음 "개자식"이라고 투덜거렸다. 이러한 모욕은 실험의 다음 단계에서 드러나다시피 남부 사람과 북부 사람에게 매우 다른 영향을 미쳤다. 부딪치고 얼마간의 시간이 지난 후 피실험자들은 좁은 통로의 중앙에서 그들에게 다가오는 다른 실험자를 만났다. 이는 일종의 작은 치킨 게임인 셈이다. 이 실험자는 190센티미터의 키에, 110킬로그램 몸무게의 미시간대학교 풋볼팀의 수비수로서 어떤 피실험자보다 훨씬 크고 강건했다. 이 실험자는 피실험자를 한쪽으로 비켜서서 지나가게 하거나 혹은 충돌 직전의 상황까지 피실험자에게 다가갔다. 북부 사람들은 풋볼 선수가 2미터 정도 다가왔을 때 앞서 실험에서 "개자식"이라고 모욕을 당했든 당하지 않았든 간에 옆으로 물러섰다. 한편 모욕을 당하지 않았던 남부 사람들은 풋볼 선수가 3미터 정도 다가왔을 때 옆으로 물러섰으며, 모욕을 당했던 남부 사람들은 풋볼 선수와의 거리가 1미터가 될 때까지 계속 걸어갔다. 모욕을 당하지 않았던 공손한, 하지만 언제든지 폭력적일 준비가 되어 있는 남부 사람들은 더욱 주의를 기울였다. 아마도 그들은 풋볼 선수의 명예를 존중했으며, 감히 그것을 시험하려 하지 않았던 것 같다. 하지만 그들의 명예가 위협받았을 때, 남부 사람들은 그들 신변의 안전을 무릅쓰고라도 언제든지 싸움을 걸 준비가 되어 있었다. 이러한 행동의 차이는 생리적인 차이로 나타난다. 위와 비슷한 실험에서 니스벳과 코언은 실험 참가자들의 코르티솔cortisol과 테스토스테론testosterone이라는 두 가지 호르몬의 분비 정도를 모욕당하기 전과 후, 두 번에 걸쳐서 측정했다. 코르티솔은 스트레스를 받을 때 분비되는 경향이 있으며, 테스토스테론은 싸움을 걸기 전에 분비되는 경향이 있는 호르몬이다. 모욕을 당했을 때 남부 사람들은 북부 사람들보다 코르티솔과 테스토스테론 수치가 훨씬 많이 올라갔다.

　　니스벳과 코언은 남부 사람들과 북부 사람들의 믿음의 차이가 문화와 경제의 역사로부터 비롯되었다고 주장한다. 남부에 주로 정착한 사람들은 스코틀랜드-아일랜드계의 목축업에 종사하는 사람들인데 비해, 북부에는 대개 영국, 독일, 네덜란드계의 농민들이 정착하였다. 역사적으로 정부는 목축을 생업으로 하며 가축을 훔치기가 용이한 인구밀도가 낮은 지역에 대하여 법적인 지배를 행사하는 데에 많은 어려움을 겪었다. 따라서 목축 사회에서는 가축의 절도나 여타 약탈 행위를 막기 위해서 기꺼이 폭력을 휘두를 수 있다는 것을 보여 줌으로써 명성을 쌓을 필요가 있었기 때문에 명예의 문화가 필요에 의해서 발달하곤 한다. 물론 악당들도 피해자를 더 잘 위협하기 위해서 폭력에 의존할 것이다. 이러한 군비 경쟁이 격렬해지면서, 만약 누군가가 명예를 위협받는다고 생각한다면 사소한 말다툼을 하다가도 순식간에 심각한 싸움으로 치달을 수 있다. 남부에서 백인의 살인율은 인구밀도가 낮고 역사적으로 정부의 통제가 미치지 않는 가난한 지역에서 유별나게 높은 반면, 부유하고 인구밀도가 높으며 역사적으로 노예 농장이 발달했던 곳에서는 그리 높지 않았다는 사실이 위의 설명을 뒷받침한다. 이러한 환경에서는 명예의 문화가 최근까지도 적응적이었다.

이 매력적인 연구는 이 책에서 강조하고자 하는 두 가지 요점을 보여 준다.

문화는 인간의 행동을 이해하는 데 아주 중요하다. 사람들은 그들의 주변 사람들로부터 믿음과 가치를 습득하며 이러한 사실을 고려하지 않고서는 인간의 행동을 설명할 수 없다. 살인은 미국 북부에서보다 남부에서 자주 일어난다. 만약 니스벳과 코언이 옳다면, 이러한 차이를 현재의 경제, 기후, 혹은 다른 외부적인 요소로 설명할 수 없다. 그들은 남부 사람들이 개인의 명예에 대한 신념과 태도를 습득했기 때문이라고 설명한다. 그로 인해 남부 사람들은 북부 사람들보다 공손할 뿐만 아니라 즉각적으로 화를 낸다. 이러한 신념은 다음 세대에서 학습하기 때문에 지속된다. 문화가 인간의 행동에서 중요한 역할을 하는 사례는 여기서 그치지 않으며, 우리는 연구가 잘된 사례를 계속 제시할 것이다. 이는 단지 빙산의 일각일 뿐이어서 학술적으로 연구된 사례를 모두 제시한다면 아무리 열렬한 독자라도 지겨워할 것이다. 문화적으로 습득된 관념은 광범위한 인간의 행동—의견, 신념, 태도, 사고 습관, 언어, 예술적인 양식, 도구와 기술, 그리고 사회적 규범과 정치적인 관습—을 설명하는 데 매우 중요하다.

문화는 생물학의 일부분이다. 북부 사람들에게 별다른 영향을 미치지 못했던 모욕에 대해 남부 사람들은 생리적인 변화를 보였다. 그 변화로 인해서 모욕당한 남부 사람은 언제든지 대항할 준비가 되어 있으며, 상대편이 격렬하게 보복할 때 대처할 수 있게 된다. 이 밖에도 문화적으로 습득한 정보와 인간의 생물학적 측면이 연관되었다는 것을 보이는 사례는 수없이 많다. 인간이 무엇을 학습하고 어떻게 생각하는지를 결정하며 어떤 종류의 신념과 태도가 퍼지고 지속될 것인지를 결정하는 진화된 심리 기제를 갖고 있다는 증거는 수없이 많다. 이러한 연관성을 무시하는 이론은 인간 행동의 많은 부분을 적절하게 설명할 수 없다. 동시에 문화와 문화의 변화는 오로지 본유적인 심리만으로는 이해할 수 없다. 문화는 개인과 집단의 흥망성쇠에 영향을 준다. 그 결과 어떤 문화적인 변형은 잘 퍼지는 데 반해 어떤 것들은 사라진다. 이러한 문화적 변형의 흥망성쇠는 유전자의 변형이 번성하고 사라지는 것만큼이나 매 순간 실질적이고 중요한 진화적인 작용이다. 이렇게 문화적으로 진화된 환경은 자연선택이 어떤 유전자를 선호할 것인지에 영향을 미친다. 오랜 진화 동안 본유적인 심리가 문화를 형성하였듯이 문화도 본유적인 심리를 형성시켜 온 것이다.

이 문제에 대해서 많이 생각해 본 사람이라면 지금 제시한 두 가지의 주장에 대해 **원칙적으로는** 반대할 수 없을 것이다. 우리가 다른 사람으로부터 학습하는 신념과 습관은 분명히 중요한 것이며, 다른 모든 인간의 행동처럼 문화는 어떤 식으로든 인간의 생물학적 측면에 기반을 두고 있다. 하지만 **실상** 대부분의 사회과학자들은 적어도 둘 중의 하나는 무시한다. 어떤 학자들은—진화생물학에 영향을 받고 있는 대부분의 경제학자, 많은 심리학자, 그리고 수많은 사회과학자—인간 행동의 원인 가운데 하나로 문화를 그리 중요하게 생각하지 않는다. 또 어떤 학자들은—특히, 인류학자, 사회학자, 역사학자—인간의 행동에 있어서 문화와 관습의 중요성을 강조하지만, 문화가 인간의 생물학적 측면과 연관되어 있다는 것을 고려하지 않는다. 이 모든 학문 분과들의 성공이 시사하는 바는 문화를 무시하거나 문화와 생물학의 연관을 무시하고서도 인간에 대한 많은 질문들을 해결하는 것이 가능하다는 뜻이다. 하지만 어떻게 인간이 지금과 같은 동물이 되었는지에 대한 가장 근본적인 물음은 문화가 제 역할을 하며, 문화가 인간의 생물학적 측면과 밀접하게 연결된 이론으로만 대답할 수 있을 것이다. 이 책에서 우리는 그 이론의 윤곽을 그리고자 한다.

문화는 개체군 사고 없이
이해될 수 없다

탁월한 생물학자인 에른스트 마이어Ernst Mayr는 다윈이 생물학에 가장 크게 기여한 것은 개체군 사고라고 주장했다.[3] 다윈 이전 대부분의 사람은 종을 기하학에서의 도형이나 화학에서의 원소처럼 본질적이고, 변화하지 않는 것이라고 생각했다. 하지만 다윈은 종을 시간이 흘러가는 동안 계승된 정보들의 다양한 풀pool을 운반하는 유기체들의 개체군이라고 보았다. 생물학자가 종의 속성을 설명하려면 개체의 삶에서 매일매일 일어나는 사건이 이 정보들의 풀에 어떤 영향을 미치는지 이해해야만 했다. 그 사건의 영향으로 종의 어떤 변형은 지속되고 번성하는 반면, 어떤 변형은 사라지게 된다. 만약 어떤 변형을 갖는 개체가 더 잘 생존하거나 더 많은 자손을 낳는다면 이 변형은 자연선택의 작용을 거치면서 퍼지게 될 것이라는 다윈의 주장은 유명하다. 비록 잘 알려지진 않았지만, 다윈은 또한 개체가 생애 동안 획득한 유익한 행동과 형질은 자손에게 유전되며, 이는 어떤 변형이 살아남을 것인지에 영향을 미친다고 생각했다. 이 과정을 다윈은 "사용함과 사용하지 않음의 유전 효과inherited effects of use and disuse"라고 불렀는데, 지금 우리들은 이 효과가 유기체의 유전에서 중요하지 않다는 것을 알고 있다. 그뿐만 아니라 다윈이 미처 생각하지 못한 것들이 —돌연변이, 분리, 재조합, 유전적 부동, 유전자 변환, 감수분열 비틀기meiotic drive• 등 — 개체군의 형성에 있어서 중요하다. 그럼에도 현대 생물학은 개체군 사고에 입각하여 진화를 설명하기 때문에 근본적으로 다윈적이다. 만약 다윈이 웨스트민스터 사원에 있는 그의 무덤에서 기적적으로 되살아난다면 그가 착수했던 과학이 발달한 것을 보고 매우 흐뭇할 것이다.

개체군 사고는 이 책에서 옹호하고자 하는 문화 이론의 핵심이다. 여기서 더 나가기 전에, 문화의 정의부터 명백히 하고 넘어가자.

> 문화는 개인의 행동에 영향을 미칠 수 있는 정보이며, 교육 및 모방, 혹은 여타 사회적인 전달을 통해 다른 사회 구성원으로부터 습득할 수 있다.[4]

정보는 모든 종류의 정신 상태를 의미하며(의식적이든 않든 상관없이), 사회적 학습을 통해서 획득되고 수정되고, 행동에 영향을 미친다. 앞으로는 정보를 기술하는 데 관념, 지식, 신념, 가치, 기술, 태도 같은 일상어를 사용할 것이다. 하지만 그렇다고 해서 이러한 사회적으로 획득된

• 'meiotic drive'에 대한 기존의 번역어는 감수분열 구동이다. 그러나 'meiotic drive'의 정의인 보통의 감수분열에서는 양쪽 부모로부터 절반씩 유전자를 받지만, 'meiotic drive'가 발생하면 기능적인 생식세포에 한쪽 부모의 유전자가 반 이상 전달된다는 것을 고려해 볼 때, 한글 표현으로는 '감수분열 구동'보다는 '감수분열 비틀기'가 이해하기 쉬울 것 같다.

정보가 항상 의식에 떠오른다든가, 민속-심리학적 범주에 반드시 대응된다는 뜻은 아니다. 다만 우리는 대부분의 문화적 변이가 타인으로부터의 학습을 통해서 얻게 된 인간의 뇌 속에 있는 정보에 의해서 일어난다고 확신하고 있을 뿐이다.[5]

문화가 다른 두 집단은 서로 다른 기술, 신념, 가치를 습득했기 때문에 다르게 행동한다. 이런 차이는 대부분의 사람이 주변 사람들로부터 신념과 태도를 습득했기 때문에 지속된다. 따라서 개인의 명예에 대한 태도가 다른 남부 사람들이 북부 사람들보다 살인을 저지를 확률이 높은 것이다. 문화의 다른 측면에서도 이는 동일하다. 각 집단은 언어, 사회적 관습, 도덕 체계, 기술과 도구, 예술에서 지속적인 변이를 보인다. 이를 비롯한 문화의 다양한 차원은 사람들이 서로 다른 기술, 신념, 가치를 습득하기 때문에 존재한다.

개체군 사고는 문화적 진화의 인과관계를 설명하는 데 반드시 필요하다. 인간의 거의 모든 속성은 유전자와 문화에서 비롯된다. 진화론이 어떤 유전자가 더 잘 지속되고 확산되는지를 설명하는 것처럼, 좋은 문화적 진화 이론이라면 어떤 신념과 태도가 보다 더 퍼지고 지속되며, 다른 것들은 왜 사라지는지를 설명해야 한다. 그러한 문화적 변화를 일으키는 작용은 개인이 일상생활에서 문화적 정보를 습득하고 사용하면서 발생한다. 어떤 도덕적 가치는 더 매력적이기 때문에 보다 잘 퍼진다. 반면 매력이 덜한 가치는 사라지는 경향을 보일 것이다. 어떤 기술은 정확하게 배우기 쉽지만, 어떤 기술은 배우기 어렵고 전수되면서 변경되기 쉽다. 어떤 신념은 그 신념을 지닌 사람이 더 잘 생존하거나 사회적으로 성공하기 쉽기 때문에 더 잘 모방되어서 확산되는 경향을 보이지만, 어떤 신념은 일찍 죽게 만들거나 사회적인 낙인을 받게 하기 때문에 사라질 것이다. 단기적으로 문화의 개체군 수준의 이론은 이전 세대 동안에 한 개체군에서 그러한 작용이 신념과 가치의 분포에 미치는 순純 효과를 설명해야만 한다. 좀 더 장기적으로 이 이론은 세대가 지속되는 동안 이런 작용들이 어떻게 우리가 관찰하는 문화적 변이의 양상을 만들어 내는지 설명해야 한다. 이 책의 핵심은 개체군 수준에서 모방과 학습의 결과가 무엇인지를 설명하는 것이다.

개체군 사고를 도입한다고 해서 문화의 진화가 유전자의 진화와 유사하다는 뜻은 아니다. 예를 들어, 문화적인 정보가 기술될 필요가 없는 개체군 사고 모델은 '밈meme'의 형태를 취한다. 여기서 '밈'은 뚜렷이 구분되고, 정확히 복사할 수 있는 유전자와 같은 정보의 단위를 뜻한다. 문화적 정보가 뚜렷이 구분되지 않으며 절대로 복제할 수 없는 것으로 취급하는 모델을 비롯하여 다수의 모델이 우리가 현재 이해하고 있는 문화적 변이의 사실과 일치한다(문화적 정보를 '밈'처럼 처리하지 않고도 문화적 변이를 설명하는 것이 가능하다는 뜻이다—역주). 문화를 변화하게 하는 작용도 이와 같다(유전자의 진화와 다른 측면이 존재한다—역주). 문화적 진화에 있어서 자연선택과 같은 과정은 때론 중요하지만, 유전자의 진화에 존재하지 않는 다른 작용도 중요한 역할을 한다. 문화는 그 진화적 행동이 유전자의 그것과 확연히 구분되기 때문에 흥미롭고 중요한 것이다. 우리는 문화 덕분에 유전자 혼자 할 수 있는 것보다 변화하는 환경에 빨리 적응할 수 있었기 때문에 인간의 문화 체계가 적응으로 발생했다고 본다. 만약 유전자가 할 수 없는 일을 문화가 해내지 못했다면 문화는 진화할 수 없었을 것이다.

개체군 사고를 하면 문화의 진화와 유전자의 진화를 연결하기가 수월해진다

많은 사회과학자는 문화를 "초유기체"적인 현상으로 취급했다. 현대 인류학의 창시자 중 하나인 크로버A. L. Kroeber는 다음과 같이 말했다.

특정한 문화적 현상은 다른 문화적 현상의 존재 때문에 무엇보다도 중요하며, 여타 문화적 현상과의 관계 속에서만 온전히 이해될 수 있다. 비록 문화적 현상은 항상 인간이라는 종 특유의 유기체적인

특징에서 비롯되었지만, 문화적 현상을 인간의 유기체적인 자질로 설명할 수는 없다.[6]

크로버의 전통 아래에 있는 사회과학자들은 인간 행동을 연구하는 데 생물학을 통합할 필요가 없다고 생각했다. 인간은 팔을 흔들어서 하늘을 날 수 없고, 물속에서 숨 쉴 수 없지만, 이런 명백한 제약을 제외하고는 생물학이 문화와 별 관계가 없다고 생각한 것이다. 물론 이러한 관점에서도 인간에게 문화가 존재하려면 신체와 뇌가 필요하기 때문에 인간의 생물학적 측면은 중요하다. 하지만 인간의 생물학적 측면은 그저 문화와 개인적인 경험이 기록되는 빈 서판을 제공할 뿐이다.[7]

초유기체주의는 문화가 여타 행동 및 해부학적 측면과 풍부하게 상호 연관되어 있다는 사실을 무시하기 때문에 문제가 있다. 문화는 인간이 직립보행을 한다는 사실만큼이나 인간 생물학의 일부분이다. 사람들은 문화로 인해서 많은 불가사의하고 놀라운 일을 한다. 그럼에도 인간의 뇌 및 호르몬을 생산하는 분비 기관, 우리 몸의 본성은 우리가 어떻게 학습하며, 어떤 관념을 선호하는지에 결정적인 역할을 한다. 문화는 가르치려는 사람이 가르치며, 배우려는 사람에 의해서 습득되며, 인간의 뇌에서 저장되고 처리된다. 문화는 인간 뇌의 개체군들의 진화적 산물이며, 뇌는 자연선택에 의해서 문화를 학습하고 다루도록 만들어졌다. 문화를 생산할 수 있는 뇌는 200만 년 이상 동안 점진적으로 그 용적과 문화적인 복잡성이 증가하면서 생성된 산물이다. 이 기간 동안 문화는 틀림없이 우리 조상들의 번식 성공을 도왔을 것이다. 만약 그렇지 않았다면, 문화를 가능케 한 뇌는 진화할 수 없었을 것이다.[8] 이러한 진화로 인해 우리는 어떤 관념을 매력적으로 느끼는지, 어떤 기술을 학습할 수 있는지, 어떤 감정을 느낄 수 있는지, 어떻게 세상을 보는지에 영향을 미치는 본유적인 성향과 생물학적인 제약과 같은 실질적으로 작용하는 기관들을 얻었다. 매우 단순한 예를 들자면, '왜 많은 문화권에서 집의 출입구는 머리보다 약간 높을까'라고 질문해 볼 수 있다. 왜냐하면 사람의 두 개골에는 적응적인 이점 때문에 고통 감지 장치가 있기 때문이다. 인간의 행동을 설명하는 데 있어 유기체적 진화를 강조하는 사람이라면 분명히 문화의 진화가 그러한 본유적인 적응에 영향을 받는다고 강조할 것이다. 우리가 그 세세한 작용에 대해서는 거의 모르더라도 말이다. 왜 남부 사람들은 명예의 **문화**를 필요로 하는가? 자기 보호를 위해 폭력에 의존할 수밖에 없는 곳에서, 그곳의 남성들이 선천적으로 모욕에 대단히 민감하다거나 혹은 모욕에 폭력적으로 반응하는 기질을 가졌기 때문이라고 할 수는 없을 것이다.

문화를 개인들이 모여서 이루어진 어떤 개체군에 의해서 습득되고, 저장되며, 전달되는 것이라고 생각한다면, 문화와 인간생물학의 여타 측면과의 상호 작용을 관찰할 수 있을 것이다. 어떤 관념이 학습하고 기억하기 쉬우며, 어떤 사람들이 모방하기 쉬운지는 개인의 심리학적 성향이 결정한다. 물론 개인들은 고립되어 행동하지 않는다. 개인의 심리는 흥미롭고 복잡한 방식으로 상호 작용하기 때문에, 그러한 구조가 이론에 반드시 반영되도록 주의를 기울여야 할 것이다. 개인은 또한 인간이라는 종에서 유전자의 변이가 이루어지는 기본적인 단위이기도 하다. 여기서 우선 생각할 수 있는 것은 자연선택은 항상 개인들의 적합도를 증가시키는 방향으로 작용했다는 것이다. 개체군 사고에 기반한 문화 변화에 대한 이론에서는 개인 심리의 여러 측면이 어떤 기술, 신념, 가치를 습득하도록 하는지를 보여 준다. 개념상으로 사회적 학습을 가능하도록 만든 본유적인 심리 장치가 어떻게 진화하게 되었는가를 설명하기란 쉽다. 이를 위해선 그저 인간의 심리가 유전적으로 변이하도록 하면 된다. 서로 다른 심리를 갖고 있는 개인들은 서로 다른 신념과 가치를 얻기 때문에 적합도의 결과도 다르게 나타난다. 물론 까다로운 문제가 많이 발생해서 그러한 이론을 만들어 내는 것이 매우 힘들 수도 있다. 하지만 이는 기본적으로 매우 수월한 과학적 작업이다. 문화를 개념화하는 데 개체군 사고를 도입하면, 역설적이고 불분명했던 문제점을 해결할 수 있는 흥미로운 질문이 떠오른다.

문화는 인간 진화의 방향을
근본적으로 변화시킨다

문화가 인간의 여타 생물학적 측면과 긴밀히 연관되어 있다는 사실에는 의심의 여지가 없지만, 우리는 문화의 진화가 우리 종이 자연선택에 대처하는 방법에 근본적인 변화를 가져왔다고 믿는다. 지난 40여 년동안 행동진화학자들은 다양한 조건하에서 자연선택이 사회적 행동에어떤 영향을 미치는지 예측하는 풍부한 이론을 발전시켜 왔다. 이 이론은 짝짓기와 양육, 신호하기, 협동과 같은 행동의 다양한 측면을 설명하며, 동물계에서 종 간의 차이에 대해서도 성공적으로 설명했다. 1970년대에 사회생물학자라고 불렸던 일군의 과학자들은 인간에게도 똑같은이론을 적용함으로써 격렬한 논쟁을 불러일으켰다.[9] 이러한 작업으로부터 인간 행동생태학과 진화심리학이라는 현대의 두 가지 연구 전통이 자라났다. 행동생태학은 일반적으로 진화 이론을 사용하여 현대 인류의 행동을 이해하고자 한다. 반면 진화심리학자들은 진화의 결과로 생성된 인간의 심리에 대한 가설을 만드는 데에 진화 이론을 가져온다. 두 가지 전통 모두 상당히 성공적이었지만, 그들이 인간에 진화 이론을 적용한 것은 아직까지 논란의 대상으로 남아 있다.[10]

인간 행동에 진화론을 적용하는 데 반대하는 이유 중 하나는 본성과양육 논쟁에 관련된 쟁점들 때문이다. 사람들은 흔히 생물학은 본성에 관한 것이며 문화는 양육에 관한 것이라고 생각한다. 그들은 유전자에 의해서 결정되는 것들(예를 들어 겸상적혈구 빈혈증 같은 것)은 본성에, 환경에 의해서 결정되는 것들(예를 들어 영어와 중국어 중에서 어떤 언어가 모국어가 될 것인지)은 양육에 각각 배속한다. 진화적인 설명에 반대하는 사람들은 진화생물학이 유전적으로 결정된 행동은 설명할 수 있으나 학습되고, 환경과의 접촉으로 이루어진 행동은 설명할 수 없다고 주장한다. 이어서 그들은 대부분의 인간 행동은 학습된 것이기 때문에 진화론은 인간의 행동을 형성하거나 이해하는 데 거의 도움이 되지 않는다고 결론짓는다.

이렇게 생각하는 사람이 많은데, 사실 그들은 심각한 오해를 하고 있다. 행동이 유전자와 환경 중 하나에 의해서만 결정된다는 것은 이치에 맞지 않는다. 지구에 살고 있는 유기체의 모든 행동(혹은 생리적 측면 또는 형태적 측면)은 발달하는 유기체에 저장된 유전적 정보와 환경적 속성 사이의 상호 작용의 결과물이다. 유전자를 마치 유기체가 성인이 된 후의 모든 속성을 다 지시해 주는 청사진처럼 생각하는 것은 오류다. 다시 말해 어떤 유전자가 당신이 클 것이라고 혹은 작을 것이라고 지시하지는 않는다. 오히려 유전자는 요리 재료, 조리 온도 등이 환경에 의해 결정되는 조리법에 비유될 수 있다. 서로 다른 특질들은 환경적인 차이에 민감한 정도가 다르다. 어떤 특질들은 평상시의 환경에서는 동일하게 발달한다. 예를 들어 인간은 거의 대부분의 환경에서 각각의 손에 다섯 개의 손가락을 갖는다.[11] 한편 어떤 특질들은 매우 민감해서 유전적으로 비슷한 사람들 경우에도 성장기의 영양 및 건강 상태에 따라 신체의 크기가 매우 다르게 나타나기도 한다. 우리가 관찰할 수 있는 차이가 유전적인 차이 때문인지, 환경적 차이에서 비롯된 것인지, 혹은 이 두 요인이 결합된 결과인지 질문할 수는 있다. 그러나 이러한 질문을 통해서 과연 그 특질이 자연선택에 의해 형성된 적응인지는 알 수 없을 것이다.

그 이유는 발달 과정 중에 환경적인 변이에 대처하는 방식을 자연선택이 설계하기 때문이다. 여기서 환경은 단지 **근접적인**proximate 역할* 만

• 근접 원인proximate cause은 생물학적 과정에 영향을 미치는 짧은 시간 단위의 생리적, 물리적 요인을 말하며, 궁극 원인ultimate cause은 아주 긴 시간에 해당하는 진화적 원인을 말한다.

할 뿐이다.[12] 유전적으로 동일한 사람들도 환경의 차이로 인해서 서로 다르게 행동하며, 이 관점에서 환경의 차이는 행동의 직접적인 원인이다. 그러나 만약 유기체가 상이한 환경에서 서로 다르게 발달하는 원인을 알아내려면 자연선택이 유기체의 발달 과정을 어떻게 형성시켜서 지금처럼 환경에 반응하는지를 탐구해야 한다. 또는 생물학자들이 말하듯이 행동을 **궁극적으로**ultimate 결정하는 것은 유전자에 가해지는 자연선택이라고 할 수도 있을 것이다. 개인마다 환경에 다르게 반응하도록 하는 학습과 여타 발달 과정은 그 구조가 유전자에 새겨지도록 한다.[13] 자연계에서 근접 원인은 대체로 생리적인 것이다. 새들은 낮이 짧아질 때 적도 방향으로 이동하는데, 그 이유는 뇌가 낮의 길이의 변화에 반응하여 이주하라는 호르몬 신호를 보내기 때문이다. 한편 궁극적인 원인은 진화적이다. 새들의 이주는 위도가 높은 곳에서 기후가 좋은 계절을 보내고, 좀 덜 추운 곳에서 겨울을 보내려는 진화된 전략이다. 자연선택은 거위들이 혹한의 겨울이 오기 전에 유콘강의 삼각주에서 중부 캘리포니아로 이주하도록 자극하는 낮의 길이에 대응하는 뇌의 반응 및 그 밖의 모든 생리학적, 행동적 장치를 설계했다.

진화사회과학자들은 유전자와 환경 모두 독립적인 원인이 될 수 있다는 순진한 생각에 대해서는 반대하지만, 많은 이들이 문화가 다른 환경적인 영향과 뭉뚱그려질 수 있다고 생각한다. 그들은 문화의 습득을 관할하는 심리적인 기제는 단지 행동의 가소성의 다른 형태에 불과하며, 유전자에 가해지는 자연선택의 관점에서 그 구조가 이해될 수 있다고 생각한다.[14] 따라서 수많은 진화사회과학자는 진화론을 인간에 적용하는 데 있어서 문화가 **근본적으로** 중요하다고 생각하지 않는다. 왜냐하면 인간의 문화를 형성시키는 심리 기관이 자연선택에 의해서 설계되었기 때문에, 적어도 조상의 환경에서 그 기관은 **분명** 적합도를 향상시키는 행동을 하게 만들었을 것이다. 만약 현대의 환경에서 그 기관이 적합도를 향상시키지 않는다면, 그 원인은 문화 때문이 아니라 과거에 적응적으로 진화된 심리가 현대의 환경에서 적응적이지 않기 때문이다. 이러한 접근 방식(진화심리학을 말한다—역주)의 바탕에 깔려 있는 적응주의적인 사고에 대해서 비판하는 사람들이 많지만, 우리의 입장은 그들과 다르다.[15]

만약 문화를 다른 환경적인 영향과 뭉뚱그린다면, 우리는 문화에 의해서 발생하는 새로운 진화 작용을 간과한다고 본다. 자연선택은 개인적인 학습 기제를 발달시켜서 환경과의 상호 작용에서 적응적으로 행동하게 만든다. 예를 들어, 많은 식물은 독성 물질을 함유하고 있다. 자연선택은 이러한 화합물에 쓴맛이 나게 해서 초식동물이 그 식물을 피하도록 만든다. 문화는 이러한 각본에 새롭고 특별한 것을 추가한다. 다른 동물들처럼 인간도 식물에게서 쓴맛이 날 때 먹을 수 없다는 신호로 받아들인다. 그러나 몇몇 쓴맛이 나는 성분(버드나무의 껍질에 있는 살리실산처럼)은 치료에 유용하기 때문에 병을 고칠 때는 쓴맛을 무시하고 먹어야 한다는 것을 다른 사람으로부터 학습한다. 식물에 쓴맛을 내는 유전자는 전혀 변화하지 않지만, 쓴 식물이 치료에 유용하다는 것을 사람들이 알게 되면서 전체 집단의 행동은 변화할 수 있다. 우리는 우리의 감각 기관이 쓴맛을 덜 느끼게 진화했기 때문이 아니라 그 식물이 치료에 좋다는 관념이 인간 집단에 퍼져 있기 때문에 쓴 식물을 섭취한다. 아마도 먼 과거에 어떤 호기심 많고 관찰력이 좋은 한 치료자가 쓴 식물이 치료에 효과 있다는 것을 발견했을 것이다. 그러자 우리가 이 책에서 설명하는 몇 가지의 작용이 끔찍하게 쓴맛에도 이 신념을 퍼지게 만들었을 것이다. 단지 개인들이 어떻게 환경과 상호 작용하는가를 관찰해서는 이 과정을 이해할 수 없을 것이다. 그보다는 인간 집단이 시간에 걸쳐서 어떻게 환경, 그리고 그들 상호 간에 작용하는가를 이해해야 한다.

그러므로 문화는 양육도 본성도 아니다. 오히려 그 둘 다라고 말할 수 있다. 문화는 유전자나 환경으로 환원할 수 없으며, 유전과 학습을 결합하고 있다.[16] 이 사실은 인간의 진화에서 중요한 두 가지 함의를 갖는다. 이 함의가 무엇인지는 지금부터 살펴보겠다.

문화는 인간 심리의 설계에 꼭 필요한 부분이다

인간 행동을 적응주의적으로 분석하는 데 있어 핵심적인 단계 중의 하나는 자연선택이 풀어야 했던 설계상의 문제가 무엇인지 규정하는 것이다. 인간 진화를 공부하는 학생들이 처음으로 맞닥뜨리는 질문은 진화가 집단생활을 하고, 식량을 채취하는 호미니드*의 심리를 어떻게 형성시켰느냐는 것이다. 이 질문으로부터 그들은 진화된 심리가 인간의 문화를 어떻게 만드는지 탐구하기 시작할 것이다. 암묵적인 진화의 각본에 따르면 홍적세의 호미니드는 그저 침팬지보다 조금 더 똑똑한 사회적인 동물이었으며, 뇌의 진화가 완료되기 전까지 상호 간의 학습은 거의 일어나지 않았다. 뇌의 진화가 완료된 후에야 인류는 문화를 사용하기 시작했다. 요약하면, 우리는 유전적 진화를 통해서 인간의 본성을 얻었고, 그 후에야 진화의 부산물로 문화가 등장한 것이다.

하지만 이런 식의 견해는 인간의 심리와 그 심리 기관이 처리해야 할 사회적 정보 간의 필요 불가결한 되먹임 작용을 무시하는 것이다. 쓴 약을 먹으려면 먼저 다른 사람으로부터 정보를 얻어야 하며, 문화적으로 습득한 정보가 불쾌한 맛보다 우선한다는 것을 알아야 한다. 다른 사람들의 행위를 통하여 무엇이 적응적이고 무엇이 적응적이지 않은지 알 수 있기 때문에 문화는 적응적이다. 우리는 모두 표절이 스스로 힘들여 글 쓰는 것보다 쉽다는 것을 알고 있다. 다른 사람의 행동을 모방하는 것도 똑같은 이유로 적응적일 수 있는 것이다. 그 비결은 문화가 일단 중요한 역할을 하게 되면, 우리가 어떻게 학습할지에 영향을 주는 심리 기관에 의해서 모방할 수 있는 행동의 목록이 결정되기 때문이다. 아주 극단적

---

* 침팬지와 분기한 이후 멸종한 그리고 현존하는 인간과(科)를 가리킨다. 인간과의 공통적인 속성은 두 발 걷기이다. 유전자 증거에 따르면 침팬지와의 분기 시점은 600만 년에서 700만 년 전으로 추정되며, 이 시점에 해당하는 호미니드 또는 침팬지와 호미니드의 공통 조상으로 보이는 화석들이 계속 발굴되고 있다. 그러나 지금 이 시점까지 발굴된 가장 확실한 화석 증거에 따르면 400만 년 전에 생존했던 오스트랄로피테쿠스 아파렌시스*Australopithecus afarensis*가 가장 오래된 호미니드이다. 저자들이 논의하다시피 뇌 용적의 증가는 이보다 한참 후인 200만 년 전 이후에 이루어졌다.

인 예를 들어 보겠다. 모든 사람이 모방에만 의존한다고 하자. 그렇다면 행동은 환경으로부터 분리된다. 그 이후 조금만 환경에 변화가 일어나도 모방은 더 이상 적응적이지 않다. 문화의 근저에 있는 심리의 진화를 이해하려면 우리는 반드시 이러한 개체군 수준의 되먹임 작용을 고려해야만 한다. 우리는 진화하고 있는 심리가 사람들끼리 주고받을 수 있는 관념과 행동들을 어떻게 형성하는지 궁금하다. 그리고 우리는 개인적인 경험을 통해 직접적으로 정보를 얻거나 혹은 비록 실패할 가능성이 높더라도 비용이 적게 드는 모방을 통해서 정보를 얻을 수도 있는 환경에 살고 있으며, 이 환경에서 자연선택이 어떻게 우리의 사고와 학습을 형성하는지 알고 싶다.

이러한 논리에 따르면 인간의 행동에 대한 여타 진화 이론과 다른 결론에 이르게 된다. 적절한 조건만 주어진다면 자연선택은 "단지" 주변 사람들이 그 행동을 하기 때문에 주변 사람들을 따라서 똑같이 행동하는 심리를 선호할 수도 있다. 지난 80만 년 동안 세계의 기후는 크고 빠르게 변화했다. 1세기 만에 평균 온도가 섭씨 10도 이상 바뀌어서 생태계 구조에 엄청난 변화가 발생한 때도 있었다.[17] 지금의 마드리드 부근에 살았던 호미니드 집단들이 100년 후에는 스칸디나비아 지역으로 이주한 경우도 있었다. 아마도 혹자는 이렇게 극단적으로 환경이 변화하는 동안에는 모방보다 학습이 좀 더 유리한 생존 전략이라고 생각할지도 모르겠다. 하지만 이상하게 느껴지겠지만, 변덕스러운 환경에서 최고의 전략은 개인적으로 학습하는 것이 아니라 모방하는 것이다. 아마도 새로운 환경에 대처하는 방법을 알아내는 개인들도 있겠지만, 좀 덜 똑똑하고 운이 따르지 않는 사람들이 그 방법을 모방할 수 있다면, 다음 세대에서 똑똑하고 운이 좋은 사람들은 다른 요령을 추가할 수도 있을 것이다. 이러한 모방할 수 있는 능력으로 인해 유기체의 진화만 존재하는 경우보다 새로운 적응을 놀라운 속도로 축적할 수 있다. 순전히 개인 스스로 학습하는 사람들이 모인 집단이 있다면 학습할 수 있는 양이 얼마 되지 않기 때문에 한계에 부딪힐 것이다. 다시 말해 그들은 문화적 전통을 축척해 나아가는 집단의 모든 적응들을 전부 발견해 낼 수 없을 것이다. 신념과 기술을 취사선택하는 사람들이 결국 인간의 행동을 설계한다. 왜냐하면 집단 내 다른 사람들이 그러한 신념과 기술을 공유할 것이기 때문이다. 개체군에서 수많은 모방이 이루어지고 여기에 아주 약간의 개인적인 학습이 추가된다면, 개체군은 한 명의 천재가 지닌 능력을 넘어서는 적응을 이룰 수 있다.

문화의 개체군적 속성을 숙고해 보면, 사회적 학습의 심리를 이해할 수 있다. 예를 들어, 때로 개체군이 환경 변화에 적응하지 못하도록 하는 심리 기제더라도 그 심리 기제가 사람들을 다수의 행동에 따르도록 만든다면 자연선택이 이를 선호할 수 있다. 진화는 또한 비록 비적응적인 유행을 일으키더라도 유명한 사람들이나 자신과 닮은 사람들의 행동을 모방하는 심리를 선호할 수도 있다. 이러한 심리 기제는 문화가 개체군 수준에서 변이를 발생시키지 않았다면 진화하지 못했을 사회 집단의 상징적인 표지(6장 참조)와 같이 현저하게 드러나는 행위의 패턴을 만들어 낸다.

문화는 인간 행동의 궁극 원인이다

문화가 오직 우리의 본유적인 심리로부터만 비롯된다면, 문화는 인간 행동의 근접적인 원인일 뿐이다. 어떻게 자연선택이 우리의 심리 기관을 만들었는지 이해하는 것은 다른 종류의 행동적 가소성을 이해하는 것보다 매우 어려운 작업일 것이다. 하지만 결국 우리는 적어도 원칙적으로는 인간의 문화를 유전적 적합도를 증가시키는 자연선택에 의한 진화 작용으로 이해할 수 있을 것이다.[18]

그러나 문화를 형성시키는 모든 작용이 우리의 본유적인 심리로부터 비롯된 것은 아니다. 문화 그 자체는 자연선택에 종속적이다. 마치 아이가 부모를 닮듯이 사람들은 그들이 관념, 가치, 기술을 습득한 사람들을 닮는다. 문화적으로 습득한 관념, 가치, 기술은 사람들이 살아가면서 일어나는 일에 영향을 준다. 예를 들어, 성공적으로 살아갈 것인지, 얼마나 아이를 가질 것인지, 얼마나 오래 살지에 영향을 준다. 이러한 삶의 사건들은 다시 그들의 행동이 다음 세대로 문화적으로 전달될 것인지에 영향을 준다. 만약 성공적인 사람들이 더 잘 모방된다면, 성공하게 만드는 그러한 특질들이 선호될 것이다. 만약 살아 있는 사람들이 죽은 사람들보다 더 많이 모방된다면, 생존을 돕는 관념, 가치, 기술이 퍼져 나갈 것은 자명하다. 결국 법의 지배가 불가능한 사회에서 자신의 가축과 가족을 공격적으로 보호하지 않는다면 강력하고 무자비한 약탈자에게 피해를 입기가 쉽기 때문에 명예의 문화가 등장했다고 (적어도 부분적으로는) 볼 수 있을 것이다. 만약 현대의 미국 남부에서 명예의 문화가 주는 이점이 사라진다면, 명예의 문화에 따라 행동하는 사람들의 사망률은 상승할 것이고, 결국 명예의 문화는 사라지게 될 것이다.

이러한 문화적 선택 작용은 유전자에 가해지는 선택과 상당히 다른 행위를 선호할 수도 있다. 예를 들어, 현대 사회에서 명예를 높이고 경제적인 성공을 가져오는 신념과 가치는 번식력을 감소시킬 수도 있다. 그 신념이 비록 유전적 적합도를 낮추더라도 명예가 높은 사람들이 더 잘 모방되는 경향이 있기 때문에 그 신념은 잘 퍼지게 된다. 주변 환경에 있는 관념에 마음을 열면 우리의 적응이 빨라지지만, 때로는 병적인 문화적 부적응으로 귀결될 수 있다. 우리의 심리는 주변 환경에 있는 해로운 관념을 차단하며 이로운 관념을 배척하지 않도록 설계된 섬세하게 균형 잡힌 기제이다.

유전자에 가해지는 자연선택과 마찬가지로 문화에 가해지는 자연선택도 인간 행동의 궁극적인 원인이다. 우리가 앞으로 반복해서 언급할 한 가지 사례를 생각해 보자. 집단 수준에서 문화적 변이는 상당히 많다. 서로 다른 인간 집단들은 서로 다른 규범과 가치를 갖고 있으며, 이러한 특질이 문화적으로 전달되기 때문에 이 차이는 오랫동안 지속된다. 집단에 많이 퍼져 있는 규범과 가치는 아마도 그 집단이 성공적일 것인지, 혹은 살아남을 것인지, 확장할 것인지에 영향을 줄 것이다. 예를 들어, 집단의 연대를 강조하는 규범을 갖고 있는 집단이 이러한 감정이 없는 집단보다 더 잘 살아남는다고 하자. 이로 인해 연대감의 확산을 불러오는 선택 작용이 발생한다. 물론 이 작용은 다른 사람으로부터 편향적으로 배우도록 하는 진화된 본유적인 심리와 반대 방향으로 작용할 수 있다. 우리의 본유적인 심리는 애국심같이 집단의 연대를 선호하는 신념보다는 이기적이고 친족 중심적인 신념을 발명하거나 모방하는 것을 선호한다. 따라서 오랜 시간이 지난 후의 진화적 결과는 애국심을 선호하는 작용과 선호하지 않는 작용 간의 대차대조표에 따라 달라질 것이다. 이에 덧붙여, 반대되는 두 작용의 대차대조표에서 애국심의 선호가 더 지배적으로 나타난다고 가정해 보자. 이 경우에는 애국적인 행동이 집단의 생존을 촉진하기 **때문에** 사람들이 애국적으로 행동하는 것이다. 이는 말라리아 발병 지역에서 겸상적혈구 유전자가 개인의 생존율을 높이기 때문에 그 유전자가 흔한 것과 정확히 같은 원리 때문이다. 인간의 문화는 이처럼 궁극적인 인과관계에 관여한다.

문화를 연구하는 과학자라면 생물학과의 재결합을 두려워해서는 안된다. 문화는 강력한 현상이며 문화가 유전자로 "환원될" 실제적인 위험은 없다. 물론 우리의 진화된 심리의 유전적 요소가 문화를 형성시킨다. 우리는 이 인과관계를 부정하는 것이 아니다. 그러나 동시에 문화의 변이에 가해지는 자연선택은 우리의 심리가 진화한(그리고 지금도 진화하는) 환경을 형성했다. 이러한 공진화의 역학은 문화와 유전자가 서로 영향을 주고받게 했다. 앞서 설명한 문화적 변이에 대한 집단 선택으로 인해 본래의 진화된 심리만 존재할 때보다 유전적으로 더 먼 사람들끼리의 협동을 북돋우는 사회 제도가 발생할 수 있었다. 이런 협력자들은 아마도 협동한다는 새로운 규범에 자신을 일치시킬 수 없는 호전적인 유전자를 갖고 있는 사람들을 차별했을 것이다. 그 후 문화적 규칙은 협동을 조금 더 확산시킬 수 있었을 것이며, 더 순응적인 유전자를 선호하는 선택을 발생시켰을 것이다. 마침내 인간의 사회적 심리의 본유적인 요소들은 가족뿐만이 아니라 부족 단위로도 잘 생활할 수 있을 만큼 그럭저럭 적응되었다.

문화는 우리를 특별하게 만든다

개체군 수준에서 문화적 진화가 어떻게 발생하는지 생각해 보면 그것은 필연적으로 기이한 몇몇 부작용을 수반하는 강력한 적응 체계라는 것을 알 수 있다. 진화론을 신봉하는 몇몇 학자들은 이 같은 생각에 회의적이며, 이러한 관점은 인간에게 진화론을 적용하는 데 반대하는 학자들에게 도움과 평안을 준다고 생각한다. 그러나 우리는 개체군 사고에 바탕을 둔 문화 진화 이론이 지난 수십만 년 사이에 인간이 엄청난 속도로 진화하게 했던 동력을 설명할 수 있기 때문에 다윈의 인간 종에 대한 이해가 틀리지 않았음을 보여 준다고 생각한다. 우리의 유인원 사촌들은 아직도 예전과 동일한 열대 우림에서 우리의 공통 조상이 했던 것처럼 똑같은 사회적 집단을 이루고, 똑같은 과일과 견과류, 고기를 먹으며 살고 있다. 홍적세 후기(약 2만 년 전)에 이미 인간 채취자들은 상당한 수준의 생존 체계와 사회 제도를 이용하여 어떤 다른 종보다 훨씬 넓은 지리적 및 생태적 범위를 차지했다. 지난 1만 년 동안 인간은 보다 복잡한 기술과 더 복잡한 사회 체계를 사용하여 지구의 지배적인 유기체가 되었다. 인간 종은 진화적으로 특별히 비정상적인 존재이며, 따라서 인간의 진화 이면에는 상당히 비정상적인 진화 체계가 존재했을 것이다. 우리의 목적은 우리를 조상에서 분기하도록 만든 그 진화적인 동력이 무엇인지 밝히는 것이다. 그 동력은 비정상적인 문화적 진화에서 비롯되었을 가능성이 크다. 이는 유전자의 진화를 탐구하는 것이 무가치하다는 뜻은 아니다. 비록 사회생물학자들과 그 후계자들의 연구가 문화적 적응에 의해서 발생한 혁신을 무시했다고는 하지만 오히려 인간 행동의 많은 부분을 설명했다. 하지만 아직 설명해야 할 것은 많으며, 우리는 문화의 개체군적인 속성이 인간 행동에 대한 훌륭한 이론에서 극히 중요한 성분이라고 생각한다.

아직 가지 않은 길

다윈은 그의 저서 『인간의 유래Descent of man (1874)』 두 번째 판본의 서문에서 다음과 같이 말했다.

> 나의 비판자들은 내가 순간적이라고 여겨지는 변이들에 대한 자연선택만이 신체 구조와 정신력의 변이를 설명할 수 있다고 생각하는 것처럼 말하는데, 그건 그렇지 않다. 오히려 나는 『종의 기원 Origin of Species』 첫 번째 판본에서부터 신체와 정신 모두에 관해서 사용함과 사용하지 않음의 유전 효과에 주목해야 한다고 명확히 말했다.[19]

생물학자의 관점에서 볼 때, 다윈이 믿고 있었던 획득형질의 유전은 그의 가장 큰 오류이다. 다윈은 "유전된 습관"을 인간의 문화와 비슷한 뜻으로 썼는데, 이 "유전된 습관"이 상당수의 종에서 중요하다고 생각했다. 어떤 점에서는 그가 옳았다. 단순한 사회적인 학습은 동물계에서 널리 이루어진다.[20] 하지만 다윈이 심지어 꿀벌에게도 인간과 같은 모방 능력이 있다고 믿었던 것과는 달리, 지금까지의 증거에 따르면, 우리와 가장 가까운 친척인 유인원뿐만 아니라 모든 동물은 인간과 비교해 볼 때 문화에 있어서는 매우 기초적인 능력을 지니고 있을 뿐이다.

다윈이 "유전된 습관"을 생각하게 된 계기는 무엇보다도 그가 관찰하건데 인간에게는 그런 것이 있으며, 인간과 다른 동물의 차이를 줄이고자 했던 그의 욕망도 한몫했을 것이다. 그는 때로 인간의 문화를 생물학화했다고 비판받는다. 그러나 더 정확히 말하건대 그는 생물학을 문화화한 것으로 비난받았다고 할 수 있다.[21] 비록 오류가 있을지언정 다윈은 여러 형질에 걸쳐서 사용함과 사용하지 않음의 유전 효과가 어떻게 분포하는지에 대해 세련된 생각을 갖고 있었다. 그는 행동이 신체 구조보다 획득형질의 유전에 더 영향을 받기 쉬우며, 이러한 점에서 신체 구조는 훨씬 보수적이라고 생각했다. 그래서 그는 인간의 행동은 신체에 비해 지역에 따른 변이가 크다는 것도 설명할 수 있었다. 그가 『인간의 유래』 7장 「인종에 대하여On the Races of Man」에서 말했다시피 그는 인류에서 관찰할 수 있었던 엄청난 행동의 차이를 보수적인 형질(오늘날 우리가 유전적이라고 부르는)의 차이로 설명할 수 있다는 생각에 빠지지 않았다. 오히려 그는 그것이 오늘날 우리가 문화라고 부르는 불안정한 형질 때문이라고 보았다.•

　여기서 우리는 흥미로운 역사적인 역설에 부딪치게 된다. 다윈의 이론은 다른 어떤 종보다도 인간을 연구하기에 적합한 이론이지만, 유전학이 발전하면서부터 거기에 맞춰서 상당 부분 수정되었다. 그럼에도 『인간의 유래』는 20세기 초반에 등장한 사회과학에 별다른 영향을 미치지 못했다.[22] 다윈은 그저 생물학자로만 취급받았고, 사회학, 경제학, 역사학 모두 생물학을 그들 학문 경계 밖으로 밀어내 버렸다. 인류학은 다윈의 이론을 그들의 하위 분야인 생물인류학에 귀속시키고서, 초유기체적인 방화벽으로 둘러쌓았다. 20세기 중반 이후로 많은 사회과학자는 다윈적인 이론을 정치적으로 불순한 의도가 있는 것으로 취급했다. 몇몇

• '인종'의 생물학적 뜻은 '아종subspecies'과 동일하다. 즉, 분류법에서 종의 하위 구분이자, 지리적으로 어느 정도 고립된 집단을 말한다. 오늘날에는 이러한 생물학적 의미에 덧붙여 '민족'과 동일한 뜻으로 쓰이기도 한다. 다윈이 살았던 19세기 영국에서는 'race'에 생물학적 의미만 존재했다.

인류학자, 사회학자, 역사학자는 자연과학자에게 과학의 기본적인 규범을 포기하는 것으로 비치는 방법론과 철학을 선택함으로써 사회과학과 자연과학의 골은 더 깊어지고 있다.

이 책에서 우리는 아직 아무도 선택하지 않은 다윈의 길을 따라갈 것이다. 심리학자 도널드 캠벨Donald T. Campbell의 1960년대 저작들로부터 시작하여 우리와 소수의 동료들[23]은 문화를 생물학에서 분리하지 않고 문화적 진화에 정당한 비중을 부여하려 노력해 왔다. 우리는 독자들이 문화의 진화에 대한 이러한 접근 방법이 인간과학에서 해결되지 못했던 문제를 분석할 수 있는 새롭고 강력한 도구라고 확신하길 바란다. 그러한 미해결 문제 중에는 다음과 같은 것들이 있다. 어떻게 문화와 유전자가 상호 작용하여 우리의 행동에 영향을 주는가? 왜 인간은 특별나게 성공적인 종인가? 개인적인 작용과 제도적인 구조, 집단의 기능은 어떻게 연관되는가? 문화적 다양성의 근원은 무엇인가? 인간은 성공한 종임에도 불구하고, 왜 때때로 우리의 행동은 약간(때로는 매우) 비정상처럼 보이는가? 왜 우리의 행동이 때로는 엄청난 재앙을 불러오는가? 왜 우리는 때로 타인의 복지를 위해 완벽히 영웅적으로 행동하다가 또 어떤 상황에서는 무관심하고, 냉담하며, 착취하고, 악독한가? 우리가 보기에 이러한 이론의 이점은 의구심이 드는 학문 분과, 방법론, 가설에 대해 소중히 했던 그 어떤 의무를 버리는 비용보다 훨씬 크다고 생각한다. 나아가 독자들이 이 책을 다 읽을 즈음에 우리의 의견에 동의하길 바란다.

2장

Culture Exists

문화는 존재한다

인류학자, 사회학자, 역사학자들은 어떤 진지한 학자가 인간의 행위에 있어 문화가 중요한 요소가 아니라고 한다면 불신의 눈으로 바라볼 것이다. 그런데도 사실 경제학과 심리학 같은 학문 분과에서는 문화가 그리 중요하지 않다. 그러한 전통에서 연구하고 있는 학자들은 문화가 실제로 존재하며 중요하다는 데에는 부인하지 않지만, 문화가 어떻게 작동하고 왜 존재하는지는 그들 분과에서 기술해야 할 부분이 아니라고 말한다.[1] 하지만 문제는 이 분야에 속한 몇몇 학자의 점잖은 무시는 대체로 문화적인 설명에 대한 성급한 편견으로 이어진다는 것이다. 많은 학자는 결혼 체계, 상속 법칙, 경제적 조직의 차이에 대해 문화적인 역사로 설명하기보다는 억지로 갖다 붙여서라도 경제적 혹은 생태적으로 설명하기를 선호한다.

진화사회과학을 연구하는 우리의 동료 중에서도 이러한 시각을 갖고 있는 사람이 많다(비록 보편적이라고는 할 수 없지만 말이다). 처음부터 이 학자들은 인간의 행위를 설명하는 데 문화가 필요 없다는 것을 솔직히 밝혔다. 사회생물학의 창시자 중의 한 명인 리처드 알렉산더Richard Alexander는 이렇게 말한 바 있다. "문화적 새로움은 직접적으로든 간접적으로든 스스로 복제하거나 퍼지지 않는다. 그것들은 유전자의 복제를 통해서만 복제되는 것이다."[2] 이와 동일한 맥락에서 심리학자 데이비드 버스David Buss는 "문화는 인간의 생물학적 측면과 비교해 볼 때 자율적인 인과적 과정이 아니다"[3]라고 했다. 혹은 더 직접적으로, 인류학자 로라 베치그Laura Betzig는 문화가 중요하다는 주장에 대해 "나는 개인적으로 문화가 필요 없다고 생각한다"[4]라고 했다.

이 장의 주요 목적은 이런 회의론자들에게 문화가 필요하다고 확신시키는 것이며, 인간 행동의 변이는 신념, 가치 및 그 밖의 사회적으로 습득된 결정 요인을 고려하지 않고서는 이해할 수 없다는 것을 보여 주는 것이다. 문화의 역할을 거부하는 사람들은 인간의 모든 다양성을 유전적 및 환경적인 변이로만 설명하려고 한다. 그러나 유전적 및 환경적인 차이만으로는 이 책에서 제시한 모든 다양성을 설명할 수 없을 것이다. 오히려 이 책에서 제시한 예시들은 문화 인류학 및 여타 동일한 시각의 학문에서의 전통적인 관점과 일치한다. 인간의 행동을 이해하려면 유전될 수 있는 문화적 차이를 이해해야 한다.

문화의 차이는
수많은 인간의 변이를 설명한다

세계의 다른 저쪽에서 살고 있는 사람들을 떠올려 보면 인간 종의 다양성에 놀라게 될 것이다. 예를 들어, 코퍼 에스키모족과 트로브리안드제도에 살고 있는 사람을 생각해 보라. 겨울에 에스키모들은 꽁꽁 얼어 있는 지역에서 눈으로 만든 집에서 거주한다. 그들은 얼음에 난 숨 구멍으로 작살을 던져서 바다표범을 사냥한다. 때로는 몇 시간 동안 끔찍하게 추운 어둠 속에서 미동도 하지 않은 채 고기가 낚이길 기다린다. 여름이 되면 그들은 가죽으로 만든 집에서 거주하며, 바다표범 가죽으로 만든 훌륭한 카약을 타고 사냥한다. 그들 사회에서는 추장이나 의회가 없으며 각각의 가족들이 집단을 이루고 호혜적 관계를 이루고 살아간다. 한편 트로브리안드제도에서는 많은 가족이 나무로 만든 큰 집을 공유한다. 그들은 습기 찬 열대의 태양 아래 정원에서 수 시간의 아주 힘든 노동으로 얻은 얌과 타로를 먹으며 살아간다. 그들의 정치 체계는 세습 귀족 정치 체제인데, 각각의 모계를 중심으로 조직된 씨족에 소속된 여부에 따라 복잡한 권리와 특권이 부여된다. 이에 덧붙여서 황량한 중부 아라비아에 살고 있는 유목 목축민, 복잡한 뉘앙스가 있는 사회생활을 하는 자바의 농부,* 경제적이고 민족적으로 다양한 로스앤젤레스를 생각해 본다면, 인간의 변이가 거대하다는 것을 확신하게 될 것이다.

이러한 변이는 세 가지의 **근접** 원인으로 설명할 수 있다. 첫째, 사람들은 그들 부모로부터 다른 유전자를 물려받았기 때문에 다르게 행동한다고 설명할 수 있다. 둘째, 유전적으로 비슷한 사람들도 다른 환경에 살기 때문에 다르게 행동할 수 있다.[5] 마지막으로, 학습 및 관찰로 습득한 신념, 가치, 기술들이 다르기 때문에 다르게 행동할 수도 있다. 이 세 가지 원인은 우리의 행동을 결정하는 데 복잡한 상호 작용을 거치기 때문에 사람들은 중요한 차이점을 놓치는 경우가 많다.[6] 예를 들어, 몸무게가 차이 나는 원인에 대해서 생각해 보자. 우리 모두는 이에 대해 관심이 많을 것이다. 분명 환경이 몸무게에 주는 영향은 상당히 클 것이다. 중부 유럽인들은 평균적으로 지금보다 1918년이나 1945년에 더 야위었을 것이다. 문화가 몸무게에 주는 영향도 상당하다. 일하는 습관이라든가 적절한 식사에 대한 관념, 여가 활동, 외식 산업의 혁신, 신체적 아름다움에 대한 관념 등이 몸무게에 영향을 준다. 서부 아프리카의 어떤 지역에서는 어린 소녀들을 몇 달 동안 격리시켜서 하루에 몇 번씩 강제로 많은 양을 먹이는데, 이렇게 함으로써 그들은 소녀들이 과도하게 살찌길 바란다. 한편 미국에서 어린 소녀들은 디저트를 일부러 먹지 않고, 에어로빅을 함으로써 전자와 매우 다른 문화적인 이상을 추구한다. 동시에 경쟁이 치열한 패스트푸드 산업에서는 싸고 열량이 높은 음식들로 그들을 유

• 자바인들은 상대의 지위, 말하는 상황에 따라 세 가지 다른 수준의 언어를 사용하며, 감정의 절제를 중요하게 여긴다.

혹한다. 그들은 이처럼 체육관과 고열량의 음식들 사이에서 고민한다. 따라서 미국인들의 몸무게 변이는 상당히 크다. 또한 최근의 연구에 의하면 유전적인 차이 때문에 똑같은 양의 식사를 하더라도 몸무게의 차이가 발생한다고 한다.

"공공의 정원 실험"

그렇다면 유전자, 환경, 문화 중에서 무엇이 인간의 행동을 결정하는 데 중요한 역할을 할까? 다음의 사고 실험thought experiment을 해 보면 무엇이 우선인지 살펴볼 수 있을 것이다. 우선 각각 다른 환경에 살며, 행동이 다른 두 개의 집단을 골라 보자. 여기서는 에스키모와 트로브리안드제도 주민이라고 하자. 그다음에, 에스키모 한 집단이 멜라네시아의 한 무인도로 이주하고, 트로브리안드의 한 집단이 북극 지방으로 이주한다고 가정해 보자. 그 후에 그들이 새로운 환경에서 각 개인들이 적응할 수 있도록 충분한 시간이 주어진다고 하자. 과연 적응의 시기를 마친 후에 북극으로 간 트리브리안드 주민들의 정치 체계, 종교적인 관행, 친족 체계는 트로브리안드식에 가까울까 에스키모식에 가까울까? 만약 당신이 트로브리안드인의 정치 체계, 종교적인 관행, 친족 체계가 에스키모식에 가까워질 것이라고 생각한다면 당신은 문화가 그리 중요하지 않다고 여기는 것이다. 만약 그 반대라고 생각한다면, 당신은 환경이 이 세 가지의 특징들을 결정짓는 요인이 아니라고 여기는 것이다. 다시 말해 당신은 계속적으로 전달되는 무엇인가가 있다고 생각하는 것이다. 그것이 문화가 될 수도 있지만, 유전자도, 자기 복제적인 사회적 환경일 수도 있다.

이런 사고 실험보다는 실제적인 실험이 훨씬 나을 것이다. 그러나 실제로 실험하는 것은 윤리적이고 현실적인 문제에 부딪칠 것이다. 하지만 역사 및 문화가 비슷한 집단들이 서로 다른 환경으로 이주한 경우나 문화 및 역사가 상이한 집단이 동일한 환경에서 살게 된 경우는 종종 있었다. 다음에 제시하는 예를 살펴보면 문화, 유전자, 상속된 환경 중 어느 것이 인간 사회를 만드는 데 중요한 역할을 하는지 알 수 있을 것이다. 그 후에 우리는 유전자나 상속될 수 있는 환경 모두 인간 사회 간의 변이를 설명하기에 충분하지 않다는 증거를 제시할 것이다. 아마도 문화가 가장 중요한 요인일 것이다.

이민 배경이 다른 일리노이주 농부들은 다르게 행동한다

미국의 중서부 지역은 19세기부터 유럽의 각기 다른 지역으로부터 이민자가 들어선 지역이다. 그들은 서로 다른 모국의 언어, 가치관, 관습들을 지닌 채 이민을 왔다. 최근에 들어서는 겉으로 드러나는 모습으로 민족적 배경을 구분할 수 없을 정도가 되었다. 예를 들어 언어나 옷 입는 방식만으로는 그들이 어디에서 왔는지 예측할 수 없다. 그러나 그들이 경작하는 방법은 아직까지도 현저히 다르다. 농촌 사회학자인 손야 살라몬Sonya Salamon과 그녀의 동료들은 민족적 배경이 중서부 지역의 농민들의 생활에 미치는 영향을 연구했다. 이 연구에 따르면 서로 다른 민족적 배경의 사람들은 농사와 가족에 대한 신념이 매우 다르며, 몇 마일밖에 떨어지지 않은 거의 동일한 토질에서 비슷한 농장을 운영한다고 하더라도 농업의 경영 방식은 현저히 달랐다.

살라몬은 남부 일리노이주에 있는 프레이버그Freiburg, 리버티빌Libertyville(둘 다 가명임)이라는 두 농촌 공동체에 대해 연구했다. 프레이버그는 1840년대에 미국으로 이민한 독일-가톨릭계 이주민의 후손이 주로 살고 있는 지역이며, 리버티빌에는 1870년대에 켄터키, 오하이오, 인디애나를 비롯한 미국의 여러 지역에서 이주한 사람들이 주로 살았다. 이 두 공동체는 단지 20마일밖에 안 떨어져 있었지만 두 집단의 가족, 재산, 농업에 대한 가치관은 서로 달랐으며, 이 가치관은 조상으로부터 이어 내려온 것으로 보인다. 프레이버그에 사는 독일계 미국 농민들은 농사를 삶의 한 방식으로 여기며, 딸이든 아들이든 그들 자손 중의 적어도 한 명이 농부로 남길 원한다. 살라몬의 한 면담자는 다음과 같이 말했다.

> 돈은 별로 중요하지 않아요. 저는 저를 위해서 편안한 삶을 살고 싶
> 습니다. 중요한 것은 이 땅에 나의 모든 것을 쏟았다는 것이며, 나
> 는 이 땅이 계속 그대로 있었으면 합니다. (…) 제가 500년 후에 다
> 시 여기에 돌아왔을 때 자손들이 땅을 지키고 있는지 보고 싶어요.[7]

프레이버그의 사람들은 이러한 성향 때문에 땅을 파는 것을 매우 꺼
려 한다. 그들의 유언장은 농사를 지을 자손이 토지를 상속받으며, 토지
에서 나는 수입으로 농사를 짓지 않는 형제자매들의 땅을 사들이도록 명
시하고 있다. 부모들은 자식들에게 농부가 되라고 강요하며, 교육에는
별로 신경 쓰지 않는다. 살라몬은 이러한 "자작농yeoman"적인 가치는 유
럽 등지의 농부들이 갖고 있는 가치와 비슷하다고 지적한다. 반면, 리버
티빌에 있는 "미국Yankee" 출신•의 농부들은 농업을 이익을 생산하는 사
업이라고 생각한다. 그들은 경제적 상황에 따라서 땅을 임대하며, 가격
만 적당하다면 땅을 팔아 버린다. 만약 한 농부가 좋은 가격에 땅을 팔았
다면, 이웃은 당연하다는 듯이 이렇게 말할 것이다. "맞아. 콩을 팔아서
는 그만한 돈을 벌 수 없지." 리버티빌에 사는 많은 농부는 그들의 자식
이 농업을 계속하고 싶다고 하면 좋아하겠지만, 그것조차도 개인적인 선
택으로 여긴다. 어떤 가족은 자식이 농사일을 시작하는 것을 돕지만, 그
렇지 않은 가족이 더 많다. 그리고 그들은 일반적으로 교육을 중요하게
생각한다.

　　이 두 지역은 서로 가깝고, 토질이 비슷해도 가치관의 차이로 인해

• 때로 사람들은 출신 지역에 관계없이 모든 미국인을 "Yankee"라고 부른다. 그러나 엄밀히 말해서
"Yankee"는 미국 동북부의 초기 정착민들을 가리킨다. 앞으로 살라몬의 연구와 관련하여 '미국
출신', '미국민'이라고 할 때에 그들은 모두 미국 동북부 초기 정착민의 후손이라는 것을 염두에 두기
바란다.

농사하는 방식은 전혀 다르다. 리버티빌의 농지는 약 60만 평 정도로 프레이버그의 농지보다 두 배 정도 큰데, 그 이유는 리버티빌의 농부들이 땅을 더 많이 임대하기 때문이다. 프레이버그의 농부들은 보수적이어서 자신이 소유한 땅 이외에는 거의 농작을 하지 않는데, 리버티빌의 농부들은 땅을 임대하여 공격적으로 그들의 사업을 확장한다. 뿐만 아니라 두 지역에서 재배되는 작물도 현저한 차이를 보인다. 리버티빌에서는 대부분의 남부 일리노이 지역에서처럼 곡물이 주 작물이며(이 지역 농부들의 수입의 77%가 곡물 농사에서 비롯된다), 프레이버그에서는 곡물 농사와 낙농업, 가축 사육이 함께 이루어진다. 반면 리버티빌에서는 낙농업과 가축 사육이 거의 이루어지지 않는다. 독일계 미국인들은 한정된 땅에서 노동 집약적 농업을 함으로써 대가족의 생활을 해결한다. 이는 독일에서의 농업 방식과 일치한다. 그러나 미국 출신 농부들은 "그 일을 하지 않아도 땅에서 더 많은 돈을 벌 수 있기 때문에" 낙농업과 가축 사육에 뛰어들지 않는다.[8]

이 두 농부 집단의 가치관의 차이는 토지 소유 양식의 차이로 이어진다. 프레이버그에서는 땅 매물이 좀체 등장하지 않는다. 한번 매물이 등장하면 주변의 다른 지역보다 비싼 값에 팔린다. 살라몬은 프레이버그 사람들에게 땅은 이익을 극대화하기 위한 도구일 뿐만 아니라 그들의 자손에게 물려주고 싶은 것이기 때문에 높은 지대도 흔쾌히 지불하는 것이라고 말한다. 그 결과 독일계가 아닌 사람에게 땅이 팔리는 경우는 거의 없다. 1899년에 프레이버그 땅의 90%는 독일계 이주민이 차지하고 있었으며, 1982년에 그 수치는 97%로 올라갔다. 한편 리버티빌에서는 땅의 매매가 더 낮은 가격에 더 자주 이루어진다. 지난 100년 동안 미국 출신의 농부가 소유한 땅의 비율은 수시로 변했다. 더구나 부재지주는 프레이버그보다 많았다. 지역 주민이 땅을 소유한 비율은 리버티빌에서 56%인데 반해 프레이버그에서는 78%였다.

일리노이주의 다른 곳에서도 민족에 따른 차이가 나타난다. 살라몬과 그녀의 동료들은 일리노이주 동-중부에서 민족적으로 다른 다섯 개의 집단(독일계, 아일랜드계, 스웨덴계, 미국 출신 및 독일계와 미국 출신이 섞여 있는 집단)을 5년 동안 연구했다.[9] 이전 연구에서처럼 다섯 개의 집단들도 인접해 있으며, 토질도 비슷하다. 각 집단들은 각각 다른 신념들, 가치들을 갖고 있으며, 이는 또한 농사하는 방식과 땅을 소유하는 형식에 반영되어 있다. 앞서 남부 일리노이주의 두 집단처럼 동-중부 일리노이주의 독일계와 미국 출신 집단에서도 비슷한 신념과 행동의 패턴이 나타났다. 한편 아일랜드계와 스웨덴계 같은 나머지 집단들에서는 다른 패턴이 나타났다.

누에르족이 딩카족의 땅을 점령한 이후에도 누에르족의 생활 방식은 변화하지 않았다

19세기와 20세기 초반 동안 누에르Nuer족과 딩카Dinka족은 수단 남부의 광대한 습지에서 살았다. 두 집단 모두 우기에는 마을을 이루어 수수와 옥수수를 길렀고, 건기에는 범람 후 물이 빠진 목초지에서 소를 방목했다. 누에르족과 딩카족 모두 10만 명이 넘었고, 3천 명 내지 1만 명 정도의 정치적, 군사적으로 독립된 부족들로 나뉘어 있었다. 인류학자 레이먼드 켈리Raymond Kelly는 거의 반세기 동안 누에르족과 딩카족의 복잡한 관계를 관찰했다.[10] 1820년 즈음, 누에르 부족 중 하나인 지카니Jikany 누에르족은 그들의 마을로부터 동쪽으로 대략 300킬로미터쯤 이주했는데, 결과적으로 딩카족이 차지하고 있던 지역을 침범하게 되었다. 그 후 60년에 걸쳐 누에르족의 팽창은 남쪽 및 서쪽으로 계속되었고, 딩카족을 정복하였으며, 마침내 수단 남부에 있던 습지의 반 이상을 차지하게 되었다. 켈리가 추측한 바에 따르면 약 18만 명 이상의 사람이 누에르족이 정복한 지역에 살고 있었으며, 이 중 대부분이 딩카족이며, 대다수가 누에르족 사회로 흡수되었다. 1900년대 초반 영국이 두 집단 간의 갈등을 막는 데 개입하지 않았더라도, 딩카족은 결국 멸망했을 것이다.

비록 그들이 같은 환경에서 살았으며, 같은 기술을 이용하고, 추측하건대 수천 년 전에 공통 조상이 있다 하더라도, 누에르족과 딩카족은 상당히 다르다. 누에르족은 각각의 수소에 두 마리의 암소를 짝지어서 큰 떼를 거느린 반면, 딩카족은 수소 한 마리당 아홉 마리의 암소를 짝지어 작은 떼를 거느렸다. 누에르족은 소를 도살하는 경우가 거의 없었으며, 주로 우유, 옥수수, 수수만 먹고 살았다. 반면 딩카족은 자주 소를 도살하여 먹었다. 그 결과 누에르족 집단의 인구 밀도는 딩카족 집단의 3분의 2 정도 밖에 안 되었다. 누에르족은 인구가 적고 소가 많기 때문에 딩카족과는 일 년 동안의 생존 방식이 많이 다르다. 무엇보다도 중요한 차이는 건기에 거주하는 지역의 크기인데, 누에르족이 훨씬 크다.

두 부족의 또 하나의 차이점은 그들의 정치 체계이다. 딩카족에게 부족이라는 것은 우기에 같이 사는 사람들을 의미했다. 반면 누에르족의 부족은 부계를 통한 친족을 의미했다. 그 결과 딩카 부족의 성장은 지리적 여건에 제한받았는 데 반해, 누에르 부족은 이론상으로 무한정 커질 수 있었다. 실제로도 누에르 부족은 딩카 부족보다 3배 내지 4배 정도 컸을 것으로 보인다. 켈리가 추산한 바에 따르면 초기 팽창기에 누에르 부족은 평균적으로 1만 명 정도였던 반면, 딩카 부족은 평균적으로 겨우 3천 명 정도였다고 한다.

켈리는 생존 방식과 정치 체계의 차이가 "신부대" 관습의 차이에서 비롯되었다고 주장한다. 누에르족과 딩카족 모두 신랑과 신부의 가족들이 결혼할 때 가축을 교환하는 관습이 있다. 관습은 친족의 위계에 따라 암소와 염소를 각각 몇 마리를 주고받아야 하는지 명시하고 있다. 누에르족과 딩카족 모두 신랑의 가족으로부터 신부의 가족에게 가는 가축의 수가 더 많았다. 인류학자들은 이를 신부대라고 정의했는데(지참금과 다른 개념), 누에르족과 딩카족에서 신부대로 가는 가축의 수와 누구에게 줄 것인지에 대한 세부 사항은 상당히 달랐다. 누에르족에서는 적어도 20마리를 신부대로 지불해야 했는데(정확한 마리 수는 때에 따라 변했다),

외상은 허용되지 않았으며, 이상적인 신부대는 36마리였다. 신랑 집의 사정에 따라 최소 수량과 이상적인 수량 사이에서 최소한의 생존에 필요한 소를 남겨 두고 나머지 소를 신부대로 지불해야 했다. 반면 딩카족에서는 최소한으로 지불해야 할 소가 몇 마리인지 정해지지 않았고, 외상도 허용되었다. 1880년대에 소에 역병이 돌았을 때처럼 힘든 시기에도 딩카족에서는 평생 동안 신부대를 못 받는 한이 있더라도 결혼은 그대로 진행되었다. 딩카족의 최소 신부대와 이상적인 신부대는 누에르족보다 훨씬 적었으며, 누에르족과는 달리 때로 염소를 포함시키기도 했다. 따라서 더 많은 소를 신부대로 지급해야 하고, 신부대의 양을 바꿀 수 없는 누에르족은 더 많은 소를 키울 수밖에 없었다.

신부대의 배분 또한 두 부족이 달랐다. 딩카족에서는 신랑 측의 부계 친척과 모계 친척에게 가축을 주었으나, 누에르족에서는 신랑 측의 부계 친척에게만 가축을 주었다. 따라서 누에르족에서는 부계 중심의 연합이 강화되었고, 딩카족에서는 좀 더 넓게 퍼진 연합이 발달했다. 누에르족에서 부계 중심의 연합은 부계 씨족을 중심으로 한 정치 체계의 발전을 가져왔다. 한편 딩카족에서는 거주지를 중심으로 한 정치 체계가 발전했다.

누에르족과 딩카족의 차이가 오직 환경적인 차이에서 비롯되었다고는 볼 수 없을 것이다. 두 부족 모두 매우 비슷한 거주지(계절별로 강물이 범람하는 습지)에 살고 있었다. 물론 누에르족과 딩카족이 원래 살던 곳에는 약간의 환경적인 차이가 있었다. 환경의 차이를 강조하는 학자들은 이 차이로 인해 두 부족에서의 행동의 차이가 발생했다고 주장했다. 예를 들어 인류학자 모리스 글릭먼Maurice Glickman은 딩카족보다 건조한 지역에 사는 누에르족은 건기에나 우기에 좀 더 많은 인원이 함께 살 수 있었고, 두 부족의 다른 차이도 여기에서 비롯되었다고 주장했다.[11] 그러나 누에르족이 딩카족을 점령한 뒤, 두 부족이 동일한 환경에서 살게 되면서 이런 종류의 주장은 틀린 것이 되고 말았다. 만약 환경이 문화를 결정한다면, 침입자 누에르족은 딩카족처럼 되어야 하지만 누에르족은 딩카족이 살던 지역을 점령한 지 100년이 지난 후에도 자신들의 생활 방식을 지켜나갔다. 오히려 점령된 지역에 살던 수만 명의 딩카족이 누에르족의 관습을 채택했다.

누에르족과 딩카족은 사회적, 경제적인 차이로 인해 운명이 달라졌다. 누에르족은 군사적으로 우월했기 때문에 딩카족을 점령할 수 있었으며, 이는 누에르족의 다른 문화와도 밀접하게 연관되어 있었다. 누에르족과 딩카족 모두 부족이 전쟁을 수행하는 단위였다. 따라서 누에르족이 딩카족을 점령했다기보다 많은 누에르 부족이 어떤 딩카 부족들을 점령했다고 하는 게 옳다. 두 부족의 전쟁 기술과 전술은 거의 비슷했음에도 누에르 부족을 점령한 딩카 부족은 없다. 누에르 부족의 크기가 딩카 부족보다 컸기 때문에 누에르족은 계속 이겼던 것이다. 1,500명 정도의 누에르군은 600명 정도의 딩카군을 쉽게 이길 수 있었다. 누에르 부족의 규모가 더 컸고, 전쟁은 대체로 누에르족이 큰 집단을 이루고 살았던 건기에 일어났기 때문에, 누에르족은 군사를 더 많이 모집할 수 있었다. 딩카족이 누에르족에게 점령되고 동화되기 전에는 딩카족이 누에르족의 관습을 채택하지도 않았고, 누에르족의 확장을 경계할 만한 군사 조직을 갖추고 있지 않았다는 것도 주목해야 한다. 6장에서는 이러한 문화적인 관성의 이유에 대해 살펴볼 것이다.

동아프리카의 네 개 집단을 비교해 보면 문화의 변이가 중요하다는 것을 알 수 있다

인류학자 로버트 에저턴Robert Edgerton은 문화적으로 비슷한 사람들이 환경이 다른 지역에 살 때 나타나는 현상을 관찰한 이정표적인 연구를 했다.[12] 그의 주요 연구 대상은 동아프리카의 네 부족(세베이Sebei, 포콧Pokot, 캄바Kamba, 헤헤Hehe 족)이었다. 이들 부족의 일부 집단은 습한 고지에 살면서 주로 농업으로 생계를 유지했고, 일부 집단은 건조한 저지대에 살면서 목축을 주업으로 삼았다. 고지 및 저지대에 사는 집단 모두 몇 세대 동안 그곳에 머물렀지만, 때때로 그들 사이에 접촉은 존재했다.

에저턴은 일련의 심리 테스트를 사용하여 이 집단들의 성향을 측정했다. 예를 들어, 그는 버릇없이 굴고 존경심이 없는 아들을 대하는 아버지나, 소가 옥수수 밭을 망치고 있는 장면이라든지, 무장한 군인이 아이들이 보호하고 있는 소를 습격하는 장면을 그린 그림을 피실험자에게 보여 주었다. 피실험자는 마치 자신의 마을에 일어나는 일인 것처럼 그림에서 무슨 일이 일어나고 있는지와 무엇이 일어나야 하는지를 설명해야 했다. 에저턴은 그들이 다툼을 피하고자 하는 의도가 있는지, 권위를 존경하는지, 소의 가치를 어떻게 평가하는지, 자기 절제를 어떻게 하는지를 측정했다. 그는 그 밖에도 체계적인 설문지를 작성하게 했다.

만약 인간의 행위를 형성하는 데 있어 문화가 중요한 것이 아니라면, 에저턴의 검사에서 피실험자의 성향은 부족보다는 생존 방식과 관련이 있을 것이다. 이동식 목축에는 농사보다 훨씬 더 유동적인 사회 조직이 필요하다.[13] 이 가정에 따르면 농부와 목축민의 성향은 다르게 나타나야 하며, 다른 부족 출신의 농부들은 서로 비슷한 성향을 보여야 한다. 서로 다른 부족 출신의 목축민도 마찬가지다. 만약 문화가 중요하다면 부족이 생존 방식보다 더 중요하게 작용할 것이다. 이 경우에는 캄바족의 농부와 목축민은 캄바족의 농부와 세베이족의 농부 또는 캄바족의 목축민과 포콧 족의 목축민보다 성향이 비슷해야 한다.

에저턴의 연구 결과에 따르면 문화가 중요하다는 것을 알 수 있다. 그는 "실험에서 네 부족 중의 누군가가 면담에서 질문에 어떻게 대답했는지 알고 싶다면, 그가 어떤 부족 출신인지만 알면 된다."라고 이 실험을 요약했다.[14] 에저턴은 환경의 차이가 문화의 차이보다 중요하게 나타나는 예외를 발견하기도 했다. 예를 들어, 어떤 부족에 속해 있는지에 관계없이 목축민들은 농부보다 권위를 존경했다. 아마도 소를 관리하는 사람이 대체로 연장자이기 때문에 권위를 존중했을 것으로 보인다. 하지만 인류학자 리처드 맥엘리스Richard McElreath가 남부 탄자니아에서 이와 동일한 사례를 찾으려는 노력은 단지 부분적으로만 성공했을 뿐이다. 맥엘리스는 목축과 농업을 겸하는 상구Sangu족에서 농민과 목축민 사이에 권위에 대한 존경의 정도가 차이가 있다는 것을 발견했다. 그러나 매우 뛰어난 목축민 집단인 수쿠마Sukuma족에서는 권위에 대한 존경심이 매우 낮았다.[15] 그 대신 수쿠마족에서는 전통적으로 존경을 강제하는 집단적인 사회적 통제 기제와 논쟁 해결 기제가 있었다. 집단의 지도자는 누군가가 조금만 규칙을 어겨도 맹렬하게 비판했다.[16] 이처럼 우리는 동일한 환경에서 살고 있는 사람들의 문화적 다양성을 간과해서는 안 된다.[17]

그 밖에도 수많은 사례가 있다

그 밖에도 문화와 제도의 역사가 다른 사람들이 같은 환경에서 다르게 행동한다는 것을 보여 주는 수많은 예들이 있다. 몇 개만 더 짚어 보자.

사회학자 앤드류 그릴리Andrew Greeley는 아일랜드계와 이탈리아계 미국인의 성격, 정치적 참여, 민주주의에 대한 존경, 가족에 대한 성향을 연구하기 위해 설문 조사를 했다.[18] 그는 조상의 문화가 세대를 거친 후에도 거의 비슷하게 남아 있을 것이라는 가정하에 몇 가지의 가설을 세웠다. 예를 들어, 아일랜드계 이민자는 역사적으로 정치 참여 비율이 높았던 아일랜드 서부 출신이 대부분이었으며, 이탈리아계 이민자들은 정치 참여가 저조했던 이탈리아 남부 출신이 대부분이었다. 그릴리는 현재의 아일랜드계와 이탈리아계 미국인들의 정치 참여도도 역사적인 차이를 반영할 것이라고 가정했다. 그는 두 이민자의 정치 참여도가 유럽계 미국인의 지배적인 규범을 향해 서서히 수렴하는 경향이 있다는 것을 발견했다.

정치학자 로버트 퍼트넘Robert Putnam의 연구는 그릴리 연구의 부족한 점을 보충한다.[19] 이탈리아에서는 1870년대에 매우 중앙집권적인 정부가 세워진 이래 처음으로 지방 정부에게 권력을 이양하는 대대적인 개혁이 1970년대에 있었는데, 퍼트넘은 그 이후 지방 정부의 업무 수행도를 비교해 보았다. 개혁 이후 정치 "환경"의 변화에 관한 대처 방식은 지역마다 판이하게 달랐다. 그의 연구는 복잡하고 매우 흥미롭지만 간략하게 소개하면, 이탈리아 북부는 개혁이 의도했던 대로 강력하고, 경쟁력 있고, 비교적 인기 있는 지방 정부를 빠르게 건설한 반면, 남부는 그렇지 못했다. 퍼트넘은 이 차이가 남부와 북부의 역사적인 차이로부터 비롯되었다고 주장하면서 증거를 제시했다. 중세 후기 이후로 북부 이탈리아에서는 베니스, 밀란, 제노아, 플로렌스처럼 많은 사람이 정치에 참여하는 활달한 전통하에 도시 자치 정부가 발달한 반면, 남부 이탈리아에서는 외부의 전제 왕권이 지명한 엘리트에 의한 통치가 이어졌다. 오늘날에도 이탈리아 북부에서는 남부보다 활기차게 지역 단체가 활동하고 있다. 한 세기 동안의 동일한 중앙집권적 정부, 동일한 정치 조직의 지배도 결국 서로 다른 정치적인 전통을 없애진 못한 셈이다.

IBM 교육 센터의 응용 심리학자 헤이르트 호프스테더Geert Hofstede 는 종업원의 업무 가치관에 대해 설문 조사를 했다.[20] 그는 50개 국가 및 소수의 다국적 지역에서 적절한 표본을 구해 권력, 젠더 관계, 불확실 회피도, 개인주의에 따라서 업무 가치관이 어떻게 달라지는가를 분석했다. 호프스테더에 의하면 IBM 종업원으로 선택되고, 교육의 과정을 거쳤는데도 문화적인 차이는 사라지지 않았다. 그의 표본에서 문화적으로 비슷한 사회들은 비슷한 경향을 보였다. 영국, 미국, 호주 종업원들은 비슷한 가치관을 지녔으며, 라틴계 미국인 및 동아시아 종업원들도 각각 비슷한 가치관을 지닌 것으로 드러났다.

경제나 제도가 급작스럽게 변화하면 민족마다 반응은 다르게 나타난다. 어떤 집단은 우연하게도 갑작스러운 변화에 잘 적응하는 반면 또 어떤 집단은 잘 적응하지 못하기 때문에, 각각의 집단들은 전혀 다르게 행동하는 것이다. 나이지리아의 세 부족, 이보Ibo, 하우사Hausa, 요루바 Yoruba 족이 경험한 것은 이 현상을 잘 보여 준다. 식민지가 되기 이전, 이보 사회는 개인의 성취를 강조했으나 하우사와 요루바에서는 개인의 열망을 강조하기보다는 상속된 지위를 강조했다. 식민지를 거치면서 그리고 식민지 이후에도 시장경제가 성장하자 전통적으로 좀 더 진취 정신을 강조했던 이보족은 변화에 잘 적응했다.[21] 동일한 지역에서 좀 더 복잡다단한 폴리네시아 사회보다 단순한 멜라네시아 사회가 시장경제에 잘 적응한 것도 똑같은 논리로 설명이 가능하다.[22] 어떤 멜라네시아 집단들은 너무나 빠르게 개인적이고 기업 중심적인 자본주의에 적응해서 마치 밀턴 프리드먼Milton Friedman(노벨 경제학상 수상자, 자유방임주의의 옹호자—역주)이 발명한 사회 같았다.

이러한 사례들은 모두 인간 집단 간의 많은 중요한 차이가 잘 바뀌지 않고, 전달될 수 있는 인간의 행동을 결정하는 무엇으로부터 비롯된다는 것을 가리킨다. 그것은 문화일 수도 있고, 유전자, 제도적인 차이일 수도 있다. 조만간 우리는 제도적인 차이나 유전자로 인간 집단 간의 차이를 설명할 수 없다는 증거를 제시할 것이다. 이에 앞서 기술의 문제부터 짧게 짚고 넘어갈 것이다.

기술은 환경이 아니라 문화이다

인간의 다양성이 환경의 차이에서 비롯되었다는 주장을 반박하는 방법은 이와 같은 자연적인 실험만 있는 것은 아니다. 고故 마빈 해리스 Marvin Harris가 그랬던 것처럼,[23] 인간 행동의 차이가 생태적이고 경제적인 원인에서 비롯되었다고 열렬히 믿는 학자들은 다양한 사람들이 사용하는 모든 도구가 환경의 일부분이라고 여겼다. 이러한 시각에서 보면 기술에 의해 환경이 영구적으로 변화되는 경우를 쉽게 설명할 수 있다.

예를 들어, 도로망, 거대한 빌딩, 계단식 논 등의 건설은 인간의 행동에 막대한 영향을 미친다. 하지만 이 관점으로는 동일한 환경에서 사람들이 다른 기술을 갖고 있어서 다르게 행동하는 것을 설명하기가 어렵다. 예를 들어, 열대의 원예농 지역에서 철기가 도입되면서부터 인간의 생태적 환경은 변화했다. 철기로 인해 새로운 농경지의 개척이 용이해졌으며, 이에 따라 인구밀도는 증가하고 사냥을 할 필요성은 줄어들었을 것이다. 따라서 철기를 사용하는 사회는 철기를 만드는 기술을 갖고 있지 않은 사회보다 많은 점에서 다를 것이다. 이에 대해 어떤 학자들은 도구는 환경에서 취하는 것이기 때문에 모든 기술은 환경의 일부라고 주장하지만, 이는 억지에 지나지 않는다. 철광석으로부터 철을 추출하고, 강철로 녹여서 유용한 도구로 만드는 데 필요한 지식은 환경의 일부가 아니다. 그리고 이 지식은 한 세대만에 획득할 수 있는 것이라기보다는 한 세대로부터 다른 세대로 학습과 모방으로 전달되면서 서서히 축적되는 것이다. 물론 이 기술의 발전은 환경적인 요소에 달려 있다. 철광석은 구할 수 있는가? 노력해서 얻을 가치가 있는 도구인가? 철을 다루는 전문 기술자를 부양할 정도로 큰 집단인가? 그러나 철을 만드는 지식이 없다면 이 모든 요소들은 아무 소용이 없다.

그러므로 문화에 대해 심각한 회의론자라 하더라도 동일한 환경에서 기술적 차이를 불러오는 문화적으로 전달된 지식에는 예외를 두어야 한다. 이러한 문화의 중요한 인과적인 힘을 인정하면서 많은 학자는 기술 결정론적 설명에 안주할지도 모르겠다. 하지만 이 논쟁의 한 꺼풀만 벗기고 보면 환경결정론은 설 자리가 없어지고 만다. 왜냐하면 기술적 지식과 다른 종류의 지식을 구분하기가 쉽지 않기 때문이다. 물을 끓여 먹는 것처럼 공공 위생에 대한 관습을 생각해 보자. 미생물을 통해서 병이 전염된다고 믿는 사람은 오염된 수원에서 얻은 물을 끓여서 먹는다. 물을 끓이는 행위는 콜레라, 설사, 그 밖의 미생물로 인해 발생하는 질병에 걸릴 위험을 줄여 준다고 믿기 때문에 그들은 조금 귀찮더라도 그 행위를 할 만하다고 여긴다. 하지만 많은 공공 보건 실무자들이 밝히다시피, 병의 전염에 대한 다른 이론을 믿는 사람들은 물을 끓여서 마시지 않는다.[24] 그들은 사람들이 수많은 원인 때문에 질병에 걸릴뿐더러, 물을 끓이는 연료와 끓인 물을 보관하는 수조를 구입해야 하는 비용을 고려하건대, 물을 끓여 먹는 습관이 별로 이득될 것이 없다고 여긴다. 그러므로 병의 원인에 대한 믿음도 기술적 지식의 일부분이라고 여겨져야 한다. 하지만 이런 믿음은 인간성, 본성, 초자연적인 것에 관한 온갖 믿음과 얽혀 있다.

사회적 환경의 다양성으로만 인간의 다양성을 설명할 수 없다

많은 학자, 특히 사회학자와 사회인류학자는 자연환경의 차이에 의해서 인간의 차이가 발생했다고 생각하지 않지만 문화의 중요성도 부인한다. 대신 그들은 문화보다 사회적 환경의 차이가 사회 간의 차이를 만들어 내고 유지시킨다고 주장한다. 여기에 깔린 생각은 사람들의 행동은 다른 사람의 행동에 의존하고 있다는 것이다. 좀 더 익숙한 예를 들면, 모든 사람이 도로의 우측에서 운전한다면 우측에서 운전하는 것이 당연하다. 한번 어떤 행동 유형이 널리 퍼지면 그 행동은 자기 영속적이 되고, 대부분 사람이 관습이라고 생각하는 지속적인 행동 유형으로 자리 잡는다. 그들에 따르면 사회적 생활은 결혼, 가족으로서의 의무, 이력 등의 관습으로 가득 차 있으며, 이러한 관습으로 인해 동일한 환경에서 살고 있더라도 각각의 사회가 서로 다르게 되는 것이다.

여기서 이 논의를 두 가지 가설로 구분해서 볼 필요가 있다. 강한 가설에 따르면 매일의 상호 작용으로 관습이 지속된다. 예를 들어, 도로의 우측에서 운전하는 것은 거의 대다수 사람이 그렇게 하기 때문에 많은 나라에서 관습이 되었다고 설명한다. 따라서 관습이라는 것은 개인이 아니라 사회의 자산이다. 심지어 우리 모두가 차에서 내릴 때마다 기억 상실증에 걸린다 하더라도, 우리는 아마도 적절한 규칙을 순식간에 다시배울 것이다. 물론 우리는 우리가 살고 있는 국가에서 정한 쪽으로 자동차를 운전하는 습관을 갖고 있지만, 그건 상당히 피상적인 이유에 불과하다. 미국인들과 유럽 대륙에 살고 있는 사람들이 영국에서 왼쪽으로 운전하는 데 적응하는 시간은 그리 길지 않으며, 스웨덴 사람들은 유럽 대륙의 규칙에 적응하여 하루 만에 왼쪽에서 오른쪽으로 바꾸어 운전한다. 이처럼 다른 사람들과 일치가 이루어지는 것은 스스로 따르려고 노력하기 때문이다. 모든 사람에게는 어떤 규칙이든지 다른 사람들이 지키는 규칙에 따라야 하는 직접적인(비록 그것이 명확할 필요는 없지만) 이유가 있다.

한편 약한 가설에서는 사람들이 다른 사람들의 행동을 관찰하면서 어떻게 행동해야 하는지를 배운다고 본다. 이 가설에서는 미국인들이 일부다처제의 가족을 구성하지 않는 이유를 미국인들이 그런 행동이 도덕적으로 비난받아 마땅하다고 믿기 때문이며, 아내를 여럿 거느린 자는 친구들과 이웃들에게 비웃음을 살 것이기 때문이라고 설명한다. 그들은 학습을 통해서 그러한 신념을 습득하며, 일부다처주의를 시도하려는 사람이 응분의 벌을 받는 걸 우연히 목격할 때 그 신념은 강화된다.

약한 가설에서 중요한 점은 사회적 환경은 우리가 앞서 정의한 바와 같은 문화적 변이의 한 형태일 뿐이라는 것이다. 사람들은 다른 사람들의 행동을 관찰하고, 그 지역의 관습을 학습함으로써 어떻게 행동해야 하는지에 관한 정보를 습득하고 저장한다. 한편 강한 가설에서는 역사적인 차이를 지속시키는 정보가 인간의 기억 속에 저장되지 않는다. 오히려 그것은 개인들이 매일매일 하는 행동 속에 저장되며, 자기 스스로 남들과 조화하려는 노력에 의해서 강화된다. 아마도 그러한 관습은 각 개인들의 두뇌에서 모방을 통해서 전달되고 저장되는 문화적 정보보다 매우 중요할 것이다. 하지만 강한 가설에서처럼 관습의 변이만으로는 인간 행동의 변이를 모두 설명할 수 없다. 문화는 과거에서 현재로 이어지는 행동의 고리가 끊어지더라도 지속될 수 있으며, 관습의 변이만으로는 문화 속의 지속적인 변이를 설명하기 어렵다.

문화는 오래 억제된 이후에도 다시 나타날 수 있다

관념은 대단히 끈질길 수 있다. 어떤 관념으로 인해 발생하는 행동이 오랜 기간 사회적 환경에서 억압받더라도 그 관념은 때로 길게 지속된다. 스스로 유지되는 사회적 상호 작용에 의해서 행동의 차이가 지속되는지는 또 다른 사고 실험으로 검증할 수 있다. 우선 어떤 문화든 골라 보자. 여기서는 파푸아 뉴기니의 서부 고지대에 있는 매엥가Mae Enga족이라고 하자. 그리고 매엥가족 특유의 모든 관습이 중단된다고 상상해 보자. 그들은 자신들의 종교 의례를 치를 수 없고 정교한 교환 의식을 행할 수 없으며, 그들의 이웃 사이에 흔히 있는 폭력적인 충돌도 못 하게 금지되었다. 그 대신 다른 종류의 행동 패턴이 그들에게 부과되었다. 그러나 그들이 후손들에게 예전 매엥가족이 살던 방식을 가르쳐 주는 것은 허용되었다. 이러한 제약은 한 세대 정도만 지속되며, 그 후에는 제약이 해제된다. 만약 매엥가족이 새롭게 부과된 행동 패턴을 지속적으로 행할 것이라고 예측하거나, 이전 행동 방식과 관계없는 새로운 방식을 만들어 낸다고 예상한다면, 당신은 문화가 중요하지 않다는 강력한 관습 옹호주의자이다. 반대로 당신이 매엥가족의 새로운 행동이 이전 문화를 반영한다고 생각한다면, 당신은 문화가 유지되려면 매일 행해지는 것만으로는 부족하다고 믿는 사람이다. 다시 말해서 당신은 문화가 인간의 장기적인 기억 속에 있다고 믿는 것이다. 만약 스스로 지속되는 관습 때문이 아니라 문화로 인해 연속성이 유지된다면, 어떤 문화의 구성원은 다른 사람들의 규범에 따라 행동해야 하는 상황에 처하더라도 그들의 문화를 일부든, 전부이든 자손에게 전달할 것이다. 문화가 낯선 환경에 새롭게 적응하기 전에 주위에서 가해 오던 압력이 사라진다면, 그 이전의 문화는 대부분 잔존해 있을 것이며, 강제가 사라진 이후 행동도 예전 방식으로 되돌아갈 것이다.

　구소련 정부가 소수 민족을 어떻게 대했는지를 살펴보면 비록 비인간적이긴 하지만 실제로 있었던 실험을 관찰하는 것이 된다. 인류학자 아나톨리 카자노브Anatoly Khazanov는 구소련 연방에서 민족 간 차이와 민족주의의 역사를 기술했다. 1917년에서 1979년까지 소련 제국은 거대한 체계 안에 있던 다양한 사람들에게 새로운 소련 시민으로서의 정체성을 주입시키려 부단하고 무자비하게 노력했다. 더구나 한 세기 동안 남부의 공화국들과 우크라이나, 그 밖에도 소련 연방에 있던 수많은 민족은 러시아 문화의 영향 아래에 있었고, 차르의 통치를 받았다. 카자노브에 따르면 레닌부터 1985년 고르바초프의 개혁에 이르기까지 소련에서 국가 정책의 궁극적인 목적은 "국가의 통합"이라는 슬로건 아래 비非러시아계 국민들을 완전히 러시아화하는 것이었다.

　헌법상의 허구 속에서 비러시아계 소수 민족은 권리가 잘 보호되며, 그들에게도 민족적 지도자가 존재했던 것처럼 묘사되지만, 실제는 그렇지 않았다. 다른 민족들은 점차적으로 러시아어를 교육받아야 했다. 러시아어 교육은 처음에 고등 교육기관부터 시작되었다가 하위 기관으로 점차 확대되었다. 1960년대에 이르러 러시아 연방 정부의 소수 민족 언어 연구는 거의 사라졌다. 뿐만 아니라 비러시아계 공화국에서 이와 유사한 정책들이 추진되었다. 1970년대에 이르러서는 대중 매체 프로그램, 도서의 출판, 거리 간판, 지도, 공식적 및 반半공식적 회의에서도 러시아어만 쓰이기 시작했다. 더하여 러시아인의 비러시아 지역으로의 이주도 장려되었다. 1940년에 에스토니아에 살고 있는 에스토니아인의 비율은 92%였는데 1988년에는 61%로 감소했다. 카자흐스탄과 키르기스스탄에서는 토착민이 오히려 소수가 되어 버렸다. 1980년대에 이르러서는 대부분의 공화국에서 유창하게 러시아어를 쓸 수 있게 되었다. 비러시아계 출신이 엘리트가 되려면 완벽한 러시아화가 전제 조건이 되었다. 많은 공화국에서 민중들 사이에 엘리트의 러시아화에 대해 불만의 소리가 높아졌고, 아제르바이잔과 아르메니아 같은 공화국에서는 언어 문제로 인해 강한 저항이 발생하기도 했다. 이슬람 사원과 학교를 비롯하여 다수의 주요 기관은 소련 정부가 효과적으로 다스렸다. 소련 정부는 그리스정교회를 탄압했던 것처럼 이슬람 조직을 매우 작게 만들었고, 그들이 잘 복종하도록 관리했다.

볼셰비키 혁명은 의심할 여지없이 모든 소련 사람을 민족성마저도 약간의 관습만 남긴 채 거의 사라지게 만든, 새로운 사회에 맞게 개조하려 했던 문화 혁명을 목표로 했던 사회 혁명이었다. 사회적 환경의 변화와 강력한 러시아화에도 불구하고 1989년 소련 제국이 해체되자마자 즉각적으로 그리고 놀랍게도 민족주의가 출현했다. 카자노브에 따르면 러시아인의 애국심은 소련 공산주의의 이상이었던 문화 간의 통합과 실질적으로 공존할 수 없는 것이어서, 국제적인 소련 사회주의 문화라는 것은 불가능한 것이었다. 소련 체제에서 피지배 민족들은 러시아-소련식으로 동화하려는 시도에 대해 강렬하게 — 어쩔 수 없이 비밀리에 — 저항했다. 소련이 지배한 지 몇 십 년이 지난 후에도 민족적 감정이 강하게 남아 있었다(혹은 다시 드러났다). 중앙아시아에 있는 공화국들에서는 시민 대다수가 자신들을 아직도 무슬림이라고 여겼고, 1960년대까지 이슬람 성직자들은 비밀리에 종교 의식을 수행했으며, 이슬람 학교를 운영했다. 정기적으로 종교 생활에 참여할 수 없었던 사람들도 자신들을 무슬림이라고 자각하고 있었다. 무슬림이 많이 살았던 남부의 출생률이 높은 것만 보더라도 많은 이슬람적인 가치가 유지되었다는 것을 짐작할 수 있다. 소련 정부의 정책이 의도한 대로의 변화는 거의 일어나지 않았다. 소련 연방 바깥쪽에서는 혹독한 제도적인 억압에 아랑곳하지 않고 폴란드에서는 가톨릭교와 민족주의가, 중국에서는 사기업의 정신이, 발칸반도에서는 민족 간의 적대감이 지속되었으며, 이는 문화가 몇 세대를 거쳐도 그대로 지속된다는 좋은 사례이다.

어떻게 구소련 시기 동안 문화가 보존되었으며, 보존 정도가 어느 정도인지는 아직 정확히 모른다. 저널리스트인 스티븐 헨델만Stephen Handelman은 민족 집단과 유사한 전통적인 러시아 "마피아Mafia"의 역사에서 이를 보여 준다.[25] 제정 러시아에서는 조직적인 범죄를 저지르는 소위 도둑 세계의 하위문화가 깊이 뿌리박고 있었다. 혁명기의 러시아 공산당원들은 도둑들의 세계를 원초적인 혁명가들이라고 낭만적으로 생각하는 경향이 있었으며, 마피아들이 1917년 이후에 혁명에 통합되기를 기대했다. 하지만 스탈린의 공포하에서도 마피아 조직은 사라지지 않았으며, 감옥 안에서나 바깥에서나 미국이나 이탈리아에서와 같은 범죄 조직으로 기능했다. 거대하고 무자비한 경찰 관료가 그 구성원들을 통제하려는 국가에서 범죄 조직의 철칙은 공식적인 직업을 갖지 않는 것이었다. 결국 강력한 경찰국가도 그러한 조직을 해체하지 못했다. 2차 세계 대전 이후에 범죄 조직의 위기가 있긴 했다. 전쟁 동안 조직원의 상당수가 애국적인 정열에 사로잡혀서 나치에 저항하면서 군인이 되었다. 이로 인해 범죄 조직에서 전통주의자와 귀향한 군인들 사이에 내전이 발생했다. 전통주의자들은 아무리 극단적인 상황에서 봉사했더라도 합법적인 단체에 참여하지 않아야 한다는 철칙을 어긴 것은 용서할 수 없다고 생각했다.

그 밖에도 이런 종류의 다른 사례들은 많다. 예를 들어, 미국에서는 마약과의 전쟁에서 완전히 실패하고 있다. 마약법 위반에 대해 엄청난 형벌이 선고되고 마약에 반대하는 수많은 공익 광고에도 불구하고, 마약의 하위문화는 억압적인 사회적인 환경에 아랑곳하지 않고 없어질 기미를 보이지 않는다. 또 다른 예는 아나톨리아(지금의 튀르키예)와 발칸반도 지역에서 오스만 제국의 억압에도 그리스정교회 공동체가 계속 살아남은 것이다.[26] 중세와 근대 초기의 유럽에서 가톨릭과 신교의 박해에도 불구하고 이단적인 관념들이 사라지지 않았기 때문에 그와 관련된 신념과 습속들이 변화를 거듭하면서 수 세기 동안이나 전달될 수 있었다. 이로 인해 19세기 미국 개척기의 프리메이슨과 모르몬교와 같은 운동이 일어날 수 있었다.[27]

단지 문화의 드러난 겉모습만 억제하는 것만으로는 그 문화를 사라지게 만들 수 없다. 그렇다고 해서 문화가 변하지 않는다는 뜻은 아니다. 때로는 동화하려는 욕구가 전통을 지키려는 욕구보다 강한 경우도 있다. 그러나 부모로부터의 사회화, 상당한 위험을 감수하고서라도 지하조직을 유지하려는 종교 지도자들과 애국자들의 노력이 있기 때문에 극단적으로 비우호적이고 철저히 변화한 사회적 환경에서도 전통 문화의 상당 부분이 유지될 수 있는 것이다. 문화적으로 전달된 관념들만으로도—오래 억압당한 이후에도—사회 체계가 복원된 경우는 많다. 이는 관습에 관한 강한 견해가 틀렸다는 것을 분명히 증명한다.

집단 내의 변이는 사회 환경적인 요소로는 설명하기 어렵다

함께 거주하는 사람들이 모두 똑같은 것은 아니며, 몇몇 증거에 따르면 문화로 인해 차이가 발생한다. 예를 들어, 살라몬이 연구한 농촌 공동체 내의 민족에 따른 차이는 앞서 소개한 공동체 간의 차이와 비슷한 양상을 보였다.[28] 살라몬은 미국 주민들과 독일계 이민자들이 함께 살았던 "대평원의 보석Prairie Gem"이라는 공동체를 연구했다. 1890년에 독일계 이주민들은 그 지역 땅의 20% 정도를 소유했으며, 1978년에 이르러 그들은 60% 정도를 소유하게 되었다. 반면 1978년에 부재지주의 66%가 미국 사람들이었으며, 주재지주의 43% 정도만이 미국 사람들이었다. 따라서 미국 출신은 독일계 이주민과 떨어져 살든 같은 공동체를 이루어 나란히 살든 자신만의 방식으로 살아갔다는 것을 알 수 있다. 이와 비슷한 대조는 스웨덴계 이주민이 주로 사는 "스베드버그Svedburg"라는 지역에서 관찰할 수 있다. 스웨덴계 이주민들은 독일계 이주민들처럼 그들의 땅을 가족에 귀속시키고자 하는 욕구가 강하며, 그들은 미국민들과 달리아들들이 농업을 이어받길 바란다. 예를 들어, 임차인이나 땅을 부분적으로 소유하고 있는 스웨덴계 이주민의 62%가 아버지의 도움으로 땅을 소유하게 되었으며, 미국민들의 경우에는 아버지의 도움을 받은 비율이 4분의 1도 안 되었다.

이런 종류의 변이는 순전히 사회-구조적으로만 설명하기 어렵다. 가령 한 공동체에서 독일계와 미국 출신 중 어느 하나가 지배적인 경우, 어떤 관습의 영향으로 인해 행동의 변이가 발생했다고 가정할 수 있다. 하지만 "대평원의 보석"에서 미국민들과 독일계 이주민들은 사업상의 이유든 사회적인 이유이든 간에 매일매일 교류한다. 그들은 똑같은 기술로 동일한 경제적인 환경에서 동일한 땅을 경작한다. 그들을 구분하는 유일한 것은 민족적인 전승의 차이뿐이다. 그들이 각각 다른 관념, 신념, 가치를 문화적으로 물려받지 않았다면 어떻게 매일매일 어울려 살아가면서도 경작하는 방법이 다를 수 있겠는가?

집단 간 행동의 변이는
대개 유전자에서 비롯되지 않는다

우리가 아는 대부분의 사람은 유전적인 차이로 인해 사람들 간의 행동이 달라진다는 말에 다소 분개한다. 많은 동료학자는 이 문제가 모두 해결되었다고 생각한다. 그들은 행동에 영향을 주는 중요한 유전적인 변이란 존재하지 않으며, 변이가 있다고 말하는 사람에게는 모두 나쁜 의도가 있다고 여긴다. 동시에 우리 주변의 많은 사람은 철두철미한 유전주의자들이기도 하다. 그들은 그들의 자식들이 부모로부터 좋은 인성과 명민함을 얻었다고 생각하며, 눈치를 볼 필요가 없을 때에는 다른 민족들은 다르게 "태어났다"고 말하기도 한다.[29] 이처럼 사람들은 대체로 (그들의 열정에도 불구하고) 본성/양육 이분법으로 인해 혼란스러워하기도 한다.

대부분의 학자가 지닌 유전에 대한 신념은 보통 사람들이 믿고 있는 것보다 크게 나을 바가 없다. 행동유전학에서의 최근 연구에 따르면, 유전적 요소 및 환경적 요소로 인해 개인들 간 행동의 변이가 발생한다고 한다. 하지만 이 연구의 결과는 집단 간의 변이가 유전적 요인 때문인지는 말해 주지 않는다. 더구나 주목을 끄는 실험 결과에 의하면 세계의 여러 집단 간 행동의 차이 중 유전적인 요인에서 비롯된 것은 없다고 한다.

행동유전학에 의하면 개인들 간의 어떤 차이는 부분적으로 유전적 요인 때문이다

대부분의 사람들은 아이들이 부모로부터 기본적인 가치들을 배운다고 생각한다. 어떤 여자아이는 보수적인 부모로부터 낙태를 저주하도록 학습되며, 어떤 남자아이는 개방적인 부모로부터 여성이 선택할 수 있는 권리를 옹호하도록 학습된다는 식이다. 사회과학은 오랫동안 이러한 일반적으로 알려진 견해를 지지해 왔다. 셀 수 없을 정도의 연구들이 부모와 자식의 성향이 유사하다는 것을 보여 주었고, 거의 대부분의 학자[30]가 이에 대해 어린아이들이 가정에서 사회적 성향을 학습하기 때문이라고 가정했다.

하지만 행동유전학자들의 연구는 이러한 공통적인 견해에 대해 의문을 제기한다. 물론 부모와 자식의 사회에 대한 성향은 서로 연관되어 있지만, 그들은 이 상관관계가 아이가 물려받은 유전자 때문이라고 설명한다.[31] 이 연구자들은 수많은 사람에게 설문 조사를 실시했다. 설문 조사에는 일란성 쌍둥이, 이란성 쌍둥이, 같은 집에서 성장기를 함께 보낸 친척과 친척이 아닌 사람, 각각 다른 집에서 자란 친척도 포함되었다. 이와 비슷한 상당수 연구가 있었으며, 이 연구들의 대상은 대체로 호주, 영국, 미국의 백인 중산층이었다. 설문 조사에는 현대 예술, 사형, 파자마 파티*와 같은

• 미국에서 10대의 소녀들이 친구 집에서 파자마 바람으로 하룻밤을 지내는 파티

주제에 대한 사람들의 성향을 관찰하려는 질문도 포함되어 있었다. 질문은 심리학자들이 성격을 구분하는 차원[32]인 내향성-외향성, 신경과민, 정신병 정도, 종교적 독실함, 보수적 경향에 대한 것으로 통계적인 방법을 사용하여 각각 구분되었다. 심리학에서의 수많은 연구에 따르면 이러한 차원들은 성격의 결정적인 측면들을 반영한다고 한다. 함께 가족을 이루고 살았지만 유전적으로 유사한 정도가 서로 다른 친족들의 사회적인 성향을 통계적으로 비교하면 가족 내에서 유전적 전달과 문화적 전달 중 어느 것이 중요한지 알 수 있을 것이다. 예를 들어, 부모로부터의 학습이 중요하다면, 입양된 아이들, 형제자매들, 이란성 쌍둥이, 일란성 쌍둥이를 각각 짝지어 비교해 보면 거의 비슷한 결과가 나와야 할 것이다. 반대로 만약 유전자가 가장 중요하다면, 일란성 쌍둥이들이 가장 비슷한 것으로 드러날 것이다. 그리고 이란성 쌍둥이, 형제자매들은 어느 정도 비슷할 것이며, 입양아와 그 친척들은 표본에서 아무나 비교한 것과 그리 차이가 나지 않을 것이다.

각각 독립적으로 이루어진 여러 연구 결과에 의하면 가족 내에서 문화적 전달은 그리 중요하지 않으며, 부모와 자식은 대체로 유전자로 인해 비슷하다고 한다. 만약 이 결과가 유효하고 다른 종류의 성격에까지 일반화한다면, 이 연구 결과들은 많은 사람이 믿는 것과 달리 부모가 문화적 전달에 있어 그리 중요하지 않다는 것을 의미한다. 그렇다면 어떤 아이가 민주당을 싫어하게 된 이유는 부분적으로 그에게 보수적인 시각을 선택하도록 만든 부모로부터 물려받은 유전자 때문이며, 다른 한편으로 가족 바깥에서 우연하게 학습하거나 관찰하거나 습득한 것들 때문이다. 이 연구들은 여러 이유에서 비판받았지만,[33] 사람들 간에 유전자의 차이가 존재하며 그 차이가 유전된다는 것은 상당히 설득력이 있다. 계속적으로 변화하는 모든 특질이 유전자의 변이로부터 비롯되었다는 것은 진화생물학자들에게는 자명한 진리이다. 뿐만 아니라, 설치류가 우리를 찾거나, 비둘기가 집으로 찾아오거나, 혹은 개들이 영역 표시를 하는 것과 같은 행동 특질들도 모두 유전자의 변이로부터 비롯되었다. 사회적인 입장에 대한 선호는 뇌의 화학적 구성과 조직에 영향받을 가능성이 높으며, 뇌의 그러한 측면은 많은 유전자로부터 영향을 받을 가능성이 높다는 것을 고려해 볼 때, 사람들이 질문지에 답하는 것이나 그들의 행동 모두 유전자의 변이에 영향받을 가능성은 높다. 물론 개인적인 수준에서 사람들에게 유전자의 변이가 존재하지 않는다면, 아마도 우리는 태양 아래에서 새로운 어떤 생물이 될 것이다.

그러나 유전적 변이의 존재가 문화적 전달이 중요하지 않음을 의미하지는 않는다. 대부분의 연구에서 아이들의 성격을 구성하는 요인 중에서 절반 이상이 행동유전학자들이 이야기하는 가족 외적 환경에서 비롯된 것으로 드러났다. 행동유전학자들은 개인의 삶에서 특별한 사건들이 미치는 효과들을 가족 외적 환경으로 간주한다. 이 관점에 따르면, 철수는 보수적인 부모 아래에서 자랐더라도 그의 절친한 친구가 불법 낙태를 하다가 사망했기 때문에 낙태 찬성주의자가 되었다. 그러나 이를 다르게 해석할 수도 있다. 가족 외적 환경은 또한 친구, 성직자, 남학생 클럽원fraternity brothers, 여학생 클럽원sorority sisters, 동료, 그리고 아마도 심지어 교수까지 포함하여, 이들로부터 학습한 영향으로 규정할 수도 있다. 행동유전학자들은 단지 부모의 성향밖에 알 수 없기 때문에, 이 해석을 반박할 수 없을 것이다. 철수는 강한 개성을 지닌 선생으로부터 낙태에 대한 시각을 학습했을 수도 있다. 더구나 이 해석은 어떤 특질(IQ가 대표적인 예)에 대해서 어릴 때에는 가족 환경의 영향이 꽤 큰 반면, 자라나면서 그 영향이 줄어든다는 사실과도 일치한다. 아이가 자라나면서 아이의 성향에 영향을 주는 사람들이 늘어나고, 부모의 영향은 이 연구에서 사용한 방법으로 측정할 수 없을 만큼 미미한 수준으로 감소한다.

가족 외적 환경에 강하게 영향받는 문화 체계 중에 대표적인 것이 방언이다. 사회언어학자들은 방언에서 작은 규모의 변이들이 어떻게 발생하는지 잘 알고 있다.[34] 아이들은 집에서 그들의 부모로부터 모국어를 배운다. 하지만 아이들은 가족을 떠나 또래 친구들과 어울리게 되면서 부모에게서 배운 방언을 또래에게서 배운 방언으로 바꾼다. 이는 언어 진화가 나이 든 세대와 확연히 다른 언어를 쓰는 젊은 세대에 의해서 이루어진다는 사실과 일치한다. 그리고 이는 또한 언어권의 경계를 넘어서 이주하는 사람들의 언어 변화와도 일치한다. 어른들은 새로운 지역의 규범에 따르려고 그다지 노력하지 않는 반면, 어린아이들은 완전히 자신을 변화시킨다. 방언의 **변이**에 있어서 부모는 아이에게 거의 영향을 미치지 못한다. 일차적인 언어 사회화가 절대적으로 가족으로부터 이루어지는 것을 생각해 볼 때 이것은 놀라운 일이다! 연구된 바는 거의 없지만, 만약 타고난 발성기관의 구조가 방언을 사용하는 데 어느 정도 영향을 미친다면, 방언의 사용은 개인에 따라 달라질 것이다. 그렇다면 언어 사회화에는 해부학적 특징의 유전성heritability•으로 추적 가능한 부모의 유전적 효과 및 방언의 학습으로 인한 가족 외적 환경 효과, 이 두 가지의 영향이 있는 셈이다. 이러한 관점에서 보자면 아이가 어릴 때 부모로부터 대부분의 언어 기술을 학습하더라도 언어 사회화에 있어서 부모의 역할은 사라지게 된다. 정리하자면, 부모는 대개 아이에게 기본적인 언어 특질을 전달해 주지만, 아이는 언어의 변이를 만들어 내는 미묘한 차이를 또래로부터 습득한다.

집단 내에서 유전성이 높다고 해도 집단 간의 변이에 대해서는 알 수 없다

매우 면밀한 조사가 이루어진 이후에 모든 상식적인 사람들이 백인 중산층 미국인의 사회적 성향의 차이가 유전적인 요소에 의해서 발생한다는 것을 믿게 되었다고 가정해 보자. 그들은 아마도 사회적 성향이 유전자를 통해서 전달된다고 이해할 것이다. 각각의 집단들은 분명 서로

• 특정한 특질(예를 들어, 키, IQ)에서 환경적인 요소가 아닌 유전적 요인에서 비롯된 관찰할 수 있는 변이의 비율. 다시 말해서 어떤 특질의 유전성이 높다는 것은 대부분 유전된다는 뜻이며, 유전성이 낮다는 것은 그 특질의 표현형(유전자가 발현된 형태)이 환경에 영향을 많이 받는다는 뜻이다.

다른 사회적 성향을 보인다. 예를 들어, 북유럽인, 미국인, 독일인은 각각 다르다. 만약 각각의 사회에서 사회적 성향이 유전자를 통해 전달된다면, 집단 간에 존재하는 사회적인 성향의 차이도 유전자에서 비롯된 것이 아닐까?

이에 대한 대답은 단호히 "아니다" 이다. 버지니아 백인 중산층 간의 사회적 성향의 변이의 상당 부분이 유전적이라는 말은 사회적인 성향이 유전자를 통해 전달된다는 것을 의미하지 않는다. 그것은 사회적 성향에 영향을 미치는 유전적 변이가 존재한다는 뜻이며, 이러한 영향은 버지니아의 백인 중산층들의 사회적인 성향에 영향을 미치는 문화적, 환경적인 차이의 효과보다 더 크다는 것을 의미한다. 그것은 버지니아의 백인 중산층과 덴마크계 백인 중산층 간의 사회적 성향의 차이가 두 집단 사이의 유전적 차이 때문에 비롯되었다는 뜻이 아니다. 다만 두 가지의 조건만 만족한다면 유전적 차이의 결과라고 할 수 있을 것이다. 첫째, **평균적**으로 버지니아인과 덴마크계 이주민 사이에 유전자의 차이가 존재해야 하며, 둘째, 이러한 평균적인 유전적 차이가 문화와 환경의 평균적인 차이보다 커야 한다. 버지니아인 사이에 유전적인 변이가 존재한다고 해서 우리는 그들이 덴마크계 이주민과 **평균적으로** 유전자가 다른지 알 수 없다. 또한 버지니아인 사이에 환경적 또는 문화적 변이가 상대적으로 적다고 해서 버지니아인과 덴마크계 이주민 사이의 평균적인 환경적 또는 문화적 차이가 얼마나 되는지 알 수 있는 것은 아니다.

이것은 비전秘傳의 과학이 아니라 그저 일반적인 상식일 뿐이다. 일반적으로 행동유전학자들은 집단 내의 유전적 차이와 집단 간의 유전적 차이를 주의 깊게 구분하여 말한다.[35] 그런데도 해가 갈수록 대학 학부생들은—슬프게도 때로는 과학자들까지(이들은 더 공부해야 된다)—반대의 결론에 이르러야 하는 사례들을 많이 접했음에도 불구하고 집단 간의 차이는 유전적인 요소에서 비롯된다고 쉽게 결론 내리고 만다.

집단 간 행동의 변이는 대부분 유전적인 요소와 관련 없다

집단 간 행동의 차이는 유전적 요소와 관련이 없다는 증거는 두 가지가 있다. 첫째, 다른 문화에서 입양된 아이는 그들의 생물학적 부모의 문화에 따르기보다 입양된 문화의 성원처럼 행동한다. 둘째, 인간 집단은 자연선택이 유전자 빈도를 변화시키는 것보다 더 빠르게 행동을 바꾸기도 한다. 이 자료들로 인간 집단 간에 유전적 차이가 없다는 것을 증명할 수는 없지만, 집단 간의 문화적 차이는 그 어떤 유전자의 변이보다도 훨씬 크다고 결론 내리기에는 충분하다.

문화를 넘어선 입양

최근 문화를 넘어선 입양이 매우 증가했다. 일본, 한국, 베트남 출신 어린이들이 미국 가족으로 입양되기도 하고, 나바호 출신 아이가 모르몬교 가족으로, 라틴계 아이가 백인 가족으로 입양되기도 했다. 예를 들어 한국과 미국 사회의 차이가 두 집단 간의 유전적인 차이 때문에 발생했다면, 입양된 아이는 그들의 생물학적 부모가 갖고 있던 신념, 가치관, 성향에 따라 자라날 것이다. 하지만 물론 실제로는 그렇지 않다. 입양된 아이들은 그들이 자란 문화의 신념, 가치관, 성향을 지닌 채 성장한다.

문화를 넘어선, 그 가운데 인종을 넘어선 입양에 대해서 다룬 좋은 연구는 그리 많지 않다. 그중에서 발달 심리학자 로이스 리덴스Lois Lydens가 백인 미국 가족에 입양된 101명의 한국 입양아를 대상으로 한 연구[36]는 발군이다. 그녀의 표본에는 돌이 되기 전 입양된 아이 62명과 6세 이후에 입양된 아이 39명이 있었으며, 대부분의 아이는 완전히 문화화되어서 성공적인 "백인" 미국인이 되었다. 입양아들은 완벽하게 건강한 자기 개념을 발달시키고 있었다. 그들은 임상 실험을 구성할 때 쓰이는 표준적인 교정 표본과 거의 차이가 없었다. 조금 성장한 뒤에 입양된 아이들의 경우에는 자기 확신, 포괄적인 자기 개념, 조화를 반영하는 척도에서 심각한 문제점을 보였지만, 그들이 어른이 되고 나서 새로 검사했을 때에는 이러한 문제점들이 거의 사라진 것으로 드러났다. 조금 성장한 뒤 입양된 사람들은 어릴 때 입양된 사람들보다 어른이 되고 나서도 자신들의 가족에 대해 좋지 않은 감정을 갖고 있었다(차이가 심하지는 않았다). 리덴스의 연구는 인종에 대한 편견이 심한 사회에서 소수 인종에 속해서 성장하는 것이 순탄하지 않다는 것을 보여 준다. 예를 들어 성인이 된 입양아들은 그들의 외모에 대해 평균보다 약간 낮은 만족도를 보였다. 자유 면담에서 아이와 부모 모두 인종이 다른 곳에 입양된 사람의 삶에서 편견이 중요한 문제라고 했다.

  가장 놀라운 것은 편견이 다른 인종에 입양된 사람들의 전반적인 자기 개념이나 심지어 민족 개념에 별다른 영향을 미치지 못한다는 것이다. 많은 입양 부모들은 입양아가 태어난 민족에 대해서 학습하도록 장려하지만, 이에 대해 흥미를 갖는 입양아는 거의 없다. 관심을 갖는 사람들은 대개 나이가 든 입양된 사람들이다. 연구 대상이었던 입양아들은 대체로 보수적이고 종교적인 가정에서 양육되었으며, 입양 부모들은 입양아에 대해서 강한 책임감을 갖고 있었다. 어른이 되어서도 입양아들은 매우 성공적이었다. 고등학교를 졸업하지 못한 사람은 4명밖에 없었으며, 직업을 갖지 못한 사람도 2명밖에 되지 않았다. 만약 거대한 개체군 수준에서 유전자가 행동에 영향을 미쳤다면, 서구와 극동 아시아처럼 멀리 떨어진 집단은 전 세계 사람들의 변이를 상당 부분 갖고 있어야 하며, 미국에 입양된 한국 입양아에게서 유럽-아메리카의 규범과 상이한 부분이 나타나야 한다. 하지만 입양된 한국인들은 미국 사회에 완벽히 동화되었다. 인종 차별에 아주 조금 상처받았다는 것 이외에는 말이다.

  문화 간 입양의 가장 이상적인 "실험"은 문화 상호 간의 입양이다. 한국인에게 입양된 유럽계 미국인 아이가 한국 사람으로 동화될 수 있을까? 한국인들은 친척 외에는 잘 입양하지 않기 때문에 실제로는 한국에서 미국으로 주로 입양되었다. 하지만 역사적으로 유럽계 미국인들은 부득이한 상황에서 북동 아시아 출신의 아메리칸 인디언 부모에게 입양을 보낸 경우가 있다. 유럽계 백인들의 공격적인 개척 이주는 집단 간의 갈등을 불러왔고, 역사에 잘 기록되어 있어서 누구나 알다시피 유럽인들은 때때로 패배했다. 1776년 이전 전前산업화 시기에 서부로의 개척이 느리게 이루어질 때는 더욱 그러했다. 전쟁에 승리한 인디언들은 포로들을 데려가곤 했는데, 어른들은 대체로 죽였으나 아이들과 청소년들을 입양하곤 했다. 대체로 인디언 부부가 사망한 아이를 대체하기 위해서 포로 아동을 입양했다. 입양아는 대체로 5세에서 12세 사이였다. 재빠르게 이동해야 했던 병사들이 유아나 갓난아이를 잘 다룰 수 없었기 때문에 그들은 입양되지 않았다. 백인들은 몇 년이 지난 후까지 포로를 되찾기 위해 배상금을 비롯한 백방의 노력을 기울였고, 프랑스계 및 영국계 캐나다인은 그들의 동맹 부족으로부터 미국인 가족이 포로를 되찾는 데 도움을 주곤 했다. 때때로 어린 나이에 입양되어서 몇 십 년을 보낸 뒤, 침략하는 미국인에게 인디언이 크게 패배한 후(보통 마지막 전투에서 패배한 후) 그들의 본래 가족에게 되돌아가는 경우도 있었다. 포로의 이야기는 동정심을 자극했기 때문에 잘 기록된 사건으로 재구성될 수 있는 경험에 살을 붙여 논픽션 작품으로 (때로는 소설로) 발표되기도 했다.[37]

역사학자 노먼 허드Norman Heard는 포로 52명의 이야기를 수집했다. 그는 그들이 어디서 입양되었는지, 그들의 나이, 출신 국가, 포로로 잡혀 있던 기간, 포로 생활의 결과를 상당히 신뢰할 수 있는 수준으로 기록된 이야기를 찾았다. 그중에서도 신시아Cynthia Ann Parker의 이야기는 전형적이다. 그녀는 1836년에 코만치Comanche족 일당이 텍사스에 있는 그녀 아버지의 교역소를 침범했을 때 포로가 되었다. 그때 그녀의 나이는 9세였다. 그녀와 같이 포로가 된 사람이 3명 더 있었으나 그들은 곧 풀려났다. 우연히 신시아는 코만치족의 한 가족에게 입양되었으며, 그들과 24년을 살았다. 그 후 그녀는 추장과 결혼하게 되었고, 3명의 자식을 낳았는데, 그중 콴나Quanah는 스스로의 힘으로 뛰어난 추장이 되었다. 허드는 그녀가 완전히 인디언이 되었다고 보았다. 1860년에 그녀는 텍사스의 삼림 경비관에 의해서 "구출되었고," 삼촌과 함께 살도록 송환되었다. 그녀는 여러 번 삼촌에게서 탈출하려고 했다. 비록 그녀는 다시 영어를 사용하게 되었고, 유럽식 생활에 익숙해졌지만, 코만치족에 대한 애정을 버릴 수가 없었다. 그녀를 "구출"한 것은 두 번째 납치나 다름없었으며, 영국식 생활에 다시 적응하기에는 너무 늦은 나이였다. 그녀는 함께 "구출되었던" 어린 딸이 죽자, 깊은 상심에 빠졌고 결국 자살하고 말았다.

허드의 자료에 따르면 몇 살에 포로가 되었으며, 얼마 동안 포로 생활을 했는지, 어떻게 대접받았는지가 인디언의 삶에 적응하는지 못하는지에 영향을 미쳤다. 어린 포로는 동화되는 데 얼마가 걸리든 잘 대접받았다. 포로들이 인디언들과 함께 어른으로 자라나자, 특히 그중에서도 인디언 가족을 이룬 사람들은 자신의 민족적 정체성을 신시아처럼 영원히 인디언이라고 여겼다. 나이가 많은 아이들은 잘 대접받지 못하거나 친부모가 곧 되찾아 갔으며, 일반적으로 백인으로서의 정체성을 유지했다. 하지만 몇몇 십 대 소년은 그들이 태어난 사회에서 강조하는 가치인 칼뱅주의의 엄격함, 근면보다는 인디언들의 자유롭고 여유로운 생활에 매력을 느꼈다. 여기서 "잘 대접받는 것"이란 대부분 인디언 가족에 공식적으로 입양되는 것을 의미했다. 입양된 아이들은 인디언 아이와 동일한 사랑과 애정으로 대해졌으며, 인디언 공동체의 다른 성원들과 동일한 권리와 의무를 가졌다. 서부의 인디언들은 때로 어린이 포로를 입양하기보다는 하인으로 두기도 했으며, 그러한 포로들은 후에 살아남더라도 인디언 사회에 동화되는 비율이 매우 낮았다. 입양된 아이들도 우연히 입양되기 전까지 얼마 동안 힘들게 살았으며, 진정으로 인디언 사회에 동화된 시기를 포로가 되었을 때가 아니라 입양된 시기라고 생각했다. 인디언 사회는 별로 인종 차별이 심하지 않았기 때문에, 입양아에게 인디언과 신체적으로 다르다는 사실은 그리 불이익으로 작용하지 않았다.[38] 인디언에 입양된 사람들은 입양된 가족에 대한 강한 정서적인 유대가 가장 기억에 남는다고 했으며, 인디언의 문화가 두 번째로 기억에 남는다고 했다. 이는 리덴스의 설문에 대답한 한국계 입양아들의 의견과도 뚜렷하게 일치한다.

요약하면, 10세나 그 이전에 다른 문화로 입양된 대부분의 아이는 아무리 입양되는 과정에서 상처받고 무관심하게 양육 받았더라도, 다른 문화에 감정적으로 동화되었으며 나름대로 사회에서 자신의 역할을 하고 있었다. 이는 대부분의 사람에게 그리 놀랍지 않은 연구 결과이다. 그런데도 이론을 증명하기 위해서 여기서 실행한 시험들은 매우 강력한 것들이다. 만약 집단 간의 행동의 차이가 본질적으로 유전적 차이 때문이라면, 입양아들은 그들이 입양된 문화에서의 행동 규범과는 상이하게 행동해야 할 것이다.

문화의 급격한 변화

많은 사람은 자연선택이 영향을 미치기까지는 수백만 년이 걸린다고 생각한다. 그러나 자연선택이 훨씬 짧은 기간에도 영향을 미친다는 증거는 많다. 첫째, 생물학자들은 짧은 기간 안에 재빠른 진화적 변화가 일어나는 것을 실제로 목격했다. 예를 들어, 갈라파고스군도에서 가뭄이 있고 나서 다윈의 핀치 가운데 한 종이 좋아하는 작고 부드러운 씨앗을 구하기 어려웠던 적이 있었다. 생물학자인 피터 그랜트Peter Grant와 로즈메리 그랜트Rosemary Grant 부부는 이를 주의 깊게 연구했는데,[39] 그들은 두꺼운 부리를 가진 새들이 구하기 쉬운 크고 단단한 씨앗을 더 잘 처리하며, 그 결과 더 잘 생존할 수 있었고 부리의 두께가 유전되었다는 사실을 알았다. 부리의 깊이는 2년 만에 4% 정도 변화했으며, 이 정도의 변화라면 40년도 되지 않아 새로운 종이 될 수도 있다.[40] 인위적으로 자연선택한 실험에 의하면 그러한 변화가 긴 시간 동안 계속된다면 행동과 형태에 중요한 변화가 일어난다고 한다. 아마도 개의 모든 혈통은 지난 1만 5천 년 동안 늑대로부터 비롯되었을 것이다. 이는 인위적인 자연선택으로 몇 백 세대만에 늑대를 발바리로 진화시킬 수 있다는 것을 의미한다. 마지막으로 화석 기록을 살펴보면 몇 천 세대만에 실질적인 형태의 변화가 일어날 수 있다는 것을 알 수 있다. 마지막 간빙기가 시작할 즈음(약 12만 년 전), 해수면이 상승하여 저지Jersey섬은 유럽 본토에서 고립되었다. 화석 증거에 따르면 그 후 6천 년 이내에 섬에 있던 붉은사슴elk의 크기가 반으로 줄어들었다고 한다. 이는 1천 세대만에 일어난 일이며, 자연선택이 붉은사슴을 커다란 개의 크기로 줄여 버린 셈이다.

인간의 문화는 자연선택에 의해서 유전적 진화가 가장 **빠르게** 일어난 사례보다 훨씬 **빠르게** 변화할 수 있다. 우리는 이미 금세기 동안의 **빠**른 문화적 변화에 익숙하다. 이 속도는 예외적이긴 하지만, 유일무이하진 않다. 예를 들어, 대평원 인디언 하면 떠올리게 되는 복잡한 공예품, 제도, 행동은 1650년경 북부 멕시코에 있던 스페인 개척자에 의해 남쪽 대평원에 말이 도입되면서 발생한 것들이다.[41] 말이 도입되기 이전에 대평원에서 두 발만 사용하는 사냥꾼에게 들소 사냥은 그리 효율적인 생존 전략이 아니었기 때문에 인구밀도는 그리 높지 않았다. 말을 탄 사냥꾼들은 들소를 따라잡을 수 있었고, 한꺼번에 확실하게 살육할 수 있었다. 말이 들어오자 사람들은 평원으로 몰려들기 시작했다. 동쪽에서는 크로우Crow, 샤이엔Cheyenne, 수Sioux 족이 몰려들었다. 그들은 복잡하고 큰 규모의 정치 조직과 친척 중심의 씨족을 이루고 살았던 강가에서 정착 농경을 버리고 왔다. 서쪽에서는 코만치Comanche족처럼 유목성의 수렵 채집민들이, 북쪽에서는 크리Cree족처럼 숲에서 식량을 채취하는 사람들이 몰려왔다. 이러한 수렵 채집민들은 영구적인 거주지 없이 복잡한 친족 체계 또는 실질적인 정치 조직을 갖추지 않고 소규모의 가족 집단을 이루고 살아왔다. 18세기 후반과 19세기 초반에 걸쳐 동, 서, 북쪽에서 온 대평원 부족들은 전혀 새로운 삶의 방식을 발명하였다. 겨울에는 작은 가족 집단으로 살다가, 여름이 되면 사냥과 의식을 위해서 큰 집단을 이루고 살았다. 거기에서는 "경찰 사회"가 대부분의 부족을 통치했다. "경찰 사회"는 동쪽 농부 집단과 서쪽 채집 집단에서 존재하지 않던 일종의 정치 단체였다.

물론 각각의 부족이 과거의 관습을 완전히 버린 것은 아니었다. 예를 들어, 크로우족은 그들의 조상이 그랬던 것처럼 모계사회를 이루고 살았으며, 코만치족은 그들 조상의 특징인 유연한 친족 체계를 이루고 살았다. 하지만 12세대도 지나지 않아 완전히 새로운 경제 체계와 사회 체계가 등장했다. 자연선택은 그렇게 빨리 작용할 수 없으며, 따라서 본래 부족들의 차이가 유전적일 가능성도 거의 없다. 집단 간에 문화적 혁신이 퍼질 수 있다는 사실은 모든 사회가 여건만 충족된다면 이러한 혁신을 매우 빨리 습득할 수 있다는 것을 의미한다. 확실히 유용한 혁신은 한 번 집단에 소개만 되면 한 세대의 모든 사람이 그 혁신을 다소간 모방하게 된다. 말과 말타기는 스페인 국경을 넘어 빠르게 퍼져 나갔으며, 말을 도입한 부족은 사회 조직의 혁신을 서로서로 교환했다. 그 밖에도 사례는 많다. 인간 집단에서 행동의 변화는 때때로 너무 빨라서 자연선택으로는 쉽게 설명할 수 없으며, 사회 간에 혁신이 전파되는 양상(문화적 설명)은 어떤 경우이든 자연선택이 선호하는 행동이 확산되는 양상(유전적 설명)과 일치하지 않는다.

대부분의 문화는 발생되지 않았다

진화심리학자 레다 코스미데스Leda Cosmides와 존 투비John Tooby 는 그들이 명명한 문화로 가득 찬* "표준 사회과학 모델Standard Social Science Model"[42]을 비판하면서 "역학적epidemiological, 혹은 전달된transmitted" 문화와 "발생된evoked" 문화를 구분했다. 역학적 문화라는 것은 우리가 단순히 문화라고 하는 것을 가리킨다. 부연하면, 주변 사람들

---

* 투비와 코스미데스의 구분에 의하면 표준 사회과학 모델에서는 역학적 문화만 고려한다. 따라서 그들은 표준 사회과학 모델을 문화를 발생시키는 심리를 고려하지 않은 채 문화만 다룬다는 의미에서 문화로 "가득 찬" 모델이라고 간주한다. 이에 대해 투비, 코스미데스, 보이어를 비롯한 진화심리학자들은 모든 문화는 전달된 것이 아니라 발생된 것이라 주장한다. 반면, 이 책의 저자들은 문화의 두 측면을 모두 고려해야 한다고 주장한다.

로부터 각각 다른 관념과 가치를 습득하여 발생한 사람들 간의 차이를 말한다. 발생된 "문화"라는 것은 전달받지 않았는데도, 지역적 환경에 의해 발생한 차이를 가리킨다. 코스미데스와 투비는 사회과학자들이 말하는 문화는 대개 발생된 문화라고 주장한다. 그들은 독자에게 많은 음원과 어떤 프로그램이 있어서 지역에 따라 다른 곡이 연주되는 주크박스를 상상해 보라고 했다. 그렇다면 브라질에 있는 모든 주크박스는 하나의 곡을 연주할 것이며, 영국에 있는 모든 주크박스도 다른 한 곡을 연주할 것이다. 왜냐하면 동일한 유전자로 이루어진 프로그램은 장소에 따라 다른 곡을 틀게 되어 있기 때문이다. 투비와 코스미데스는 인류학자와 역사학자가 역학적 문화의 중요성을 과대평가한다고 생각하며, 인간 사회의 변이의 상당 부분은 유전적으로 전달된 정보가 환경의 자극에 반응하여 발생했다고 주장한다.

그들은 학습에는 모듈화* 된 풍부한 정보가 있는 심리가 필요하다고 생각했기 때문에 이 같은 결론에 이르게 되었다. 코스미데스와 투비를 비롯한 일군의 진화심리학자들[43]은 일반 목적 학습 기제(고전적 조건 형성classical conditioning** 도 마찬가지이다)가 비효율적이라고 믿는다. 여러 세대가 이어지는 동안 개인들이 환경에서 비슷한 적응적 문제에 맞닥뜨

---

* 인간 행동에 대한 진화적인 접근 방법 중의 하나인 진화심리학은 인간 심리 기제의 적응이 진화적 과거(EEA, environment of evolutionary adaptedness, 모두 동의하는 것은 아니지만 진화심리학자 대부분은 이 시기를 홍적세로 본다)에 완료되었다고 보며, 그러한 심리를 형성시킨 선택압selective pressure에 주목한다. 그들에 따르면 인간의 심리는 진화적 과거에 반복적으로 발생하는 생존 및 번식에 관련된 문제를 해결하기 위해 진화했으며, 이 문제들을 효율적으로 해결하려면 각각의 문제에 적합한 심리 기제들이 필요하다. 모듈이란 이러한 특수 심리 기제를 가리킨다.

** 고전적 조건 형성은 파블로프의 개 실험이 보여 주는 것이다. 개는 먹을 것(비중립적인 자극)을 보면 침을 흘린다(비조건적인 반응). 하지만 종소리(중립적인 자극)를 울리면 아무런 반응이 없다. 종소리와 함께 먹을 것을 반복해서 주면 개는 종소리와 먹을 것을 연관 짓게 된다. 나중에는 먹을 것을 주지 않고 종소리만 들어도 개는 침을 흘리게 된다(조건적인 반응). 부연하면, 종소리에 대한 개의 행동은 조건 형성으로 변화했다. 고전적인 행동주의자는 인간의 행동 변화도 이와 동일한 원리에 의해서 설명할 수 있다고 본다. 여기서 고전적 조건 형성을 언급하는 이유는 거대하고 복잡한 문화 목록이 사회적으로 통제된 보상과 처벌만으로 습득될 수 있다고 보기 어렵기 때문이다. 고전적 조건 형성은 일반 목적 학습 기제와 마찬가지로 경제적이지 않다(Boyd and Richerson 1985, p. 41).

리면서 자연선택은 특정한 환경의 신호와 이에 맞는 적응적 행동 목록을 연결 짓는 특수 목적의 인지 모듈을 선호했을 것이다. 발달인지심리학에서 학습이 이러한 방식으로 이루어진다는 증거를 찾을 수 있다. 이에 따르면 어린이는 물리적, 생물학적, 사회적 세계가 어떻게 작동하는지에 대한 다양한 선先개념preconception을 지니게 되며, 경험을 이용하여 주변 환경을 학습하는 데 이러한 선개념들이 중요한 역할을 한다.[44] 진화심리학자는 이와 비슷한 모듈화된 심리가 사회적 학습에 참여한다고 생각한다. 그들은 문화가 "전달되지 않는다"고 주장한다. 아이들은 다른 이들의 행동을 관찰하면서 **추측하지만**, 아이들의 추측은 그들의 진화된 심리기관이 강하게 제어하는 것이다. 언어학자 노엄 촘스키Noam Chomsky의 본유적인 보편 문법이 인간의 언어를 형성한다는 유명한 논의는 이와 동일한 맥락에 있으며, 진화심리학자들은 뿐만 아니라 실질적으로 모든 문화적 영역이 비슷하게 구조화되어 있다고 본다.

가령, 인지인류학자 파스칼 보이어Pascal Boyer는 종교적인 믿음의 많은 부분이 문화적으로 전달된 것이 아니라 인간의 심리에서 발현된 것이라고 주장한다.[45] 보이어가 연구한 카메룬의 한 집단인 팡Fang족에게는 유령에 대한 정교한 신념 체계가 있다. 팡족에게 유령은 살아 있는 사람을 괴롭히려는 악독한 존재이다. 그들은 보이지 않으며, 고체를 통과할 수 있다. 보이어는 팡족이 유령에 대해 믿는 것은 대부분 전달된 것이 아니라고 주장한다. 오히려 그것은 모든 인지의 근저에 놓여 있는 본유적이고, 인식론적인 가정에 바탕을 두고 있다. 팡족의 아이가 유령에게 감각이 있다는 것을 배운다면, 그 아이는 유령에게 볼 수 있는 능력이 있다거나 신념이나 욕망이 있다는 것을 배울 필요가 없다. 이러한 요소들은 감각이 있는 존재의 인지 모듈sentient-being cognitive module에 의해서 누구에게나 어떤 환경에서든지 발달하게 되어 있기 때문이다. 코스미데스와 투비처럼 보이어는 환경의 신호에 따라 다른 본유적인 정보가 반응하기 때문에 수많은 종교적인 믿음이 발생한다고 보았다. 당신의 이웃이 유령보다 천사를 믿는 이유는 주변 사람들이 천사에 대해 이야기하는 환경에서 자라났기 때문이라고 할 수 있다. 그러나 그가 천사에 대해 알고 있는 것은 대부분 팡족이 유령을 믿게 만든 동일한 감각이 있는 존재의 인지 모듈에서 비롯된 것이며, 이 모듈의 발달을 제어하는 정보는 게놈, 즉 유기체의 유전 물질에 저장되어 있다. 인지인류학자인 스콧 아트란Scott Atran도 생태학적 지식에 대해 비슷한 논의를 전개한 바 있다.[46]

문화에 대한 이런 관점은 하나의 뇌에서 다른 뇌로 문화가 이동한다는 단순한 견해에 대한 실질적인 해독제이다. 이러한 시각을 취하는 학자들은 사회적 학습을 포함한 모든 형태의 학습이 이루어지려면 정보가 풍부히 담겨 있는 본유적인 심리가 필요하며, 우리가 세상의 문화에서 볼 수 있는 적응의 복잡함이 이러한 정보로부터 비롯된다고 보는 점에서 분명히 옳다. 그러나 전달된 문화를 완전히 무시하는 것은 큰 실수이다. 4장에서 살펴보겠지만, 문화의 가장 중요한 적응적인 특성을 하나만 꼽으라면 많은 세대에 걸쳐서 적응•을 점차적이며 누적적으로 축적할 수 있다는 것이다. 어떠한 개인도 그 적응을 혼자서 이루어 낼 수는 없을 것이다. 본유적인 유전적으로 암호화된 정보에서 직접적으로(혹은 전적으로) 누적적인 문화적 적응을 만들어 낼 수는 없을 것이다.

진화심리학자는 우리의 심리가 복잡하고 정보가 풍부한 진화된 모듈로 이루어져 있으며, 그 모듈은 몇 천 년 전까지 거의 모든 인류의 삶의 방식이었던 수렵과 채집 생활에 적응된 것이라고 주장한다. 이 주장에 따르면 인간은 우리의 적응으로 인해 언어를 배우는 것처럼 쉽고 자

• 적응adaptation은 자연선택의 결과로 발생한 형질 및 행동을 말한다. "적응적" 혹은 "적응하다"는 이와 조금 다른 의미라는 것을 유의하기 바란다. "적응적"이나 "적응하다"는 "적응"을 설명하는 수식어일 수도 있고, 아직 자연선택에 의해 걸러지지 않은 형질이나 행동을 가리킬 수도 있다. 이에 덧붙여 이 책에서의 문화적 적응은 문화적 자연선택에 의해 걸러졌다는 의미뿐만 아니라 편향된 전달로 인해 더 잘 확산되는 문화적 변형을 가리킨다. 문화적 적응에 의미가 하나 더 추가될 수밖에 없는 이유는 수직적인(다음 세대로) 유전자의 승계 과정과 달리 문화는 수평적(또래끼리) 및 대각선으로(비부모적 전달)도 전달되기 때문이다.

연스럽게 모든 것을 할 수 있다. 가령 미분법 같은 것을 배우기는 쉽지 않다. 아마도 진화심리학자는 현대 사회에는 예외가 있으며, 누적적으로 진화된 문화가 중요하다는 것을 인정할 것이다. 하지만 수렵과 채집은 어떠한가? 우리는 언어를 배우는 것처럼 쉽게 그것을 배울 수 있을까? 우리의 머릿속에는 수렵과 채집에 필요한 정보가 들어 있을까? 우리의 조상들은 수렵 채집자 또는 그와 비슷한 일을 하며 지난 200만 년 내지 300만 년 동안 살아왔다. 우리가 그렇게 살아야 한다면 수렵 채집자로서의 생존 방식을 새로 만들어 낼 수는 없을까? 마치 이주자들의 다언어 공동체에서 자란 아이들이 한 세대만에 새로운 언어를 발명하는 것처럼 말이다.[47]

좋은 질문이긴 하지만, 그에 대한 대답은 분명 "당신 제정신이 아니군요?"에 가까울 것이다. 하나의 사고 실험을 더 고려해 보자. 우리가 아주 극단적이지는 않은 사막 환경에 고립되었다고 가정해 보자(중부 사하라사막이나 아라비아사막 같은 극단적인 사막은 아니다). 우리의 임무는 생존해서 우리의 아이들을 기르는 것이다. 사막은 매우 가혹한 환경이지만 홍적세 때는 대개 환경이 가혹했으며, 수렵 채집 집단들은 매우 가혹한 환경에도 잘 적응했다는 것을 우리는 알고 있다. 우리는 사막에서 상당히 많은 시간을 보낸다고 하자. 성공적인 수렵 채집자처럼 우리는 보통 사람에 비해서 그들의 자연사를 많이 알고 있으며, 수렵 채집자들이 자연사를 어떻게 이용하는지 포괄적으로 알고 있다. 우리는 야영하는 데 익숙하며, 상당히 건강하다(중년에는 대개 병약하기 때문에, 이 실험을 25년 전에 시작한다고 가정하자*). 그러나 우리는 수렵 채집자들의 숙련된 기술을 자유자재로 쓸 수 없다. 만약 그런 기술이 사막에서 수렵 채집자로 살아남는 데 필요한 기술이라면, 그 기술은 우리 머릿속의 본유적인 모듈에 그대로 남아 있어야 할 것이다(지금까지는 거의 쓰인 적이 없다).

• 두 저자 모두 60대이다.

당신이 마지막 철기와 완두 캔을 다 가져가 버리기 전에, 우리에게 새로운 보금자리에서 몇 달간이라도 살 수 있는 자원을 달라. 우리는 이 짧은 시간 동안 앞으로 무슨 일이 벌어질지 지켜볼 수 있을 것이다.

우리가 해낼 수 있을까? 전형적인 사막 생존 체험을 생각해 보라. 거기서는 자원을 다 써 버린 수원에서 사정이 조금 나을지도 모르는 수원으로 장거리의 건조한 길을 지나야 한다. 예를 들어, 북서부 멕시코에 있는 소노이타Sonoita에서부터 애리조나주의 콜로라도강에 있는 유마Yuma로 가는 길을 상상해 보라. 거리는 약 160킬로미터 정도이며, 물을 확실히 마실 수 있는 "저수지"가 길을 따라서 몇 개 있다. 우리는 그 저수지가 대충 어디에 있는지 알고 있지만, 정확한 위치는 지도상에 표시해 두지 않았다. 사막에 살고 있는 사람들은 수원을 찾는 몇 가지 방법을 알고 있기 때문에 이 여행에서 생존할 수 있다. 미국 남서부의 사막에 살고 있는 사람들은 급하게 물이 필요할 때 선인장의 줄기나 모래 퇴적물 아래에 "자리 잡은" 작은 대수층을 사용하거나 동물을 죽여서 피를 마시고 젖은 살을 먹는 방법 등을 이용한다. 이를 알게 되었으니, 이제 떠날 것이다.

유마에 살아서 갈 수 있는 확률은 얼마나 될까? 우리는 가능성이 희박하다고 본다. 왜냐하면 어디를 찾아야 할지 정확히 모른다면 사막의 물웅덩이를 찾기가 쉽지 않을 것이기 때문이다. 사막에 적응한 수렵 채집자는 어떤 새가 저수지를 필요로 하는지 알 것이며, 그 새를 이용하여 물까지 거리와 방향도 예측할 수 있다. 저수지 주변에 발자취를 남기는 포유류를 이용해서도 예측할 수 있다. 신호만 해석하는 기술만 있다면 이런 정보들을 이용할 수 있을 것이다. 물 주변에서 자라는 어떤 식물은 멀리서도 식별할 수 있다. 그러나 그 식물이 무엇인지 알아야만 한다. 우리의 경험에 의하면 일 년 만에 개인적인 관찰만으로 종 하나의 습관을 충분히 파악하기란 무척 어렵다. 많은 종은 말할 것도 없다. 우리는 여기서 기술한 모든 것을 읽어 본 적은 있지만, 그건 단지 책으로 배운 것에 불과하다. 책은 단지 그러한 일이 가능하다는 사실을 알려줄 뿐, 우리가 그것을 실제로 할 필요가 있을 때 기술을 습득하는 데는 그다지 도움을 주지 못한다. 저수지에서 물을 나를 수 있는 물통이나 물 부대를 만들 수도 있겠지만, 만드는 방법을 찾기까지는 얼마간의 시간이 걸릴 것이며, 유예 기간에 우리가 배워야 할 것은 그 밖에도 많다. 그 유명하고 제법 풍부하다는 통선인장을 찾으면 되지 않을까? 하지만 모든 선인장 종이 유용할까? 과연 계절에 상관없이 구할 수 있을까? 작년 강수량이 평년보다 적었다면? 올해는 평년만큼 비가 내렸을까? 도구도 없이 성가신 가시는 어떻게 할 것인가? 혹은 선인장 줄기를 사용할 수 있다는 것마저도 전혀 또는 거의 쓸모가 없는 전승에 불과하지는 않을까? 우리가 아무리 어떻게 시작해야 할지 알고, 책을 많이 읽고, 연습할 시간이 있다고 해도, 이 여행은 잘해야 모험일 것이다.

사실, 여기서 묘사하는 여행은 "악마의 길Camino del Diablo"을 따라가는 것이다. "악마의 길"은 구멕시코에서부터 캘리포니아에 이르는 철길이 놓이기 이전 주로 사용되던 육로의 상태가 좋지 않은 한 부분을 가리킨다. 1세기가 넘는 기간 동안 스페인인, 멕시코인 및 미국인 여행자들은 일상적으로 "악마의 길"을 이용했다. 그렇게 먼 길을 여행하려면 모든 여행자는 노련한 개척자의 경험이 있어야 했으며, 물론 단련되고, 사막에 정통하며, 기술에 능숙해야 했다. 그 길은 상태가 좋지 않은 길 중에 그나마 가장 좋은 길이었으며, 비교적 잘 알려졌고, 이정표가 잘된 길이었다. 하지만 그 길은 여전히 악명 높은 구간이며, 길가에 급하게 파헤쳐진 무덤들로 유명한 길이었다.

"악마의 길" 지역은 토호노 오담Tohono O'odam 인디언들의 고향이기도 했다. 그들은 그 지역을 가로질러 여행할 뿐만 아니라 그 지역에서 삶을 꾸리기도 했다. 그들과 똑같이 살려면, 우리는 수많은 도전에 맞닥뜨려야 할 것이다. 그 도전은 하나하나가 앞서 살펴본 여행만큼 고생스러울 것이다. 적절한 이론을 배우고 사막에서 경험을 갖는다 하더라도, 그 도전들을 다 이겨 내는 것은 거의 불가능해 보인다. 민족지학자들은 사막의 사냥꾼이 사용하는 도구가 비교적 단순하고 조금밖에 없는데도 그들이 사냥하는 방법은 교묘하며, 사냥 지식은 복잡하다고 지적한 바 있다. 사냥에 필요한 것은 단지 나무, 돌, 뼈로 만들어진 몇 파운드의 기구뿐이지만, 자연사에 대한 얻기 힘든 유용한 지식을 상당히 많이 알고 있어야 하며, 사냥을 지원할 수 있는 사회 조직이 있어야 한다. 고고학적 증거에 의하면 에스키모와 그 조상이 북극의 혹독한 환경에서 수렵 채집 기술을 세밀하게 고안하는 데 8천 년이 걸렸다고 한다. 캘리포니아처럼 예측이 가능한 환경에서도 생산력이 높은 연어와 도토리 중심의 경제 체계가 발달하기까지 동일한 시간이 소요되었다.[48] 우리는 흔히 미적분을 배우는 것보다 수렵 및 채집에 필요한 기술을 습득하는 것이 더 쉽다고 생각한다. 우리가 이처럼 생각하는 것은 이러한 라이프스타일에 대한 본유적인 경향을 갖고 있다는 것을 암시한다. 우리는 민족지를 읽고 나면(그리고 돌이켜 생각해 보면) 대부분의 아이들이 구구단이나 긴 나눗셈을 연습하는 것보다는 활과 화살을 갖고 노는 것을 더 좋아한다고 생각하게 된다. 그러나 우리가 "악마의 길"을 가로질러 유마에 가려고 한다면 사막에 대한 본유적인 지식을 환기시키기 위해서 전통적인 토호노오담 인디언에게 몇 달 동안 교육받아야 할 것이다[만약 교육받지 못했다면 SUV 차량, LPG 가득, 물 5갤런을 갖추고서 배리 골드워터 포격 지역(Barry Goldwater Bombing Range: 미국 공군이 기동 연습을 하는 거대한 사막 지역)으로부터 허가를 얻어야만 재미있는 여행이 될 것이다].

문화적 적응들은 작은 변이들을 축적하면서 진화한다

어떤 진화심리학자들은 문화의 역할을 또 다른 이유에서 경시한다. 예를 들어, 심리언어학자인 스티븐 핑커Steven Pinker는 다음과 같이 썼다.

복잡한 밈meme은 복사상의 오류를 보존하여 발생하는 것이 아니다. 그것은 누군가가 머리를 쥐어 짜내고 창의력을 발휘해서 무언가를 작곡하거나, 쓰거나, 발명하기 때문에 발생하는 것이다. 밈을 만들어 내는 사람이 떠도는 관념에 영향을 받고, 여러 단계에 걸쳐 갈고닦는 다고 하더라도 이 두 가지의 특성 모두 모두 자연선택과는 다르다.[49]

　　그는 여기서 복잡한 문화적 적응이 유전자의 진화와는 달리 점차적으로 혹은 맹목적으로 일어나지 않는다는 것을 강조한다. 그가 보기에 새로운 교향곡은 조금 더 나은 멜로디들의 차별적인 확산과 완성도의 결과로 서서히 만들어지는 것이 아니다. 오히려 그것은 사람의 마음으로부터 나오는 것이며, 그것의 기능적인 복잡성은 마음의 활동에서 비롯되는 것이다. 핑커가 보기에는 소설이나 회화, 발명품도 마찬가지이다. 문화는 인간 마음의 개체군이 이전 세대 마음의 가장 좋은 노력의 결과를 저장하고 있기 때문에 유용하고 적응적이다.[50]

　　이 관점에서 문화는 마치 도서관과 같다. 도서관은 과거에 생성된 지식을 보존한다. 사서는 어떤 책을 구입해야 하고 어떤 책을 폐기해야 하는지를 결정하면서 서고의 내용을 결정한다. 하지만 도서관과 사서에 대해서 잘 안다고 해서 명작과 돈벌이나 하기 위해 만들어진 작품을 구분할 수 있는 기준인 줄거리, 인물, 문체에 대해 세밀하게 이해하는 것은 아니다. 이를 이해하려면 이들 작품을 쓴 작가에 대해 알아보아야 한다. 보편적인 인간의 심리가 어떻게 이야기 쓰기에 영향을 미치는가? 그리고 환경은 어떻게 특정한 작가의 심리에 영향을 미쳤는가? 동일한 방식으로 문화도 관념과 발명을 축적하며, 어떤 관념들을 선택해야 하고 어떤 관념들을 폐기해야 하는지에 대한 사람들의 "결정(때때로 무의식적인)"은 문화의 내용을 만든다. 하지만 새로운 도구, 규칙처럼 새롭게 형성된 복잡하고 적응적인 문화적 관행을 이해하려면 그 복잡함을 낳은 마음의 진화된 심리를 이해해야만 하며, 그 심리가 환경과 어떻게 상호 작용하는지 이해해야 한다.

생물학의 역사를 공부하는 학생이라면 문화의 진화에 대한 이런 시각이 유전자의 진화와 관련해 널리 퍼진 잘못된 이론과 비슷하다는 사실을 눈치챘을 것이다. 다윈과 동시대의 학자들 중에서 작은 변이들이 점진적으로 축적되어 적응이 발생한다는 다윈의 생각에 동의하는 사람은 거의 없었다(혹은 이해하는 사람도 없었다). 그를 열렬히 지지하는 사람들 중에서도 몇몇은(예를 들어, 헉슬리T. H. Huxley 같은 사람도) 새로운 적응들이 급격하게 발생하며, 자연선택이 그 "장래가 촉망되는 괴물hopeful monsters"을 받아들이거나 폐기한다고 보았다. 금세기의 학자 중에서는 생물학자 리처드 골드슈미트Richard Goldschmidt와 고생물학자 스티븐 제이 굴드Stephen Jay Gould가 이러한 진화 이론을 지지했다.[51] 하지만 우연히 복잡한 적응이 발생할 확률은 매우 낮기 때문에 이 이론은 틀렸다. 물론 문화적 혁신은 무작위적으로 이루어지지 않으므로 문화적 진화에는 이러한 반론이 동일한 효력을 갖지 않는다. 따라서 아마도 문화적 진화에는 복잡한 혁신들을 추려 내는 과정이 있을 것이며, 그 혁신을 이해하려면 인간의 심리를 이해해야만 한다.

만약 문화적으로 전달된 복잡한 적응이 대부분 장래가 촉망되는 괴물이라면, 관념의 개체군 역학을 연구하는 것도 흥미로울 것이다. 왜냐하면 그 연구를 통해서 어떤 장래가 촉망되는 괴물은 퍼지는 반면 어떤 것은 실패하는지 이해할 수 있을 것이기 때문이다. 하지만 대부분의 복잡한 문화적 적응이 유기체의 적응처럼 작은 변이가 점진적으로 축적되어 이루어진 것이라면 개체군 사고에 기초를 두고 있는 이론은 훨씬 더 중요할 것이다. 그리고 대부분의 문화적 변화가 정확히 이런 식으로 이루어진다는 증거도 있다.

문화는 대개 작은 변이들을 축적하면서 진화한다

"나는 거인들의 어깨 위에 서 있다"는 아이작 뉴턴의 말은 유명하다.

인류 역사상 언제 어디에서 일어난 혁신이든 그 진실에 근접하는 은유가 있기 마련이다. 아무리 위대한 혁신자라도 거대한 계획 속에 있으며, 다른 난쟁이들로 이루어진 거대한 피라미드의 어깨 위에 있는 난쟁이이다. 언어 및 인공물, 관습의 진화는 수많은 작은 단계들이 모여서 된 것이며, 각각의 단계에서 일어난 변화는 그리 크지 않았다. 하나의 유전자가 교체되었다고 해서 복잡한 유기체의 적응에 별다른 변화가 일어나지 않는 것처럼 한 사람의 혁신자가 전체의 혁신에 기여할 수 있는 바는 일부분에 지나지 않는다. 다른 동물들은 모방할 수 있는 능력에 한계가 있기 때문에 축적적인 진화를 통해 복잡한 문화에 다다를 수 없을 것이다. 어떤 침팬지는 망치와 모루를 이용하여 견과류를 부수어 먹을 수 있으며, 이정도 혁신은 기껏해야 2단계의 축적에 지나지 않는다.[52]

언어를 살펴보면 '작은 변화가 모여서 강력한 문화적 변화를 이루어낼 수 있다'라는 일반적인 원칙을 확인할 수 있다. 때로는 긴밀하게 연관된 방언들도 음운 체계, 구문, 어휘에서의 근소한 차이 때문에 다른 방언으로 분류되기도 한다. 1930년대에 미국에서 방언에 대한 면밀한 기술이 이루어지면서 현대의 언어학자는 언어가 세대를 거치면서 어떻게 변화하는지 상세히 기술할 수 있게 되었다.[53] 어떤 경우에는 방언의 변화가 너무 빨라서 한 세대만에 훈련된 귀로 구분할 수 있을 정도의 변화가 발생하기도 했다. 예를 들어 뉴욕 사람들은 차츰 단어의 마지막에 있는 'r(car처럼)'을 더 자주 발음하는 경향을 보인다. 시간이 지나면서 이러한 작은 변화들은 축적된다. 전문가가 주석을 달지 않는다면, 우리 대부분은 셰익스피어 희곡의 수많은 섬세한 부분을 놓치며, 초서*의 작품은 거의 이해하지 못할 것이다. 하지만 비교문헌학자에 따르면, 중세 언어는 현대 영어와 밀접한 관계에 있다. 'agras('들판'이라는 뜻)'를 비롯한 몇몇

---

* Geoffrey Chaucer(1343~1400) 중세 영국의 거장으로 여겨지는 시인. 그의 작품으로는 『캔터 베리 이야기』, 『트로일로스와 크레시다』 등이 있음.

단어를 보면 현대 영어와 고대 인도유럽어가 연관이 있다는 것을 쉽게 알 수 있다. 현대 영어의 'agrarian('토지의'라는 뜻)'은 'agras'로부터 파생되었으며, 이와 같은 어원을 갖는 단어가 중부와 서부 유라시아의 언어에 많이 있다.

확신하건대 대부분의 독자는 개개인의 인간은 매우 똑똑하며, 그 때문에 우리 사회의 장대한 업적이 가능할 수 있었다는 직관을 갖고 있을 것이다. 하지만 이러한 시각이 잘못된 것이라는 증거는 많다.[54] 인간의 의사 결정을 탐구한 심리학 연구에 의하면 인간의 합리성은 좁게 제한되어 있다. 의사 결정과 그 근저에 있는 심리학적 이유는 문화적 진화의 근본적인 부분이다.[55] 여기서 우리는 개개인의 인간 행위자를 경시하는 것이 아니다. 단지 우리는 장대한 시공간에 걸쳐서 발생한 문화적 진화 작용의 결과인 복잡한 문화적 적응에 개개인의 행위자를 빗대어 보았을 뿐이다.

기술의 역사[56]를 살펴보면 시계와 같은 복잡한 가공품은 한 사람의 발명가에 의해서 만들어진 장래가 촉망되는 괴물이 아니었다. 시계공의 기술은 많은 혁신자의 손에서 혁신이 축적되면서 점차적으로 이루어진 것이다. 각각의 혁신자는 조금씩 개량하는 데 기여했으며 궁극적으로 놀라운 기계를 만들었다. 수많은 혁신이 경쟁하면서 각각의 단계에서 시험에 올랐으며, 대부분의 혁신은 기술사학자 외에는 잊혔다. (우리가 보기에) 엄밀하지 않은 기술사학자는 발명을 돌연변이에 비유하곤 하며(둘 다 변이를 만들어 낸다는 점에서), 성공적인 기술이 등장하게 된 과정을 자연선택의 활동에 비교하기도 한다.[57] 여기서 시계는 잠시 잊기로 하자. 기술사학자인 헨리 페트로스키Henry Petroski는 포크나 핀, 종이 클립, 지퍼 같은 단순한 도구도 수많은 시도를 거친 끝에 진화했다는 것을 보여준다. 개중 어떤 변형은 시장의 주목을 받았지만, 어떤 것은 그렇지 못했다. 아무도 얼마나 많은 실패한 디자인들이 발명가의 작업대에서 시들고 있는지 모를 것이다.[58] 이 책의 나머지 부분에서는 오직 무작위적인 변이와 선택적인 보존만으로 설명할 수 없으며 보다 더 복잡하다는 것을 보여 줄 것이다. 앞으로 이루어지는 논의는 개인들의 결정, 선택, 선호도가 자연선택과 같은 여타 작용과 함께 개체군 수준에서 문화의 진화에 영향을 미친다는 것이 주 내용이 될 것이다. 인간의 의사 결정에서 수많은 개별적인 작용이 모여서(그 작용은 각각 독특하며 자연선택과 정확히 동일한 것은 없다) 유익한 문화적 변이가 축적되기 때문에 우리는 돌연변이나 자연선택에 어설픈 비유를 하지 않도록 주의할 것이다.

인간의 혁신은 무작위적인 돌연변이와 다르며, 최근까지 조금씩 단계별로 진행되었다. 시계의 디자인은 한 발명가의 작품이 아니라 시계를 만드는 전통에서 비롯된 산물이다. 시계를 만드는 개인은 그 전통에서 전부는 아니더라도 대부분을 참조한다. 이는 존 해리슨John Harrison과 같은 시계 제작에 있어 혁신의 진정한 영웅들을 깎아내리려는 의도가 아니다. 해리슨은 1759년에 바다에서 경도를 정확하게 계산할 수 있는 항해용 경도 시계를 영국의 경도위원회에 제출했다. 그는 동시대의 시계 기술자가 쓰던 도구를 다 사용했으며 다른 기술에서도 몇 가지의 창의적인 기교를 가져다 썼다. 예를 들어, 그는 경도 시계에서 핵심적인 부분인 온도에 반응하는 시계 장치를 대신하여 두 가지 금속으로 된 길쭉한 조각을 사용했다(오븐에 있는 온도계와 자동 온도 조절 장치의 계기 뒤쪽에 이와 동일한 금속 조각이 감겨 있는 것을 볼 수 있을 것이다). 그는 두 가지 금속으로 된 온도 보정補正기, 탈진기脫進機(기어의 회전 속도를 고르게 하는 장치—역주), 윤활유가 필요 없는 보석 베어링, 진자의 대용품 등의 창의적인 혁신을 여럿 개발한 것으로 유명하다. 뿐만 아니라 그는 그 작업에 자신을 헌신한 것으로도 유명하다. 그는 37년간의 끊임없는 노력과 일급 기술자의 정신으로, 영국 해군성에서 매년 늘어나는 지원금을 받으면서(그는 유력한 지원자였다), 더 작고 더 뛰어나고 더 튼튼한 항해에 알맞은 여러 종류의 시계를 만들었다. 그는 마침내 기존의 최고 시계였던 하루에 1분의 오차가 나는 시계를 대신하여 상당히 혁신적인 하루에 40분의 1초의 오차도 나지 않는 "Number 4"라는 시계를 만들었다.[59] 발명가 한 사람이 이만큼 기여하는 경우는 상당히 드물다. 하지만 다른 모든 위대한 발명가의 기계처럼 "Number 4"도 그 자신의 천재성뿐만 아니라 자기 선배와 동료의 기술과 예술에 바치는 아름다운 경의이다. 지난 수백 혹은 수천 년 동안 무명의 발명가들이 없었다면 그는 항해용 경도 시계를 만들기는커녕 구상하지도 못했을 것이다. 18세기에 신학자 윌리엄 페일리 William Paley의 그 유명한 "설계로부터의 논증Argument from Design"도 유일한 창조신인 예수보다는 다신론적인 판테온을 지지하는 것이 나을 것이다. 그와 마찬가지로 시계를 만들려면 수많은 디자이너가 필요하다.

좀 더 단순한 항해상의 혁신인 자기 나침반을 생각해 보라. 그것을 만든 무명의 혁신자는 분명히 와트나 에디슨, 테슬라를 비롯한 비교적 생애가 잘 알려진 산업혁명기의 우상들[60]만큼 영리했을 것이다. 그 나침반을 고안하려면, 먼저 마찰이 거의 없는 환경에서 자철광이 자기장이 약한 쪽으로 향하는 경향이 있다는 것을 발견해야 한다. 이 원리를 처음 사용한 것으로 알려진 사람들은 중국의 흙점쟁이geomancer들이었다. 그들은 점을 볼 때 부드러운 바닥 위에 문질러 닦은 자철광 숟가락을 놓았다. 그 후 중국의 항해사들이 바다에서 방향을 알기 위해서 작은 자철광이나 자기를 지닌 바늘을 물에 띄웠다. 마지막으로 중국의 선원들은 현대의 휴대용 나침반처럼 수직의 핀 베어링 위에 바늘을 올려놓은 건식 나침반을 개발했다. 후기 중세에 유럽인들은 중국으로부터 이 기술을 습득했다. 유럽의 선원들은 얇고 납작한 원형 판에 두 개의 자석이 붙어 있고 서른두 개의 점이 표시된 카드 나침반을 개발했다. 이 나침반은 단순히 방향을 아는 데만 쓰이지 않고, 조타수실 앞쪽에 고정되어서 뱃머리의 위치를 가리키는 역할을 했다. 조타수는 그 나침반의 적절한 지점에 뱃머리를 위치시키고 항로가 원의 64분의 1 이상 벗어나지 않을 수 있도록 정확하게 키를 잡을 수 있었다. 나침반을 만드는 사람들은 배에서 발생하는 자기로부터의 영향을 소거하기 위해서 나침반 주변에 쇠구슬을 놓는 방법을 개발했다. 이 혁신은 동체를 철로 만든 배가 등장하면서 대단히 중요한 역할을 했다. 처음에는 작은 변화로부터 시작되었는데, 나침반에 쓰이는 쇠못을 황동 나사로 교체했다. 그 후, 나침반은 점성 액체로 채워졌고, 배의 움직임을 감쇠시키기 위해서 수평을 유지하는 장치가 만들어졌다. 따라서 조타수는 더 정확하게 배를 몰 수 있었다. 이처럼 선박용 나침반같이 비교적 단순한 기구도 유라시아 크기의 공간에서 수 세기 동안 수많은 혁신이 모여서 이루어진 것이다.[61]

문화의 다른 측면도 비슷하다. 교회를 예로 들어보자. 현대의 미국 교회들은 그들의 교구민에게 사회적 서비스를 제공하는 복잡한 조직이다.[62] 성공적인 교회는 좋은 관념은 취하고 나쁜 것은 버리는 오래된 전통에서 비롯되었다. 놀랍게도 교육받은 성직자를 고용하는 것은 실패한 관념 중의 하나이다. 대학 교육을 받은 목사는 좋은 지식인이지만, 참기 어려울 정도로 지겨운 설교를 하는 경우가 많으며, 기독교 교리의 전통적인 진실성에 대해서 의구심을 떨치지 못하는 경우가 많다. 미국에서 성공적인 종교 개혁은 프로테스탄트 종교 단체의 자유 시장주의적인 성격 때문에 상당히 보상받았다. 많은 의욕적인 종교 사업가들은 주로 근본주의라는 진부한 교리에 의지하여 작은 분파를 조직하였다. 초기 혁신자에 의해 조직된 본래의 집단을 넘어서 확장한 분파는 얼마 되지 않았다. 금욕적인 셰이커교는 추종자들을 모집하지 못한 분파 중의 하나이며, 그 밖에도 추종자를 거느리지 못한 많은 분파가 있었다. 아주 작은 수만이 성공해서 전통적인 교파를 대신하여 주요한 종교 단체로 성장했다. 주요한 교파가 된 성공적인 분파로는 감리교와 모르몬교 등이 있다.

종교의 혁신가는 조금씩 발전시킨다. 모르몬교의 신학은 대부분의 미국 프로테스탄티즘과 매우 다르다. 그런데도, 역사학자 존 브룩John Brooke은 창시자 조셉 스미스Joseph Smith가 변방의 프로테스탄티즘에다 신비적인 관념, 프리메이슨 주의, 부富를 찾기 위한 점占 체계, 영혼의 아내제(일부다처제)를 혼합하여 자신의 우주관을 형성시켰음을 보여 주었다.[63] 그는 이러한 관념이 유럽에서부터 스미스와 그의 가족이 살았던 버몬트와 뉴욕의 특정한 가족들까지 확산되어 온 궤적을 추적했다. 그에 따르면 우리가 스미스를 위대한 종교적인 혁신가로 여기더라도, 그가 만들어 낸 것은 거의 없었으며 대부분은 차용한 것이다. 해리슨처럼 그의 혁신도 대부분의 의욕적인 전도사들이 한 것과 비교했을 때 클 뿐이었다.

개인은 영리하지만 우리가 사용하는 인공물, 우리의 삶을 형성하는 사회적인 관습, 우리가 말하는 언어 등의 대부분은 너무 복잡해서 아무리 똑똑한 혁신가라도 무無에서부터 만들어 낼 수는 없다. 종교적인 혁신은 돌연변이와 비슷한 점이 많아서, 성공적인 종교는 개인적인 혁신자가 인지할 수 없을 만큼 복잡한 방법으로 적응한 것이다. 성공적인 혁신이 자주 일어나지 않는다는 것은 대부분의 혁신이 종교적인 전통의 적응을 어렵게 만들며, 운이 좋은 매우 적은 혁신들만이 적응을 개선시킨다는 뜻이다. 그렇다고 해서 합리적인 사고로 인해 복잡한 문화적 관습이 개선된 적이 없다는 뜻은 아니다. 인간의 혁신은 **완전히** 눈먼 것이 아니며, 문화의 진화적 과정을 더 잘 이해할 수만 있다면 좀 덜 눈멀게 될 것이다. 하지만 인간의 문화적 관습은 매우 복잡하며 개인적인 혁신가에 의해서 크게 혁신되는 경우는 거의 없다.

15세기의 선박과 같은 문화의 복잡한 형태를 분석하면서 제조 과정상 얼마나 많은 혁신이 필요한지 추정하고, 혁신의 시공간적인 분포를 살펴보는 것도 도움이 될 것이다. 대체로 혁신의 수는 대단히 많을 것이며, 각 구성 요소 간의 시공간적 거리는 상당할 것이다. 종교나 예술적 노력, 사회적 관습에도 똑같은 분석을 해 볼 수 있을 것이다. 문화가 진화하는 거대한 패턴에 관해 관심을 가졌던 소수의 역사학자가 연구한 바에 따르면 나침반은 좋은 예이다. 인간의 적응이 발생하려면 넓은 지역으로 퍼져 나간 많은 사람과 오랜 시간이 필요하다. 본래 음악 작곡, 선박, 시계에는 개인적인 설계자가 존재하지만, 그 작품이 조금이라도 복잡하다면 설계자는 자신이 짜낼 수 있는 창조성만으로는 부족하기 때문에 설계의 풍부한 전통을 염탐해야 할 것이다.

재러드 다이아몬드Jared Diamond는 대체적인 대진화의 패턴을 보여주었으며, 이 패턴은 문화가 수많은 작은 단계를 거치면서 점진적으로 진화한다는 가정과 일치한다.[64] 유럽인들은 탐사 항해 이후에 아메리카, 호주, 뉴질랜드와 그 밖의 작은 섬들을 정복하고 지배하는 데 뛰어난 성공을 거두었다. 한편 유럽인의 아시아에 대한 지배와 식민지화는 완전하지도 오래 지속되지도 않았다. 중국은 식민지화에 저항하는 데 성공했으며, 인도와 이슬람교를 믿는 중앙아시아도 유럽에 굴복하지 않았다. 반면 아메리카 대륙이나 뉴질랜드, 호주에 대한 유럽인의 지배는 영구적이었다. 유라시아인의 성공 비결은 무엇일까? 다이아몬드는 유라시아 대륙이 크고, 동서로 길쭉하기 때문에 작은 대륙에 비해서 같은 기간에 발생하는 혁신의 총량이 더 많고, 이러한 혁신들이 생태학적으로 비슷한 영역을 따라서 동서로 잘 퍼질 수 있었다고 설명한다. 아메리카 대륙은 작을 뿐만 아니라 남북으로 길쭉하기 때문에 유용한 재배 품종을 퍼뜨리기 어렵다. 예를 들어, 북아메리카에서 재배되는 옥수수나 남아메리카의 가축인 라마는 각각 남쪽과 북쪽으로 전파될 수 없었다. 따라서 아메리카 대륙에서는 복잡한 도시화 사회를 이룰 만한 적응이 더 느리게 축적될 수밖에 없었다.

인간 변이의 규모는 문화에 의해서 설명된다

우리는 이 장에서 생물학자들이 인간 변이의 근접 원인이라고 부를 만한 것에 초점을 맞추었다. 다시 말해서 우리는 오랜 기간의 진화적 원인보다는 직접적인 원인에 대해 이야기했다는 뜻이다. 만약 당신이 인간의 행동에 있어서 문화가 근접 원인이 아니라고 생각했다면, 이 장을 읽으면서 사람들 간의 수많은 차이가 문화적이라는 데 동의하길 바란다.

사람들은 타인들로부터 서로 다른 신념, 태도, 가치를 습득하기 때문에 적어도 부분적으로는 다르다.

만약 당신이 이미 문화가 중요하다고 생각하고 있었다면 우리의 메시지는 거의 반대이다. 우리는 문화의 역할이 진정으로 잘 설명되었다는 당신의 신념을 흔들어 놓길 바란다. 인간 행동의 변이가 어떻게 발생하는가에 대한 여러 경쟁 가설을 제시한 잘 설계된 연구는 거의 없다. 유일한 연구는 에저턴의 환경과 문화적 역사의 상대적인 역할에 대한 선구적인 연구이다. 이주 공동체의 변화와 지속에 관한 합리적으로 잘 제어된 연구도 거의 없다. 우리는 지금까지 언급한 연구 중에서도 몇몇(전부일수도 있다)에 대해서는 회의론자 혹은 비판자가 있다는 것을 알고 있다. 결국 우리가 양적인 자료로 유전자와 문화, 환경이 인간 행동 변이에 미치는 근접 원인을 정확하게 기술하기 전까지 문화의 역할을 의심하는 사람의 입을 다물게 할 수 있는 유일한 방법은 좋은 연구를 많이 내놓는 것밖에 없다. 솔직히 말해 우리는 문화의 옹호론자들도 자기만족과 게으름에 빠져 있었다고 생각한다. 인류학자와 사회학자, 역사학자는 악한 의도가 있는 사람들만이 인간 행동의 차이를 유전적으로 설명하는 것과 같은 인종주의에 빠지거나, 합리적인 선택과 같은 자본주의적인 관념에 찬성한다고 도덕적인 확신에 안주하여 자신의 할 일을 망각했다.

그렇기 때문에 우리는 아무리 신중하고, 공평한 독자라고 해도 문화로 인해 인간 집단 간의 대부분의 행동적인 변이가 발생했다는 가설이 설득력이 있고 연구할 만한 가치가 있다는 데 충분히 동의할 것이라고 생각한다. 여기에 동의한다면 문화적인 설명을 옹호하는 사람이 언급한 적이 없는 특정한 연구의 내용과 중요성에 대한 회의적인 반응에도 동의할 수 있어야 한다. 우리는 강한 문화적 가설을 지지하면서 지금까지 우리가 신뢰할 수 있는 증거를 최대한 제시했다. 문화를 공부하는 학자는 그들과 관련된 비판자 때문이 아니라 그들 자신이 선택한 주제 때문에 문화를 올바르게 이해하려는 힘든 작업을 하는 것이다.

인간 변이의 궁극적인 원인을 이해하는 것도 물론 중요하다. 왜냐하면 인간이 다른 동물 종보다 훨씬 더 변이가 풍부하기 때문이다. 다른 동물에게도 변이는 존재한다. 예를 들어 비비를 생각해 보자. 많은 생물학자는 대부분의 비비를 'Papio cynocephalus'라는 하나의 종으로 분류한다. 하지만 이들은 다양한 서식지에 분포한다. 그들은 무더운 저지대 숲, 시원한 고지대 숲, 사바나, 관목 지대뿐만 아니라 사막에서도 거주한다. 이러한 분포 지역에서 비비는 신체, 그중에서도 몸의 크기나 색상에서 많은 차이를 보인다. 모든 비비는 식물을 주식으로 삼으며, 곤충, 계란, 작은 동물을 먹기도 한다. 하지만 분포 지역마다 식단의 구성은 다르다. 케냐 암보셀리Amboseli의 비비는 식물의 구경球莖을 파먹고 아카시아 깍지를 깨 먹는 반면, 오카방고Okavango 삼각지의 비비는 무화과와 수련의 구근球根을 먹는다. 사바나에 있는 대부분의 비비는 다수의 수컷과 다수의 암컷이 서른에서 일흔 마리 정도 모여서 한 집단을 이루고 산다. 암컷은 대체로 태어나서 죽을 때까지 집단을 떠나지 않는다. 그러나 남부 아프리카의 고지대에 있는 비비는 하나의 수컷을 중심으로 훨씬 작은 집단을 이루고 살며, 암컷은 때때로 모집단을 떠나기도 한다. 서아프리카의 숲에 거주하는 비비는 수백 마리가 모여서 거대한 무리를 이루고 산다. 이들은 사회적인 행동에서도 어느 정도 차이를 보인다. 동아프리카에서 수컷 비비는 발정기에 있는 암컷을 차지하기 위해서 다른 수컷과 연합하는 데 반해, 남아프리카에서는 이런 종류의 연합을 거의 관찰할수 없다.

이제 아프리카의 동일한 거주지에 살고 있는 사람들의 변이를 생각해 보자. 비비처럼 인간도 신체, 그중에서도 몸의 크기와 피부색에서 변이를 보인다. 그러나 비비들과는 달리 이 지역에 거주하는 사람들은 식생활과 사회생활에서도 차이를 보인다. 약 1만 년 전까지 모든 사람은 식물을 채집하고 포유류를 사냥하며 살던 식량 채취자였다. 그러나 수렵 채집자 사이에서도 커다란 변이가 존재했다. !쿵 산!Kung San족들은 부계와 모계를 동등하게 취급하는 단순한 친족 체계를 이루고 살았지만, 그들의 이웃이자 남쪽으로 수백 마일 아래에 살았던 !쏘!Xo족은 부계를 중심으로 조직된 복잡한 씨족을 이루고 살았다. !쿵 산족과 !쏘족 모두 칼라하리사막에서 작은 활로 사냥했지만, 크쏘우Kxoe족은 오카방고강 주변에 있는 습지에서 주로 낚시를 하고 살았다. 중부 아프리카 숲에 있는 어떤 피그미들은 올가미를 이용하며 큰 규모의 협동 사냥을 하는 반면, 동아프리카 초원에서 거주하는 하드자Hadza족은 큰 활을 이용하여 큰 동물을 사냥한다.

물론 오늘날 아프리카에 사는 대부분의 사람은 수렵 채집자가 아니다. 동아프리카에 있는 마사이Maasai족처럼 소에서 얻을 수 있는 생산물을 주식으로 하며 풀을 먹이기 좋은 곳을 찾아서 이곳저곳으로 이동하는 유목 목축민도 있다. 마사이족의 정치 조직은 같은 시기에 할례를 한 남성 연령 집단 간의 협동과 충성에 기반하고 있다. 유목 생활을 하는 다른 목축민들은 친척에 대한 충성에 기반하고 있다. 예를 들어, 소말리스Somalis족에서는 남성 친족 관계를 중심으로, 나미비아의 힘바Himba족은 여성 친족 관계를 중심으로 충성이 이루어진다. 농사를 짓는 사람들은 다양한 곡식을 재배한다. 계절별로 가뭄이 드는 사막 주변부의 초원 지대에서는 수수와 기장을, 콩고의 숲에서는 땅콩과 옥수수, 카사바를 재배한다. 사회 및 정치 조직의 종류도 그만큼 다양하다. 아무런 지위나 관직이 없이 작은 가족 집단을 이루고 사는 사회도 있고, 복잡한 친족을 기반으로 한 씨족 사회, 군인, 성직자, 지배자로 역할이 나뉘어진 대도시 사회도 있다.

인간 집단 내의 행동 변이도 다른 동물 집단 내의 행동적 변이보다 훨씬 더 크다. 다시 인간과 비비를 비교해 보자. 집단생활을 영위하는 비비에게는 행동상의 변이가 있다. 수컷 비비는 암컷보다 사냥을 더 많이 하며, 지배 암컷은 종속 암컷보다 선호하는 음식을 더 많이 먹으며, 가장 안전한 곳에서 잠을 자고, 공격을 적게 받는다. 어린 비비는 어른 비비보다 더 많이 놀며, 어떤 암컷은 다른 암컷보다 더 사교적이다. 그 밖에도 많은 변이가 존재한다. 하지만 모든 비비는 스스로 자신의 음식을 찾아야 하며, 포식자를 경계해야 하고, 자신의 새끼를 돌봐야 한다. 반면 수렵 채집 사회만 되어도 도구 생산, 의례 활동, 식량 채집에서 비상근 전문가가 존재한다. 복합적인 농업 사회에서는 그보다 더 엄청난 변이가 있다. 거기에는 각기 다른 지식, 행동, 의무, 생계 과업이 있는 푸주한, 빵굽는 사람, 촛대 제조자, 노예, 군인, 보안관, 왕, 성직자가 있다.

인간의 변이와 비비 같은 다른 동물의 변이가 왜 다른지는 진화론으로만 설명할 수 있다. 1천만 년 전(혹은 그즈음), 우리의 조상들은 아프리카의 숲과 (아마도) 사바나에서 살았던 유인원과 비슷한 종이었으며, 오늘날의 비비와 변이의 정도도 비슷했다. 이후 1천만 년 동안 그 계통은 다윈적인 진화의 작용으로 현대의 인류가 되었다. 현대 인류의 행동을 설명하려는 이론이라면 인간이 다른 어떤 종보다 변이가 큰 이유가 무엇이며, 왜 자연선택이 변이를 발생시키는 이러한 특이한 능력을 선호했는지를 반드시 밝혀내야 한다. 다른 동물에게도 적용할 수 있는 개인적인 학습 기제로만 인간의 행동을 설명하려는 모델은 이러한 점에서 어려울 수밖에 없다.

인간 변이의 규모에 대한 궁극적인 원인과 근접 원인은 동일하다. 그것은 문화이다. 이어지는 장에서 우리는 문화가 존재한다고 가정할 것이며 인간의 특이성을 설명하는 데도 이러한 가정을 그대로 적용할 수 있는지 질문할 것이다. 3장에서는 문화가 왜 인간을 다양하게 만드는지 설명할 것이며, 이어지는 4장에서 자연선택은 왜 문화를 선호했는지 살펴볼 것이다.

3장

Culture Evolves

문화는 진화한다

"개가 사람을 문 것은 뉴스 거리가 아니다. 그러나 사람이 개를 문 것은 뉴스 거리가 된다"는 언론계의 금언이 있다.[1] 많은 인류학자에게 문화가 진화한다는 주장은 "사람이 개를 문다"는 것보다 "개가 사람을 문다"에 가까울 것이다. 다시 말해 그 주장은 틀릴 수도 맞을 수도 있지만, 분명히 뉴스 거리는 되지 않는다. 사실 문화가 진화한다는 관념은 인류학만큼이나 오래된 관념이다. 19세기에 인류학을 창시한 루이스 헨리 모건Lewis Henry Morgan이나 에드워드 타일러Edward Tylor[2]는 모든 사회가 야만 상태, 미개 상태, 문명이라는 잘 알려진 단계를 따라 조금 덜 복잡한 사회에서 조금 더 복잡한 사회로 진화한다고 보았다. 이러한 점진적인 진화 이론들은 20세기 내내 레슬리 화이트Leslie White, 마셜 살린스Marshall Sahlins, 줄리언 스튜어드Julian Steward, 마빈 해리스Marvin Harris 같은 저명한 인류학자들의 저작에서 중요하게 다루어졌다. 이 기간 동안 진화 이론은 좀 더 현실적이고, 좀 덜 민족 중심적으로 변화했다. 무리 bands, 부족tribes, 추장제chiefdoms, 국가states와 같이 각각의 진화 단계에 좀 더 중립적인 용어를 썼으며,[3] 각각의 문화적 진화 단계에 그 지역 환경의 영향을 고려할 수 있는 모델들이 개발되었다.[4] 지금의 인류학에서는 진화 이론이 지배적이진 않지만, 로버트 카네이로Robert Carneiro, 알렌 존슨 Allen Johhson, 티모시 얼Timothy Earle처럼 진화론을 옹호하는 중요한 학자들은 아직 있다.[5] 그러한 점진적인 진화 이론들이 왜 매력적인지는 쉽게 알 수 있다. 고고학 및 역사학적 자료를 살펴보면 대개 인간 사회는 지난

1만 년 동안 점점 더 커졌고, 생산력은 증가했으며, 더 복잡해졌다는 것이 명백하다. 비록 일직선적인 진보 이론은 더 이상 지지받지 못하지만, 인간 사회가 점점 복잡하게 되었다는 일반적인 경향에 대해서는 아무도 의심하지 않는다.[6]

하지만 우리가 문화가 진화한다고 말할 때는 무언가 다른 것을 의미한다. 다윈 진화 이론의 핵심적인 특징이 개체군 사고라는 것을 상기해 보라. 종이라는 것은 개체들의 집단이며, 그 집단은 유전적으로 습득된 정보의 풀pool을 계속적으로 유지한다. 거시적인 삶의 모든 양상—아름다운 적응과 그 적응의 복잡한 역사적 패턴—은 어떤 변형은 퍼지게 하고 어떤 변형은 감소하게 만드는 개인의 삶에서 일어나는 사건으로 설명할 수 있다. 수 대에 걸쳐서 인류학자들이 논쟁했던 진보적인 진화 이론은 다윈이 말했던 진화론과는 공통점이 거의 없다. 이 연구들은 문화적 변형이 발생하는 과정에는 거의 주목하지 않는다. 그들은 그저 기술할 뿐이다. 메커니즘을 제시하는 문화 진화에 대한 설명은 대체로 변화의 외부 원인에 주목한다. 사람들의 선택은 그들의 환경을 변화시키며, 그러한 변화로 인해 다른 선택이 발생한다. 예를 들어, 일반적인 논의는 다음과 같다. 정치적 및 사회적 복잡성은 인구 증가로 인해 촉진되었다. 그리고 경제가 발달하여 인구밀도가 상승하며, 인구 증가로 인해 정치적 복잡성과 노동의 분업이 촉진된다.[7] 이러한 과정은 진화적 과정이라기보다 생태적인 승계에 가깝다. 빙하 퇴적물 위에 이식된 버섯이 환경을 바꾸어서 풀이 자라기 좋은 흙으로 바꾸고 또한 자라난 풀이 흙을 변화시켜서 관목을 자라게 하듯이, 단순한 사회는 그들의 환경을 변화시켜서 좀 더 복잡한 사회가 발생하도록 한다.

그러한 승계적인 과정은 분명 인간사에서 중요한 역할을 했을 것이다. 그러나 그것만으로 모든 것을 다 설명했다고 생각하면 오산이다.[8] 문화가 진화하기 때문이다. 인간 집단은 문화적으로 습득한 정보의 풀을 나르는데, 특정한 문화가 왜 그렇게 되었는지 설명하려면 어떤 문화적 변형은 확산되고 존속하게 하며 어떤 문화적 변형은 사라지게 하는 과정을 추적할 필요가 있다. 그 핵심은 개인들의 삶을 면밀히 관찰하는 것이다. 아이들은 서로서로를, 그리고 부모와 다른 어른들을 모방하며, 어린이와 어른 모두 다른 이로부터 가르침을 받는다. 아이들은 자라나면서 문화적 영향, 기술, 신념, 가치를 습득하며, 이는 그들이 살아가는 방식에 영향을 주고, 다시 다른 사람들이 그들을 얼마나 모방할지에도 영향을 준다. 어떤 사람들은 결혼하고 많은 아이를 낳아 기르는 반면, 다른 이들은 아이를 낳지 않는 대신 존경받는 사회적 지위를 성취하기도 한다. 이러한 사건들이 세대와 해를 거쳐서 일어나면서 어떤 문화적 변형은 번성하는 반면 그렇지 않은 것도 있다. 어떤 관념은 배우거나 기억하기가 더 쉬우며, 어떤 가치는 사회적으로 영향력이 있는 역할로 인도하기도 한다. 문화의 진화에 대한 다윈적인 이론은 어떻게 그러한 작용으로 인해 인간 집단이 작금의 문화를 갖게 되었는가를 설명한다.

여기에 제시될 문화에 대한 다윈적인 이론은 각각 다른 작용들의 독특한 특성을 강조할 것이다. 예를 들어, 어떤 문화적 변형은 다른 문화적 변형보다 더 배우고 기억하기 쉬울 것이며, 따라서―모든 다른 조건이 동일하다고 했을 때―그러한 문화적 변형은 더 확산될 것이며, 이러한 작용을 우리는 편향된 전달이라고 부를 것이다. 그중 기본적인 작용들은 문화적 진화의 **동력**이며, 이는 유전자 진화의 동력인 자연선택, 돌연변이, 부동에 비유할 수 있다. 어떤 상황이든 사람들의 삶에서 일어나는 구체적인 사건들이 실제로 발생하는 것들이다. 그러나 우리는 비슷한 작용을 함께 모아서 그들의 특유한 속성을 찾아냄으로써 실제 사례를 쉽게 비교 및 일반화할 수 있는 유용한 개념적인 도구를 만들었다. 비록 우리의 체계가 완전하고 궁극적인 것은 아니지만, 우리는 우리의 손에 주어진 도구가 어떻게 문화가 진화하는가를 이해하는 데 유용할 것이라고 생각한다.

문화를 다윈적으로 설명하기 위해 문화를 유전자처럼 정확하게 복제되는 작고 독립적인 조각으로 나눌 필요는 없다. 오히려 문화적 변형과 유전자가 느슨하게 닮았다는 훌륭한 증거가 있다. 문화적 변형은 대개 정확하게 복제되지 않을뿐더러 정보의 아주 미세한 조각도 아니다. 그런 데도 문화적 진화는 근본적으로 그 기본적인 구조에 있어 다윈적이다. 보통의 생물학적 진화에서 유추하는 것은 나름대로 유용하지만, 이는 최상의 사회과학에 기반을 둔 이론을 구축하는 데 이용할 수 있는 손쉽고 당장 사용할 수 있는 도구를 제공하기 때문에 그렇다는 것을 잊지 말아야 한다.

다윈주의를 불신하는 회의주의자는 많다. 사회과학에서는 더욱 그러하다. 그러나 다윈주의는 근본적으로 사회과학의 영역에 침입하여 모든 것을 유전자적 환원주의로 설명하려는 개인주의적이고 적응주의적인 도구가 아니다. 또한 다윈주의는 과거의 진보주의적이고 유럽 중심적인 관념으로 돌아가려는 것도 아니다. 모든 중요한 세부 사항이 규명되었을 때 내실을 갖춘 이론이 수없이 나올 것이다. 어떤 모델은 결국 합리적인 선택 이론과 비슷할 것이며, 어떤 모델은 문화적 요소들이 상호 작용하여 발생하는 임의적인 문화의 차이를 설명할 것이다. 어떤 모델에 따르면 인공물이나 사회 제도가 더 효율적인 방향으로 변화하는 장기적이고 지향적인 변화가 발생할 것이며, 어떤 모델은 그러한 추세가 존재하지 않을 것이다.

문화는 대개 머리에 있는 정보다

인간의 문화에 개체군 사고를 적용하는 첫 단계는 전달되는 정보가 어떤 것인지 명백히 밝히는 것이다. 문화는 대개 인간의 머리에 저장된 정보이며, 다양한 사회적인 학습 과정을 통해서 머리에서 머리로 전달된다.

모든 인간의 문화에는 상당히 많은 정보가 들어 있다. 단지 구어가 유지되는 데에만 얼마나 많은 정보가 오고 가야 하는지 생각해 보라. 어휘가 유지되려면 단어와 의미의 연합이 6만 개 정도 필요하다. 어떻게 단어가 모여 문장이 되는지 제어하는 규칙의 복합적인 집합인 문법도 필요하다. 이러한 규칙 중 일부는 본유적이고 유전적으로 이어받은 구조에서 비롯되지만, 언어마다 다른 문법적 차이를 발생시키는 규칙은 분명히 문화적으로 습득한 것이다. 뿐만 아니라 생존 기술에도 상당한 양의 정보가 필요하다. 예를 들어, 남부 아프리카의 !쿵 산족은 칼라하리사막의 자연사를 상당히 자세하게 알고 있다. 그들의 지식이 너무 자세했기 때문에 그들을 연구했던 조사자도 그들의 지식이 정확한지 판단할 수 없었다. 왜냐하면 그들의 지식은 서구 생물학의 전문 지식을 넘어섰기 때문이다.[9] 쓸 만한 석기를 만들려고 해 보았던 사람이라면 누구나 아주 단순한 도구를 만드는 데에도 수많은 지식이 필요하다는 것을 인정할 것이다. 더 복잡한 기술이라면 더 많은 지식이 필요할 것이다. 알래스카의 북쪽 비탈에서 구할 수 있는 재료로 항해가 가능한 카약을 만들 수 있는 사용 설명서를 생각해 보라. 사회적 상호 작용을 제어하는 규범에는 그보다 더 많은 정보가 들어 있을 것이다. 재산권, 종교적 관습, 규칙, 의무가 작용하기 위해선 모두 상당한 정도의 자세한 지식이 필요하다.

모든 문화에 존재하는 엄청난 양의 정보는 어떤 물질적인 대상에 부호화되어야만 한다. 널리 보급된 문자가 없는 사회에서 이러한 정보를 보관할 수 있는 가장 주요한 장치는 인간의 뇌와 유전자이다. 어떤 문화적 정보는 인공물에 저장될 것이다. 항아리를 장식하는 데 쓰이는 디자인은 항아리 그 자체에 저장되기 때문에, 젊은 도공이 어떻게 항아리를 만드는가를 배우려면 나이 든 도공이 아니라 오래된 항아리를 모델로 삼을 수 있다. 이와 같은 방법으로 교회를 짓는 건축가는 교회 내에서 행해지는 예식에 대한 정보를 저장하는 데 도움을 줄 수 있다. 하지만 문자가 없으면 인공물만으로는 많은 정보를 저장할 수 없다. 젊은 도공은 단순히 남아 있는 항아리를 연구해서는 굽는 방법을 배울 수 없다. 문어가 없다면 칼라하리사막의 고슴도치가 일처일부제라는 것이나 신부대를 지불하는 규칙을 어떻게 인공물에 저장할 수 있겠는가? 중요한 몇몇 문화적 정보는 우리가 읽고 쓸 수 있게 되면서부터 책의 페이지에 저장될 수 있었다.[10] 하지만 심지어 오늘날에도 문화의 가장 중요한 측면은 여전히 우리의 머리에 저장되는 경우가 많다.

인간의 행동은 기술, 신념, 가치, 태도에서 비롯된다

불행하게도 어떻게 정보가 인간의 뇌에 저장되는지에 대해서 과학적인 합의는 이루어지지 않았다. 사회과학의 몇몇 분야, 그중에서도 특히 역사학에서는 사람들의 가치, 욕구, 신념에 기초하여 그들의 행동을 이해한다. 사회과학의 다른 분야에서는 가치와 신념이라는 개념을 "이성적인 행위자" 모델 아래에서 공식화한다. 이 모델에서는 가치가 "유용성 함수"로 표시된다. 유용성 함수는 일종의 수학적 규칙인데 개인이 경험하게 될 세계의 모든 상태에다가 숫자를 부여한 것이다. 신념은 베이스의Bayesian 확률 분포로 표시되는데, 개인의 주관에서 각각의 세계가 발생할 확률을 나타낸 것이다. 개인은 유용성의 기대 가치를 최대화하는 방향으로 선택한다. 인간의 심리에 대한 이성적인 행위자 이론은 그 간결성 때문에 많은 학자가 지지한다. 수학자들은 인간이 기대 유용성을 최대화하는 것만으로도 심각한 비이성적인 행동을 하지 않을 수 있다는 것을 증명했다. 예를 들어 피클보다 아이스크림을, 피자보다 피클을, 아이스크림보다 피자를 좋아하는 것이 이에 해당한다.

모든 학파의 심리학자들은 민족마다 가치와 신념을 심리적으로 다르게 이해한다고 주의를 주며(그들은 이를 문화 구속적인 민속 심리라고 명명한다[11]), 그들 대부분이 형식적인 세련됨에 신경 쓰기보다 경험적으로 있을 법한 것에 관심을 둔다. 심리학자들은 또한 인간 행동의 모든 측면을—시각적 정보를 처리하는 것처럼 "낮은 단계"의 기능부터 논리적 사고나 말하는 능력처럼 "높은 단계"의 기능에 이르기까지—이해하기 위해서는 반드시 뇌를 이해해야 한다고 믿는다. 인간 정신의 실제 세계는 복잡하며 아직 이해되지 못한 것이 많기 때문에 심리학계에서도 정보가 어떻게 저장되며, 그 정보가 어떻게 행동에 영향을 주는지에 대해 의견 차이가 크다. 행동주의자는 관찰할 수 있는 행동에 주목하며, 인지 과학자는 정신의 규칙과 표상에 대해 이야기한다.[12] 반면 다른 학자들은 그러한 것들이 적절하지 않다고 보며 오직 신경생리학적 기술만이 유용하다고 주장한다.[13] 인간의 마음에 대한 이러한 서로 다른 그림들이 통합될 수 있을지는 불분명하다. 저명한 심리언어학자인 레이 제켄도프Ray Jackendoff는 다음과 같이 말한 바 있다.

> 이 점에 대해 풀리지 않는 신비는 언어의 규칙과 표상이 어떻게 신경에 나타나는가이다. 다시 말해, 어떻게 두뇌의 물리적 구조가 언어학 연구에서 밝혀진 연합의 규칙성을 가능하게 하는가가 신비로 남아 있다. 사실 낮은 수준의 시각에 대한 연구를 제외하고는 신경의 구조와 정신적인 표상이 어떻게 연관되어 있는지를 밝히는 데 성공한 연구는 없는 것으로 알고 있다.[14]

사실 이 문제들을 해결하지 않고도 수많은 진보가 이루어질 수 있다. 하지만 현재로서는 사람들의 두뇌에 저장된 정보를 어떻게 명명해야 하는지에 대해 방편적인 동의가 필요하다. 이 문제는 사소한 것이 아니다. 왜냐하면 심리학자들조차 인지와 사회적 학습에 대해 의견 차이가 크기 때문이다. 용어를 정한다는 것은 이러한 논쟁에서 한쪽 편을 든다는 것을 의미하며, 그것은 필요하지도 바람직하지도 않다. 그러나 계속 "사람들의 머릿속에 저장된 정보"라고 할 수는 없는 노릇이다(사실 이는 너무 부적절하다). 어떤 학자들은 진화생물학자인 리처드 도킨스가 만든 밈meme이라는 용어를 사용한다. 그러나 이 용어는 문화적으로 전달되는 정보가 유전자처럼 뚜렷이 구별되며, 정확하게 전달된다는 것을 암시한다. 하지만 문화적으로 전달되는 수많은 정보는 뚜렷이 구별되지도 정확하게 전달되지도 않는다. 그래서 우리는 **문화적 변형**cultural variant이라는 용어를 사용할 것이다. 덧붙여 가끔 **관념**idea, **기술**skill, **신념**belief, **태도**attitude, **가치**value와 같은 일반적인 영어 단어도 사용할 것이다. 이 용어들을 사용한다고 해서 우리가 자신의 마음을 살펴서 머릿속에 무엇이 저장되어 있는지 알 수 있다거나, 사람들이 말하는 것과 그들의 머릿속에 들어 있는 것이 같다고 믿는다는 뜻은 아니다. 아마도 언젠가는 심리학자들이 개념을 좀 더 명확히 정의하고, 과학적으로 신뢰할 수 있는 민속 심리학적 용어를 만들어 낼 것이다. 그때까지 우리는 읽기 쉬운 문장을 위해서 이러한 용어들을 쓸 것이다.

문화적 변형은 사회적 학습을 통해서 습득된다

사람들의 행동에 영향을 주는 신념, 관념, 가치는 사회적인 학습을 통해서 다른 사람으로부터 습득된다.[15] 이에 대해 우리는 느슨하나마 사람들이 다른 사람들을 모방한다고 말할 것이다. 그러나 실은 뇌에서 다른 뇌로 관념이 전달되는 과정은 다양하고 복잡하다. 예를 들어 당신이 어떻게 매듭짓는 방법을 배웠는지 생각해 보라. 여기서는 보라인 매듭(그림 3.1)이라고 하자. 이 매듭은 매우 단순하지만 이처럼 재치 있는 매듭을 스스로 발견한 사람은 거의 없다. 그들은 다른 사람으로부터 그 매듭을 배웠다. 하지만 그들이 동일한 방식으로 배운 것은 아니다. 어떤 이들은 말로 설명을 들으면서 배운다. 누군가는 당신에게 보라인 매듭이 강력한 매듭이며, 그럼에도 쉽게 풀릴 수 있다고 말해 준다. 또 어떤 사람은 당신에게 "토끼가 구멍을 빠져나가면, 나무 위로 올라가, 나무를 돌아서 다시 구멍으로 들어간다"는 식으로 알고리즘을 가르쳐 준다. 어떤 사람은 보라인 매듭을 매는 것을 보고 배울 수도 있으며, 또는 우연히 책에서 보라인 매듭을 보고서 스스로 익힐 수도 있다. 또는 이 책에 있는 그림 3.1을 유심히 봐서 배울 수도 있다(한번 해 보라. 일상생활에서 쓰기

그림 3.1

보라인 매듭은 튼튼하고 풀기 쉬운 방법이지만,
또한 뜻하지 않게 풀리기도 한다.

에는 외벌매듭보다 훨씬 낫다). 이러한 형태의 사회적 학습의 공통점은 한 사람의 두뇌에 있는 정보가 어떤 행동(말로 설명하는 것, 매듭짓는 것을 직접 보여 주는 것 또는 매듭을 보여 주는 것)을 일으키고, 그 행동이 다른 사람의 두뇌에 정보를 발생시키고, 그 정보가 비슷한 행동을 하게 만든다는 점이다. 만약 우리가 사람의 머릿속에 무엇이 들었는지 볼 수만 있다면, 사람들이 똑같은 방법으로 보라인 매듭을 맨다고 하더라도 보라인 매듭에 대한 정신적인 심상은 서로 다르다는 것을 발견할 것이다.

이제 개인들이 문화를 어떻게 저장하고 전달하는지에 관한 지금까지의 논의와 문화적 변이에 대한 두 개의 중요한 사실—전통이 존재한다는 것과 전통은 변화한다는 것—이 개체군 사고를 통해서 어떻게 연결될 수 있는지 살펴보자.

독일계 농부와 미국계 농부에 대한 살라몬의 연구와 같은 간단하고 가설적인 예를 생각해 보자. 이는 일리노이에서 벌어지는 문화적 진화에 대한 실제 모델이라기보다는 다윈 방법론의 논리를 보여 주는 한 방법일 뿐이다.[16] 진화적인 문제를 하나씩 생각하는 가장 표준적인 방법은 한 개인의 생애 주기에서 중요한 사건을 규정하고, 그 생애 주기를 단 하나의 작용만 존재하는 단계들로 나누며, 그 작용이 무엇인지 밝히고, 개인에서부터 개체군까지 연결시켜서 보는 통계 장치를 발전시킨 다음, 이 장치를 사용하여 시간이 흐르면서 개체군에서 문화적 변형의 분포가 어떻게 변하는지 살펴보는 것이다(한 번에 한 세대씩 관찰한다).•

먼저 우리는 문제가 무엇인지 정의해야 한다. 개체군의 경계는 무엇

• 이는 실은 집단유전학의 방법론을 요약한 것이다. 진화적 종합 이전의 다윈적인 이론의 목표가 세대가 지남에 따라 형질의 빈도를 기술하는 것이었다면 진화적 종합 이후의 수량적인 이론에서는 유전자 수준에서부터 진화적인 변화를 기술하는 것으로 바뀌었다. 다시 말해서, 집단유전학의 목표는 "특정한 시점에서 유전자의 빈도를 알고 있다면, 다음 세대에서 유전자의 빈도는 어떻게 될 것인가"에 답하는 것이다. 집단유전학에서 생애 주기에 일어나는 중요한 사건은 짝짓기와 생존에 영향을 주는 사건들이다.

인가? 그리고 개체군에 어떤 문화적 변형들이 존재하는가? 농업과 가족에 대한 기본적인 가치들은 지역 공동체의 구성원으로부터만 습득할 수 있다고 가정하자. 이는 그 공동체를 우리의 개체군으로 여길 수 있다는 것을 의미한다. 만약 우리가 다른 종류의 특질—예를 들어 녹음된 음악에 대한 선호도—에 관심이 있다면 개체군을 다시 설정해야 할 것이다. 왜냐하면 이러한 선호도는 공동체 바깥에 있는 사람들에게서 강하게 영향받기 때문이다. 여기서는 사람들이 자작농적인 가치와 기업가적인 가치라는 단 두 가지 변형 중에서 하나만 취한다고 가정하자. 물론 현실은 이보다 훨씬 더 복잡하지만, 그 문제는 차후에 고려할 것이다. 지금은 단순화하여 바라보는 것이 도움이 될 것이다. 우리는 또한 어떤 특정한 시점에 개체군에서 문화적 변형들의 분포를 어떻게 표현할 것인지도 결정해야 한다. 여기서는 오직 두 종류의 변형밖에 없기 때문에, 개체군에서 각각의 신념을 가진 사람의 비율을 추적하는 것이 편리할 것이다. 이와 다른 경우에는 신념의 분포를 다른 통계학적 방법을 이용하여 나타낼 것이다.

다음으로 각각의 문화적 "생애 주기"의 각 단계마다 무슨 일이 일어나는지 고려해 보자(그림 3.2).

우리는 아이가 처음에는 생물학적 부모의 신념을 습득할 것이라고 가정했다. 자작농적인 가치를 지닌 부모 아래에서 자란 아이들은 자작농적인 가치를 습득할 것이고, 기업가적인 가치를 지닌 부모 아래에서 자란 아이들은 기업가적인 가치를 습득할 것이다. 두 부모가 서로 다른 가치를 갖고 있다면 자작농적인 가치와 기업가적인 가치를 습득할 가능성은 반반일 것이다. 이는 부모에서 자식으로의 전달만 존재한다면 다음 세대가 되어도 개체군은 변하지 않는다는 것을 의미한다. 이 모델은 또한 문화적 변형이 정확하게 복제된다고 가정하는 것이다. 하지만 아마도 실제의 사회적 학습에서는 자주 오류가 발생할 것이다.[17] 우리의 기본적인 틀도 이러한 가능성을 고려하여 쉽게 바뀔 수 있다.

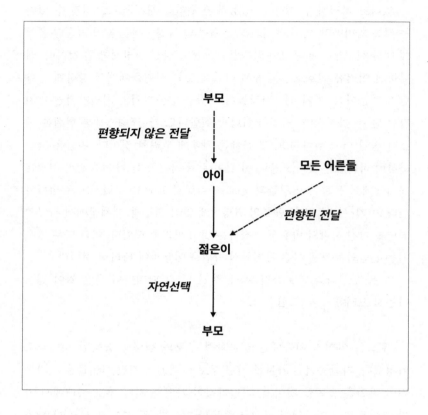

표 3.2

본문에서 기술된 생애 주기를 도식으로 나타내면 이와 같다. 아이는 농업에 대한 신념과
가치를 부모로부터 습득한다. 그들이 나이를 먹어 가면서 그들의 신념과 가치는 또한 다른
어른으로부터 영향을 받게 된다. 그들이 어른이 되면 결혼할 것이며 직업을 선택한다. 농업을
포기하고 공동체를 떠나는 자들은 공동체의 가치에 더 이상 영향을 미치지 못한다.

아이는 자라면서 부모가 아닌 다른 사람에게 노출되는데, 그들 중 누군가에 의해서 신념을 바꿀 수도 있다. 예를 들어 어떤 젊은이가 다른 농장 조직에서 일하게 되었다고 가정하자(예를 들어 4-H* 같은 젊은 농부들의 조직에 참여할 수도 있다). 그는 자작농적인 가치를 지닌 농부가 오래 일한 데 비해 돈을 적게 버는 반면, 기업가적인 농부보다 가족의 유대가 더 강하다는 것을 알게 될 것이다. 젊은 농부들은 이러한 경험을 겪으면서 새로운 가치를 받아들일 수도 있다. 다시 말해서, 자작농적인 농부는 기업가적인 가치를 받아들일 것이며, 기업가적인 농부는 그 반대가 될 것이다. 대부분의 젊은이에게는 친밀한 가족 관계가 오래 일하는 데 비해 수입이 적은 것을 보상해 주지 않기 때문에 더 많은 젊은이가 기업가적인 가치를 선택한다. 이것이 바로 **편향된** 문화적 전달의 사례이다. 이는 사람들이 어떤 문화적 변형들을 더 선호할 때 발생한다. 편향은 본유적인 선호일 수도 있고 혹은 사회적인 학습을 통해 습득한 문화적 선호일 수도 있다.

언젠가는 그 청년들이 나이를 먹을 것이다. 어떤 이들은 농장을 소유하고 공동체에 남아 있을 것이며, 또 어떤 이들은 농업을 그만두고 수리공, 판매 사원, 변호사, 학자가 되어 있을 것이다. 살라몬의 데이터에 의하면 자작농적인 가치를 지닌 사람들이 공동체에 더 많이 남는다고 한다. 공동체에 남는 성인만이 다음 세대 공동체 구성원의 가치에 영향을 주기 때문에, 문화적 변형에 대한 자연선택의 한 종류인 선택적인 이주로 인해 공동체 내에서 자작농적인 가치를 지닌 사람은 점점 늘어날 것이다.

마침내 그들은 결혼하고 아이를 가질 것이다. 살라몬에 의하면 독일계 이민자들의 후손들은 가족마다 평균 3.3명의 아이를 낳으며, 미국 본토 출신들은 2.6명의 아이를 낳는다고 한다.[18] 이러한 가족 크기의 차이가 농장 경영이나 상속 패턴의 차이를 낳는 신념 체계로부터 비롯된다고 가정하자. 아이들은 처음에는 그들의 부모로부터 가치를 습득하기 때문

• 미국에서 농촌 청년의 근대적 기술 교육을 목적으로 하는 조직

에, 번식의 차이가 존재할 경우 공동체에서 자작농적인 가치가 확산된다는 것을 의미한다. 이 과정은 자연선택과 거의 동일한 과정이며, 조금 강력한 자연선택이 발생한다고 할 수 있다.

이제 이 모델을 사용하여 왜 문화적 차이가 지속되는지 설명해 보자. 지금까지 우리는 다양한 작용으로 인해 한 세대 동안 어떻게 문화가 지속되고 변화되는지 살펴보았다. 문화적 차이가 오래 지속되는 것을 설명하려면 시간이 지나면서 무슨 일이 일어나는지 알아보기 위해서 한 세대에서 그다음 세대로 모델을 반복해서 실행시켜 보아야 한다.

살라몬의 연구에서 미국 본토민과 독일계 미국인의 조상들은 서로 다른 가치를 갖고 일리노이주에 정착했다. 이 때문에 그들은 비슷한 토양에서 농사짓고 동일한 기술적 및 경제적 제약에 직면했음에도 행동에서 상당한 차이를 보였다. 우리의 단순한 모델에서 이는 각각의 집단에서 사회적인 학습 과정의 순효과로 인해 각 집단에 일어나는 변화는 거의 없다는 것을 의미한다. 한 세대에서 자작농적인 가치가 널리 퍼져 있다면, 그다음 세대에서도 그 가치가 흔할 것이다. 반대로 기업가적 가치가 널리 퍼져 있다면, 그다음 세대에서도 기업가적 가치가 흔할 것이다.

"문화적인 관성"은 두 가지 방식으로 일어날 수 있다. 첫째, 대다수의 신념에 따르고자 하는 경향으로부터 발생할 수 있다. 하지만 우리의 모델에서 볼 때, 편향되지 않은 표본 추출적인 효과와 정확한 모방이 복합적으로 작용했다고 보는 것이 가장 자연스러운 설명일 것이다. 아이들은 이전 세대가 갖고 있던 두 가지의 문화적 변형의 한 표본에 노출된다. 때로는 두 부모 모두 기업가적 가치를 지닐 수도 있으며, 마찬가지로 자작농적인 가치를 지닐 수도 있다. 혹은 서로 다른 가치를 갖고 있을 수도 있다. 자작농적인 가치가 가족의 크기에 그다지 큰 영향을 미치지 않는다고 가정하면, 우리의 표본은 모집단을 대표하게 된다. 다시 말해서 부모들이 자작농적인 가치를 지닐 가능성과 집단에서 자작농적인 가치를 지닌 사람들의 빈도가 대략 같다는 뜻이다. 그렇다면 문화적 학습 과정이 정확하고 편향되지 않는 한, 아이들이 자작농적인 가치를 선택할 가능성도 부모 집단에서의 자작농적인 가치의 빈도와 대략 같을 것이다. 다시 말해서 이는 부모로부터 자녀로의 전달로 인해 집단의 문화적인 구성이 바뀌지 않는다는 뜻이다. 젊은이들의 사회적인 학습도 동일한 결과를 가져올 것이다. 젊은이들은 이전 세대 어른들의 한 표본에 노출된다. 만약 그 표본이 집단을 대표하며, 젊은이들이 특별히 기업가적인 가치를 선천적으로 선호하지 않는다면, 전달로 인한 변화는 거의 없을 것이다.

우리는 문화가 어떻게 변화하는지도 설명하려 한다. 우리의 모델에서는 세 가지의 가능성이 존재한다. 첫 번째 가능성은 편향된 전달의 효과가 매우 강력할 수 있다는 것이다. 예를 들어 자작농적인 가치를 지녔던 모든 사람이 기업가적인 가치로 돌아서고, 기업가적인 가치를 지녔던 사람들은 그 가치를 그대로 갖고 있을 수 있다. 사람들이 기업가적인 가치에 영향받을 가능성이 높기 때문에 공동체에서 그 가치는 퍼져 나갈 것이다. 둘째 편향된 전달이 비교적 약할 수도 있다. 다시 말해, 어떤 사람들은 자신들의 가치를 바꾸지만, 대부분의 사람은 부모로부터 배운 가치를 지켜 간다고 하자. 그렇다면 자작농적인 가치를 지닌 사람들은 대체로 공동체에 남아서 대가족을 이루기 때문에 자작농적인 가치가 퍼져 나갈 것이다. 바로 이것이 살라몬이 연구했던 공동체에서 일어나는 현상일 것이다. 셋째, 공동체에서 두 형태의 가치 모두 안정적으로 유지될 수도 있다.

문화적 진화의 힘

우리는 문화를 변화시키는 작용을 문화적 진화의 힘이라고 부를 것이다. 우리는 진화하는 체계를 두 부분으로 나누어 볼 것이다. 그 하나는 "관성적인" 부분이다. 이는 시간이 지나도 집단을 동일하도록 만드는 작용이다. 이 모델에서는 표본 추출이 편향되지 않고 모델을 정확하게 모방하기 때문에 문화적 관성이 지속된다. 다른 부분은 다양한 힘들로 구성된다. 이는 집단에서 다양한 형태의 문화적 변형의 수적 구성을 변화하게 하는 작용이다. 이러한 작용은 관성에 저항하며 진화적 변화를 초래한다.[19]

우리가 독일계와 미국 본토 출신의 농부들의 삶을 단순화한 버전에서는 두 가지 힘이 작용한다. 편향된 전달은 기업가적인 가치를 증가하게 만들고, 자연선택은 자작농적인 가치를 증가하게 만든다. 이러한 두 작용은 별개의 두 부류의 힘을 대표한다. 사람들의 심리가 어떤 신념을 다른 신념보다 선호하게 만들기 때문에 전달 편향이라는 힘이 발생한다. 자연선택은 서로 다른 문화적 변형을 지닌 사람들에게서 일어나는 일 때문에 발생하는 힘이다. 우리는 여기서 문화적 진화에 관한 우리의 모델이 근저하고 있는 논리를 소개하는 도구로써 편향된 전달과 자연선택을 주의 깊게 살펴볼 것이다. 그리고 이어지는 장에서 우리는 표 3.1에 소개된 다른 힘들을 포함하면서 분석을 확장시킬 것이다.

편향된 전달

편향된 문화의 전달은 사람들이 어떤 문화적 변형들을 다른 변형들보다 더 선호할 때 일어난다. 이를 비교 구매라고 생각해 보자. 사람들은 여러 가지 대안적인 관념 혹은 가치에 노출되며, 그중 하나를 선택한다(이 선택이 꼭 의식적인 필요는 없다).[20] 혁신이 확산되는 과정을 관찰하여 어떻게 편향된 전달이 작용하는지를 밝혀낸 좋은 연구들이 많다. 사회학자 브라이스 라이언Bryce Ryan과 닐 그로스Neal Gross가 1940년대 초기에 아이오와의 두 농촌에서 잡종 옥수수가 전파되는 과정에 관한 선구적인 연구를 남긴 이후로 후속 연구들이 많이 나왔다. 이후 혁신의 전파에 관한 사례 연구만 수천 개에 이른다.[21] 이 연구들에 따르면 전통 사회에서나 현대 사회에서나 혁신은 대개 사람들 간의 접촉으로 이루어진다고 한다. 사람들은 이미 혁신을 받아들인 친구나 이웃의 행동을 관찰하고 나서야 잡종 옥수수와 같은 혁신을 받아들인다. 혁신을 관찰한 이후에 그

표 3.1
이 책에서 다루고 있는 문화적인 진화적 힘의 목록

임의적인 힘 Random forces	**문화적 돌연변이**Cultural mutation 개인적인 수준에서 일어나는 임의적인 작용 때문에 발생하는 효과. 예를 들어 문화의 어떤 목록을 틀리게 기억하는 것. **문화적 부동**Cultural drift 작은 집단에서 통계적인 변칙으로 발생하는 효과. 예를 들어 단순한 사회에서 배 만들기 같은 기술은 소수의 전문가만 갖고 있다. 어떤 특정한 세대에서 우연히 모든 전문가가 젊은 나이에 죽거나 견습공을 받아들이기를 거부한다면, 배 만드는 기술은 사라질 것이다.
의사 결정의 힘 Decision-making forces	**유도 변이**Guided variation 문화적 변형을 전달받은 사람에 의해서 발생하는 무작위적이지 않은 변화. 이 힘은 사회적 학습 혹은 학습, 발명, 문화적 변형을 적응적으로 바꾸어 가는 중에 발생하는 변화에서 비롯한다. **편향된 전달** Biased transmission - 내용에 기반한(혹은 직접) 편향Content-based (or direct) bias: 사람들은 문화적 변형의 내용 때문에 그 변형을 더 많이 학습하거나 잘 기억하는 경향을 보인다. 내용에 기반을 둔 편향은 대안적인 변형들과 비용과 편익을 비교 및 계산하여 발생할 수 있다. 혹은 인지의 구조 덕분에 어떤 변형이 배우거나 기억하기 쉬워서 발생할 수 있다. - 빈도에 기반한 편향Frequency-based bias: 어떤 문화적 변형이 얼마나 흔한가 혹은 얼마나 드문가에 따라서 선택이 이루어지는 것. 예를 들어, 가장 흔한 변형이 가장 유익한 경우가 많다. 그렇다면, 순응 편향이 올바른 변형을 습득하는 가장 쉬운 방법이다. - 모델에 기반한 편향Model-based bias: 그 특질을 보유한 사람에게서 관찰할 수 있는 속성에 기반한 선택. 성공한 사람 혹은 명성이 있는 사람을 모방하는 성향이나 자신과 비슷한 사람을 모방하는 성향 등이 이에 해당할 것이다.
자연선택	어떤 문화적 변형을 지니고 있음으로써 발생하는 효과에 의해 집단의 문화적 구성의 변화가 일어나는 것. 문화적 변형에 대한 자연선택은 개인 혹은 집단 수준에서 일어날 수 있다.

혁신을 받아들일 것인지 말 것인지는 새로운 작물이 실용적으로 어떤 이점을 갖고 있는지에 달려 있다. 잡종 종자가 질병에 더 저항력이 있는가? 새로운 곡물을 당장 팔 수 있는 시장이 존재하는가? 만약 그렇다면, 사람들은 새로운 곡물을 받아들이려 할 것이며 그 혁신은 퍼져 나갈 것이다.[22] 새로운 관념, 작물, 혹은 또 다른 문화적 변형들을 받아들인 사람들의 수나 그 사람들의 명성도 그것들을 받아들일지 말지를 결정하는 데 영향을 미친다. 그 영향으로 인해 다양한 편향된 전달이 발생하며, 이에 대해서는 4장에서 자세히 살펴볼 것이다.

편향된 전달은 대안적인 변형들을 비교한 결과이기 때문에(비교가 의식적일 필요는 없다), 이후에 문화적 변화가 얼마나 일어날 것인가는 집단에 얼마나 다양한 변형이 존재하는가에 달려 있다. 처음에는 혁신이 느리게 퍼진다. 왜냐하면 소수의 사람만이 혁신을 받아들이며, 다른 몇몇 사람들이 그 혁신을 관찰하게 되고, 그들이 하고 있던 행동과 그것을 비교하기 때문이다. 혁신이 좀 더 퍼지면 더욱더 많은 사람이 그것에 노출되고 다른 행동과 그것을 비교할 수 있게 된다. 따라서 혁신을 받아들이는 속도는 빨라진다. 오래된 행동이 드물어지면서 그 행동을 행하는 사람은 줄어들고 비교할 만할 기회가 줄어들 것이다. 따라서 새로운 행동이 확산되는 속도도 느려진다. 이러한 과정에 대한 사례는 많이 있으며, 모두 S 형태의 독특한 궤적을 보여 준다.•

편향된 전달에 의한 집단의 변화 속도는 또한 대안적인 행동을 평가하기가 얼마나 어려운가에 달려 있다. 만약 새로운 작물이 이전 작물보다 생산량이 월등하다면 농부들은 쉽게 그 차이를 감별할 수 있다. 잡종 옥수수는 전통적인 옥수수보다 약 20% 정도 생산량이 많기 때문에 빨리 퍼져 나갔다. 마찬가지로 1700년경 뉴기니의 해안가에 신세계로부터 고

• 시간을 x축에 놓고 단위 시간당 혁신을 받아들이는 속도를 y축에 놓으면 S형의 궤적을 관찰할 수 있다.

구마가 소개된 이후로 선선한 고지대에서 다른 작물들을 재빠르게 대체해 갔다. 고구마가 전형적인 열대 식물보다 작황이 훨씬 좋았기 때문이다. 뉴기니의 고지대에 고구마를 가지고 온 유럽인들은 해안 지역을 벗어나지 않았으며, 1930년대에 이르기까지 고지대에 사람이 살고 있는지도 몰랐는데 이런 현상이 발생했다.[23] 그러나 좋은 특질이라도 그 이점을 발견하기란 어렵다. 물을 끓여서 마시는 습관은 분명히 설사로 아이가 죽는 것을 방지한다. 그렇다 하더라도 끓인 물의 효과를 감지하기가 쉽지 않기 때문에 그 습관은 잘 퍼질 수 없을 것이다. 다른 경로로 설사에 걸리기도 하며, 사람들이 물에 있는 병원균을 볼 수도 없다. 마법에 의해서 병에 걸린다고 믿는 사람들은 물을 끓여서 마시는 게 이롭다는 사실을 믿기가 쉽지 않을 것이다. 이점이 확연히 드러나더라도 어떤 변형이 가장 이로운지 알아내기는 대개 쉽지 않다. 더구나 시간이 지난 뒤에야 그 효과가 드러나는 특질은 더욱 평가하기가 어렵다.

편향된 전달이 항상 문화적 표준이나 규칙에 따라서 여러 문화적 변형들을 평가하려는 노력 때문에 발생하는 것은 아니다. 편향은 대개 인간의 인지나 지각의 보편적인 특성 때문에 발생한다. 예를 들어, 많은 언어학자는 어떤 언어적 특질은 "유표적marked"이라고 믿는다. 이는 무표적인unmarked 특질에 비해 사용하거나 알아채기 어렵다는 것을 뜻한다. 문장에서 단어의 배열 순서에 따라 주어와 목적어가 결정되는 언어는 명사의 형태를 변형시켜서 그러한 기능을 수행하는 언어보다 무표적이라고 할 수 있다. 그러한 무표적인 특질은 좀 더 단순하고, 따라서 그 언어를 처음으로 습득하는 단계에서 나타난다. 많은 언어학자는 "내부적인internal" 언어 변화(언어 간의 접변으로 발생하는 변화와는 반대의 의미이다)는 대체로 유표적에서 무표적으로 진행된다고 믿는다. 그러한 변화로 인해 대개 언어는 사용하고 이해하기가 더 쉬워진다. 따라서 언어를 배우는 사람들은 약간의 차이가 있는 두 개의 문법적 변형에 맞닥뜨리면 무표적인 쪽을 선택하려는 경향을 보인다. 편향된 전달은 이런 식으로 언어의 변화를 유도할 수 있다.[24] 아직 이 가설에 대해서는 논란이 존재하지만, 만약 옳은 것으로 증명된다면, 이는 인간 심리의 작용으로 편향이 어떻게 발생하는가에 대한 좋은 사례가 될 것이다.

편향된 전달은 학습 규칙에 의존한다

편향된 전달의 세기와 방향은 항상 모방하는 사람의 마음에 무엇이 일어나는가에 따라 달라진다. 일리노이의 시골에서 기업가적 가치가 증가한 것을 설명하려면 젊은이들의 가치관을 연구해야 할 것이다. 왜 그들은 가족보다 돈과 편안함을 가치 있게 여기는가? 어떤 경우에 가치관은 인간이 지닌 보편적인 성향 때문에 형성될 수 있다. 부, 편안함, 자신의 삶을 제어할 수 있는 능력에 대한 욕구는 인간의 본성일 수 있다. 혹은 가치관이 문화적 변형으로부터 기원할 수도 있다. 예를 들어 현대 일리노이에서는 현금과 편안함이 우세하지만, 중국의 농촌에서는 가족에 대한 충성심이 우세하다.

인류학자 윌리엄 더럼William Durham은 유전적으로 습득되는 학습 규칙과 문화적으로 습득되는 학습 규칙을 구분한다. 그는 각각 그 둘을 "일차적인 가치선택primary value selection"과 "이차적인 가치 선택secondary value selection"이라고 명명했다.[25] 단어가 발음되는 방식의 변화에 대한 규칙(언어학적인 전문 용어로는 음운론이라고 한다)을 살펴보면 이 구분을 더 잘 이해할 수 있다. 우선 생각해 볼 수 있는 것은 모음의 발음을 혀의 수평 및 수직 위치를 나타내는 이차원 좌표에 표시할 수 있을 것이다. 수많은 언어에서 얻은 자료에 따르면 좌표 공간에서 모음 간의 거리가 최대가 되는 방향으로 발음이 진화한다고 한다. 아마도 사람들은 무의식적으로 모음 간의 거리를 넓게 발음하는 것을 선호할 것이다. 왜냐하면 그렇게 하면 발음과 이해가 수월하기 때문이다.[26] 자신의 개인어를 확립 중인 젊은이들은 다른 사람들의 발음을 듣고 나서 모음이 좌표상에서 가장 균등하게 나뉜 사람의 발음을 모방하려는 경향을 보인다. 수많은 언어권에서 이러한 과정이 관찰되었으며, 이는 균등한 간격의 모음에 대한 선호가 더럼이 말한 일차적인 가치 선택이라는 것을 의미한다.

언어 변화에서 이차적인 가치 선택도 관찰할 수 있다. 서로 다른 언어를 사용하는 사람들이 만났을 때, 모든 종류의 언어적 변형들은 서로 뒤섞인다. 두 언어가 얼마나 비슷한가에 따라 뒤섞이는 속도도 달라진다. 두 언어가 비슷할 때에는 새로운 형태를 들어도 이해할 수 있으며, 그것을 자신의 언어에 병합할 수 있다. 만약 두 언어가 매우 다르면, 다른 언어의 단어나 문법 형태를 배우기가 어려우며, 차용이 불가능하다. 그러므로 당신과 당신의 공동체가 이미 말하고 있는 언어가 무엇인지에 따라 새로운 형태에 대해 매력을 느끼는 정도가 달라지며, 더럼은 이를 이차적 가치 선택이라고 명명했다.

일차적 가치 선택과 이차적 가치 선택 중에서 무엇이 더 중요한가에 대해서는 의견이 분분하다. 리처드 알렉산더, 찰스 럼스덴Charles Lumsden, 에드워드 윌슨Edward Wilson 같은 진화생물학자는 일차적인 가치가 더 지배적이라고 주장한다.[27] 비록 더럼이 명명한 이차적인 가치라는 용어는 일차적 가치로부터 파생되었다는 것을 암시하지만, 그는 이차적인 가치도 중요하다고 주장한다. 우리의 직감으로는 일차적인 가치와 이차적인 가치는 항상 상호 작용하는 것 같다. 의도적으로 접촉이 일어난 언어가 변화하면서 어떤 효과를 만들어 내는지 상상해 보라. 새로운 형태가 유용할 것인지 혹은 이해될 수 있는지는 접촉하는 두 언어가 얼마나 비슷한지에 달려 있다. 하지만 한번 생각해 보자. 사람들은 왜 효과적으로 의사소통하고자 하는가? 사람들은 왜 이해하기 어려운 형태보다 이해하기 쉬운 형태를 선택하는가? 가끔 사람들은 어려운 형태를 선택하기도 한다.[28] 변호사, 정치가, 혹은 (슬프게도) 과학자를 생각해 보라. 사람들은 자신이 특정한 사회적 역할을 차지하고 있다는 것을 알리거나 혹은 비슷한 문화적인 이유 때문에 부당하게도 복잡한 언어 형태를 선호할 수도 있다. 사람들이 무표적에 가까운 형태를 선호하는 이유도 분명 인간 심리의 기본적인 본성 때문일 것이다. 사람들은 (보통) 이해받고 싶어 한다. 사람들에게 물을 끓여서 마시도록 권유하는 것이 어려운 이유도 같은 맥락에서 이해할 수 있다. 물을 끓이기 위해서 연료를 모으는 것처럼 불필요한 일을 피하고자 하는 욕구와 아이가 성장하고자 하는 욕구는 아마도 유전적으로 형성된 심리에 깊은 뿌리를 둔 일차적인 가치일 가능성이 높다. 병이 세균을 통해 전달된다고 믿는 것은 이차적인 가치에 해당한다. 이러한 일차적인 가치와 이차적인 가치 모두 물을 끓여 먹을 것인지 아닌지에 대한 결정에 영향을 미친다.

문화적 변형은 어떻게 경쟁하는가

지금까지 우리는 암묵적으로 문화적 변형들이 서로 경쟁한다고 가정했다.[29] 예를 들어, 농부들이 자작농적인 가치를 지닐 것인가 혹은 기업가적인 가치를 지닐 것인가, 사람들이 어떤 방언을 선택할 것인가, 사람들이 혁신을 습득할 것인가 혹은 현재의 행동 방식을 고수할 것인가에 따라 어떤 변형들이 확산될 것인가가 결정된다. 이러한 양자택일의 이분법이 유전자에게는 적당할지 몰라도 문화에서는 그렇지 않을 것이다. 유전자는 복제가 일어나는 과정에서 다른 판형의 같은 유전자와 경쟁할 수밖에 없다(대립형질allele끼리의 경쟁을 말한다). 모든 유전자는 특정한 염색체의 특정한 장소 혹은 좌위locus를 차지한다. 예를 들어, 1천 명의 사람이 모인 집단에서는 어떤 유전자라도 나를 수 있는 2천 개의 염색체가 존재한다. 유전자의 한 변형을 나르는 염색체가 세대를 거치면서 증가한다면, 그 좌위에서 대안적인 유전자를 나르는 염색체의 숫자는 줄어들 수밖에 없다.* 반면 문화는 이처럼 이항 대립적으로 복제되지 않는다.

---

* 예를 들어 눈의 색깔을 제어하는 한 유전자가 #번 염색체에 특정한 좌위에 있다고 하자(실제로 눈의 색깔을 제어하는 유전자는 이보다 많다. 여기서는 단순화하여 이해를 돕고자 한다). 두 대립형질을 검은 눈으로 발현되는 A와 갈색 눈으로 발현되는 a라고 하자. 이 두 대립형질은 본문에서 언급된 2천 개의 좌위를 차지하기 위해 서로 경쟁한다. 저자가 여기서 말하고자 하는 바는 세대가 흐르면서 A의 빈도가 늘어나면 반드시 a의 빈도는 줄어든다는 뜻이다.

사람들은 한 가지 변형보다 더 많이 배우거나 기억할 수 있다. 예를 들어, 사람들은 두 가지 방언을 말하는 방법을 알 수 있기 때문에 집단에서 한 방언이 쇠퇴하지 않고도 새로운 방언이 퍼질 수 있다.

우리는 문화적 변형들이 두 가지의 연관된 방법으로 경쟁한다고 생각한다. 첫째, 그들은 학습자의 인지적 자원을 차지하기 위해서 경쟁한다. 그 경쟁은 사회적 학습이 이루어지는 과정뿐만 아니라 그 이후에도 계속되는데, 그 이유는 학습자가 그 변형을 기억하려면 얼마간의 노력을 기울여야 하기 때문이다. 어떤 것을 배우는 데에는 다른 가치 있는 활동에 쓸 수 있는 시간과 에너지를 바쳐야 한다. 그리고 기존의 기억을 유지하는 것과 경쟁을 해야 할지도 모른다. 아마도 습득하기 쉬운 지식에는 이러한 제약이 별로 중요하지 않을 것이다. 예를 들어 보라인 매듭, 낚시꾼 매듭, 8자 모양 매듭(그림 3.3)은 줄 끝에 고리를 묶는 데 쓰이며, 누구나 쉽게 배울 수 있다. 보라인 매듭을 배우는 데 시간을 좀 투자한다고 해서 다른 것을 배우는 시간을 뺏는 것은 아니다. 새로운 매듭을 배우는 것은 단지 몇 분밖에 걸리지 않기 때문이다.

하지만 습득하기가 좀 더 어려운 지식이라면 학습 비용이 크기 때문에 변형들은 서로 격렬하게 경쟁해야 한다. 새로운 학문이나 새로운 언어를 터득하려면 상당한 시간과 에너지가 필요하며, 따라서 사람들은 대안들 사이에서 결정해야만 한다. 몇 년 전에 우리는 독일의 한 대학에서 일 년을 보냈는데, 둘 다 독일어를 배우는 것이 좋겠다고 생각했지만 이 책을 쓰는 데 시간을 투자하는 것을 선택하고 말았다. 시간과 에너지를 차지하기 위해서 문화적 변형들 사이에 벌어지는 경쟁은 유전자들의 좌위를 차지하기 위한 경쟁보다 광범위하다. 다시 말해 같은 행동에 영향을 주는 변형들 사이에서만 경쟁이 일어나는 것이 아니라 주어진 시간에 그 사람이 습득하는 모든 변형 사이에서 경쟁이 발생한다. 독일어는 우리의 한정된 시간과 주의력을 놓고 프랑스어와 경쟁한 것이 아니라 역사

그림 3.3

8자 매듭은 강하고, 우연히 풀릴 염려가 없으며, 당겨진 상태에서도 풀기가 쉽다.
그러나 묶는 데 시간이 걸린다는 단점이 있다.

상 실재한 모든 언어 및 기술과 경쟁한 것이다. 이처럼 우리의 시간과 에너지를 차지하기 위해서 여러 변형이 널리 퍼져서 경쟁하기 때문에, 매듭을 묶는 것처럼 단순하고 유용한 기술들조차 모두 익히기에는 우리의 여력이 충분하지 않은 것 같다.

문화적 변형들 사이에서 일어나는 또 다른 경쟁은 보다 강렬한 것인데 바로 행동을 제어하기 위한 경쟁이다. 사람들은 다른 이들을 관찰하면서 상당히 많은 것을 학습한다. 만약 문화적 변형이 행동에 영향을 주지 못한다면, 다른 사람들에게 전달되지 않을 것이다. 유전자와는 달리 문화는 습득된 변이를 승계하는 체계이다. 문화에는 유전자처럼 표현형(유기체에서 관찰할 수 있는 속성을 말한다. 표현형은 유전자와 환경의 상호작용의 결과다)에 영향을 주지 않는 열성 유전자recessive gene나 불활성 유전자silent gene 같은 것이 없지만 어쨌거나 문화는 전달된다. 만약 당신이 줄 끝에 고리를 만들기에 8자 매듭이 가장 적당하다고 생각하며 항상 이 매듭만 사용한다면, 당신이 다른 매듭을 매는 법을 알고 있다 하더라도 다른 사람들은 당신으로부터 다른 매듭을 배울 수 없다. 특히 삶의 많은 측면에 영향을 미치는 문화적 변형들 사이의 경쟁은 더 심하다. 자작농적인 가치를 갖고 있는 일리노이의 농부는 기업가적인 가치를 지닌 농부보다 삶의 모든 측면에서 다르게 행동할 것이다. 신교에서 가톨릭교나 불교로 개종한 사람은 자신이 배웠던 신교의 교리를 잊어버리진 않겠지만, 더 이상 신교 교인의 모델은 아닐 것이다.

오래 사용하지 않은 변형들도 잊어 먹기 쉽다. 누구나 힘들게 배웠던 미분이나 클라리넷 연주, 평행 턴(양쪽 스키가 평행이 된 상태에서 턴하는 기술) 같은 기술들을 잊어 먹어서 괴로워했던 경험이 있을 것이다. 사용하거나 잊어버리거나 둘 중 하나이다.

사람들은 또한 공개적인 교육을 통해서도 관념과 가치를 습득한다.[30] 이 경우에 그 효과는 좀 더 미묘하다. 어떤 이유로 인해 특정한 문화적 변형이 사용된다면, 같은 이유로 인해 그 문화적 변형이 교육되며 습득하는 사람들은 그것을 사용하게 된다. 만약 당신이 8자 매듭을 강하고, 우연히 풀리는 일이 없고, 팽팽하게 당겨진 상태에서도 쉽게 풀 수 있다는 이유로 가장 좋은 매듭이라고 믿는다면, 당신은 다른 매듭보다 8자 매듭을 가르칠 가능성이 높다. 사람들에게 다른 매듭을 매는 방법을 가르친다고 하더라도, 8자 매듭이 왜 좋은지에 대한 당신의 의견을 그들이 받아들인다면, 아마도 그들은 8자 매듭을 사용할 것이다.

행동을 제어하려는 경쟁은 주목을 끌려는 경쟁보다 훨씬 덜 광범위하다. 만약 동일한 맥락에서 두 가지 변형이 다른 행동을 지시한다면, 대개 둘 중 하나만이 행동을 제어할 수 있다. 우리는 왼쪽 차선이나 오른쪽 차선으로 운전할 수 있지만, 오직 술 취한 사람과 어리석은 십 대만 양 차선으로 운전하려 할 것이다. 사람들은 두 가지의 언어가 사용되는 환경에서는 한 언어에서 다른 언어로 재빠르게 전환할 수 있다. 이런 전환은 심지어 문장을 말하는 도중에도 일어난다. 하지만 단어 혹은 적어도 형태소를 말할 때에는 여러 언어를 쓰는 것이 불가능하다. 이는 또한 두 가지 형태가 경쟁하면서 상호 작용하는 사례에 해당한다. 만약 어떤 특질이 습득하기가 쉽다면, 그리 중요한 특질은 아닐 것이며 거의 행동에 영향을 미치지 못한다. 종종 일어나는 시연에 의해서 그 특질은 지속될 것이다. 저자 중 한 명은 오래전에 단 한 번 누군가 시연하는 것을 보고 흔하지 않지만 매우 유용한 매듭인 트럭 운전사의 매듭(그림 3.4)을 배웠다(그 시연은 누군가가 그 매듭을 묶는 것을 직접 본 처음이자 유일한 경험이었다). 한편 오래 관찰하고 나서야 습득할 수 있는 기술과 지식은 얼마나 오랫동안 관찰했느냐에 따라 습득 여부가 결정될 것이다.

문화적 변이에 대한 자연선택

문화적으로 전달되는 변이에 적용되는 자연선택과 유전자의 변이에 적용되는 자연선택의 논리는 거의 동일하다. 문화에 대한 자연선택이 발생하려면, 다음과 같은 것이 필요하다.

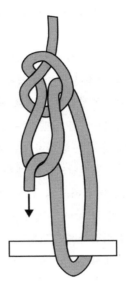

그림 3.4

트럭 운전사의 매듭은 기계적인 이점 때문에 짐을 묶는 데 유용하다.

- 사람들은 사회적인 학습을 통해서 서로 다른 믿음과 가치를 습득하기 때문에 사람들 간에는 변이가 존재한다.
- 이러한 변이는 다른 사람에게 그 신념을 전달하는 확률에 영향을 미침으로써 반드시 사람들의 행동에 영향을 주어야 한다.
- 집단에 존재할 수 있는 문화적 변형의 총합은 어떤 식으로든 한정되어야 한다.

혹은, 달리 말해서, 문화적 변형은 반드시 경쟁해야 한다.

이 목록의 용어들을 적절한 유전학적 용어로 대체한다면 자연선택에 의해서 유전자가 어떻게 진화하는가를 설명하는 표준적인 교과서에 넣어도 상관없을 것이다. 기본적인 논리는 동일하다. 다른 모든 조건이 동일하다면, 다른 사람에게 믿음이 더 잘 전달되도록 행동하게 만드는 변이는 빈도가 증가할 것이다. 만약 모방을 통해서 습득한 신념에 따른 행동이 중요한 것이라면, 그 신념은 한 개인의 삶의 수많은 측면에 영향을 미칠 것이다. 이는 그들이 누구를 만날 것인가뿐만 아니라 얼마나 오래 살지, 얼마나 많은 아이를 낳을지, 종신 재직권을 얻을 수 있을지에 영향을 줄 것이다. 이 모든 요소는 그들이 다른 이들이 모방할 수 있는 모델 혹은 초심자를 가르칠 수 있는 선생이 될 수 있는 확률에 영향을 줄 것이다.

사람들이 그들의 부모로부터 신념을 습득하는 한, 자연선택이 문화에 작용하는 방식은 유전자에 작용하는 방식과 거의 동일할 것이다. 예를 들어 종교적인 믿음은 그 믿음을 갖고 있는 사람의 생존과 번식에 영향을 미친다. 사회학자 수전 잰슨Susan Janssen과 로버트 하우저 Robert Hauser는 위스콘신주에 거주하는 사람들의 생식력을 비교 연구했다.[31] 그들에 따르면, 가톨릭교도들은 비가톨릭교도들보다 평균적으로 20% 정도 더 많은 아이를 가졌다(남성과 여성 모두). 역학疫學자 맥에보이 L. McEvoy와 랜드G. Land의 연구에 따르면, 미주리주에서 모르몬교도들이 대조 집단인 비모르몬교도들보다 연령조정age-adjusted 사망률이 20% 정도 낮았다.[32] 행동유전학 연구에 따르면 어떤 종교를 믿는 것(모르몬교도이든 가톨릭교도이든 관계없이)은 문화적으로 전달되는 것이다.[33] 잰슨과 하우저의 사례에서 사람들의 종교와 그들 부모의 종교는 강한 상관관계를 갖는 것으로 나타났다. 따라서 생식력을 촉진하고 사망률을 낮추는 신념은 증가할 것이다. 왜냐하면 그러한 신념을 지닌 사람들은 성인이 되어서도 더 많이 살아남을 것이고, (가족이 있다면) 더 많은 가족원을 거느릴 것이며, 이 가족에서 태어난 아이들도 부모들과 동일한 신념을 지닐 것이기 때문이다.

사람들이 선생, 동료, 유명 인사로부터 문화적인 영향을 받을 때마다 문화적 변형에 작용하는 자연선택은 부모가 아닌 사람들이 그 역할을 맡을 가능성이 증대하는 쪽을 선호할 수 있다. 이와 같은 시나리오에서 만약 부모로서 성공을 최대화하는 특질이 선생, 성직자, 유명 인사로서 성공을 최대화하는 특질과 다르다면, 문화적 변형에 작용하는 자연선택은 유전적으로 비적응적인 특질들을 확산시킬 수도 있다.

민족지학적으로 가장 기이한 전통들 가운데 하나를 생각해 보자. 어떤 하위문화에서는 자손의 숫자보다 출판물의 수량을 더 자랑스럽게 생각하고 거기에 더 많은 시간을 쏟는다. 이 현상은 문화적 변형에 대한 선택 때문에 발생했다고 설명할 수 있을 것이다. 바로 저자들이 이러한 이상한 집단의 구성원이며, 직접적인 경험으로부터 진화적 압력이 무엇인지 증언할 수 있다. 이 책을 읽는 독자 중 일부는 가까이에서 대학 교수진을 관찰했을 것이며 우리와 같은 경험을 갖고 있을 것이다. 아이를 갖고자 하는 복합적이고 강력한 일차적 및 이차적 욕구보다 긴 이력서를 만드는 것을 더 중요하게 여기는 사람을 보고 싶다면 채용된 지 얼마 안 된 젊은 조교수를 관찰해 보라. 신임 교수가 새로운 학교에 들어가면 새로운 신념을 습득해야 하며 혹은 대학원에 다닐 때 습득했던 신념을 얼마간 바꾸어야 한다. 또한 그녀는 가르치는 것이 얼마나 어려운지, 위원회 업무가 평가되는 기준이 무엇인지, 얼마나 많은 시간을 대학원생들에게 바쳐야 하는지를 알아야 한다. 그리고 무엇보다 중요한 문제는 자신의 연구에 얼마나 시간을 투자해야 하며, 가족과 여가 활동에 시간을 보내면서도 성공할 수 있는가 하는 것이다.

많은 조교수가 자신보다 더 경험이 많고 나이 든 교수들의 선례를 따라 선택한다. 이러한 선임 교수들은 신임 조교수들에게는 편향된 표본이다. 왜냐하면 어떤 교수가 열심히 일하지 않고 논문을 많이 출판하지 않았다면 종신 재직권을 받지 못하며 따라서 그의 경험을 후임 교수들에게 전달할 수 없게 되기 때문이다. 신임 교수는 종신 재직권을 받은 교수들을 모방함에 따라 높은 수준의 연구 업적을 남기길 갈망하게 되며, 결혼을 미루거나 아이를 적게 낳으려고 하게 된다. 여러 세대에 걸쳐서 이러한 힘이 조교수들에게 작용했기 때문에 연구 업적을 높게 평가하며 실질적으로 육아를 축소하는 집단이 만들어질 수 있었다. 여기서 실제보다 단순화하여 묘사했다는 것을 염두에 두기 바란다. 그녀는 교수가 된 이후로 그녀와 비슷하게 직업과 가족 사이의 딜레마에 빠진 교수들을 많이 만났을 것이며, 가장 성공적이고 영향력이 큰 사람들은 자신의 직업을 좋아한 교수들일 것이다. 아마도 그녀는 대학원에서 비슷한 사회적 배경과 학업에 대한 열정을 지닌 동료와 사랑에 빠졌을 것이다. 우리가 알고 있는 한 중년의 성공적인 인류학자는 그녀의 흑인 친구들에 대해 동정적으로 말하곤 했다. 흑인은 대가족을 자랑스럽게 생각하기 때문에 건강한 여자가 "자유롭게" 한 아이만 낳겠다고 결정하는 것을 이해할 수 없다.[34]

성공적인 연구 교수에 대한 선택은 유전자에 대해 자연선택이 예측하는 것과 다른 방향으로 행동을 몰아간다. 종신 재직권을 받은 교수는 문화적 부모 및 사회적인 선택을 하는 행위자의 역할을 동시에 수행한다. 아마도 문화적 변형에 대한 자연선택은 문화적 전달에서 활발한 역할—생물학적 부모, 친구, 지도자, 선생, 조부모 등—이 성공하도록 작동될 것이다. 이러한 점에서 생물학적 체계는 매우 단순하다(적어도 평범한 유기체의 생물학적 체계는). 남성과 여성, 두 가지 역할밖에 존재하지 않으며, 양쪽 부모가 똑같은 양의 유전자를 자손에게 물려준다. Y염색체(아버지로부터 아들로만 전달된다)와 미토콘드리아 DNA(어머니로부터만 전달된다)처럼 유전자의 전달에서도 일반적인 문화와 같은 복잡한 패턴이 존재하지만[35] 그 어떤 것도 인간의 문화처럼 복잡하지는 않다.

물론 젊은 조교수들이 어떤 결정을 내릴 때 자신의 선호를 반영하지 않는 것은 아니다. 만약 아이 갖는 것을 주저한다면, 그녀는 아마 대단한 열정을 갖고 있는 동료들처럼 출판에 목숨을 건 삶의 태도를 채택할 것이다. 반면 그녀가 아이 갖는 것을 간절히 원한다면, 종신 재직권 위원회가 양보다 질을 우선하길 바랄 것이며, 가정을 빨리 이루려고 할 것이다. 의사 결정에 영향을 미치는 선호로 인해 편향된 전달이 발생한다. 편향이 강력한 경우에는 다양한 모델에 대한 자연선택의 효과는 그리 크지 않다. 하지만 지금 이 경우에는 편향이 강력하지 않을 것 같다. 젊은 교수들이 얼마나 자신의 가정에 시간을 바쳐야 할지 결정할 때, 그들은 단지 경력이나 가정생활에 대한 단기적인 효과만이 아니라 아이의 발달에 대한 장기적인 효과까지 고려해야만 한다. 아이를 갖고자 하는 생물학적 욕구는 하나 혹은 두 명의 아이를 갖는 것으로 충족이 될 것이며, 교수직에서 성공하고자 하는 욕구는 깊숙이 자리 잡은 편향을 자극한다. 이러한 경우에, 한 개인이 구할 수 있는 정보는 보잘것없으며, 감정은 충돌한다. 아마도 대부분의 포부가 큰 학자들은 전통적인 믿음에 기댈 것이며, 그럴 경우 종신 재직권을 받을 교수를 심사하는 선택 과정은 어떻게 교수가 행동해야 할지에 상당한 영향을 줄 것이다.

왜 자연선택과 편향된 전달을 구분하는가?

편향된 전달은 사람들이 어떤 문화적 변형들을 차별적으로 습득하기 때문에 발생한다. 반면 자연선택은 어떤 문화적 변형이 다른 변형보다 더 잘 모방되어서 그 변형을 지닌 사람의 삶에 영향을 주기 때문에 발생한다. 생물학자 루이지 카발리 스포르차Luigi Cavalli-Sforza, 마커스 펠드먼Marcus Feldman, 리처드 도킨스, 그리고 인류학자 윌리엄 더럼[36]을 비롯해 이 주제에 대해 저술한 대부분의 학자들은 편향된 전달을 자연선택의 한 형태로 바라보았다. 때로 그들은 **문화적 선택**이라는 용어를 사용하기도 했다. 이 개념이 이치에 맞지 않는 것은 아니다. 편향된 전달은 선택적인 보존 과정이기 때문이다. 인간 집단은 문화적으로 다양하다. 어떤 문화적 변형은 다른 변형보다 더 잘 모방되기 때문에 "문화적 적합도"가 상대적으로 더 높다.

그럼에도 우리는 편향된 전달과 자연선택을 구분하는 것이 매우 중요하다고 생각한다. 편향된 전달은 모방자가 무슨 생각을 하느냐에 따라 달라지지만, 대부분의 자연선택에서 각각의 유전자의 적합도는 인간의 욕구나 선택, 선호도에 관계없이 생존과 번식에 미치는 효과에 달려 있다. 우리는 새가 먹이를 습득하는 능력에 다양한 형태와 크기의 부리가 어떻게 영향을 미쳤는지를 알아봄으로써 어떤 형태로 새의 부리가 진화했는지 이해할 수 있다. 부리의 크기에 영향을 주는 유전자의 적합도는 다른 유전자에 따라 달라지기 때문에 사실 우리는 새의 다른 표현형에 대해서도 알아야 한다. 하지만 다른 유전자에 영향받는 정도는 편향된 전달보다는 훨씬 작다. 편향된 전달은 유전자의 진화적 과정 중의 하나인 감수분열 비틀기meiotic drive에 비유할 수 있는데, 이 과정에서 "비틀기" 유전자는 자신이 있는 염색체가 정자와 난자에 더 많이 포함되도록 만든다. 감수분열 비틀기는 분명 자연선택의 한 형태이긴 하지만 대부분의 생물학자는 일반적인 자연선택과 감수분열 비틀기를 구분해야 한다고 생각한다.

문화적 전달의 경우에도 이와 동일한 종류의 구분이 필요하다. 중독성 마약을 혐오하게 되는 것에 대해 생각해 보자. 이런 편향이 흔하다면 중독이 퍼지는 것을 막을 것이다. 그러나 마약에 대해 거부감을 갖고 있는 사람이더라도 때로 유혹을 참지 못하고 마약에 굴복하여 교도소에 수감되거나 문화적 영향력이 큰 사람들에 의해서 집단으로부터 쫓겨난다.

이 두 가지 모두 마약 중독을 저지하는 데 상당한 효과를 갖는다. 중독성 약품에 대한 혐오는 편향된 전달의 한 종류인 반면, 본보기가 되는 중독자가 몇 명일지에 영향을 주는 작용은 자연선택이다. 비록 어느 특정한 사례를 두고 편향된 전달 및 자연선택의 효과를 구분하기란 쉽지 않더라도, 이를 구분하는 것은 중요하다. 왜냐하면 이러한 두 과정은 때로 매우 다른 진화적 결과를 불러오기 때문이다.

우리의 경험에 따르면 대부분의 사람은 문화적 진화에서 편향된 전달 같은 심리적인 힘이 자연선택보다 더 중요하다고 생각하는 것 같다. 그들은 그들의 문화를 통제하고 있다고 느끼며, 현존하는 문화의 대부분은 인간의 선택에 의해 이루어진 것이라고 믿는다. 하지만 실제로는 우리의 생각처럼 많은 선택을 하지 못한다. 마크 트웨인의 다음과 같은 지적처럼 말이다.

> 우리는 왜 가톨릭교도가 가톨릭교도가 되었는지, 장로교도가 장로교도가 되었는지, 침례교도가 침례교도가 되었는지, 모르몬교도가 모르몬교도가 되었는지, 도둑이 도둑이 되었는지, 왕정복고주의자가 왕정복고주의자가 되었는지, 공화당원이 공화당원이 되었는지, 민주당원이 민주당원이 되었는지 알고 있다. 우리는 그것이 이성과 고찰에 의한 것이라기보다 그 사람들과 어울리고 공감하다 보니 그렇게 된 것임을 알고 있다. 이 세상의 그 어떤 사람도 도덕, 정치, 종교에 대해서 어울림과 공감에 의하지 않은 의견을 갖기 힘들다.[37]

편향된 전달 혹은 자연선택 중에서 무엇이 중요한가, 라는 질문은 중대한 문제를 함의하고 있다. 만약 심리적인 힘이 훨씬 더 중요하다면, 문화적 진화는 궁극적으로 본유적인 일차적 가치로부터 비롯하며, 문화는 단지 근접적인 역할밖에 하지 못할 것이다. 다시 말해 복잡하고 적응적인 모든 행동은 궁극적으로 어떻게 자연선택이 심리의 본유적인 측면을 설계했는지를 통해서 설명될 수 있다는 뜻이다. 반면 문화적 변이에 작용하는 자연선택이 중요하다면, 문화는 또한 궁극 원인이 된다. 아마도 더럼이 말하는 문화적으로 전달되는 이차적 가치는 항상 이차적이지만은 않을 것이다. 여기에 대해서는 앞으로 더 논의할 것이다.

문화적 변형이 유전자와 동일하지 않다고 하더라도 개체군 사고는 유용하다

문화에 대해 다윈적인 접근을 한다고 해서 문화를 문화적 전달 중에 정확하게 복사되는 아주 작은 유전자와 같은 조각들로 여길 필요는 없다. 문화적 변형들은 때때로 유전자와 비슷하지만, 그렇지 않을 때도 분명히 있다. 그러나—그리고 이런 점이 중요한 점이긴 하지만—두 경우모두 다윈적인 접근은 유용하다.

우리가 이렇게 확신하는 데 대해 다소 놀랐더라도 그것은 독자의 잘못이 아니다. 지난 십여 년 동안 문화적 변형을 유전자와 같은 조각으로 취급해야 할지 말아야 할지에 대해 수많은 논쟁이 있었다. 논쟁의 한쪽에는 진화생물학자인 리처드 도킨스, 철학자 대니얼 데닛Daniel Dennett, 그리고 심리학자 수잔 블랙모어Susan Blackmore 등의 "보편적인 다윈주의자"가 있다. 이들은 때때로 유전자와 같은 복제자replicator가 적응적인 진화에 필요하다고 주장했으며, 그들 스스로 밈meme이라고 지칭했던 문화적 변형이 독립적이며, 완전히 복제되는 유전자와 같은 조각이라고 생각했다. 그들은 문화적 변형이 유전자와 비슷하기 때문에 다윈의 이론을 거의 변형하지 않은 채 문화적 진화에 적용할 수 있다고 믿는다.[38] 논쟁의 또 다른 한편에서는 인류학자 댄 스퍼버Dan Sperber와 크리스토퍼 홀파이크Christopher Hallpike와 같은 다방면의 비평가들이 문화적 변형은 조각들이 아니며 정확하게 복제되지 않기 때문에, 변이와 선택적 보존selective retention과 같은 다윈의 개념을 문화적 진화를 이해하는 데 사용할 수 없다고 주장했다.

우리는 이 논쟁의 양측 모두에 동의하지 않는다. 우리는 진심으로 문화적 진화가 다윈적인 원리에 따라서 진행될 것이라는 논리에 동의하지만, 그와 동시에 우리는 문화적 진화가 유전자와 매우 다른 "단위"에 기반하고 있다고 생각한다. 문화적 변형을 유전자와 유사하다고 여기느니 차라리 완전히 다르다고 여기는 것이 나을 것이다. 불행하게도 우리는 이에 대해서 너무나 아는 것이 없다. 문화는 그 자체가 지속되는 데 필수적인 정보를 저장한다는 점에서는 분명히 유전자와 비슷하다. 하지만 앞으로 살펴보겠지만, 이는 유전자와는 전혀 다른 방식으로 이루어질 수 있다.

문화적 변형을 정확하게 이해할 때까지 문화적 진화에 대해 이론화할 수 없다고 믿는 사람들에게 이처럼 문화적 변형이 어떤 속성을 지니고 있는가에 대해 완벽하게 몰라도 된다는 주장은 강력한 반론이다. 진화론이 순전히 전달되는 단위가 어떤 것인가를 알아내는 데 매달렸다면, 다윈과 그의 모든 추종자는 아직 제자리걸음을 하고 있을 것이며, 유전자와 유기체 속성 간의 관계를 보여 주는 선구적인 연구가 나오기를 고대하고 있을 것이다. 어떻게 복합적인 유전자가 발달이 이루어지는 동안 상호 작용하여 자연선택의 대상이 되는 특질을 만들어 내는지 이해하는 것은 현대 생물학에서 각광받는 주제 중의 하나이다(유일한 주제는 아니더라도 말이다). 다윈은 유전자를 전혀 염두에 두지 않고 유기체의 유전에 대한 그림을 그렸으며, 습득된 변이의 유전만으로 이를 완전하게 설명할 수 있었다. 그럼에도 다윈은 매우 잘 설명했다. 왜냐하면 유전된 변이가 어떻게 유지되는가는 다윈적인 진화에 있어서 필요 불가결한 요소가 아니었기 때문이다. 우리는 이와 동일한 이유로 우리가 이해하고 있는 관찰 가능한 특질에 바탕을 둔 그럴듯한 모델을 사용하여 어떻게 문화가 두뇌에 저장되는가 하는 문제는 덮어 둘 수 있으며, 앞으로 나아갈 수 있다.

문화적 변형은 복제자가 아니다

리처드 도킨스는 그의 책 『확장된 표현형 *The Extended Phenotype*』에서 그가 "복제자—충실하게 복제되며, 세계에 영향을 미칠 정도로 오래 지속되며, 수가 증가할 수 있는 실체—"라고 명명하는 것이 존재하지 않는다면 누적적이고, 적응적인 진화는 불가능했을 것이라고 힘주어 말했다. 복제자는 그 자체가 자연선택의 대상이기 때문에 누적적이고 적응적인 진화를 가능하게 한다. 유전자는 복제자이다. 다시 말해, 유전자는 놀라울 정도로 정확하게 복제되며, 빠르게 확산되고, 유기체의 생애 동안 몸의 각 부분을 제어하며 지속된다. 도킨스는 신념과 관념도 마찬가지로 복제자라고 생각했으며, 문화적인 복제자를 기술하기 위해서 '밈'이라는 용어를 만들었다. 도킨스는 밈이 재생산되고, 마음에서 마음으로 복제될 수 있기 때문에, 집단에 확산되며 그것을 지닌 사람들의 행동을 제어한다고 생각했다.[39]

우리는 신념과 기술이 적어도 유전자와 동일한 성격의 복제자라고 생각하지 않는다. 인지인류학자 댄 스퍼버가 강력하게 주장했듯이, 관념은 뇌에서 뇌로 그대로 전달되지 않는다.[40] 오히려 한 사람의 뇌에 있는 문화적 변형은 어떤 행동을 일으키며, 다른 누군가가 그 행동을 관찰하게 되면, (어떻게든) 다소 그와 비슷한 행동을 일으키는 문화적 변형을 만들어 낸다. 여기서 문제는 두 번째 뇌에 있는 문화적 변형이 첫 번째 뇌에 있는 그것과는 상당히 다르다는 것이다. 어떤 표현형적인 행동이든지 그것을 발생시킬 수 있는 규칙은 무한대일 수 있기 때문이다. 만약 대부분의 사람이 주어진 표현형적 행동으로부터 하나의 규칙만 유추한다면, 정보는 뇌에서 뇌로 전달되면서 복제될 것이다. 그러나 하나의 행동에서 하나의 규칙만 유추할 수 있는 경우가 많다고 하더라도, 사람들은 유전적, 문화적, 발달적 차이로 인해 동일한 것을 관찰하더라도 서로 다른 문화적 변형을 추측할 것이다. 언어가 사람과 사람 사이에 정확한 관념의 전달을 돕는다고는 하지만, 말은 수많은 해석을 낳을 가능성을 지니고 있다. 선생으로서 우리는 학생들이 정확하게 이해할 수 있도록 수 없이 노력하지만, 실패할 때도 많다. 이러한 차이가 앞으로의 문화적 변화에도 지속되는 한, 복제자 모델은 단지 문화적 진화의 일부분밖에 반영하지 못한다.

음성학적 변화에 대한 생성론적generativist 모델은 이 문제를 잘 보여준다. 언어학의 생성론 학파에 의하면 발음은 단어의 배열을 입력받은 다음 소리의 배열로 출력을 만들어 내는 복잡한 규칙에 따른다.[41] 생성론자는 또한 어른은 그들의 발음에 이미 존재하는 여러 규칙들의 끄트머리에서만 작용하는 새로운 규칙을 추가하는 식의 변화만 가능하다고 믿는다. 반면 어린이는 어른처럼 경직되지 않았기 때문에 새로운 발화를 들으면 이를 설명할 수 있는 가장 단순한 문법 규칙을 유도할 수 있다. 이 규칙들로 인해 어린이들이 동일한 발음을 하더라도, 그 규칙들은 서로 다른 구조를 갖고 있을 수도 있으며, 따라서 오래된 규칙하에서는 불가능하게만 보였던 새로운 규칙을 추가하여 변화를 가져올 수 있다.[42]

다음의 사례[43]는 이러한 현상이 어떻게 발생하는가를 보여 준다. 어떤 영어 방언에서는 'wh(whether)'로 시작하는 단어를 소위 언어학자들이 말하는 "무성음"을 사용하여 발음하지만, 'w(weather)'로 시작하는 단어는 유성음을 사용하여 발음한다(무성음은 성문聲門이 열린 채로 발음한 것이며, 숨을 내뱉는 소리처럼 들리며, 반면 유성음은 성문을 닫은 채 발음한 것이며, 울리는 소리를 만들어 낸다). 이 방언을 말하는 사람들은 분명 이 두 소리를 마음에 지니고 있을 것이며, 그 소리들을 적절한 단어에 할당할 수 있는 규칙을 갖고 있을 것이다. 이제 그런 집단에 있는 사람들이 오직 유성음인 'w'만 사용하는 집단과 만났다고 가정해 보자. 덧붙여 이 두 번째 집단이 더 위신이 있다고 가정한다면, 첫 번째 집단은 그들의 말을 바꾸어서 유성음인 'w'만 사용할 것이다. 생성론자들에 따르면, 그들은 "무성음이었던 w를 모두 유성음으로 발음하라"는 새로운 법칙을 추가함으로써 변화를 가져온다. 그리하여 첫 번째 집단의 누군가가 "Whether it is better to endure"를 말하고자 할 때에는 그러한 부분을 담당하는 뇌의 부분이 이 문장의 각각의 단어에 해당하는 마음속의 규칙을 찾아보게 되는 것이다. 그중에는 무성음으로 발음해야 하는 'w'가 들어 있는 'whether'도 있다(이는 그가 어릴 때부터 그렇게 말하도록 배웠기 때문이다). 강세나 톤 등을 조정한 다음에 새로운 규칙은 'whether'의 'w'를 유성음으로 바꾸어 발음하게 한다. 다음 세대에 어린이들은 무성음인 w를 들을 기회가 없을 것이며 'whether'나 'weather'에 대해 동일한 규칙을 적용하게 될 것이다. 따라서 부모들과 어린이들의 발화상으로는 감지할 수 있는 차이가 없다고 하더라도 그들의 문화적 변형은 다르다. 이러한 차이는 앞으로의 변화에 영향을 미치기 때문에 중요할 것이다. 예를 들어 만약 언어적 규칙이 진정 복제되는 것이라면 미래의 후손들은 'wh'로 시작하는 단어들을 무성음으로 발음할지도 모르지만, 만약 행동으로부터 모방된 것이라면 'wh'와 'w'의 구분은 모두 잊힐 것이다.

누적적인 진화에 복제자가 필요한 것은 아니다

댄 스퍼버와 그의 동료인 인지인류학자 파스칼 보이어, 스콧 아트란은 문화적 변형들은 복제되는 것이 아니므로 문화적 변형의 선택적 보존으로 누적적인 문화적 진화가 일어난 것이 아니라고 주장했다. 그들은 문화적 전달 시에 발생하는 변환이 상당하기 때문에 비교적 약한 진화적 힘들인 편향된 전달이나 자연선택을 무기력하게 만들 가능성이 높다고 주장했다.

이 주장은 두 가지 형태로 나타난다. 스퍼버와 그의 동료들은 어떤 때에는 사회적 학습은 체계적인 변환을 일으키기 때문에 다양한 행동을 관찰한 사람들이 그 행동의 이면에 있는 문화적 변형을 동일하게 추론하는 경향을 보인다고 주장한다. 스퍼버는 그러한 선호되는 변형들을 "유인誘引, attractor"이라고 불렀다. 왜냐하면 체계적인 변환으로 인해 집단이 가까이 있는 유인으로 몰리는 새로운 비非자연선택적인 힘이 발생하기 때문이다. 그는 이 작용이 매우 강력하기 때문에 선택 작용은 무시할 수 있다고 보았다.[44] 스퍼버는 또 어떤 때에는 사회적 학습 중에 발생하는 변환이 비체계적이기 때문에 똑같은 행동을 관찰하는 사람들도 다른 문화적 변형을 추론한다고 주장한다. 결과적으로 문화적 변형이 부정확하고 산만하게 복사되기 때문에 약한 선택적인 힘들은 무기력해지고 말 것이다.[45] 이제 이 두 가지 주장을 하나씩 검토해 보자.

비록 유도 변이가 강력하게 작용하더라도 약한 편향과 약한 선택은 여전히 큰 영향력을 가질 수 있다

세계의 많은 곳에서 농업 지주들은 지대조로 그들의 땅에서 자란 곡식의 일부를 받는다. 이러한 관행을 물납物納 계약이라고 한다. 경제학 이론에 따르면 지주의 몫은 토질에 따라 달라진다. 양질의 토지를 소유한 지주는 좋은 토지를 제공한 대가로 더 많은 몫을 거두어 간다. 토질은 연속적인 값을 취할 수 있기 때문에, 이론상으로는 수없이 많은 종류의 물납 계약이 이루어져야 한다. 예를 들어 지주의 몫이 62.3%, 36.8% 등으로 정해질 수 있다. 하지만 대체로 물납 계약은 몇 개의 단순한 비율 중에서 이루어진다. 예를 들어, 일리노이주에서는 대개의 계약이 1대 1 또는 2대 1(소작농 대 지주) 두 종류이다.[46] 이제 소작농의 입장에서 본 최선의 물납 계약 비율이 문화적 변형으로 존재한다고 가정해 보자. 이 값은 0과 1 사이의 어떤 값이든 취할 수 있을 것이다. 하지만 정수 비율을 취하도록 유도하는 유인이 있다고 덧붙여 가정해 보자. 아마도 그런 값이 더 배우고 기억하기 쉬울 것이다. 어떤 특정한 마을에서는 최적의 몫이 1.16대 1일지도 모른다. 소작농들은 더 많은 돈을 벌 수 있기 때문에 이 모델에 더 끌릴 것이며, 따라서 편향된 전달은 1.16대 1로 계약하는 것을 선호할 것이다. 하지만 유인으로 인해 1대 1 계약의 빈도가 더 늘어날 것이며, 이 유인의 힘이 편향에 비해 더 강력하다면 대부분의 소작농은 설사 더 많은 몫을 요구해서 더 많은 돈을 벌 수 있다고 하더라도 결국 1대 1 계약이 최선의 계약이라고 믿고 말 것이다.

이 사례는 수많은 유인이 존재하고, 그 유인들이 매우 강력하더라도 약한 선택적인 힘을 무시할 수 없다는 것을 또한 보여 준다. 예를 들어, 물납 계약에 대한 동일하게 강력한 유인이 두 가지가 존재하며—그 두 가지는 1대 1과 2대 1이라고 하자—한 농부 집단에서 처음에는 다양한 계약 방식이 존재한다고 가정해 보자. 얼마 지나지 않아 모든 사람은 둘 중 하나가 최선의 계약이라고 생각할 것이다. 어떤 사람들은 1대 1이 최선의 계약이라고 생각할 것이며, 어떤 사람들은 2대 1이 최선의 계약이라고 생각할 것이다. 둘 다 강력한 유인이기 때문에, 매우 정확하게 전달될 것이다. 누군가가 1대 1의 계약을 사용하고 있다면 우리는 그 사람이 이익을 이등분하는 것이 최선의 계약이라고 생각하고 있음을 추측할 수 있다. 마찬가지로 누군가가 2대 1로 계약하고 있다면 우리는 그 사람이 어떻게 생각하는지 정확하게 추측할 수 있다. 만약 2대 1 계약이 지주의 입장에서 볼 때 약간이라도 이익을 더 가져다준다면, 다른 지주들도 성공한 지주들을 모방할 것이기 때문에, 서서히 2대 1 계약이 1대 1 계약을 대체할 것이다. 사실상 수많은 강력한 유인들로 시작하여 각각의 유전자와 같은 문화적 변형으로 수렴되는 것이다. 오직 하나의 유인이 다른 유인에 작용하는 힘들의 합보다 강력할 때에 한해서만 그 유인이 온전히 진화적인 결과를 결정할 수 있을 것이다.

전달이 매우 부정확하게 이루어지더라도 적응적인 진화가 일어날 수 있다

문화적 전달이 부정확할 때에는 유전적 전달에서와 동일한 이유로 문화적인 관성을 만들어 낼 수 없다. 이 현상을 관찰하기 위해서 어떤 지역에 A와 B라는 두 개의 문화적 변형만이 존재한다고 가정해 보자. 각 변형은 행동으로 드러나며, 서로 다른 스펙트럼의 행동으로 드러나지만 겹치는 부분도 있다고 하자. 문화적 학습이 일어날 때 초심자들은(어린이가 대부분일 것이다) 이러한 분포상의 몇몇 개인들의 표본을 관찰하고 추론하며, 그 추론에 바탕을 둔 정신 표상을 받아들인다. 이 과정은 매우 엉성하다. A를 목격한 초심자 가운데 80퍼센트 정도는 A를, 20퍼센트 정도는 B를 추측한다. 마찬가지로 B를 목격한 초심자 가운데 80퍼센트 정도는 B를, 20퍼센트 정도는 A를 추측한다. 이러한 종류의 사회적 학습이 집단 수준에서의 복제로 이어지지 않을 것은 분명하다. 처음부터 100퍼센트의 사람들이 문화적 변형 A를 갖고 있다고 가정해 보자. 한 세대가 지난 다음에는 80퍼센트가 A를 가질 것이며, 다음 세대가 되면 68퍼센트가 될 것이며, 5세대쯤 지나면 문화적 변형의 무작위 분포로 수렴될 것이다. 그렇다면 매우 강력한 선택이나 편향만이 누적적인 적응을 발생시킬 것이다.

하지만 문화적 전달이 부정확하다고 해서, 문화적 관성이나 적응의 누적적인 진화가 존재하지 않는다는 것은 아니다. 개인 수준에서 사회적 학습에 오류가 제법 되더라도 집단 수준에서는 정확한 복제가 일어날 수 있다. 앞서와 같이 모든 초심자가 몇 명의 행동을 관찰해서 그 사람들의 행동을 일으킨 믿음을 추측한다고 가정해 보자. 그리고 사람들은 20퍼센트 정도 잘못된 추론을 한다고 하자. 여기서는 그 초심자들이 모델 중에서 그들이 생각하기에 **가장 흔한** 문화적 변형을 받아들인다고 하자. 바로 이것이 편향된 전달의 한 형태이다. 왜냐하면 어떤 변형들은 다른 것들보다 더 잘 채택되기 때문이다. 하지만 앞서 논의한 편향들과는 달리 이 편향은 그 내용과는 무관하다. 오히려 얼마나 많은 사람이 그 변형을 갖고 있는지에만 달려 있으며, 이를 사회적 학습에서의 "순응conformist" 편향이라고 한다. 다음 장에서 사람들이 순응 편향을 갖고 있다는 좋은 증거를 볼 수 있을 것이며, 그러한 편향이 존재할 수밖에 없는 진화적으로 정당한 이유도 설명할 것이다. 개인 수준에서 발생하는 순응 편향 때문에 행동을 발생시키는 정신 표상에 대한 개인들의 추측이 부정확할 때에도 집단 수준에서는 정확하게 복제가 일어나는 것이다. 예를 들어, 모든 사람이 A를 행하고, 20퍼센트 정도가 B로 오해하더라도, 대부분의 초심자는 A를 가장 흔한 표본 집단들로 관찰할 것이다(이 표본들은 충분히 커야 한다). 각 개인은 순응 편향으로 인해 두 변형 중에서 더 널리 퍼진 것을 습득할 것이기 때문에 순응 편향은 오류를 정정한다고 볼 수 있다.

오류가 발생할 높은 확률을 순응 편향이 상쇄하는 것만으로는 유전적인 복제처럼 "손실이 없는frictionless" 적응이 일어나기 힘들다. 유전적 복제는 매우 정확하고 편향이 발생하지 않기 때문에 작은 선택적인 힘만으로도 수백만 년에 걸쳐서 적응들을 발생시키고 보존할 수 있다. 순응 편향에 의해 수정되더라도 오류가 일어나기 쉬운 문화적 복제는 집단의 문화적 구성에 그리 크진 않지만 상당한 영향력을 발휘한다. 이는 오직 그와 동일한 정도의 선택적인 힘만이 누적적인 적응을 발생시킬 수 있다는 것을 뜻한다. 우리는 이것이 문제라고 생각하지 않는다. 왜냐하면 문화적 변이에 작용하는 편향이나 자연선택의 힘은 유전자의 변이에 작용하는 힘보다 짧은 시간 안에 발생하며 인구학적인 현상에 의해서라기보다 심리학적 과정에 의해서 이루어지기 때문에 아마도 훨씬 강력할 것이기 때문이다. 수천 년까지는 아니더라도 수십 년 동안 확산된 혁신처럼 이를 어느 정도 지지해 주는 경험적인 증거도 있다.

문화적인 복제는 매우 정확하게 이루어질 수 있다

문화적 전달이 편향되고 부정확할 이유는 없다. 사실, 때로 무작위적인 문화적 변형이 상당히 정확하게 전달되기도 한다. 단어 학습을 한 번 생각해 보자. 보통의 고교 졸업자들은 6천 개의 단어를 숙달한다. 이는 실로 놀라운 수치가 아닐 수 없다. 단어를 학습하는 것은 앞서 말한 바처럼 난해한 추측 문제이다. 보육원의 바닥에 있는 아이가 'ball'이라는 단어를 듣고 광경을 관찰한다고 하자. 아마도 그 어른은 바닥에 구르고 있는 빨간 공을 가리키고 말했겠지만, 수많은 다른 추측도 가능하다. 그 어른은 움직이는 빨간 물체 혹은 그것이 따뜻하다는 사실, 혹은 공이 북쪽으로 구른다는 사실을 지칭했을 수도 있다. 혼란을 일으킬 만한 수많은 가능성이 있더라도 어린이들은 매일 소리와 의미를 잇는 열 개 정도의 새로운 조합을 습득한다.

발달언어학자 폴 블룸Paul Bloom에 따르면, 어린이들은 막대한 양의 어휘를 습득하기 위해 다양한 전략을 사용한다고 한다.[47] 아이들은 대상을 가리키는 말이 무엇인지 가정하고서 행동하는 것처럼 보이며, 심지어 매우 어린 아이들도 그 대상이 무엇인지에 대해 본능적으로 가정한다고 한다. 아이는 빨간 공이 하나로 연결되어 있고, 경계가 확실하며, 하나의 단위로 움직이기 때문에 반대의 증거가 나타나지 않는 한 그 공을 하나의 물체로 파악할 것이다.[48] "함께 주의하기Joint attention"는 언어를 습득하는 또 다른 중요한 기제이다.[49] 어른들은 종종 아이들이 주목하는 것에 관심을 기울이며, 아이들은 이런 어른의 시선을 좇아간다. 이러한 놀이를 하다 보면, 어른은 함께 주목하고 있는 것의 이름을 부르는데, 이는 대개 좀 더 복잡한 발화 중에 포함된다. "빨간 공! 내가 너에게 빨간 공을 굴려 주마!" 이와 같은 언어의 흐름에서 특정한 종류의 둥근 물체를 지시하는 공과 다른 많은 대상에도 적용할 수 있는 색상인 **빨강**을 추론한 것은 정말 대단한 일이지만, 그 발화가 **빨간 공**이라는 함께 주의한 대상에 관련된 것이라는 가정 때문에 그 밖의 모호한 것들은 한정되고 만다. 아이들이 사용하는 또 다른 전략은 심리학자들이 "**빠른 의미 연결**fast mapping"이라고 말하는 것이다. 세 살 아이에게 빨간색과 청록색의 공을 보여 준다고 가정해 보자. 한 실험자가 "나에게 크롬색 공을 던져다오. 빨간 공이 아니라 크롬색 공을!"이라고 말을 건다. 아이는 빨강이라는 색상 용어는 잘 알 것이지만 크롬이나 청록이라는 용어는 잘 모를 것이다. 대개 어린이는 단순하게 크롬이 "청록"을 의미한다고 여길 것이며 적어도 일주일 정도는 이런 틀린 가정을 지니고 있을 것이다. 많은 경우 후속 경험을 거치면서 빠른 의미 연결에 의해서 형성된 가정은 굳어지며 어느 순간 어휘 목록에 추가되어 지속될 것이다. 문법적인 단서도 언어 학습을 돕는다. 예를 들어, 아이는 문장에서 단어의 역할로부터 **빨간 공**이 동작을 뜻하는 것이 아니라는 것을 안다. 이 전략들은 아이들이 단어가 무엇을 의미하는지에 대한 본유적인 이해 없이도 거대한 양의 어휘를 정확하게 습득할 수 있도록 하는 기제 중 몇 가지에 불과하다.

역사언어학자들은 이러한 기제들이 언어가 수백 년의 세대를 거치는 동안에도 현저한 유사성들이 지속되도록 한다고 주장한다. 18세기 후반에 인도의 법원장이었던 윌리엄 존스William Jones 경은 산스크리트어는 우연에 의해서 발생했다고만 설명할 수 없을 정도로 그리스어와 라틴어를 비롯한 유럽 언어들과 놀랍도록 닮았다고 설파하면서 역사언어학을 창시했다. 인도-유럽어에 속하는 이 언어들 및 다른 여러 언어는 모두 원시 인도-유럽어로 알려진 단일 언어의 후손들이다. 원시 인도-유럽어를 말하는 사람들이 유라시아에 걸쳐서 퍼져 나가자, 언어 공동체들은 고립되기 시작했으며 점차 언어들이 분기해 나갔다. 정확히 얼마나 오래전에 이것이 일어났는지는 아직 논쟁 중이다. 어떤 학자들은 원시 인도-유럽어의 화자들은 약 1만 년 전부터 고향인 남서부 아시아의 농업 지역으로부터 뻗어 나갔던 최초의 농부들이었다고 주장한다. 다른 한편에서는 그들이 약 6천 년 전에 중부 아시아나 남동부 유럽에 등장했던 말을 타던 유목민이었다고 추론한다.[50] 조심스럽게 원시 인도-유럽어가 6천 년 전 혹은 어림잡아 240세대 전에 쓰였다고 가정해 보자. 그렇다면 현대 인도-유럽어들은 원시 인도-유럽어들의 화자들과 240세대 동안의 연속적인 문화적 전달에 의해서 연결된다. 각세대마다 아이들은 어른들로부터 소리-의미 간의 결합을 학습하며, 다음 세대에 모델이 되어 주었다. 따라서 역사언어학자들이 보기에 이러한 언어들을 연결시키는 데 사용하는 유사성이 480세대의 문화적 전달 동안 지속되었으며, 이는 문화적 전달이 매우 정확할 수 있다는 것을 의미한다.

문화적 변형은 개개의 작은 단위일 필요가 없다

많은 이들은 문화가 다윈적인 진화를 거친다면 문화의 유전은 개개의 작은 단위로 이루어져야만 한다고 믿는다. 그들이 보기에 개별적인 단위로 계승되어야만 자연선택이 작용하는 데 필요한 변이를 보존할 수 있기 때문이다. 생물학 교과서는 유전에 대한 멘델의 발견이 영국의 공학자인 플리밍 젠킨Fleeming Jenkin이 제기한 다윈의 문제점을 어떻게 해결했는지를 언급하면서 이 개념을 설명한다. 젠킨은 매우 영리한 사람이었다. 그는 진화론에 반대했던 훌륭한 물리학자인 캘빈 경Lord Kelvin의 오랜 친구였다. 또한 그는 최초로 대서양을 횡단하는 케이블의 설계와 가설에 결정적인 역할을 했으며, 수요 공급 곡선을 비롯하여 경제학에 중요한 업적들을 남겼다. 하지만 오늘날 그는 다윈의 문제점을 지적한 것으로 더 유명하다. 만약 다윈이 제안한 대로 부모의 유전적 기여에서 평균을 취하는 식으로 유전이 이루어진다면 변이의 양은 매 세대가 지날 때마다 반씩 줄어들 것이다. 그렇다면 자연선택이 일어나기 위한 필요조건인 변이는 급속히 사라질 것이다. 이 비판은 다윈을 매우 당황하게 만들었으며, 이 문제는 피셔R. A. Fisher 같은 유전학자들이 유전자가 섞이지 않기 때문에 변이는 지속된다는 것을 보이고 나서야 해결되었다. 즉, 각 부모의 유전자는 자식 세대에서 개별적인 입자로 보존된다.

이 설명은 옳지만 오도하는 부분도 있다. 돌연변이의 속도가 매우 느리기 때문에 유전자의 유전이 입자의 상태로 이루어지는 것은 유전적인 변이를 유지하는 데 매우 중요한 역할을 한다. 그러나 아마도 문화적 전달에 있어서 돌연변이에 해당하는 것은 흔할 것이다.[51] 심지어 문화적 전달은 매우 혼란스럽기까지 하며 오류가 잘 일어나기 때문에, 혼합 유전은 문화적 변이가 무지막지하게 커지는 것을 막는 이점도 있을 것이다. 혼란한 세계에서 어떤 특질의 본래 값의 합리적인 근사치를 취하려면 수많은 모델의 평균값을 취하는 것도 나쁘지 않을 것이다. 예를 들어, 당신이 말할 때 당신의 입에서 나오는 소리는 발성 기관의 구조에 따라 달라진다. 'spit'에서 자음 'p'는 성문을 연 채로 입술을 순간적으로 열어서 내는 소리이다. 여기서 성문을 좁히면 이 자음이 'bib'에서의 'b'로 바뀐다. 또 여기서 성문을 연 채로 입술을 조금만 벌리면 독일어 'apfel'에서 'pf'를 발음하게 되는 것이다. 언어학자들은 하나의 언어만 사용하는 집단에서도 어떤 특정한 단어를 발음할 때 발성 기관을 사람들마다 다르게 사용한다는 것을 밝혔다. 따라서 어떤 특정한 단어를 발음할 때 구강 내부의 배치에 관한 문화적으로 습득한 규칙도 아마 모두 다를 것이다. 각각의 언어는 소리를 사용하는 방법에 있어서 서로 다르며, 이러한 변이는 매우 오래 지속될 수 있다. 예를 들어 독일 북서부 방언에서 'p'는 'apfel'을 비롯한 유사한 단어들에서 'pf'를 대체한다. 이러한 차이는 대략 서기 500년경에 발생했으며 그 이후 지속되고 있다.[52]

이제 'pf'를 서로 다르게 발음하는 어른들 사이에 아이들이 노출된다고 가정해 보자. 개개의 아이는 무의식적으로 듣는 소리의 발음 평균치를 계산할 것이며, 그 평균치를 대략적으로 구현해 내는 혀의 위치를 알아낼 것이다. 이런 식으로 평균치를 취하다 보면 각 세대가 지날 때마다 그 집단에서의 변이는 분명 줄어들 것이다. 하지만 표현형으로 드러나는 것은 또한 나이와 사회적인 맥락, 발성 기관의 구조 등에 따라서 다르게 나타날 것이다. 더구나 아이들은 때때로 발음을 잘못 알아듣기도 한다. 전달상에서 발생하는 이러한 오류들은 평균치를 취하면서 출혈하는 만큼의 변이를 끊임없이 수혈해 줄 것이다. 게다가 그 오류들은 실제 발음에도 영향을 미칠 것이며 이는 'pf'를 발음하는 데 사용하게 될 기준에도 영향을 미칠 것이다. 문화적 전달 과정에서 오류가 일어나는 한 어떤 변이들은 항상 지속될 것이다. 그리고 분명히 오류는 발생한다.

이렇게 평균치를 취하는 기제에서 볼 수 있다시피, 정신적인 규칙들은 개별적인 단위로 나눠지지도 정확히 복제되지도 않는다. 어떤 아이든지 그 아이가 모델로 삼고 있는 사람의 머리에 있는 규칙과는 전혀 다른 규칙을 채택할 수 있다. 그럼에도 음운 체계는 다원적인 방식으로 진화할 수 있다. 만약 평균치에 영향을 줄 정도로 매력적인 형태의 발음이 있다면 그 발음은 수적으로 늘어날 것이다. 발음의 서로 다른 측면에 관여하는 규칙들이 결합하여 복잡한 음운 규칙이 누적적으로 진화할 수도 있을 것이다. 사실 이러한 모델은 보통의 유전자 진화가 갖는 일반적인 속성들을 모두 지니고 있다. 우리는 이러한 주장에 대해 확신하고 있다. 왜냐하면 개체군 유전학에서 키와 같이 수많은 유전자의 작은 영향들이 모여서 작용하는 형질의 진화를 보여 주기 위해서 그와 거의 동일한 모델들이 사용되었기 때문이다. 이 모델들은 유전적으로 좀 더 현실에 가까우며, 분석하기도 훨씬 쉽다.[53]

문화적 변형들은 작고 독립적인 조각들일 필요가 없다

대부분 문화적 진화에 대해 다원적인 접근을 하려면 문화를 작고 독립적인 조각들로 나누어야 한다고 생각한다. 이에 대해 많은 인류학자는 문화가 공유된 의미들이 촘촘하게 통합된 체계라면서 이런 생각에 혐오감을 드러낸다. 인류학자들은 언어의 구문론이 상호 보완적인 규칙들로 이루어져 있듯이 문화의 의미들은 친족, 우주관, 법, 의례의 체계 속에 깊이 스며들어 있다고 주장한다. 이 논의에 따르면 다원적인 모델들은 문화를 독립적이고 분자와 같은 특질들로 분해할 수 있다고 여기기 때문에 다원적인 모델은 분명 틀린 것이다. 예를 들어, 크리스토퍼 홀파이크는 다음과 같이 불평한다.

> 그들에게는 구조적인 개념이 전혀 없기 때문에 밈meme과 문화유전자culturgen는 기이한 잡동사니들이 모인 상세하고 너저분한 목록이 되어 버리고 만다. 도킨스의 노래 목록, 선전 표어들, 항아리를 만드는 방법들, 그리고 럼스덴Lumsden과 윌슨의 식품 목록, 색깔 분류, 아랍인들이 낙타를 구분하는 6천 가지의 특성, 운전자들이

교통 체증을 일으키는 10초 느린 반응 속도ten-second-slow-down•
들이 이 목록들이다.

사실 이처럼 문화에 기본적인 단위가 있다는 이론에는 이를 지지해
줄 어떤 증거나 사회학적 이론도 없다. 다만 신다윈주의적인 자연
선택 이론으로 문화를 설명하고자 한다면 밈이나 문화유전자 같은
"단위"가 없이 설명하는 것은 매우 불편하며, 이를 유전자처럼 지
속적으로 변수로 취급하여 수량화하는 것이 편하기 때문에 그렇게
하는 것뿐이다.[54]

이 비판은 엉뚱한 곳을 향하고 있다. 아마도 우리 스스로가 (그리고
우리와 생각을 같이하는 여러 동료들) 우리의 생각을 보여 주기 위해서 매
우 단순한 사례를 들었기 때문에 이러한 비판이 발생했겠지만, 이론상으
로는 문화적 변형들이 작은 조각들이 될 필요가 전혀 없다. 사람들은 거
대하고 연결된 문화적 복합체, 예를 들어 스페인어나 과라니어, 혹은 가
톨릭이나 제7일 안식일 재림교 가운데 하나를 선택할 수도 있다. 사람들
은 또한 보다 작고 느슨하게 연결된 지식 목록 중에 하나를 선택할 수도
있다. 예를 들어, 어미에 'r'을 발음할 것인가 하지 않을 것인가, 피임이
도덕적인가에 대한 여러 다른 시각 중에 하나를 선택할 수도 있다. **원칙
적으로** 이 두 가지 경우 모두 다원적인 방법을 완벽하게 적용할 수 있다.
우리는 그 대상이 독립적인 작은 조각이든 커다란 복합체이든 간에 집단
에 존재하는 다양한 변형을 추적할 것이며, 어떠한 작용으로 인해 이 변
형들이 증가하고 감소하는지 이해하려 노력할 것이다. 그 변형들이 개별
적인 음운 규칙이든지 문법 전체이든지 간에 같은 논리를 적용할 수 있
을 것이다.

• 도로에서 한 사람의 느린 반응 속도로 인해 연쇄적으로 반응 속도가 느려져서 교통 체증이 일어나는
것을 빗대어 표현한 말.

문화는 촘촘하게 구조화된 전체가 아니다

실제로 문화가 조밀하게 통합된 전체인지 아닌지는 경험적으로 중요한 문제이다. 이 문제에 대해 놀라울 정도로 체계적인 접근이 거의 이루어지지 않았지만, 이와 관련된 경험적인 자료는 엄청나다. 우리는 이 자료들이 문화가 구조들이 복잡하게 혼합된 것이라는 사실을 보여 준다고 믿는다. 어떤 문화적 변형들은 서로 연결되어 긴밀히 결부된 전체를 이루지만, 또 어떤 것들은 무차별적으로 문화와 문화를 넘나든다.

언어학에 따르면 언어에 내재하는 단단하게 결부된 규칙이라 하더라도 때로 흩어지고 재결합한다. 단어, 음운 규칙, 구문 규칙 모두 독자적으로 흩어지고 재결합할 수 있으며, 결과적으로 한 언어에서 각각의 구성 요소들이 서로 다른 진화론적인 역사를 거쳐 온 경우도 있다. 영어의 역사에서도 이를 발견할 수 있을 것이다. 영어의 일부 어휘는 프랑스어나 독일어에서 비롯된 것이다. 독일어에서는 목적어가 때로 동사 이전에 놓이기도 하는데, 프랑스어에서 목적어는 항상 동사 뒤에 놓인다. 구어에서 쓰이는 영어 어휘의 대부분은 독일어에서 비롯되었지만, 영어는 프랑스의 구문 규칙을 채택했다. 영어의 음운 규칙의 대부분은 독일어에서 비롯되었다. 하지만 독일어와는 달리 영어에서는 'v('veal'에서의)'와 'f('feel'에서의)'를 구분한다. 이는 노르만어로부터의 "차용어"의 영향 때문으로 보인다. 언어학자 세라 토머슨Sarah Thomason과 테렌스 코프먼 Terrence Kaufman[55]은 다른 언어의 사례도 보여 준다. 예를 들어, 북부 탄자니아에서 쓰이는 마Ma'a어의 경우 기본적인 어휘는 쿠시Cushitic어와 비슷하며, 문법은 반투Bantu어와 연관이 있다. 그들은 "어떤 언어적인 특성이든지 한 언어에서 다른 언어로 옮아갈 수 있다"라고 결론짓는다.[56] 그들은 이에 덧붙여서 언어들 간의 확산이 어느 정도로 그리고 어떤 종류로 일어날 것인지는 사회적, 정치적, 문화적 상호 작용이 실제로 어떻게 일어나느냐에 따라 달라진다고 주장한다.

언어학적 자료에 따르면 어떤 언어적 특성이든지 한 언어에서 다른 언어로 옮아갈 수 있을 뿐만 아니라 각각의 특성이 확산되는 속도는 몇몇 언어적, 사회적 요인에 따라 달라진다. 언어학자들이 말하는 "위상학적 거리typological distance"가 개중에서 가장 중요한 요인으로 보인다. 위상학적 거리란 두 언어가 서로 얼마나 구조적으로 비슷한가를 측정한 것이다. 모든 다른 요소가 동일할 때, 두 언어가 비슷하면 비슷할수록 차용의 비율도 높다. 또한 고도로 구조화된 언어의 하위 체계가 덜 구조화된 체계보다 천천히 확산되고 재결합된다. 개별적인 단어들은 상호 간에 다소 독립적이기 때문에, 단어는 두 언어가 만날 때 가장 먼저 퍼져 나간다. 한편 어형의 굴절(예를 들어, 사람과 시제, 법에 따라서 달라지는 동사의 형태)은 복합적이고 다차원적 체계에 연결되어 있기 때문에, 이웃 언어에서 굴절 형태가 비슷한 구조로 이루어지지 않는 한 매우 느리게 퍼져나갈 것이다.[57] 고대 영어와 노르웨이어의 위상학적 거리가 멀지 않았기 때문에 북유럽인이 영국의 일부를 비교적 짧은 시간 동안 차지했었지만 노르웨이어는 영어의 문법에 결정적인 영향을 미쳤다. 그 밖에도 수많은 사회적인 요소, 두 가지 언어의 상용 정도, 두 가지 언어를 사용하는 맥락, 서로 다른 언어를 사용하는 집단들의 상대적인 위세의 차이에 따라서 확산의 방향과 속도는 크게 달라진다.[58]

언어가 물질문화—사람들이 사용하는 도구, 저장 용기, 거주지, 의복을 가리키는 인류학의 전문 용어—와 별다른 관련이 없다는 훌륭한 증거도 존재한다. 최근의 한 연구에서는 1900년대 초반에 뉴기니 북쪽 해안의 몇몇 마을에서 수집된 인공물과 현재 그 지역에서 사용되는 언어를 비교 분석했다.[59] 그 결과, 거리가 같은 마을끼리 비교했을 때 그 당시 사용했던 언어와 유물의 상관성을 발견할 수 없었다. 이는 거의 비슷한 언어를 사용하고 30킬로미터쯤 떨어진 두 마을의 물질문화가 완전히 다른 언어를 사용하고 역시 30킬로미터쯤 떨어진 또 다른 두 마을의 물질문화만큼이나 달랐다는 뜻이다. 아프리카와 북아메리카에서의 연구에서도 이와 동일한 결과가 나왔다.[60]

그 밖에도 수많은 일화적인 자료들에 따르면 문화의 다른 구성 요소도 느슨하게 엮인 요소와 좀 더 단단히 연결된 요소가 섞여 있다는 간접적인 증거가 있다. 또한 지도상으로 나타나는 언어의 차이와 일치하지 않는 주요한 문화적인 구성 요소들이 무수히 많다. 예를 들어 남성과 여성의 생식기를 절제하는 관습은 중부와 동부 아프리카에서 흔한 관습이며, 이 지역에서는 서로 관계가 거의 없는 언어들이 사용되고 있다. 캘리포니아의 도토리-연어 수렵 채집자들과 남서부의 옥수수 재배 농부들이 살고 있는 지역에서는 다양한 언어군이 분포하고 있다. 그 밖에도 대평원의 태양춤, 중부 아시아의 이슬람교, 멜라네시아의 천년왕국운동, 그리고 최근 라틴아메리카에서 일어나는 개신교를 비롯한 종교적인 관행의 확산은 수많은 상이한 문화권/언어권 사이에서 문화적인 관행이 퍼져 나갈 수 있음을 보여 준다. 한편 종교적인 관행과 믿음의 체계가 서로 상이한 문화에서 확산되고 나서도 그 본모습을 잃지 않는다는 것은 그것을 구성하는 수많은 신념이 제법 단단하게 이어졌으며 하나로 응집되어 있다는 것을 뜻한다. 문헌학자 조르주 뒤메질Georges Dumézil[61]을 비롯한 몇몇 학자들은 각각의 문화는 몇 가지의 핵심적인 신념들을 갖고 있으며, 이 핵심적인 신념들로 인해 수천 년 동안 문화의 연속성이 보장된다고 주장한다.

개체군 사고를 통해서 문화적 응집성의 변이를 설명할 수 있다

문화가 독립적으로 진화하는 작은 요소들이 아니라 부분적으로는 통합된 신념과 가치의 복합체들로 이루어져 있다는 사실은 문화에 다원적인 접근을 하는데 전혀 방해물이 되지 않는다. 오히려 개체군에 바탕을 둔 진화 이론 덕분에 우리는 통합의 정도와 패턴, 과정을 명쾌하게 이해할 수 있는 도구를 갖게 되었다. 우리가 여기서 통합이라고 하는 것은 문화의 특정한 측면의 다양한 구성 요소들이 어떤 이유로 인해 시공간상에서 함께 변화한다는 것을 뜻한다. 개체군에 기반을 둔 문화 이론은 변이의 패턴에 주목하기 때문에, 이는 또한 통합의 패턴을 묘사할 수 있는 자연스러운 틀이기도 하다.

때때로 어떤 변형의 존재는 다른 변형들에 대한 편향에 별다른 영향을 미치지 못한다. 어휘의 경우 종종 그렇다. 당신은 마른 협곡에 대해서는 스페인어의 차용어인 'arroyo'를 사용하면서 고양이를 'gato'라고 부르지 않을 수도 있다. 이는 서로 다른 집단에서 사람들이 섞이게 되면 기존에 존재했던 대부분의 구조가 파괴되면서 집단들 간의 차이가 사라지는 경향을 보이는 경우이다. 반면 각기 다른 개인들로부터 어떤 것들을 배웠을 경우에는 혼합의 효과가 그리 크지 않다. 이로 인해 집단 내에 독립적인 하위문화가 발생할 수도 있을 것이다. 심지어 한 사람 안에 두 가지 이상의 하위문화가 공존할 수도 있다. 예를 들어, 과학의 하위문화는 상당히 공고하며 암벽등반가들의 하위문화와 공존한다. 그리고 영어를 국어로 하는 곳에서는 두 집단 모두 동일한 언어를 사용한다. 암벽도 등반하고, 영어도 쓰는 과학자는 더욱더 적지만, 그들은 분명 암벽도 타고, 영어도 말하는 과학자들의 하위문화를 만들지는 않을 것이다. 특별히 암벽을 타는 과학자들이 그들의 학생을 꾀어서 암벽등반가로 만들거나 암벽등반가 친구들을 과학자가 되도록 종용하지 않는 한 그럴 것이다. 과학자가 된다고 해서 암벽등반가로 성공하란 법은 없으며, 중산층의 직업을 가진 몇 명의 친구를 두었다는 것 이외에는 당신의 사회적 지위에 미치는 영향은 없을 것이다. 이는 진화적 작용이 세 개의 특질 복합체에 각각 독립적인 영향을 미치는 경우이다. 어떤 특질의 진화는 다른 특질의 진화와는 전혀 별개의 과정일 수 있다.

각 요소들 간의 상호 작용이 강력할 때에는, 혼합의 압력이 아무리 세다고 하더라도 편향된 전달로 인해 응집성이 발생한다. 예를 들어 암벽 등반이 지질학자, 기상학자 등의 물리 환경과학자들에게 특별히 유용한 인지 능력을 향상시킨다고 가정해 보자. 이에 덧붙여 암벽 등반이 좋은 생물학자가 될 수 있는 능력을 손상시키며, 사회과학자들에게 좋지 않은 영향을 미친다고 가정해 보자. 그렇다면 암벽등반가는 훌륭한 환경과학자가 될 가능성은 높겠지만 매우 형편없는 사회과학자가 될 수도 있을 것이다. 만약 훌륭한 환경과학자가 과학과 암벽 등반을 같이 배우고 싶은 학생들을 더욱 많이 끌어들인다면, 암벽 등반과 환경과학의 상관계수는 올라갈 것이다. 반면 사회과학자들은 암벽등반가가 되길 꺼려 할 것이며, 자신의 학생들에게 암벽 등반을 권유하진 않을 것이다. 성공한 사회과학자들은 축구를 즐길 수도 있을 것이다. 마침내 물리과학자와 사회과학자를 가르는 응집된 특질들의 복합체가 나타날 것이다. 물리과학과 사회과학을 가르는 심연은 실제로도 존재한다. 암벽 등반이나 축구가 편 가르기에 일조했다고 볼 이유는 없겠지만 말이다!

왜 진화적 모델이 필요한가?

진화적인 모델만이 인간 행동과 인간 사회가 시간에 따라 어떻게 변화하는가를 연구하는 유일한 방법은 아니다. 역사학자들과 역사적인 관점을 취하는 다른 분야의 학자들은 진화, 진화적인 힘, 혹은 이와 비슷한 어떤 개념에 기대지 않고서도 오랫동안 사회적인 변화를 연구해 왔다. 오히려 역사학자들은 특정한 역사적인 사건이 어떻게 전개되었나를 정확하게 서술하려고 노력했으며, '대륙회의The Continental Congress가 1776년에 미국의 독립을 공표한 의도는 무엇이었나?' 같은 질문에 대답하기 위한 엄밀한 방법을 찾기 위해 고심해 왔다.[62] 그들의 목표는 사건들을 진실에 가깝도록 역사적으로 서술하는 것이다. 역사학자들은 대개 다양한 사례에 적용할 수 있는 단순하고 추상적인 모델을 의도적으로 회피하려고 한다. 오히려 그들은 역사적인 맥락에서 사건을 풍부하게 설명하는 데 노력을 경주해 왔다. 이러한 접근 방법은 인간 사회의 시간상의 변화를 설명하는 데 매우 성공적이었으며, 그렇기 때문에 역사학자들은

'왜 단순하고, 작용에 바탕을 둔 모델을 위해서 우리의 접근 방법을 내팽개쳐야 하는가?'라고 정당하게 호소할 수 있는 것이다.

이에 대한 대답은 단순하고 추상적인 모델들과 풍부한 역사적인 설명 사이에서 고민할 필요가 없다는 것이다. 이 두 가지 형태의 설명은 서로 경쟁하는 것이 아니라 보충하는 관계에 있다.[63] 역사학자도 분명 옳다. 문화의 진화에서 나타나는 모든 구체적인 문제는 복합적이고 역사적으로 일어날 수 있는 맥락에서 비롯되는 것이며, 그 사건의 모든 원인은 맥락에 의존적이다. 하지만 유전자의 진화도 이와 동일하다. 진화생물학자는 역사학자만큼이나 복잡성과 다양성에 친숙하다. 생물학자는 엄청나게 다양한 형질과 복잡한 역사를 갖는 수백만의 생물 종을 관찰하며, 복합적인 공동체에서 발생하는 수많은 종의 상호 작용을 연구한다. 성공적인 현장 생물학자는 대개 청소년기부터 자연사에 몰두해 온 사람들이다.[64] 그들이 만약 역사학자들이나 인류학자들의 관습에 따랐다면, 그들은 자연선택의 개념을 포기했을 것이며, 특정한 시공간에서 개개의 유기체들 삶에서 일어나는, 어떤 유전자는 확산되고 어떤 유전자는 사라지게 만드는 구체적인 사건을 그저 묘사하고 말았을 것이다. 결국 이러한 구체적인 맥락에서 드러난 개별적인 원인들은 모두 자연선택의 구체적인 용어로 설명할 수 있는 것이다.[65]

오히려 생물학자는 대개 설명을 위한 단순한 모델들을 좋아한다. 그러한 모델의 이점은 무엇인가? 이에 대한 대답은 설명을 위한 모델은 법칙이라기보다는 상황에 따라서 적용 여부를 결정해야 하는 도구와 같다는 것이다. 좋은 모델은 좋은 도구와 같다. 좋은 모델은 특정한 작업을 잘 수행한다. 다양한 작업에서 잘 작동하는 단순한 모델은 생물학자의 도구 상자 중에서 매우 중요한 부분이다.

그러한 모델이 가득 찬 도구 상자를 갖고 있다는 것은 세 가지 면에서 유리하다. 첫째, 경제적이다. 어떤 흥미로운 문제든지 그 문제가 갖고 있는 복잡성은 한 명의 연구자가 혼자 생각해서 풀어낼 수 없을 정도다.

지금 존재하는 모델들은 수많은 사람이 몇 년은 아니더라도 몇 달 동안 발전시킨 것이기 때문에 그 어떤 연구자도 한 번에 그 반만큼이라도 좋은 모델을 만들어 낼 수는 없을 것이다. 마찬가지로 맨손으로 모든 도구를 개발하려는 수리공은 철물점에서 물건을 사는 사람보다 생산적이지 못함은 자명하다. 이용 가능한 모든 모델이 작동하지 않을 때에는 그 이유를 잘 살펴보면 다음에 무엇을 시도해야 하는지 단서를 잡을 수 있을 것이다. 그것은 대개 현재의 모델을 수정하는 것이다.

둘째, 단순한 모델 덕분에 정신을 마비시킬 정도로 복잡하고 다양한 세계에서 벗어나 명확한 개념의 섬에 안착할 수 있다. 비록 이 책이 문화의 진화에 대한 공식적인 모델을 다룬 책은 아니지만,[66] 우리의 문화적 진화의 주요한 이슈에 대한 생각은 개체군 유전학, 게임 이론, 경제학에서 빌려온 수학적 형식주의의 훈련을 받은 것이다. 이 세 학문은 공통적으로 단순하고 일반적인 모델을 좋아한다. 그리고 이 모델은 추리에서 발생하는 치명적인 오류를 막는다(이러한 모델을 사용하지 않는 학문들에서 그런 오류는 수없이 발생한다).[67]

셋째, 표준화된 개념적인 도구 상자를 사용함으로써 인간 행동의 다양성과 복잡성에도 불구하고 이로부터 가치 있는 일반화를 이끌어 낼 수 있는 가능성을 높일 수 있다. 진화생물학과 생태학은 이 점에 관해서는 항상 성공적이었다. 역사적인 우연성과 지역적인 특이성도 물론 중요하지만, 우리는 연구하는 세계에서 몇몇 일반적인 패턴을 발견할 수 있다.[68] "이론은 도구 상자일 뿐이다"라는 관점을 갖는다면, 어떤 연구든 특정한 도구가 성공하거나 실패한 상황에 대한 약간의 정보라도 제공할 수 있을 것이다. 당신의 동료가 연구를 수행할 수 있는 도구들을 제공한다면, 당신은 그에 대한 보답으로 어떠한 도구가 유용했으며 어떠한 도구가 그렇지 않았는지를 알려 줌으로써 같은 문제에 맞닥뜨린 연구자를 도울 수 있을 것이다. 과학은 더 나은 연구 방법을 개발함으로써 그리고 경험적으로 유용한 이론적인 모델을 쌓아 나감으로써 진보한다.[69]

다윈의 도구들은 옳은 답을 얻게 한다

우리는 사회과학자들이 평소에 사용하던 도구에 생물학에서 빌려 온 개념을 보충함으로써 그들의 연구 방식을 변화시키길 바란다. 그들이 전공 분야 바깥으로부터 요구하지도 않은 충고를 듣기 싫은 것은 당연하다. 철학자 엘리엇 소버Elliot Sober는 한 논문에서 사회과학자들은 학습 규칙에 따라 문화의 진화가 이루어진다고 믿기 때문에 문화의 변화를 개체군 중심의 모델로 설명하는 것에 크게 흥미를 느끼지 못할 것이라고 주장했다.[70] 이는 사회과학자들이 보이는 흔한 반응 중의 하나이다. 그는 다음과 같이 말한다.

> 내가 이에 대해 회의적인 주된 이유는 이러한 모델들이 전달 체계와 적합도의 차이가 비롯된 **원천**에 대해 말하기보다는 그 **결과**에 관심을 두기 때문이다(진한 글자는 그가 강조한 것임).[71]

어떠한 관념은 잘 확산되는데 왜 다른 것은 그렇지 않은가를 이해하려면 사람들이 학습하는 규칙, 전달 편향 등을 알아야만 한다. 왜 누군가가 이 문화적 변형을 최초로 발명했을까? 왜 이것이 다른 것들보다 더 매력적인가? 어떠한 관념이 모방될 것이며, 어떠한 관념이 무시될 것인지 알아야만 한다. 소버는 다윈의 모델에서 이러한 지식을 얻을 수는 없다고 주장한다. 그는 다른 이론에서 해답을 찾아야 한다고 역설한다. 소버에 따르면 학습 규칙만 알고 있다면 다윈적인 모델로 문화가 어떻게 변화해 나아갈지 예측할 수 있지만, 사회과학자들은 이에 흥미를 갖지 않을 것이며 사람들의 선호에 오히려 관심을 가질 것이다. 다시 말해서 소버는 개체군 중심의 모델은 중요한 문제를 덮어 두고 아무도 상관하지 않는 문제에만 관심을 둔다고 주장한다. 그에 따르면 엄밀한 사회과학에서는 개체군 수준의 특성이 필요하지 않으며, 생물학의 경우와는 달리 개체군 수준이 중요하지도 않다. 이 비판은 문화의 진화는 유기체의 진화와 다르기 때문에 개체군 수준의 과정은 중요하지 않다고 여기는 여타 관점들과 비슷하다.

이 주장에는 틀린 점이 세 가지 있다. 첫째, 그는 (문화의) 내용이 발생시키는 편향만이 문화의 변화를 일으키는 유일하게 중요한 작용이라고 가정하는데, 이는 결단코 옳지 않다. 편향도 중요하지만 자연선택과 같은 과정도 중요하다. 자연선택은 갖가지 문화적 변형들의 개체군 수준에서의 역학을 통해서만 이해할 수 있다. 둘째, 그는 일단 사람들의 학습 규칙, 즉 사람들이 어떤 문화를 모방하고 행할지를 어떻게 선택하는지 알아내기만 한다면 진화적 결과를 예측하기 쉽다고 했다. 바꾸어 말하면, 우리는 모두 직관적으로 훌륭하게 개체군 사고를 할 수 있다는 뜻이다. 하지만 우리가 비교적 단순한 진화생물학을 경험한 바로는 그렇지 않다. 마지막으로, 편향 그 자체는 유전적 진화 작용과 문화적 진화 작용이 상호 작용한 결과이다. 규칙이 어떻게 진화했는지 이해하려면 규칙이 사회적 환경에 어떤 영향을 미치며, 다시 그 영향으로 인해 어떤 사회적 정보가 가용할 것인지 설명할 수 있는 이론이 필요하다.

결론: 우리는 이제 본격적으로 논의할 준비가 되어 있다

우리는 지금까지 문화적 진화를 다원적으로 분석하기 위한 핵심적인 구성 요소를 모두 소개했다.

다원적인 분석의 기본적인 단계는 다음과 같다.

- 각 개체의 생애사에 대한 모델을 만든다.
- 문화적 전달(그리고 필요하다면 유전적인 전달까지) 작용에 대한 개인 수준의 모델을 생애사에 끼워 맞춘다.

- 어떤 문화적(그리고 유전적) 변형을 고려할 것인지 결정한다.
- 생애사 및 변형들에 미치는 생태적 효과에 대한 개인 수준의 모델을 끼워 맞춘다.
- 개인 수준의 작용을 개체군에 스며들게 하여 높은 단계로 나아간다.
- 한 세대에 대한 모델을 세대에 걸쳐 반복하면서 시간적으로 확장시킨다.

이론적인 모델에서 최종적인 결과물은 이러한 단계들을 각각 나타내는 수학 용어와 연산을 포함하고 있을 것이다. 이러한 원칙에 따라 구성된 모델에 대해 궁금하다면 우리의 전작前作이나 이와 같은 주제를 다룬 다른 책을 참고하라.[72] 경험적인 연구인 이 책에서 우리는 이러한 구성 요소들을 할 수 있는 한 설명하고 평가하고자 한다.

이론적인 연구이든 경험적인 연구이든 실제로 무언가 진보를 이루려면 할 수 있는 만큼 단순화하겠다는 마음의 준비가 되어 있어야 한다. 우리는 다윈주의 전통 덕분에 문제를 모듈화할 수 있으며, 자연의 고도로 단순화된 조각들을 한꺼번에 다룰 수 있다. 우리는 실제 세계를 심사숙고하여 모사한 단순한 모델을 좋아한다. 우리는 또한 현실에 대해 어렴풋이 암시만 주는 추상적인 실험도 좋아한다. 우리는 하나의 작용이 어떤 영향을 미치는지를 명백히 보여 주는 현지 조사 자료를 좋아하며, 여러 작용이 서로 영향을 미쳐서 무엇인지 알 수 없는 잡동사니를 만들어 내는 것을 보여 주는 자료는 싫어한다. 우리는 실제 세계가 대체로 이런 종류의 단순한 모델, 실험, 현지 조사 상황과 동일하다고 생각하기 때문에 이를 선호하는 것이 아니다. 상식적인 과학자라면 유기체나 문화의 복잡함이 몇 개의 근본적인 자연법칙이나 몇 개의 실험으로 모두 설명될 것이라고 생각하지 않는다. 진화과학에서의 "환원주의"는 단지 수단일 뿐이다. 우리는 어마어마한 다양성과 복잡성에 직면하여 그저 우리가 할 수 있는 일을 할 뿐이다. 신중하게 고안된 단순하고, 비현실적인 모델과 고도로 제어된 실험은 다룰 수 있는 현실의 일부만 보여 주기 때문에 더 나은 발견을 가능하게 한다. 우리는 그것을 사용하여 우리의 직관을 가다듬을 수 있다. 우리는 현상—예를 들어, 기술, 정치, 예술 등—의 한정된 일부를 관찰하는 경험적인 연구를 수행한다. 왜냐하면 우리에게는 이보다 더 나아갈 만큼 정신적이나 육체적인 자원이 없기 때문이다. 우리는 우리의 모델과 실험이 적어도 얼마간은 진실을 반영하고 있다는 확신을 얻기 위해서 우리가 발견할 수 있는 가장 단순한 실제 사례를 찾을 것이다.[73]

우리는 독자들이 문화의 진화에 대한 이러한 기초적인 지도를 어떻게 확장하고 수정해 나갈 것인지 기대하며 독자들의 마음이 저 멀리 앞서 나가길 바란다. 만약 그렇다면, 당신은 이미 미답의 세계에 발을 디딘 것이다. 하지만 지금까지 온 길보다 탐구해야 할 길이 더 멀다. 이어지는 장에서 우리는 문화적 진화의 다른 여러 가지 힘에 대해 이 장에서 한 것처럼 설명할 것이며, 지금까지 밝혀진 증거에 비추어 모델들의 결과를 평가할 것이고, 우리가 믿는 것이 인간의 문화적 진화 과정에 대한 기본적인 그림이라는 것을 간략하게 논의하겠다. 만약 우리가 당신이 좋아하는 분야를 정당하게 다루지 않는다면, 당신이 직접 우리의 도구를 이용해서 해 보길 바란다. 누구나 스스로를 해칠 수 없을 테니까 말이다.

4장

Culture Is an Adaptation

문화는 적응이다

이 장에서 우리는 문화가 왜 적응인가에 대해 길게 이야기할 것이다. 나의 학생, 친구, 동료들과 토론했던 경험에 의하면 많은 독자가 구태여 이에 대해 이야기할 필요가 없으며, 시간과 노력의 낭비라고 생각할 것이다. 사회적 학습의 장점은 명백해 보인다. 개인적 학습은 비싼 데다가 사회적 학습이 없다면 우리는 모든 것을 개인적으로 학습해야 할 것이다. 가르치고 모방하는 등의 사회적 학습으로 인해 우리는 학습 비용도 줄이면서 거대한 지식을 축적할 수 있다. 사실 우리는 지금까지 이와 동일한 논리로 이야기했으며, 우리가 존경하는 업적을 남긴 많은 학자도 그러했다.[1]

불행하게도 이 논리는 일견 그럴듯해 보이지만 틀렸다. 앞으로 살펴보겠지만, 사회적 학습의 유일한 장점이 대부분의 사람에게 개인적 학습의 비용을 줄여 주는 것뿐이더라도 사회적 학습은 진화할 수 있다(이 이점도 상당하긴 하다). 하지만 진화적 균형 상태에서 사회적 학습은 모방자 또는 모방 집단의 적합도를 증가시키지 않는다. 그 이유는 모방자가 타인의 학습에 무임승차하는 기생자이기 때문이다. 그들은 자신이 속한 집단이 지역 환경에 적응하는 데 아무것도 기여하지 않는다. 모든 구성원이 모방을 통해서만 행동을 배우는 집단을 상상해 보라. 모든 사람이 다른 사람을 모방하기 때문에 모방은 무한히 반복된다. 어느 누구도 학습하지 않기 때문에 주변 환경과 연관성을 갖는다든가 행동이 적응적일 이유가 없다.

그리하여 우리에게 하나의 난제가 남겨졌다. 문화가 대단히 적응적이라는 것은 확실한 것 같다. 문화가 존재하기 때문에 인간 집단은 복잡하고 대단히 적응적인 도구와 제도를 축적할 수 있었다. 다시 인간 집단은 그 도구와 제도 덕분에 지구 곳곳으로 삶의 영역을 확장할 수 있었다. 여기서 난제는 어떻게 그것이 가능했냐 하는 것이다.

인간이라는 종이 특별하기 때문에 이 난제를 풀기가 더 어렵다. 문화가 그렇게 위대한 것이라면 왜 수많은 다른 종에게는 없는가? 좀처럼 실수를 하지 않았던 다윈의 커다란 실수 중 하나는 모방하는 능력이 동물의 공통적인 적응이라고 확신했다는 것이다. 사진기 구조의 눈과 같은 복잡한 적응은 오래전에 일어났으며, 멀리 떨어진 계통에서 각각 독립적으로 진화해서 대부분의 자손에게서 유지되었다. 대부분의 척추동물은 단순한 문화를 갖고 있으며, 단지 몇몇 종이 인간과 비교해 볼 때 제법 복잡한 사회적인 학습을 할 수 있다. 단순한 눈이 복잡한 눈으로 발달했듯이 자연선택은 왜 이러한 원시 문화적 체계가 인간 문화의 수준으로 발달하도록 하지 못했을까? 왜 오래전에 그런 일이 일어나지 않았으며, 다른 많은 종에서 일어나지 않았을까? 만약 인간에게 고등한 문화가 존재한다는 것이 수수께끼가 아니라면, 다른 종에게 그런 문화가 흔하지 않다는 것은 수수께끼가 되어야 한다. 오직 인간이 고등한 눈을 가지고 있고 나머지 척추동물은 시력이 없거나 거의 없다고 상상해 보라. 우리는 이러한 성가신 문제를 적응주의자의 딜레마라고 부른다. 인간에 대해 열심히 생각할수록 인간은 점점 낯선 존재가 된다. 특히 문화의 적응적인 특성에 대해서는 더욱 그렇다.

이 장에서 우리는 어떻게 타인을 모방하는 것이 개인의 적합도를 증가시키며 언제 그 이점이 최대가 될 것인지를 알아내려고 한다. 우선 원숭이와 우리의 친구인 유인원조차 그들의 행동 중에서 사회적 학습을 통해 배운 것은 거의 없다는 최근의 연구 결과부터 살펴볼 것이다. 이 사실은 인간의 사회적 학습이 사회성 혹은 개인적으로 학습할 수 있는 능력의 부산물이 아니라 특별한 목적의 정신적 기제가 이를 위해서 발달했다는 것을 의미한다. 따라서 우리는 이 기제가 자연선택에 의해 형성되었다고 가정하고 언제 그리고 어떻게 문화가 적응적인지 살펴볼 것이다. 그다음 왜 인간과 같은 수준의 문화가 흔하지 않는지에 대해 알아볼 것이다. 마지막으로 사회적 학습에 관한 우리의 모델에 있는 가정들을 인간의 기원에 관한 거대 진화적인 자료 및 이와 대응하는 다른 계통에서 발생한 자료를 이용하여 검증해 볼 것이다. 이를 통해 우리는 적응주의자의 딜레마를 해결하고자 한다. 이 설명으로 당신이 생각하고 있는 바를 알 수도 있을 것이다. 그렇다고 이를 통해 모든 것을 밝혀낼 것이라고 생각하지는 않는다!

왜 적응을 연구하는가?

딸아이와 함께 창의적인 게임을 하는 여인이 있다고 하자. 고급 주방용품을 판매하는 모든 가게에는 쓰임새를 짐작하기 어려운 도구가 모여 있는 곳이 있다. 그쪽 벽면에는 그리 비싸지 않은 작은 도구들이 걸려 있는데, 체리의 씨를 빼는 도구, 무를 장미 모양으로 자르는 도구, 아스파라거스 껍질을 벗기는 도구 등 주방에서 특수한 목적을 위한 도구들이 있다. 우연히 이 여인이 주방용품 가게에서 가장 기이하고 용도를 알기 어려운 도구를 골라서 산 다음, 설명서를 버리고 그 도구가 무엇을 위한 도구인지 알려주는 것은 다 없애고 나서 다른 사람에게 보낸다고 하자. 이 게임은 받는 사람이 그 도구가 무엇을 위한 도구인지 알아맞히나 보는 것이다.[2] 때때로 이를 받는 사람은 그 도구의 목적을 맞추기가 무척 어렵다. 그림 4.1은 그러한 도구 중 하나를 보여 준다. 이는 복잡하며 분명히 무엇을 위해서 고안된 도구이다. 하지만 무엇을 위해서? 곰곰이 생각해도 감이 잡히지 않는다면(우리도 그랬다), 뒤에 나오는 그림 4.4(231쪽)

그림 4.1

쓰임새를 짐작하기 어려운 도구

를 보면 무슨 기능을 위한 도구인지 알 수 있을 것이다. 놀랍지 않은가? 어떤 도구인지 알기 전까지는 각 부분의 기능이 무엇인지 어떻게 작동하는지 알기 어려울 테지만, 그 도구가 무엇을 위한 것인지 알고 나면 어떻게 작동하는지가 명백해진다.

생물학자들은 바로 이런 식으로 추리하여 적응을 연구한다. 대부분의 식물과 동물은 많은 부분이 복잡하게 상호 작용하도록 고안되었다. 생물학의 가장 중요한 목표 중의 하나는 이 생물이 어떻게 작동하느냐를 밝혀내는 것이며, 이를 위한 가장 유용한 도구 가운데 하나는 각 부분들이 적응적이라고 가정하는 것이다. 예를 들면, 쌍각류 연체동물의 복잡한 섭식 기관을 연구하는 과학자들은 이 기관이 물에서 작은 먹이 조각을 추출할 목적으로 설계되었다고 가정한다. 이 가정은 이런 기관의 각 부분이 어떻게 작용하는지 이해하는 데 강력한 도구가 된다. 행동도 이와 동일한 방식으로 연구할 수 있다. 박새 연구자들은 박새의 먹이 찾기 전략이 에너지 섭취 비율을 최대화한다고 가정한다. 이 가정은 먹이 찾기 행위의 세부 사항들을 이해하기 쉽게 해 준다. 어떤 먹이를 먹어야 하는가? 얼마나 구역에 머물러 있어야 할까? 먹이 처리 시간, 이동 시간, 그리고 포식자에게 잡아먹힐 위험은 이러한 결정을 내리는 데 어떤 영향을 미치는가?[3]

놀랍게도 최근에 적응을 어떻게 연구할 것인가에 대한 논란이 있었다. 작고한 고생물학자 스티븐 제이 굴드와 진화생물학자 리처드 르원틴Richard Lewontin은 사회과학자를 비롯한 많은 사람에게 적응에 바탕을 둔 설명은 일반적으로 옳지 않다는 주장을 납득시켰다.[4] 이 두 연구자는 생물 특질의 많은 부분은 역사적인 우연이거나 다른 특징들의 적응적인 변화에 따른 부산물이며, 적응이라고 설명하려면 매우 주의해야 한다고 주장했다.*

우리는 이에 동의할 수 없다. 물론 어떤 생물이 현재의 환경에 잘 적응하지 못하는 데에는 수많은 이유가 있을 것이다. 우리가 알지 못하는 트레이드오프trade-off**로 인해서 어떤 형질의 진화가 다른 형질의 변화에 영향을 받을 수도 있다. 유전적 또는 발생적 제약으로 인해 자연선택으로 최적의 형태나 행동을 이루지 못할 수도 있다. 혹은 환경이 급격하게 변화해서 자연선택이 따라가지 못할 때도 있다. 그러나 이러한 메커니즘이 존재한다고 해서 굴드와 르원틴의 적응주의 설명 방식에 대한 극단적인 보수주의가 정당화되지는 않는다. 이런 식의 회의주의는 적응주의적 결과보다 비적응주의적인 결과가 더 많이 발생하거나 혹은 실수로 적응주의적인 설명을 해서 떠안게 되는 비용이 실수로 비적응주의적인 설명을 해서 떠안게 되는 비용보다 훨씬 더 큰 경우에만 정당화될 것이다. 우리는 둘 다 사실이 아니라고 생각한다.

자연에서 관찰되는 변이의 대부분은 적응적이다. 기능주의 연구는 생물이 잘 설계되었음을 보여 주었으며, 생물학의 모든 분과에서 수집된 증거에 따르면 모든 종류의 특질은 어떻게 각 부분이 번식 성공을 촉진하도록 기능하는가, 라고 질문함으로써 이해할 수 있다. 진화생물학자 리처드 도킨스는 그의 책 『눈 먼 시계공The Blind Watchmaker』에서 복잡한 기관 설계의 사례로 인간의 눈을 언급한다. 눈은 수많은 복잡한 부분으

• 다시 말해서 굴드와 르원틴은 기존에 적응이라고 여겨지던 특질들이 특정한 목적을 잘 수행했기 때문에 자연선택에 의해 선택된 것이 아니라 역사적인 우연 또는 자연선택의 부산물일 수 있다고 주의를 주는 것이다. 그들은 유기체는 통합된 전체이기 때문에 많은 제약이 존재한다고 주장한다. 이 책의 저자를 포함한 일군의 생물학자들은 이와 대척점에 서서, 비록 어떤 특질을 역사적인 우연 또는 계통학 등의 제약을 고려하지 않고 다른 특질과의 관계를 무시한 채 연구하는 것은 불가능하더라도 적응주의적 접근은 여전히 유용하며, 그 특질이 다른 대안들보다 적합도를 향상시킨다면 그것이 자연선택의 결과든, 아니든 적응이라고 할 수 있다고 주장한다. 왜냐하면 그 특질의 진화적 역사를 추적하여 그 특질이 발생할 당시의 여건을 재구성하는 것이 매우 어렵고, 실용적인 의미에서 그 특질이 다른 대안들보다 효율적이거나 우세하기 때문에 자연선택에서 살아남았다고 볼 수 있기 때문이다.

•• 하나의 형질에서 이익을 얻으려면 다른 쪽의 비용을 감수할 수밖에 없는 상황. 생물학적 형질의 진화에서는 필연적으로 트레이드오프가 존재할 수밖에 없다. 두 가지 이상의 형질이 한정된 자원을 두고 경쟁하기 때문이다. 예를 들어, 뇌가 커진다면 높은 지능을 갖게 되어 이익이지만 이는 필연적으로 큰 뇌를 발달시키고 유지하는 신진대사와 척추를 비롯한 몸의 균형에 드는 비용을 수반하게 된다.

로 이루어져 있고, 보는 행위가 가능하도록 조심스럽게 배열되어 있다. 자연선택을 배제하고서 이러한 적응의 복잡성을 설명할 수 없을 것이다. 비교 연구는 생물 종마다 눈 구조에 차이를 보이는 것은 각기 다른 환경에 대한 적응이라는 것을 보여 준다. 예를 들어 물고기의 눈을 생각해 보자. 인간을 비롯한 육상 동물의 눈과 다르게 물고기의 수정체는 구형이다. 수정체의 굴절률은 표면에서는 물의 굴절률과 같지만 서서히 증가하여 중심에서는 훨씬 더 큰 값을 갖는다. 이러한 설계로 인해 물고기는 근육으로 수정체의 형태를 왜곡시키지 않아도 180도의 반구 전체가 초점을 맞출 수 있다. 육상 동물은 이러한 수정체 설계를 이용할 수 없다. 물고기와 사람의 눈 둘 다 각막이 필요하다. 각막은 눈으로 빛이 들어오게 하지만 눈의 내부를 보호하고 감싸는 투명한 덮개이다. 공기의 굴절률은 신체의 어떤 조직보다도 낮기 때문에 인간 각막은 수정체의 기능을 하며, 따라서 이는 수정체의 나머지 부분을 설계할 때 제약이 사라지게 한다. 반면, 물고기의 각막은 물의 굴절률과 매우 비슷하기 때문에 통과하는 빛에 아무런 작용을 하지 않는다.[5]

중립적 혹은 부적응적 형질을 적응주의로 분석하려는 것도 특별히 어렵지는 않다. 대개 어떤 형질을 적응주의적으로 분석하면 상세한 예측이 가능하다. 이 가설은 실제로 유기체의 구조 및 행동을 연구하여 대부분 검증할 수 있다. 반면 어떤 형질이 무작위적인 역사적 사건 또는 발달상 제약으로 발생했다는 가설은 대부분 검증이 불가능하다. 왜냐하면 먼 과거에 일어난 사건을 모두 알 수 없을뿐더러 그 당시 트레이드오프가 무엇이었는지도 알기 힘들기 때문이다. 굴드와 르원틴이 우리가 관찰한 특질의 기능에 대해 검증이 불가능한데도 아무 생각 없이 그럴 법한 적응 이야기를 당연하게 여기는 것을 주의해야 한다고 지적한 점에서는 확실히 옳다. 그러나 마찬가지로(아마도 그보다 더) 우리는 신비하고 불확실한 사건이나 트레이드오프를 동원한 근거 없는 그럴 법한 부적응 이야기에도 주의해야 한다.

문화는 인간의 파생된 특질*이다

어떤 동물은 사회적으로 전달되는 전통을 가지고 있기 때문에 같은 환경에 있더라도 유전적으로 비슷한 개체들로 이루어진 집단들 간에 서로 다르게 행동한다. 몇몇 연구자들은 이와 같은 동물의 전통을 인간과 동일한 의미의 문화라고 지칭할 수는 없다고 주장한다. 인간과 일반적인 짐승 사이에 거리 두기를 좋아하는 사람들은 다른 동물의 전통에서는 인류 문화의 본질적인 측면, 즉 상징적으로 암호화되며 광범위하게 공유된다는 특징을 관찰할 수 없다고 주장한다.[6] 반면 인간과 동물의 연속성을 믿는 학자들은 인간 이외의 동물의 문화를 부정하는 것은 이중 잣대를 들이대는 것이라고 주장한다. 다시 말해서, 영장류 집단에서 관찰되는 행동 변이의 일종이 인간 집단에서 관찰된다면, 인류학자는 분명 이것을 문화라고 여길 것이라고 비판한다.[7]

우리는 논쟁을 주도하는 이들에게 무한한 존경심을 갖고 있지만, 이 논쟁이 시간 낭비라고 생각한다. 지느러미에서 진화된 팔다리와 마찬가지로 사람들이 다른 이들을 관찰함으로써 학습할 수 있도록 하는 기관은 분명히 우리 조상의 뇌에 있던 유사한 기관으로부터 진화하였을 것이다. 더욱이 인간의 문화 전달 기능은 다른 종의 문화 전달 기능과 비교할 수 있다. 이러한 비교는 문화 전달 기능에 관여하는 심리 구조가 공통의 조상으로부터 진화되었는지 아닌지에 관계없이 가능하다. 인류의 문화가 어떻게 진화하였는지 연구하려면 반드시 인간의 문화적 행동과 다른 유기체에서 이에 상응하는 것으로 여겨지며 기능적으로 비슷한 행동과의 비교가 가능한 범주에서부터 시작하여야 한다. 이와 동시에 이 범주를 통해서 인간과 생물의 행동이 어떻게 다른가를 인식할 수 있어야 한다.

• 다시 말해 문화는 인간이 공통 조상으로부터 분기하면서 발생한 특질이라는 뜻이다. 예를 들어, 눈두덩 뼈는 사람, 침팬지, 고릴라에게 공통적으로 존재하지만, 오랑우탄이나 여타 구세계 원숭이에게는 존재하지 않는다. 따라서 눈두덩 뼈는 아프리카 대형 유인원에게 파생적인 특질이다.

왜냐하면 인류의 문화와 다른 종에서의 이에 상응하는 행동은 현저하게 다르다는 강력한 증거가 있기 때문이다.

행동의 사회적 전달은 흔하다

많은 동물 종에서 인간의 문화와 유사한 사회적으로 전달되는 행동의 차이를 발견할 수 있다. 비교심리학자 루이 르페브르Louis Lefebvre와 보리스 팔라메타Boris Palameta는 먹이를 채취하는 행동의 사회적 전달을 검토하면서, 비비, 참새, 도마뱀, 어류 등 다양한 동물에서 사회적 학습의 변이에 대한 97개의 사례를 제시하였다.[8] 동물의 문화에 대한 연구 중에서 가장 자세한 연구는 명금류songbird의 노래 방언(특유의 지저귀는 소리—역주)의 사회적 전달에 관한 연구일 것이다.

아프리카 대륙에서 30여 년의 현장 연구에 따르면 침팬지는 생존 기술, 도구 사용, 사회적 행동에서 문화적 변이를 보여 준다.[9] 예를 들어, 탄자니아 모할산에 거주하는 침팬지는 두 파트너가 팔을 서로의 머리 위로 뻗치고 서로의 손을 꼭 잡은 채 겨드랑이의 털을 골라 주곤 한다. 이와 같은 손을 마주 잡은 자세에서의 털 고르기는 자주 일어나며 이 집단의 모든 침팬지가 이런 식으로 털 고르기를 한다. 곰베강 보호 구역에서 100킬로미터 정도 떨어진 비슷한 서식지에 거주하는 침팬지는 자주 털 고르기를 하지만 이런 식으로 하지 않는다. 세네갈의 아시릭산에 사는 침팬지는 나무껍질을 벗긴 작은 나뭇가지로 흰개미 낚시를 하지만, 곰베의 침팬지는 같은 식물을 이용해 흰개미를 꺼내면서도 나뭇가지를 버리고 껍질을 사용한다. 코트디부아르의 타이숲에 사는 어떤 침팬지 집단은 돌끼리 부딪쳐 만든 돌망치와 드러난 나무뿌리를 이용하여 껍질이 단단한 견과류의 껍질을 깐다. 그러나 이웃 침팬지 집단은 같은 견과류와 적합한 돌을 흔하게 구할 수 있는데도 이런 행동을 보이지 않는다. 영장류학자 윌리엄 맥그루William McGrew는 야생에서의 침팬지 도구 사용에 대한 모든 현지 조사를 개괄하면서,[10] 침팬지가 도구를 사용하는 전통은 지금까지 알려진 바로 현대에서 가장 단순한 도구를 사용하는 태즈메이니아 원주민의 전통[11]만큼 복잡하다고 주장했다.

　지금까지 알려진 바에 의하면 오랑우탄은 도구를 사용하지만 보노보("피그미" 침팬지)나 고릴라는 도구를 사용하지 않는다. 수마트라섬의 일부 지역에 거주하는 오랑우탄은 막대기를 사용하여 뾰족한 털로 뒤덮인 니씨Neesia 과일에서 기름지고 에너지가 풍부한 씨앗을 빼낸다.[12] 수마트라섬의 다른 지역과 보르네오섬에 사는 오랑우탄은 니씨가 풍부한데도 대체로 도구를 사용하지 않는다. 니씨의 씨앗은 시간당 얻을 수 있는 에너지가 최상인 식량이기 때문에 생태적 차이에서 이와 같은 지리적인 패턴이 비롯되었을 가능성은 낮으며, 오랑우탄이 먹을 수 있는 방법을 알고 있는데 먹지 않을 가능성 또한 낮다.

　그 밖에도 과학자들은 새로운 행동이 확산되는 몇몇 사례를 발견하였다. 가장 유명한 사례는 일본의 고시마섬에서 모래 해변을 끼고 사는 마카크macaques 원숭이 집단이다. 이 원숭이에게 고구마가 먹이로 공급되자 젊은 암컷 원숭이 한 마리가 고구마에 묻은 모래를 비벼서 없애려고 하다가 우연히 바다에 떨어뜨렸다. 암컷은 그 결과를 마음에 들어 하는 것 같았다. 왜냐하면 그 암컷은 고구마 전부를 바닷물에 씻으려고 물가에 가져왔기 때문이다. 다른 원숭이도 그 행동을 흉내 내기 시작했다. 하지만 집단의 다른 원숭이가 그 행동을 받아들이는 데에는 꽤 시간이 걸렸고, 고구마를 씻지 않고 먹는 원숭이도 많았다. 심리학자인 마크 하우저Mark Hauser는 또 다른 사례를 보고하였다. 그는 늙은 암컷 버빗원숭이가 나무줄기에 난 구멍에 모아두었던 아카시아 깍지를 물웅덩이에 담그는 것을 관찰하였다. 그 암컷은 몇 분 동안 깍지를 담가 두더니 먹었다. 그는 이 원숭이 집단을 몇 년 전부터 정기적으로 관찰해 왔지만, 이런 행동을 본 것은 처음이었다. 9일 이내에 늙은 암컷의 가족 중에 네 마리가 깍지를 물에 담그더니, 결국 열 마리의 집단 구성원 중에서 일곱 마리가 그 행동을 배웠다.

동물의 사회적인 학습에 관한 가장 인상적인 현장 연구는 고래와 같이 영장류가 아닌 다른 동물에서 이루어졌다. 동물학자 루크 렌델Luke Rendell과 할 화이트헤드Hal Whitehead는 최근에 고래에 관한 자료를 검토했다.[13] 침팬지와 마찬가지로 혹등고래humpbacked whale, 향유고래sperm whale, 범고래killer whale 및 청백돌고래bottle-nosed dolphin에 대한 연구에서 아마도 문화적으로 전달되는 것으로 보이는 발성법에서 먹이기 전략에 이르는 행동이 지리적으로 다양하게 분포하는 것을 볼 수 있다. 이빨고래류toothed whales(향유고래, 범고래, 돌고래)는 안정적인 모계 집단을 이루고 거주하며, 같은 환경에 살고 있더라도 다른 모계 집단에 속한 고래들끼리 매우 다르게 행동하기도 한다. 이런 행동은 상당히 복잡할 수도 있다. 어떤 모계 집단의 범고래는 바다표범을 잡으러 유유히 해변으로 올라간다. 관찰 결과 고래가 이 위험한 행동을 학습하는 데에 모방과 (놀랍게도) 어미 고래의 가르침이 부분적인 역할을 하는 것으로 드러났다. 혹등고래는 함께 입김으로 거품 막을 불어서 먹이를 모으는 일종의 그물을 만든다. 메인만에서는 고래가 거품 막이 거의 만들어질 무렵 꼬리로 수면을 때리는 행동을 하는데, 아마도 그 의도는 그들의 먹이를 놀라게 하거나 혼란시키기 위한 것 같다. 이 행동은 그 근방에 있는 다른 고래들에게 기하급수적으로 확산되었는데, 이는 문화가 전달되는 패턴과 동일하다.• 그 밖에 앵무새[14], 코끼리[15]를 비롯한 다른 동물에서도 복잡한 문화적인 목록이 현지 조사에서 관찰되었다.

현지 조사에서 얻은 증거의 문제점은 실제로 문화적으로 습득된 행동인지 분간하기가 매우 어렵다는 것이다. 예를 들어, 이웃하는 침팬지 집단 간에 도구 사용에서 차이가 발생하는 이유가 환경의 미묘한 차이 때문일 가능성을 배제하기 힘들다. 하지만 연구자가 사회적 및 개인적 학습의 기회를 제어할 수 있는 실험실에서도 사회적 학습이 연구되었다.

• 3장에서 문화가 퍼지는 속도가 S형의 궤적을 따른다는 논의를 떠올려 보라.

실험에서 얻은 증거에 따르면 노래 방언, 새로운 먹이에 대한 선호, 식
량 채취 전략을 비롯한 몇 가지의 행동이 사회적으로 전달된다. 이 중 가
장 유명한 사례는 흰관참새white-crowned sparrow와 같은 새에서 관찰되는
노래 방언이다.[16] 이 새는 자기 지역의 어른 새들이 사용하는 노래 패턴
을 모방할 수 있는 특별한 사회적 학습 체계를 갖고 있다. 이 종의 노래
는 지역에 따라 다르다. 여기서는 서로 다른 지역의 변형을 방언이라고
한다. 여러 실험에 의하면 같은 종의 노래에 노출되지 않은 어린 새는 그
종의 전형적인 노래 중에서 매우 단순화된 형태만 부르게 된다고 한다.
반면 노래 방언을 지저귀는 어른에게 노출된 어린 새는 복잡한 방언을
그대로 습득한다. 비교 심리학자 베넷 갈레프Bennett Galef와 그의 제자들
은 집쥐의 경우 같은 둥지의 쥐가 먹이를 찾으러 다녀왔을 때 털에서 나
는 냄새로부터 새로운 먹이에 대해 학습한다는 것을 증명했다.[17] 루이 르
페브르와 그의 동료들은 비둘기와 그의 동종을 연구하면서 먹이 습득 전
략을 사회적으로 어떻게 전달하는지 설명하였다.[18] 심지어 구피guppy와
같은 보잘것없는 종류의 생물도 통제된 조건에서는 사회적 학습을 한다
는 증거가 있다.[19] 이러한 실험들을 볼 때 동물들이 서로서로 새로운 행
동을 학습할 수 있다는 것은 확실하다.[20]

자연계에서 누적적인 문화의 진화는 흔하지 않다
연구자들이 인간을 제외한 동물에게 문화가 존재하는지에 대해 논
쟁하더라도, 단 하나는 확실하다. 오직 인간만이 누적적인 문화적 진화
의 수많은 증거를 보여 준다는 것이다. 여기서 누적적인 문화적 진화란
수많은 세대에 걸쳐서 전달되고 수정되어 결국 복잡한 인공물이나 행동
을 만들어 내는 것을 의미한다. 인간은 문화 진화의 결과가 눈과 같이 완
전히 완벽한 기관이 될 때까지 계승된 전통에 지속적으로 혁신을 보탤
수 있다. 수렵 채집인의 창과 같은 단순한 도구도 수많은 요소로 나뉜다.
창은 꼼꼼히 제작된 공기 역학적인 나무로 만든 자루, 돌을 깎아서 만든

촉, 그리고 촉이 창에 고정되는 부분으로 나뉜다. 그 밖에도 창의 각 부분을 만들려면 수많은 다른 도구들이 사용되어야 한다. 자루를 다듬고 곧게 하려면 스크레이퍼와 렌치가 필요하며, 촉을 고정시키려면 힘줄을 자를 수 있는 칼이 있어야 하고, 돌로 된 촉을 깎아서 다듬으려면 망치를 사용해야 한다. 2장에서 설명했다시피, 이와 같은 복잡한 인공물은 개인이 발명한 것이 아니다. 오히려 그것은 수많은 세대에 걸쳐서 점진적으로 진화한 것이다. 인간을 제외한 동물에서 누적적인 문화적 진화에 대한 증거는 거의 없으며 혹 있다고 하더라도 이론의 여지가 있다. 동물에서도 개체가 스스로 배울 수 있고 일상적으로 행하는 행동은 사회적 학습을 통해서 확산된다. 하지만 대체로 이러한 전통은 오래가지 못한다. 예를 들어, 집쥐는 스스로 새로운 먹이를 끊임없이 시음하기 때문에 결국에는 사회적 자극이 존재하지 않더라도 그들이 찾을 수 있는 먹을 수 있는 먹이는 다 먹게 된다. 그들은 또한 먹은 지 며칠이 지난 먹이는 잊어버린다. 그래서 계속 어떤 먹이를 먹으면서 자극에 대한 반응이 강화되지 않으면 그들의 전통은 일주일 이상 지속되지 않는다.

인간을 제외한 동물의 사회적 전통 중에서 영속성이 있으며 개체가 스스로 배울 수 없을 정도로 어려운 혁신에 바탕을 둔 것은 조금밖에 없다. 이스라엘의 소나무 농장에서 곰쥐는 단순하긴 해도 생각해 내기 어려운 기술을 사용하여 솔방울에서 씨를 채취한다. 솔방울의 씨는 나선형으로 배열되어 있으며 두꺼운 껍질이 감싸고 있다. 이 기술을 모르는 배고픈 쥐가 솔방울의 껍질을 벗기려고 달려들어도 그 쥐의 기술로는 씨를 먹어서 얻는 것보다 더 많은 에너지를 써 버리게 된다. 기술에 정통한 쥐는 먼저 쓸모없는 밑둥치의 씨가 없는 껍질을 제거하고 나선 방향을 따라서 두 번째 열에 이르게 되면 씨를 노출시키기 시작한다.[21] 동물학자 조지프 터켈Joseph Terkel과 그의 동료들은 어린 쥐가 어머니 쥐로부터 이러한 "나선" 기술을 학습한다는 것을 실험으로 밝혔다. 비결은 단순하지만, 실험 대상의 어떤 쥐도 개인적인 시행착오를 통해 이 기술을 습득할 수는 없었다. 분명 대단히 운이 좋고 끈기 있거나 혹은 똑똑한 쥐 한 마리가 이 전통을 발명했을 것이다. 집쥐와는 달리 곰쥐는 개별 집단마다 전통의 차이가 현저한데, 그 이유는 그러한 특질들이 배우기 어렵고 사회적 학습에 의해서 계승되기 때문이다.[22] 흰관참새와 같은 새의 노래 방언은 수많은 요소로 이루어진다. 각 세대의 새는 자신이 속한 집단의 방언을 다른 새가 노래하는 것을 들으면서 각 세부 요소를 배운다. 하지만 오류와 표본 추출상의 변이 덕분에 혁신이 발생하며, 이 혁신은 때로 그 집단에서 확산된다. 그 결과 노래 방언은 인간의 방언과 마찬가지로 수많은 세대와 상당한 지리적 거리를 넘어서 추적될 수 있다.[23] 혹등고래가 거품 막을 만들 때 지느러미로 수면을 때리는 것이라든지 침팬지가 망치와 모루로 나무 열매를 깨는 기술과 같은 현지에서 직접 관찰한 자료는 몇 가지의 연속적인 혁신들이 모여 제법 복잡한 문화가 발생하는 것을 보여 주는 사례일지도 모른다. 할 화이트헤드는 범고래의 사냥 전략이 언젠가는 인간의 그것처럼 복잡하며 다양하다는 것이 밝혀질 것이라고 예측한다.

인간의 문화에는 파생된 심리적 매커니즘이 필요하다

누적적인 문화의 변화가 발생하려면 관찰을 통하여 새로운 행동을 습득할 수 있는 능력이 있어야만 한다는 증거는 많다. 동물의 사회적 학습을 연구하는 학자들은 다른 종류의 사회적 전달과 관찰에 입각한 학습 observational learning 및 진정한 모방true imitation(앞으로는 평이하게 모방이라고 하겠다)을 구분한다. 어떤 동물이 경험이 보다 풍부한 다른 동물의 행동을 관찰해서 새로운 행동을 습득할 때 모방이 발생한다.[24] 보다 단순한 사회적 전달은 훨씬 흔하다.[25] 예를 들어 지역 강화local enhancement는 특정한 지역에서 나이가 많은 동물들이 활동하면서 어린 동물들이 그 장소를 방문하여 스스로 나이 든 동물의 행동을 학습할 가능성이 높아질 때 발생한다. 따라서 자주 어미를 따라 흰개미 둔덕에 가는 어린 침팬지는 그렇지 않은 침팬지보다 흰개미를 잡는 기술을 습득할 가능성이 높다. 이 와 비슷한 메커니즘인 **자극 강화**stimulus enhancement는 어떤 사회적 신호로 인해 특정 자극이 동물에게 두드러질 때 발생한다. 예를 들어, 집쥐가 같은 둥지를 쓰는 쥐에게 묻은 먹이 조각의 냄새를 맡으면 나중에 먹이를 구하러 나갔을 때 그 먹이를 맛볼 가능성이 높다. 이 두 가지 경우 모두 어린 개체가 나이 든 개체를 관찰해서 어떤 행동을 수행하는 데 필요한 정보를 얻는 것이 아니다. 오히려 다른 개체의 행동으로 인해 스스로 환경과 상호 작용하기 때문에 이러한 정보를 얻게 될 가능성이 높아지는 것이다.

지역 및 자극 강화 그리고 모방은 모두 집단들 간에 지속적인 행동의 차이를 야기하지만, 복잡한 행동과 인공물의 **누적적인** 문화적 진화는 모방을 통해서만이 가능하다.[26] 그 이유를 알고 싶다면 석기의 사용이 문화적으로 어떻게 전달되었는지 살펴보자. 초기의 한 호미니드가 스스로 돌을 쳐서 그 파편으로 유용한 도구를 만드는 방법을 개발했다고 가정해 보자. 그와 가까이에서 많은 시간을 보내는 그의 동료들은 아마도 동일한 조건에 노출될 것이고, 그중 누군가는 온전히 스스로 돌 파편을 만드는 방법을 알아낼 것이다. 이 행동은 **지역 강화**에 의해 보존될 수 있다. 왜냐하면 그 도구를 사용하는 집단의 주변에는 돌 파편을 만들기에 적절한 돌이 많을 것이기 때문이다. 하지만 거기까지가 그 도구를 발전시킬 수 있는 한계일 것이다. 유별나게 뛰어난 사람이 돌 파편을 개선할 수 있는 방법을 발견한다 하더라도(예를 들어, 뒤쪽을 무디게 해서 손을 보호하는 방법이라든지), 이러한 혁신은 집단의 다른 구성원에게 확산될 수 없다. 각 개인이 독립적으로 그 행동을 학습해야 하며, 개인적인 학습은 시간이 많이 들고 우연에 좌우되기 때문이다. 지역 및 자극 강화는 이처럼 개인의 학습 능력에 의해서 제한되며, 이러한 조건하에서 새로운 학습자는 미리 거쳐 간 다른 동물들이 던져 준 극소량의 실마리에서부터 시작해야 한다. 반면 모방은 새로운 혁신이 개인의 행동 목록에 추가되도록 한다.

어떻게 행동해야 하는가에 대한 정보는 다른 이들의 행동을 관찰함으로써 습득되기 때문이다. 관찰하는 사람이 신속하고 정확하게 본보기가 되는 사람의 행동을 출발점으로 삼을 수 있다는 점에서, 모방으로 인해 어떤 사람도 자신의 힘으로 발명할 수 없는 행동이 누적적으로 진화할 수 있었다.

수많은 증거에 따르면 동물에 있어서 원시 문화적인 전통은 대개 모방으로 인한 것이 아니다. 그 이유는 첫째, 우리가 이미 살펴보았듯이 일본 마카크 원숭이의 고구마 씻기처럼 사회적으로 학습되는 수많은 행동은 비교적 단순하며 각 세대의 개체들이 스스로 학습할 수 있는 것이다. 둘째, 고구마 씻기와 같은 새로운 행동은 집단으로 확산되는 데 오랜 시간이 걸리며, 확산되는 속도는 자극 혹은 주변 강화로 인한 약한 단서의 도움만 받은 채 그 행동을 스스로 학습한다고 가정했을 때의 속도와 비슷하다. 마지막으로, 모방과 주변 강화와 같은 여타 사회적 전달 형태를 구분할 수 있도록 설계된 복잡한 실험도 몇몇 조류의 특수화된 노래 학습 체계를 제외하고는 관찰에 입각한 학습의 사례를 찾아낼 수 없었다.[27]

누적적인 문화의 진화에 의한 적응은 지능과 사회생활의 부산물이 아니다. 우리는 "보는 대로 따라한다monkey see, monkey do"는 속담을 말하며, "ape(명사 뜻은 '유인원'이며, 동사로는 '흉내 내다'—역주)"를 동사로 사용한다. 하지만 원숭이뿐만 아니라 심지어 유인원도 인간에 비해서 영리한 모방자는 아니다. 어린이와 유인원의 모방 능력을 비교한 실험은 이를 아주 잘 보여 준다.[28] 영장류학자 앤드류 화이튼Andrew Whiten과 데보라 커스턴스Deborah Custance는 인위적인 보상, 즉 내부에는 과일 한 뭉텅이가 들어 있는 튼튼하고 투명한 플라스틱 상자를 설계했다. 실험의 참가자는 빗장이나 핀과 손잡이로 된 잠금 장치를 해제하면 그 상자를 열 수 있었다. 참가자들은 세 살에서 여덟 살 사이의 여덟 마리의 침팬지와 평균 나이가 각각 2.5, 3.5, 4.5세로 구성된 세 집단의 아이들이었다. 그들은 친근한 한 사람이 특정한 기술을 사용하여 그 상자를 여는 것을 본다음 스스로 열어 볼 수 있었다. 실험자는 참가자들이 본 기술과 동일한 기술을 사용하는지 기록했다. 대부분의 측정 결과에서 침팬지들은 우연보다는 모방을 통해서 수행했다. 하지만 2.5세의 아이들이 이보다 더 잘했으며, 그보다 더 나이가 많은 아이들은 침팬지보다 훨씬 더 능숙한 모방자였다.

심리학자 마이클 토마셀로Michael Tomasello와 그의 동료들은 앞서 실험과 유사하게 침팬지와 아이들에게 갈퀴와 같은 도구를 사용하여 손이 닿지 않는 곳에 있는 먹이를 어떻게 획득하는지를 보여 주었다. 숙련된 사람의 시범을 관찰한 침팬지들이 그렇지 않은 침팬지들보다 도구를 사용하여 먹이 보상을 획득하는 데 더 성공적이었지만, 그 침팬지들은 그들이 관찰한 시연가와 동일한 방법을 사용하지 않았다. 반면 어린이들은 그들이 관찰한 방법을 그대로 따라 했다. 토마셀로는 영장류의 기술을 모방보다는 흉내emulation*라고 설명했다. 즉, 영장류는 시연가를 관찰하면서 어떤 원하는 효과를 얻기 위해 어떤 도구가 사용될 수 있다는 것을 학습하지만, 어떻게 그 도구가 사용되는지에 세세한 주의를 기울이지 않는다. 아이들은 정확하게 모방하기 때문에 비효율적인 기술도 계속해서 사용하는 반면, 침팬지는 보다 효율적인 대안이 있을 경우 그 기술을 사용하지 않는다. 일반적으로 아이들은 침팬지에 비하여 똑똑하지 않으며, 단지 좀 더 모방을 잘할 뿐이다.[29] 종합해 볼 때, 이러한 실험들은 영장류와 인간의 사회적 학습이 같지 않다는 것을 시사한다. 아이들은 매우 정확하게 모방하는 반면, 영장류는 흉내를 내거나 적어도 좀 덜 정확하게 모방한다.

지금까지의 연구에 따르면 다른 동물들의 문화적 전통 대부분은 모방으로 발생한 것이 아니지만, 우리는 이에 대한 해석에 어느 정도 주의

---

* 한국어로 "emulate"를 문맥에 맞게 번역하기란 어렵다. 이 맥락에서는 이어지는 두 문장에서 말하는 것처럼 "흉내"를 세부 사항에 신경 쓰지 않고 모델을 따르려고 노력하는 행위로 생각하면 될 것이다.

를 기울여야 한다. 부정적인 결과는 항상 해석하기 어렵다. 다시 말해, 실험이 실패하는 이유는 수없이 많다. 최근에 명주원숭이marmoset가 모방을 한다는 실험 증거가 나온 것처럼 실험 조건이 향상된다면 모방의 증거를 좀 더 다양한 종에서 발견할 수 있을 것이다.[30] 청백돌고래의 실험 자료에 따르면 그들은 음성 및 동작을 뛰어나게 모방할 수 있으며, 이는 현장 조사의 증거와 일치한다.[31] 따라서 우리는 모방이 인간에게만 한정된 것이라고 주장할 수 없다. 하지만 현재까지의 증거에 따르면 (1)누적적인 문화의 진화는 흔하지 않으며, 아마도 다른 종에서는 존재하지 않는 것 같으며, (2)심지어 침팬지와 같이 우리와 가장 근연 관계에 있는 종도 사회적 학습의 양태가 인간과는 상이한 것으로 드러났다.

지금까지의 증거에 따르면 그 어떤 종도 돌로 촉을 만든 수렵 채집인의 창처럼 복잡한 문화적 품목을 만들지 못했다. 침팬지 및 오랑우탄, 고래, 까마귀, 다수의 명금류, 앵무새가 기초적인 관찰에 입각한 학습을 한다는 것은 확실하다.[32] 그러나 다윈이 말했듯이 인간과 다른 동물 사이에는 "거대한 격차"가 존재한다. 그 어떤 종도 인간이 하는 정도로 문화에 의존하는 것 같지는 않으며, 극도로 완벽하게 문화적으로 진화된 적응을 만들기 위해서 혁신 위에 또 혁신을 쌓는 데 능숙하지도 않다. 사실, 인간도 돌로 촉을 만든 창처럼 복잡한 도구를 40만 년 이전에 사용했다는 증거는 존재하지 않는다.

여담이지만, 우리는 다른 종에서 모방과 누적적인 문화적 진화의 증거가 거의 없다는 데 대해 실망했으며, 미래에 인간을 제외한 동물들이 좀 더 복잡한 사회적 학습을 한다는 증거가 나타난다면 반길 것이다. 커다란 격차가 사라질수록 진화론자와 사회과학자 모두에게 친숙한 비교 연구 기술을 사용할 수 있을 것이다. 우리가 여기서 분별 있게 할 수 있는 일이란 격차의 간극을 최대한 정확하게 파악하는 것이며, 최근에 발견된 증거에 따르면 그 격차는 다윈이 상상했던 것보다 더 큰 것 같다.[33] 이러한 사실은 우리가 이 장의 처음에 언급했던 것처럼 적응주의자를 진퇴양난의 딜레마에 빠지게 만든다. 이 장 나머지에서 우리는 적응적 체계로써의 문화라는 수수께끼에 대해 다룰 것이다.

왜 문화는 적응적인가?

1988년에 인류학자 앨런 로저스Alan Rogers는 학습 비용을 줄이는 것이 모방의 주요한 이점이지만, 이것만으로는 인간 문화의 진화적 기원을 설명하기에는 불충분하다는 이론적인 모델을 발표하였다. 그 이유가 궁금하다면, 로저스의 논의를 보자.

학습 비용을 줄이는 것은 문화가 진화하도록 할지 몰라도 그것만으로는 적응성을 향상시키지 않는다

로저스는 매우 단순한 가상 생물의 모방 진화 모델을 기반으로 결론을 이끌어 내고 있다. 이러한 가상 생물은 두 가지 상태로 번갈아 가면서 바뀌는 환경에 살고 있다. 여기서는 습한 환경과 건조한 환경이라고 하자. 각 세대에서 환경은 습한 환경에서 건조한 환경으로 끊임없이 무작위로 바뀌며, 건조한 환경에서 습한 환경으로 바뀌는 확률도 동일하다. 길게 보면 환경이 두 가지 상태 중 하나로 있는 시간은 절반이다. 전환의 확률은 환경이 얼마나 예측 가능한가를 나타낸다. 환경의 전환이 자주 일어날 때에는, 특정한 시점의 환경 상태를 안다고 해서 다음 세대에 환경이 어떻게 될지 알 수 없다. 반대로 환경의 전환이 덜 일어날 때에는, 지난 세대의 환경이 지금 세대의 환경과 똑같을 가능성이 높다. 생물들은 두 가지 가능한 행동 가운데 하나를 선택한다. 하나는 습한 조건에서 최상인 것이며, 다른 하나는 건조한 조건에서 최상인 것이다. 그것은 두 가지 유전형 가운데 하나일 수도 있다. 여기서는 학습자와 모방자라고 하자. 학습자는 스스로 환경이 습한지 건조한지 파악하며 항상 적절한 행동을 취한다. 하지만 학습 과정에는 비용이 많이 든다. 시행착오로 인해 시간과 에너지를 써야 하기 때문이다. 모방자는 그저 아무나 선택해서 모방한다. 모방자는 학습의 비용을 지불하지 않는다. 따라서 모방은 생존이나 번식에 직접적인 영향을 미치지 못하지만, 모방자는 환경에 어울리지 않는 행동을 습득할 수도 있다. 여기서 로저스는 단순하지만 재치 있는 수학을 사용하여 어떤 유전형이 오랜 시간 후에 승리하게 되는지 예측하였다.[34]

그 결과는 (적어도 우리에게는) 놀라웠다. 오랜 기간 동안 진화한 결과 항상 학습자와 모방자가 섞여 있었으며, 두 가지 유형 모두 모방자가 없는 집단에서의 순전한 개인적인 학습자와 동일한 적합도를 가졌다. 다시 말해서 자연선택은 문화를 선호하지만, 균형 상태(오랜 시간이 지난 후 학습자와 모방자가 섞여 있는 상태─역주)에서는 문화가 아무런 이득도 주지 못한다는 뜻이다. 생물들은 모방을 전혀 하지 않았을 때보다 나을 바가 없었다. 이처럼 우리의 직관에 반하는 결과를 발생시키는 논리를 이해하려면, 로저스 모델의 모방자를 정보 탈취자information scrounger로, 학습자를 정보 생산자information producer로 생각해 보라.[35] 정보 생산자가 학습의 비용을 부담한다. 탈취자가 거의 없고 생산자가 다수일 때, 거의 대부분의 탈취자는 생산자를 흉내 낼 것이다. 대부분의 탈취자는 좋은 정보에 대해 생산자와 동일한 이득을 얻지만 생산의 비용은 부담하지 않는다. 하지만 탈취자가 다수일 때에는 서로를 모방하고 말 것이다. 만약 환경이 변화한다면, 다른 탈취자를 모방하는 탈취자는 나쁜 정보를 습득할 것인데 반해, 생산자들은 바뀐 환경에 적응할 것이다. 시스템은 변화하는 환경에서 생산자가 생산하는 비용이 탈취자가 틀린 행동을 할 비용과 동일할 때 균형 상태에 도달한다. 진화적인 균형 상태에서 탈취자는 생산자보다 더 나을 것이 없다. 두 가지 형태는 탈취의 진화가 시작되었을 때 모든 생산자가 갖는 적합도와 정확히 동일한 적합도를 갖는다. 더구나 이론적인 결과는 강고하다. 다시 말해, 모델을 여러 가지 방법으로 바꿀 수는 있지만, 모방의 이점이 학습의 비용을 줄이는 것뿐이라면 결과는 동일하다. 인간뿐만 아니라 비둘기에도 정보 탈취는 존재한다.[36] 아마 단순한 문화들뿐만 아니라 심지어 인간 문화의 측면들 다수가 로저스의 모델에서 벗어나지 않을 것이다.

대부분의 사람들은 이 실험의 결과에 당황할 것이다. 왜냐하면 이는 그들이 직관적으로 느끼는 인간 종에서의 문화의 역할과 상충되기 때문이다. 고고학적 기록에서 도구를 비롯하여 문화가 존재했다는 증거가 발생한 이후로 인간 종은 그 영역을 아프리카의 한 구역에서부터 전 세계로 넓혀 갔고, 인구는 수백만, 수천만 배로 불어났으며, 수많은 경쟁자와 포식 종을 물리쳤으며, 지구의 생물상을 철저히 바꾸었다. 로저스의 모델은 분명 불완전하다. 문화는 적응적인 것이다. 하지만 단순한 생산자-탈취자 모델에서 무엇이 잘못되었는지를 알아내는 것은 흥미로운 일이다. 무엇이 간과되었는지를 발견할 수 있다면 우리가 놀랍도록 성공하는 데 결정적인 역할을 한 문화의 특징이 무엇인지 알 수 있을 것이다.

문화는 개인적인 학습을 보다 효율적으로 만들 때 적응적이다

모방을 비용과 편익의 관점에서 생각해 보면 로저스의 모델에서 어떤 요소가 간과되었는지 알 수 있다. 사회적 학습은 모방하는 사람뿐만 아니라 정보를 생산하는 개인적인 학습자의 적합도를 상승시킬 때에만 집단의 평균적인 적합도를 향상시킨다. 다시 말해서, 모방자의 빈도가 증가하려면 정보를 생산하는 비용이 더 적게 들거나 정보의 생산이 더 정확해야 한다. 우리는 이것이 일어날 수 있는 두 가지 방법을 생각해 내었다.

첫째, 모방으로 인해 선택적인 학습이 가능한 경우

모방으로 인해 좀 더 선택적으로 학습할 수 있었기 때문에 학습자의 평균적인 적합도가 상승했을 수도 있다. 학습할 수 있는 기회는 때에 따라 다르다. 어떨 때는 최상의 행동을 쉽게 판단할 수 있지만, 그렇지 않을 때도 있다. 모방을 할 수 없는 생물은 좋거나 나쁘거나 자연이 제공하는 정보를 받아들이며 학습에 의존할 수밖에 없다. 가령 둘 중에 어떤 채취 기술이 더 나은 것인지 고민하는 사람이 있다고 해 보자. 그들은 둘 다 시도해 보고 둘 중 수확량이 더 높은 기술을 선택할 것이다. 수확량에는 수많은 변수가 존재하기 때문에 그들의 선택은 잘못된 것일 수도 있다. 다시 말해 시행 중에 더 많이 수확을 가져다준 기술이 장기적으로는 더 낮은 수확을 가져다줄 수도 있다. 모방이 없다면 모든 사람은 각자 구할 수 있는 정보에 기반하여 판단해야만 한다. 시행한 결과 두 기술의 수확량이 같게 나오더라도 무엇을 채택할 것인지 결정해야만 한다.

반면 모방할 수 있는 생물은 얼마든지 선택이 가능하다. 학습하는 것이 비용이 적게 들고 더 정확할 때에는 학습을 하고, 학습하는 것이 비용이 많이 들고 부정확할 것 같을 때에는 모방하면 된다. 가령 다음과 같은 조건부 규칙을 사용할 수 있을 것이다. "두 가지 기술 모두 시행한 후에 하나가 다른 것보다 수확량이 두 배 더 많다면 그 기술을 선택하고, 그렇지 않다면 엄마가 사용했던 기술을 사용하라." 이러한 규칙을 사용한다면 모방에 의존하는 사람은 항상 스스로 학습하는 사람보다는 오류를 줄일 수 있을 것이다. 이는 또한 그들을 더 자주 모방하게 만들 것이다. 그렇다고 해서 항상 모방하진 않을 것이다. 보다 더 엄격한 규칙—가령, 다른 규칙보다 수확률이 네 배 높을 때에만 그 기술을 채택하라—은 학습자가 저지르는 오류를 더 줄여 줄 것이지만(이에 따라 그들의 적합도도 상승할 것이다), 모방자의 수는 더 늘어나게 만들 것이다(이렇게 되면 모방에 의존하는 사람들은 환경의 변화에 더 취약하게 된다). 이러한 모델에서는 모든 사람이 상황에 따라 생산하거나 탈취하거나 할 수 있다. 이제 모방의 빈도가 증가하면서 학습의 평균적인 적합도가 상승하게 된다. 왜냐하면 보다 신뢰할 만한 정보만 선택하면 학습의 비용을 줄일 수 있기 때문이다. 이와 동시에 모방의 빈도가 늘어날수록 꾸준히 모방으로 인한 적합도의 이익은 줄어든다. 왜냐하면 그 집단은 학습이 보다 흔할 때처럼 환경의 변화를 따라잡지 못하기 때문이다. 결국 학습과 모방을 최적으로 번갈아 사용하는 균형 상태에 도달하게 된다. 단서가 불명확할 때에는 학습하는 것이 비용이 많이 들지만 시대에 뒤떨어진 정보를 모방하는 것 또한 위험하기 때문에 이 둘의 최적 조합을 찾을 수밖에 없다. 그러나 이제 적합도는 평균적으로 순전히 개인적인 학습에만 의존했던 과거보다 더 높다. 선택적인 학습자가 됨으로써 학습과 모방의 이익을 모두 취할 수 있게 된다.

둘째, 모방으로 인해 누적적인 개선이 가능한 경우

문화가 있는 생물은 모방을 이용하여 세대가 지날수록 개선점을 학습하면서 축적할 수 있기 때문에 평균적인 적합도가 상승한다. 지금까지 우리는 단지 두 개의 대안적인 행동만 고려해 왔다. 많은 종류의 행동은 어떤 최적 상태를 향한 연속적인 개선이 가능하다. 예를 들어, 단지 창의 나무 끝을 뾰족하게 만드는 것보다 날카롭고 단단한 돌로 만든 촉을 다는 것이 더 낫다. 사람들은 대개 처음에는 모방하면서 최적의 행동을 "추측"하고서는, 시간과 노력을 투자하여 그들의 행동을 개선한다. 예를 들어, 창을 만드는 사람은 창이 곧게 날아가도록 자루의 가늘어지는 부분을 손질하려고 시도할 것이다. 똑같은 시간과 노력을 투자한다면 초기에 모방한 창이 더 나은 전통적인 창일수록 최종 성과도 평균적으로 더 나을 것이다. 이제 환경이 변화한다고 가정해 보자. 그렇다면 각 환경마다 최적의 행동도 다를 것이다. 집단은 서로 다른 행동을 채택하는 개인들로 나뉠 것이다. 때로는 크고 느린 동물을 찌를 수 있는 두꺼운 창이 최고이며, 때로는 빠르고 작은 동물을 맞출 수 있는 가늘고 공기 역학적으로 설계된 창이 더 낫다. 또 어떨 때에는 이 둘을 절충한 설계가 최상일 것이다. 모방이 불가능한 생물은 유전자에서 얻을 수 있는 것이 무엇이든지 간에 거기서부터 시작해야 한다. 그다음에 그들은 학습하여 행동을 개선할 수 있다. 하지만 죽을 때 그들이 개선한 것들도 함께 사라지며,

자식들은 다시 유전적으로 부여받은 것으로부터 시작해야만 한다. 반면 모방을 할 수 있는 생물은 이미 학습으로 개선된 그들 부모의 행동을 습득할 수 있다. 따라서 모방자는 개인적인 학습만 하는 사람보다 널리 퍼진 최상의 설계에 가깝게 다가갈 수 있으며, 정보를 생산하는 노력에 효율적으로 투자하여 더 나은 개선을 이루어 낼 수 있다. 그리고 그들은 그렇게 개선한 것을 손자 손녀에게 전달할 수 있으며, 상당히 세련된 인공물이 진화하기 전까지는 계속 계승될 것이다(물론 이것도 변화하는 환경의 필요에 따라 다시 진화할 것이다). 기술의 역사가는 이러한 점차적인 개선이 어떻게 도구를 비롯한 인공물을 다양화하고 개선했는지를 잘 보여 주었다.[37] 창, 망치, 포크, 종이 클립, 그리고 앞서 말했던 이름 모를 주방 기구 등 겉보기에는 단순한 물품도 상당한 세대를 걸쳐서 이루어진 수많은 점차적이고 누적적인 개선의 산물이다.

문화가 적응적일 때는 언제인가?

어떤 종류의 환경이 누적적인 문화의 진화를 만들어 내는 복잡한 모방과 가르침의 문화 체계를 선호하는가? 정확하게 모방하려면 크고 비싼 뇌가 필요하듯이 비용이 많이 들지도 모르는 그러한 문화적 체계가 필요할 때는 언제인가? 이러한 질문들은 매우 중요하다. 왜냐하면 이미 인간 종은 문화에 극도로 의존해 왔으며, 이는 진화적 과정의 많은 측면을 근본적으로 변화시켰기 때문이다. 문화는 진화의 경로를 바꿀 수 있는 능력이 있기 때문에 서로 관계가 없는 사람들과의 협동에 기반한 현대의 복잡한 사회와 같은 전례가 없는 적응 및 현대 사회에서 일어나고 있는 출산율의 붕괴 같은 놀라운 부적응이 발생하였다. 우리가 과연 어떤 종류의 동물인지 이해하려면 자연선택이 모방을 강하게 선호하는 조건이 무엇인지 알아야만 한다.

유도 변이의 힘

우리의 적응적인 문화적 전달에 관한 기초적인 모델에서 각 개인은 편향되지 않은 모방이나 다른 형태의 사회적 전달을 통해서 믿음과 가치를 습득한다. 그들은 맹목적으로 전통에 의지하지 않고 스스로 학습에 투자하면서 자신들의 믿음과 가치를 수정할 수 있다. 그들은 자신의 경험에 따라 기존의 신념에 수정을 가할 수도 있으며 완전히 새로운 것을 발명할 수도 있다. 이러한 사람들이 모방된다면 수정된 신념이 확산될 것이며, 다음 세대는 더 개인적인 학습에 치중할 수 있고 그 특질을 더 가다듬을 수 있다. 한 세대의 신념이 다음 세대에 문화적으로 전달될 때, 학습으로 인해 누적적이고 대체로 적응적인 변화가 발생한다. 우리는 그러한 변화가 **유도 변**이의 힘에서 비롯된 것이라고 명명한다. 이 체계는 돌연변이가 무작위에 의하기보다 점점 적합도를 향상시키는 방향으로 일어나는 가상의 유전적 체계와 비슷하다.

편향된 전달처럼 유도 변이는 학습 규칙에 의해 결정되며, 두 가지 작용 모두 동일한 심리적 메커니즘에 의해 이루어지는 것 같다. 둘 다 의사 결정 규칙에 의해 결정되기 때문에 우리는 앞으로 이 둘을 묶어서 **의사 결정의 힘**이라고 부를 것이다. 그러나 둘 사이에 중요한 차이점도 존재한다. 편향된 전달은 집단에 이미 존재하는 여러 문화적 변형들을 비교하기 때문에 발생한다. 따라서 편향된 전달은 자연선택처럼 일종의 걸러내는 과정이다. 집단에 있는 어떤 변형은 다른 것들보다 더 잘 전달되기 때문에 확산된다. 따라서 자연선택과 마찬가지로 편향된 전달의 세기는 집단에 변이가 얼마나 많은가에 따라 달라진다. 이로운 특질이 매우 드물 때에는 소수의 사람만이 덜 이로운 특질과의 비교를 통하여 더 나은 이익을 얻을 수 있는 기회를 갖게 될 것이다. 이로운 특질이 증가하면 더 많은 사람이 비교할 수 있는 혜택을 받으며, 따라서 이로운 특질의 증가율은 가속될 것이다. 이로운 특질이 훨씬 더 증가하면, 점점 더 적은 사람들이 이롭지 않은 특질을 갖게 될 것이며 변화율은 다시 떨어질 것이다.

유도 변이는 편향된 전달과는 매우 다르게 작용한다. 이는 걸러 내는 과정이 아니기 때문이다. 어떤 사람들은 학습을 통해서 자신의 행동을 수정하는데, 다른 사람들은 전자의 사람들이 수정한 행동을 모방함으로써 습득한다. 그 결과 유도 변이의 세기는 집단에서의 변이의 정도에 영향받지 않는다. 모든 집단 성원이 동일한 것을 믿는 집단은 사람들이 모두 다른 것을 믿는 집단과 마찬가지로 유도 변이에 의해 쉽게 바뀔 수 있다. 이러한 차이는 이로운 특질이 드물 때 편향된 전달과 유도 변이에 의한 시간에 따른 문화의 변화가 상당히 다르다는 것을 의미한다. 만약 편향의 힘이 이로운 변형이 우연에 의해 발생할 때까지 기다려야만 한다면, 상당수의 사람이 그것을 획득할 때까지 진행은 느릴 것이다. 반면 그 특질이 흔하지 않을 때 개인적인 학습자의 영향력은 상당히 크며, 단지 무작위적인 변이와 편향(혹은 편향과 자연선택)만 있을 때보다 새롭게 선호되는 특질이 재빠르게 진화하도록 도울 수도 있다. 편향된 전달은 자연선택과 공통점이 많지만, 유도 변이는 분명 그렇지 않다. 그것은 유전적 진화에서 그와 유사한 것을 찾을 수 없는 문화적 변화의 원천이다.[38]

학습이 어렵고 환경을 예측할 수 없을 때 문화가 적응적이다

유도 변이와 편향된 전달의 세기는 문화적 변형의 유전성heritability에 영향을 미친다. 이러한 의사 결정의 힘이 약하면, 대부분의 사람은 그들의 부모 혹은 그들의 친구와 동일한 신념을 갖고 있을 것이다. 문화적 차이는 계승되기 때문이다. 예를 들어, 일리노이주의 두 농촌, 프레이버그와 "대평원의 보석(2장 참조)"에서 농업 관행에 대한 신념과 가치가 서서히 변했던 것도 약한 의사 결정의 힘으로 설명할 수 있다. 농업이 삶의 가치 있는 방식이라고 믿는 사람들에게 둘러싸여 자란 독일 아이들은 부모와 동일한 자작농적인 가치를 갖게 되며, 기업가적인 가치를 지닌 어른들에게 둘러싸여서 자란 미국 본토 출신 아이들은 기업가적인 가치를 지니게 된다. 이제 이러한 상황을 강력한 의사 결정의 힘에 지배받는 믿음에 비교해 보자. 가령 잡초를 제거하는 데 기계로 베는 방법과 화학적 제초제로 제거하는 두 가지 방법이 있다고 하자. 거의 모든 사람들이 제초제를 시도해 보고는 그것이 기계적인 제초법보다 우월하다고 믿는다고 해 보자. 그리고 사람들이 믿는 것은 그들이 자란 문화와 아무런 관계가 없으며, 그들의 경험에 비추어서 결정을 내린다고 가정해 보자. 다시 말해 문화적 차이는 계승되지 않는다고 가정하자.

의사 결정의 힘이 약할 때 문화적 변형은 그대로 유전될 가능성이 높다. 이것은 변이의 유전성에 의해 좌우되는 다른 진화적 작용이 힘을 발할 수 있다는 뜻이다. 의사 결정의 힘이 강할 때 유전될 수 있는 변이는 거의 없을 것이며, 여타 진화적인 작용도 효과를 발휘하지 못할 것이다. 자연선택이 자작농적인 가치를 선호한 이유가 그 가치를 지닌 사람들이 더 큰 가족을 이루고 살았으며 농업을 천직으로 여길 가능성이 높았기 때문이라는 것, 그리고 의사 결정의 힘이 약할 때만 자연선택이 효과를 발휘한다는 것을 떠올려 보라. 편향된 전달이 매우 강력하다고 가정해 보자. 그렇다면 자작농적인 가치를 지닌 거의 대부분의 사람은 기업가적인 가치로 전환할 것이며, 기업가적인 가치를 지닌 사람들은 자신의 신념을 지킬 것이다. 얼마 지나지 않아 모든 사람이 기업가적인 가치를 지닐 것이며, 자연선택이나 더 이상의 편향이 작용할 수 있는 문화적 변이는 사라질 것이다(문화적 변이가 없다면 자연선택과 편향이 작용할 수 없다—역주). 제초제의 사용도 이와 비슷하게 진행될 것이다. 유기농 농법을 주장하는 사람은 제초제를 사용하면 수익성이 감소된다는 믿음을 지지하며, 그 믿음이 옳다고 가정해 보자. 어쩌면 농부는 보기 싫은 잡초가 서서히 죽어 가는 것이 기계로 잘라 내는 자비로운 죽음보다 더 만족스럽게 느껴지기 때문에 제초제의 가치를 과대평가한 것일 수도 있다. 이제 농장에 대한 자연선택이 기계로 베는 방법을 선호할 것이다. 제초제를 쓴 농부들은 이익이 적기 때문에 파산할 가능성도 그만큼 높다. 하지만 만약 편향된 전달이 부적응을 부추기는 방향으로 충분히 강하게 작용한다면, 거의 대부분의 농부는 수확량이 낮은 데도 제초제를 사용할 것이며 자연선택은 별 효과가 없을 것이다.[39]

다음 장에서 독자들은 문화적 진화로 인한 결과를 단순히 적응주의로 예측할 수 없다는 것을 보게 될 것이다. 이는 중요한 사실인데 왜냐하면 이를 통해 우리는 기본적인 다윈주의에서부터 충분히 다양한 결론을 이끌어 내어서 인간 행동의 복잡성과 다양성을 설명할 수 있기 때문이다. 하지만 이런 작용들도 유전될 수 있는 문화적 변이가 충분히 존재할 때만 의미가 있을 수 있다. 자연선택이 유전될 수 있는 문화적 변이를 유지시키려고 정확하고 편향되지 않은 문화적 전달에 의존하는 것을 선호할 만한 상황이 존재하는가? 혹은 아주 간단히 말해서, "단지 다른 사람들이 그것을 하고 있다는 이유만으로" 자연선택이 어떤 행위를 선호할 때는 언제인가? 이러한 질문에 대한 대답은 사회적 전달 체계의 진화에 대한 기본적인 설명이라고 생각할 수 있을 것이다. 모든 생물에게는 그들의 행동과 신체 구조를 자신이 살고 있는 조건에 맞게 조절하는 수단이 있다. 그렇다면 자연선택은 언제 이렇게 조절한 결과를 자식이나 다른 사회적 학습자에게 전달하는 비싼 체계를 선호하게 될까?

우리는 이 문제를 모방의 진화에 대한 수많은 수학적 모델을 사용하여 분석했으며, 그 결과는 모두 비슷했다.[40] 개인적 학습이 오류가 일어나기 쉽거나 비용이 많이 들 때 그리고 환경의 변화가 너무 심하거나 너무 없지만 않다면 자연선택은 항상 모방에 의존하는 것을 매우 선호했다. 이러한 조건들이 만족될 때 우리의 모델에 의하면, 자연선택은 스스로의 경험에 거의 아무런 주의를 기울이지 않고, 프란시스 베이컨이 "관습의 죽은 손dead hand of custom"이라고 했던 식으로 항상 행동하는 사람을 선호할 수 있다.

이 결과는 상당히 직관적이다. 만약 사람들이 최상의 행동이 무엇인지 정확하게 판단할 수 있다면, 모방할 필요는 없다. 그냥 자기가 판단한 대로 하면 된다. 당신은 비를 피하기 위해 보금자리로 들어가거나 더울 때 그늘을 찾으려고 당신의 이웃을 관찰할 필요는 없을 것이다. 환경이 빠르게 변화한다면 과거에 효용이 있었던 것을 모방할 필요가 없다. 엄마와 아빠에게 쓸모 있던 것은 오늘날에는 아무런 도움이 안 될 것이기 때문이다. 당신이 해야 할 것을 결정하면서 아무리 오류가 많더라도, 확연히 구식으로 행동하는 누군가를 흉내 내는 것보다는 당신이 스스로 학습하는 것이 나을 수밖에 없다. 모방하는 것이 이익이 되려면, 사회적으로 학습된 불완전한 정보가 수많은 세대 동안 축적된 것이 개인적인 학습보다 뛰어날 만큼 환경이 천천히 변화해야 하며, 자연선택에 의해서 형성된 타고난 본성으로만 충분히 살아갈 수 있을 정도로 천천히 변해서도 안 된다.

이러한 모델은 왜 문화를 위한 능력이 진화했는지를 일관되고, 직관적으로 만족스럽도록 설명해 준다. 하지만 환경은 항상 변한다는 것을 생각해 볼 때, 이 모델에 의하면 지금의 상황보다 문화가 보다 더 흔해야 하지 않을까 하는 의문이 든다. 사실 우리가 이 모델에서 가정하는 것은 다소 단순한 사회적 학습의 체계이며, 이는 실제로도 흔하다. 동물의 사회적 학습을 연구하는 학자들은 아마도 이 이론을 보고 즐거워할 것이다. 하지만 우리는 인간이 상당히 드문 형태의 복잡한 문화로 놀라운 성공을 이루었다는 거부할 수 없는 사실에서 벗어날 수 없다.

우리의 모델이 문화의 적응적인 특성들을 실제에 가깝게 설명하는가? 불행하게도 우리는 모른다. 진화생물학자들은 대개 비교의 방법을 사용하여 이런 종류의 모델을 테스트한다. 하지만 이 경우에는 사회적 학습에 의존하는 정도가 다양한 종들에 대한 자료를 모아야 하며, 이 모델에서 예측하는 조건에서 사회적 학습이 더 많이 발생하는가를 관찰해야만 한다. 그러나 다른 동물의 사회적 학습의 비용과 편익에 대한 자료가 너무 적기 때문에 이런 종류의 검증은 현재 불가능하다. 흥미롭게도 동물의 사회적 학습 중 가장 많이 알려진 예는 집쥐와 야생 비둘기이다.

이들은 식물 가운데 잡초에 비견될 수 있다. 이들은 인간이 오염시킨 서식지를 비롯하여 다양한 환경에서 잘 거주하는 종이다. 만약 좀 더 광범위한 비교 연구가 이루어져서 환경의 변이성과 사회적 학습을 할 수 있는 능력 간의 상관관계가 높은 것으로 드러난다면 우리의 모델은 입증될 것이다.

그 밖의 적응적인 문화적 메커니즘

인간 문화의 적응에 대한 난제를 좀 더 풀어 나가기 전에 문화적 진화의 적응적인 힘을 상승시키는 두 가지 편향적인 힘을 소개하겠다. 지금까지 우리는 자연선택이 언제 그리고 왜 정확한 모방을 선호하는지 살펴보았다. 우리는 비록 한계가 존재하더라도 사람들이 다양한 신념과 가치의 상대적인 장점을 판단하여 그중에서 선택을 내릴 수 있는 능력을 갖고 있다고 가정했다.

그러한 모방 전략은 복잡하고 변화하는 환경에서 적절한 행동을 추측하는 문제 해결을 위한 보조 도구heuristics라고 생각할 수 있다. 심리학자들은 인간이 부족한 인지 능력으로 어떻게 의사 결정을 처리했는지를 연구해 왔다. 예를 들어, 게르트 기거렌처Gerd Gigerenzer의 연구팀은 최소한의 자료와 계산만으로 일련의 문제를 빠르고 정확하게 해결할 수 있는 "빠르고 경제적인" 문제 해결을 위한 보조 도구가 있는지 연구하였다.[41] 한 실험에서 기거렌처의 연구팀은 미국의 대학생들에게 독일의 도시가 두 개씩 적힌 리스트를 주고는 어느 도시가 큰 도시인지 물어보았다. 이 경우 미국 학생들이 가진 정보는 거의 없었지만, 단순한 문제 해결을 위한 보조 도구로도 꽤 정확한 답을 말할 수 있었다. 프랑크푸르트처럼 미국인들이 한번이라도 들어본 적이 있는 도시는 항상 빌러펠트Bielefeld처럼 들어 보지 못한 도시보다 컸다. 신속하고 경제적인 문제 해결을 위한 수많은 보조 도구는 가장 좋은 통계적 방법만큼 정확했으며, 어떤 문제의 경우 통계적 방법보다 조금 더 잘 해결했다. 사회적 학습도 의사 결정을 위한 보조 도구의 하나라고 생각할 수 있다. 어찌해야 할지 모를 때에는 초조해하지 말고, 엄마나 아빠 혹은 가장 친한 친구를 모방하라! 유도 변이에 대한 우리의 모델에 의하면 경험만으로 어찌해야 할지 모를 때마다 이는 유용한 문제 해결을 위한 도구이다.

하지만 왜 거기서 멈추는가? 사람들은 아버지의 방식이 시대에 뒤진 것을 알게 될 때 잔인하게도 시행착오를 반복하여 문제 해결 방법을 찾으라는 잘못된 충고를 받게 되는 경우가 아주 많다. 좀 더 나은 모델을 찾으려는 편향적인 탐색은 이에 비해 비교적 비용이 적게는 드는 방법이다. 하지만 우리가 내용 편향(이미 존재하는 관념들을 주의 깊게 비교하여 선택하는 것)이라고 하는 학습 방법도 좋은 자료를 찾는 데 비용이 많이 들 수 있으며, 만약 통계학이나 연구방법론 같은 수업에서 제시한 방법으로 비교를 수행한다면 자잘한 계산을 많이 해야 할 것이다. 우리 문화의 목록이 얼마나 크고 복잡한가를 생각해 볼 때, 많은 비용이 드는 문제 해결을 위한 보조 도구를 사용하여 모든 행동을 결정하는 것은 불가능에 가깝다. 삶은 짧으며, 그 사실을 거부하지 않을 때 보상이 주어진다. 만약 유도 변이와 내용 편향보다 비용이 적게 들고, 신속하고 경제적이며, 무작정 부모를 모방하는 것보다 더 나은 문제 해결 보조 도구가 존재한다면, 자연선택은 우리가 문화 목록을 다루는 데 필요한 요령을 모아 놓은 도구 상자에 그 학습법을 추가하는 것을 선호할 것이다. 물론 기거렌처와 그의 동료들이 연구한 신속하고 경제적인 문제 해결을 위한 보조 도구는 실생활에서 스스로 학습할 때와 문화적 변형을 습득할 때에 일종의 전략으로 사용된다. 그 밖에도 문화는 다른 종류의 쏠쏠한 전략을 사용할 기회를 제공한다. 그중에서 우리는 두 가지를 생각해 보았다.

흔한 형태를 모방하라

"로마에 가면 로마식대로 행동하라"는 오래된 속담을 떠올려 보라. 이 전략은 다양한 상황에서 진화적으로 이치에 맞는다. 유도 변이, 내용 편향, 자연선택을 비롯한 몇몇 작용은 적응적인 행동이 부적응적인 행동보다 더 많아지도록 만드는 경향이 있다. 따라서 다른 조건이 모두 동일하다면, 집단에서 가장 흔한 행동을 모방하는 것은 무작위로 모방하는 것보다 좋다. 우리는 이러한 일반적인 작용을 **빈도 의존적 편향**frequency-dependent bias이라고 부를 것이다. 왜냐하면 이 편향은 내용 편향처럼 행동의 특징에 의해 결정되는 것이 아니라 어떤 행동이 얼마나 흔한가에 의해서 결정되기 때문이다. 흔한 형태가 더 중요하게 평가되는 경우 우리는 **순응 편향**conformist bias이라고 부를 것이다. 순응은 단지 단순한 문화적인 영향이 아니라, 그 특질이 얼마나 흔한지에 따라 어떤 모델을 차별적으로 평가하는 것이다. 만약 당신이 별난 친구 제인을 사랑스러운 괴짜라고 생각하며 보다 평범한 친구들만큼 그녀를 모방한다면, 당신은 순응 편향을 행사하는 것이 아니다. 만약 당신이 그녀를 가까스로 참을 수 있는 비정상이라고 여기며 어떻게든 그녀를 모방하지 않으려고 한다면, 당신은 순응주의자이다. 만약 당신이 그녀의 용감한 독립심을 훌륭하다고 생각하며 그녀를 특별히 더 많이 모방하려 한다면, 당신은 **비순응**nonconformist **편향**을 행사하는 것이다. 비순응 편향은 빈도 의존적 편향의 또 다른 형태이지만 우리는 이에 대해서 더 이상 논의하지 않을 것이다. 하지만 비순응 편향은 그 나름대로 적용되는 영역이 있다. 예를 들어 사람들의 일시적인 유행에 의한 선택으로 인해 과다하게 선호되던 직업의 임금이 내려갈 때 이 직업을 선택하는 경우가 여기에 해당한다.

가상적인 사례를 하나 생각해 보면 어떻게 순응 편향이 자연선택에 의해 선호되는지를 알 수 있을 것이다. 열대의 사바나로부터 매우 다른 행동이 선호되는 서식지인 온대의 삼림지대로 영역을 확장하는 단계에 있는 한 초기 인류 집단을 생각해 보자. 생존에 관련되는 것들을 떠올려 보면 이해하기 어렵지 않을 것이다. 수확률이 가장 높은 식량, 먹이 동물의 습성, 주거지를 짓는 방법 등이 이에 해당한다. 그러나 거주지를 옮기면 사회적 조직에 영향을 주는 선호되는 신념과 가치도 달라질지 모른다. 예를 들어, 가장 적당한 집단의 크기는 어느 정도인가? 여성에게 남성의 두 번째 부인이 되는 것이 좋을 때는 언제인가? 어떤 식량을 공유해야 할까? 사람들은 이러한 결정을 내리는 데 어려움을 겪을 것이며, 그 결과 영역의 주변부에 있는 개척자 집단들이 서서히 가장 적응적인 행동으로 진화해 나갈 것이다. 사바나로부터의 이주민을 통해 신념과 가치가 유입되어서 몇몇 삼림지대의 사람들이 사바나의 삶에 더 어울리는 신념으로 갈아타면서 이러한 진보는 상쇄되기도 할 것이다. 하지만 삼림지대의 주변부에 있는 집단이 충분히 격리되면서 적응적인 과정으로 인해 가장 좋은 변형이 가장 흔하게 된다면, 이 흔한 변형을 모방하는 사람들은 무작위로 모방하는 사람들보다 적절한 신념을 습득할 가능성이 높을 것이다. 만약 이러한 순응 편향이 유전적으로든 문화적으로든 계승된다면, 자연선택은 이를 선호할 것이다.

이러한 직관적인 예측이 맞는지 확인해 보려고 우리는 순응 편향의 진화를 모델화해 보았다.[42] 우리는 개체군이 상호 이주로 연결되며 부분적으로 격리된 몇 개의 소집단들로 나뉘어져 있다고 가정했다. 이 모델에는 두 가지 환경 상태가 존재하며, 각각의 집단은 일정한 확률로 두 가지 상태가 번갈아 바뀌는 주거지에 거주한다. 이 모델에는 두 가지 문화적 변형이 있으며, 각각은 어느 하나의 환경에 적합하다. 앞서와 같이 각 개체들은 자신의 지역에서 어떤 변형이 좋은지에 대해서 불완전한 정보를 갖고 있다. 하지만 우리는 또한 각 개체가 두 가지 이상의 모델의 행동을 관찰한다고 가정했다. 사람들은 다음의 두 가지 요소에 따라 변이한다. 하나는 다른 사람을 모방하는 정도이며(이는 주변 환경에 대해 스스로 정보에 의지하는 정도와 반대이다), 그리고 또 다른 하나는 모방을 한다고 가정했을 때 그들의 모델들 가운데 보다 흔한 형태에 영향받는 정도이다. 마지막으로 우리는 이 두 가지 요소에 대한 변이가 유전적으로 계승된다고 가정했다. 이에 따라 우리는 개체군에서의 문화적 및 유전적 변형들의 분포에 편향된 사회적인 학습 및 개인적인 학습, 자연선택 이 세 작용이 함께 어떤 순純효과를 가하는지 어림잡을 수 있을 것이다. 장기적인 효과를 예측하려면 이러한 과정을 많은 세대에 걸쳐서 반복해 보면 된다. 그다음에 우리는 다음과 같은 질문을 할 수 있다. 어느 정도의 순응 전달이 자연선택에 의해 선호될까? 순응의 가치가 얼마인가에 대하여 내기를 한다면 어디에 거는 것이 최적일까?

그렇다면 승자는(여기서 더 읽기 전에 답을 한번 생각해 보라)······ 강력한 순응 편향이 될 것이다. 앞서 말한 것처럼, 환경이 천천히 변화하거나 개인이 구할 수 있는 정보가 빈약할 때는 사회적인 학습에 의존하는 것이 선호된다. 사회적 학습에 강하게 의존하도록 하는 이러한 두 요소의 배합이 어떤 비율이든 강력한 순응 성향도 선호될 것이다. 사실 사람들이 사회적 학습에 온건하게 의존하더라도 자연선택은 강력한 순응 편향을 선호할 것이다. 따라서 사회적 학습을 담당하는 심리는 아마도 사람들로 하여금 주변 사람 중에서 다수의 견해를 채택하도록 하는 강력한 성향을 갖도록 설계되어야만 할 것이다. 십 대의 아이를 양육한 경험이 있는 부모들은 사람들에게 순응하려는 강력한 충동이 있다는 것을 알고 있으며, 사회심리학의 수많은 증거는 사람들의 이러한 느낌을 뒷받침한다. 사회심리학자 무자퍼 셰리프Muzafer Sherif 및 솔로몬 애쉬Solomon Asch, 스탠리 밀그램Stanley Milgram의 고전적인 연구는 사람들이 다른 사람들의 행동에 순응한다는 것을 보여 준다.[43] 셰리프는 순응의 효과를 보여 주려고 "시각적인 환영幻影"을 이용한 실험을 설계했다. 실험 대상자는 밝은 점이 스크린에 몇 초 동안 보이는 암실에 앉아 있었다. 밝은 점은 실제로는 움직이진 않지만, 시각적으로 느끼기에는 움직이는 것처럼 보였다. 실험 대상자들에게 빛이 얼마나 멀리 이동하느냐고 물었을 때 저마다 대답은 다르지만, 평균적으로 4인치 정도 움직인다고 어림잡았다. 그럼에도 완전히 다르게 느끼는 사람들의 작은 **집단**이 존재한다면 평균에서 많이 벗어나는 사람들의 의견이 매우 극적으로 바뀌곤 한다. 예를 들어 처음에 8인치 움직인다고 어림잡은 사람도 집단의 다른 두 사람이 각각 0.5인치와 2인치라고 말한다면 2인치라는 의견에 순응할 수 있다.[44]

순응에 관한 대부분의 연구는 단순한 문화적 전달과 순응의 곡선 효과를 구분하지 않는다. 예를 들어 많은 실험은 특정하고, 대개 매우 이상한 행동을 하는 수많은 공모자와 단 한 명의 진정한 실험 대상자로 구성된다. 이 경우 실험 대상자는 현저하게 순응하지만, 그 문화적 효과가 순응적인 것인지 그렇지 않은지에 관계없이 순응할 것이다. 또한, 순응적인 효과가 얼마나 지속되는지 보여 주는 연구는 거의 없다. 이 연구들은 이러한 순응이 과연 집단을 떠나가면 사라져 버리고 마는, 그저 마지못한 공손한 동의인지에 대해서는 언급하지 않는다.

순응의 영향이 오래 지속되는 경우를 보여 준 연구는 얼마 되지 않는다.[45] 심리학자 로버트 제이콥스Robert Jacobs의 실험은 가장 유익한 연구 가운데 하나이다. 그는 셰리프와 동일한 시각적 환영을 이용했는데,[46] 두 사람 내지 네 사람으로 이루어진 소규모 사회를 조직했다. 각각의 "세대"에서 실험 대상자들은 고정된 점을 관찰하고 자신이 느끼기에 얼마나 움직이는지 보고했다. 그다음에 "가장 나이가 많고" 경험 있는 대상자가 그 사회를 떠나고 새로운 신참이 들어온다. 그 실험은 이런 식으로 열 세대 동안 지속된다. 제이콥스는 흥미로운 실험 조건을 위해 그 사회의 초기 구성원 중 몇 명을 실험자의 공모자로 구성했다. 그는 두 개의 실험에서 각각 세 명으로 구성된 소규모 사회를 조직했다. 두 경우 모두 공모자들은 빛이 16인치씩이나 움직인다고 말했다. 이는 매우 벗어난 수치였다. 한 실험에서 세 명의 초기 구성원 중 두 명이 공모자였고, 다른 실험에서는 세 명의 초기 구성원 중 한 명만이 공모자였다. 실질적인 실험 대상자가 두 명의 공모자와 만났을 때에는 한 명의 공모자와 만났을 때보다 추정치가 "실제로" 이동한 4인치에서 두 배 이상 벗어났다. 두 사회 모두, 초기에 벗어난 값을 말하는 모델의 효과는 곧 사라졌다. 비록 처음에 많이 벗어난 값에서 시작한 사회는 평형 값에 도달하는 데 훨씬 더 많은 시간이 걸렸지만, 두 소규모 사회 모두 공모자에게 영향받지 않은 순진한 실험 대상자의 평균적인 추정치로 진화하였다. 이 실험에서 유도 변이는 결국 순응 편향의 효과를 뒤엎을 만큼 강력했다.

최근의 사회심리학자들은 순응에 그다지 많은 흥미를 보이지 않는다. 현대 교과서에서는 아직도 1950년과 1980년 사이에 이루어진 작업이 소개된다.[47] 순응 전달은 아직 깊게 연구되지 않았으며, 우리는 이것이 일반적인 현상을 보여 준다고 믿는다. 다윈적인 개념과 도구가 없이는 개인의 행동이 개체군 수준에 어떤 영향을 미치는지 직관적으로 알기 어렵다. 연구 방식을 바꾸지 않았던 사회심리학자들은 문화적 진화에 있어 순응의 역할을 발견해 낼 수 없었지만, 선구적인 진화심리학자 도널드 캠벨Donald Campbell과 함께 연구했던 제이콥스는 진화론적인 질문을 던졌고 그 질문에 대답하기 위한 적절한 실험을 고안했다. 다윈주의의 시각에서 바라본다면 우리가 다른 사람들로부터 무엇을 배울지에 영향을 주는 문화적 전달 및 편향을 둘러싼 수많은 질문이 산재해 있다는 것을 알 수 있다. 개인적인 수준에서는 작고 희미한 효과를 주는 것이라도 개체군 수준에서는 강력한 진화의 힘이 될 수 있다.[48] 문화적 진화의 속도와 방향을 이해하려면 각 개인들이 어떻게 모방을 위한 보조 도구들을 이용하는지를 좀 더 정확하게 이해할 필요가 있으며, 이 문제에 대한 작업은 아직 시작조차 하지 않았다.

성공한 사람을 모방하라

사람들은 자주 성공한 사람을 모방한다. 팝스타가 되려고 하는 이들은 마돈나가 노래하는 방식이나 화려한 의상을 흉내 내며, NBA(미국의 프로 농구 리그—역주) 스타가 되려고 하는 이들은 마이클 조던의 호쾌한 덩크슛이나 대머리에 그가 대처했던 방식을 모방하며, 만약 사라 리 회사Sarah Lee Corporation [49]가 현명하게 돈을 썼다면, 그의 속옷에 대한 취향도 모방하려 했을 것이다.* 겉보기에 이러한 전략이 이상하게 보일지라도, 광고 회사에서는 우리의 생각을 유혹하여 상당한 이익을 남길 수 있다. 대중 매체의 유명인은 차치하더라도, 성공한 사람에게 이끌리는 것은 분명 적응적으로 이치에 맞다. 누가 성공한 사람인지 결정하는 것은 **어떻게** 해야 성공한 사람이 되는지를 알아내는 것보다 훨씬 쉽다. 비록 성공한 사람이 어떤 행동을 하여 성공했는지 전혀 모르더라도, 당신은 성공한 사람을 모방함으로써 성공을 가져온 행동을 습득할 가능성이 있다. 적어도 성공이 문화적으로 전달될 수 있는 특성에서 비롯되는 한, 성공한 사람들의 모든 것을 정확하게 모방할 수만 있다면 성공한 사람이 되는 것은 시간문제이다. 도대체 어떤 행동이 적합도에 가장 많이 기여하는지 평가하기가 어렵더라도, 부, 명성, 좋은 건강과 같이 적합도와 상관관계에 있는 관찰하기 쉬운 특질들이 존재할 것이다. 그렇다면, 당신은 부자를 부유하게 만드는 특질들을 습득하려고—그러나 어떻게 부가 창출되는지는 생각하지 않으며—부자가 하는 모든 것을 모방하려고 노력할 수 있다. 우리는 이러한 작용을 **모델을 바탕으로 한 편향**model-based bias이라고 부를 것이다. 우리가 이렇게 명명하는 이유는 이 편향은 문화적 변형 그 자체의 특징에서 기인하는 것이 아니라 명성에 대한 지표처럼 그 변형을 모델화하고 있는 사람의 다른 특징에 의해서 결정되기 때문이다. 인류학자 조 헨리히Joe Henrich와 심리학자 프란시스코 길-화이트Francisco Gil-White에 따르면 대개 사람들은 우수한 문화적 변형을 보유하고 있는 것처럼 보이는 사람에게 같이 지내 주고 모방할 수 있는 기회를 준 특전에 대한 대가로 명성과 그에 동반되는 호의까지 부여한다. 그들은 인간의 명성을 강력하거나 교활한 자가 약자로부터 자원을 강탈하

---

* 마이클 조던은 오랫동안 사라 리 회사의 속옷 상표인 'Hanes'의 광고 모델이었다.

는, 보다 광범위한 현상인 지배와 대비시킨다.[50] 명성 편향 이외에도 다른 종류의 모델을 바탕으로 한 편향을 생각해 볼 수 있지만, 앞으로 보다 많은 것을 연상시키는 용어인 명성 편향에만 집중할 것이다.

어떻게 명성 편향이 진화할 수 있는지가 궁금하다면, 다시 한번 열대의 사바나로부터 온대의 삼림지대로 주거 지대를 확장해 나아가는 가상적인 초기 인류 집단을 떠올려 보라. 삼림지대에 거주하는 사람들은 최상의 행동을 결정하는 데 어려움을 겪으며, 그 결과 변경의 집단들에게서 이로운 행동과 그렇지 않은 행동을 모두 찾을 수 있을 것이다. 우연히 최상의 행동을 습득하게 된 사람들은 평균적으로 더 성공하게 된다. 그들은 더 건강해지고 더 큰 가족이나 더 많은 정치적 권력을 갖게 될 것이다. 따라서 다른 모든 조건이 동일하다면, 성공한 사람을 모방한 사람은 그 지역에서 더 적응적인 행동을 습득할 가능성이 높다. 만약 성공한 사람을 모방하는 경향이 유전적으로(혹은 문화적으로) 다양하다면, 그 경향은 자연선택에 의해서 증가할 것이다.

단순한 수학적인 모델로 명성 편향의 강도가 성공을 **암시하는** 특질과 **실제로** 성공을 불러오는 특질의 상관관계에 의해 결정된다는 것을 증명할 수 있다.[51] 그 모델은 또한 명성 편향으로 인해 공작의 꼬리처럼 과장된 형질을 만들어 내기도 하는 불안정하고 고삐 풀린 질주 과정이 발생할 수 있다는 것을 보여 준다.

수많은 사회심리학적 실험에 따르면 사람들에게는 성공하고 유명한 사람들을—분명 그들의 성공과 관련 없는 영역에서도—모방하는 성향이 있다. 예를 들어, 한 연구에서 실험 대상자들은 다음의 세 가지 상황 중의 하나에서 "학생 운동"에 대해서 어떻게 생각하느냐는 질문을 받았다. 그 상황 중의 하나는 그 주제에 관한 전문가로 알려진 누군가의 의견을 듣고 나서 질문을 받는 것이며, 다른 하나는 명明 왕조 전문가의 의견을 들은 후에 질문을 받는 것이며, 마지막으로 대조군인 세 번째 집단은 어느 누구의 의견도 듣지 않은 다음에 질문을 받게 했다. 실험 대상자들은 대개 두 전문가의 의견과 비슷한 의견을 말했으며, 학생 운동에 대한 전문가와 명 왕조에 대한 전문가의 의견을 받아들일 가능성은 동일했다.[52] 사람들이 스스로 최선의 대안을 생각해 내기 어려울 때 위신이 있는 사람을 모방하는 경향이 더 커진다는 것을 보여 주는 실험은 많다. 현지 연구들도 또한 사회적인 학습에서 명성이 중요한 역할을 한다는 것을 보여 준다. 예를 들어, 사람들은 새로운 특질을 습득할 때 자주 명성 편향을 이용하며, 높은 지위에 있는 "여론 주도층"의 관행을 모방하는 경향이 높다.[53] 특히 가난하고 교육 수준이 낮은 사람들은 혁신들을 직접적으로 평가하는 비용을 감당할 만한 여력이 없기 때문에 이런 경향이 더 높다. 흥미롭게도 가난하고 교육 수준이 낮은 사람들은 대개 사회적 거리가 먼 엘리트를 흉내 내기보다—엘리트의 삶의 조건은 잠재적인 모방자인 그들에게서 동떨어져 있다—자신의 주변에서 높은 지위에 있는 사람들을 모방한다. 가난한 튀르키예 목동은 콜로라도나 스위스, 뉴질랜드의 기술적인 전문가의 충고를 무시하고 자신보다 좀 더 부유한 이웃의 목장 관리법을 모방할 가능성이 높다. 방언의 진화에 관한 연구도 이 가설을 지지한다. 대개 그 지역에서 명망이 있는 여성이 진화하고 있는 방언을 가장 잘 구사하는 화자일 가능성이 높다.[54] 물론 자료에 따르면 미국의 도시들에서는 노동자층이나 중하류층의 인기 있는 십 대 초반의 소녀들이 대개 언어 진화를 이끌어 간다. (우리는 언어에 대한 엘리트주의적인 시각을 갖고 있는 상아탑의 동료들에게 이 사실을 이야기하면서 야릇한 즐거움을 느끼곤 한다.) 인간 사회에서 명성은 권력이 아니라 정보력에서 비롯된다는 일반적인 관념과 일치한다. 예를 들어, 많은 사회에서 노인들은 다른 사람보다 우위에 설 만한 권력이나 정치적 연합도 없지만 명성이 높다.

신속하고 적은 비용으로 문화를 습득할 수 있는 보조 도구의 존재 때문에 우리는 지금 적응주의자의 딜레마에서 헤어나지 못하고 있다. 우리는 스스로 학습할 수 있는 보편적인 동물의 능력에 기반한 개인적 학습 및 내용 편향보다는 더 쉽고 비용이 더 적게 드는 것으로 보이는 요령(순응 편향, 명성 편향 등 비용이 들지 않는 편향적 학습을 말함—역주)으로 문화의 힘을 증대하여 적응을 진화시킨다. 우리의 모델은 모방이 매우 널리 행해질 것이라는 다윈의 통찰을 지지하는 것 같다. 하지만 우리 앞에는 인간이 문화를 사용하는 정도로 문화를 향유하는 동물이 거의 없다는 확고한 경험적인 자료만 있을 뿐이다. 수많은 종은 보다 복잡한 형태의 사회적 학습으로 진화할 수 있는 탁월한 토대가 되었어야만 할 단순한 사회적 학습을 한다. 그리고 우리 인류가 지구상에서 지배적인 유기체가 되는데 사용했던 문화는 그저 기교를 몇 가지 모아 놓은 것에 지나지 않은 것 같기도 하다. 분명 매우 예외적이고 매우 범상치 않은 어떤 것이 우리를 불가사의한 종으로 만들었을 것이다. 물론, 자신의 종을 기이하다고 여기는 사람은 거의 없을 것이다. 신이 자신의 모습에 따라 우리를 창조했다고 믿는 만큼이나 인간이 어떻게든 아주 최근에 진화하여 그 어떤 종보다도 폭발적으로 증가했다는 사실을 대부분의 사람들은 당연하고 자연스럽게 여길지도 모르겠다. 생명의 기원과 마찬가지로 인간 문화의 존재가 심오한 진화적인 신비라는 것은 약간의 과학적 이론화만으로도 자명해 보인다. 우리는 문화에 대한 적응주의자의 딜레마를 완전히 만족할 만큼 설명했다고는 말하지 않을 것이다. 다만 문제의 가닥을 쉴 새 없이 파고든다면 한 줄기 혹은 그 이상의 빛은 볼 수 있지 않을까.

어떻게 문화를 위한 능력이
진화했는가

우리는 모두 어린아이의 강렬한 호기심에 놀라고 즐거워하며 때로는 기진맥진했던 경험이 있다. 상식이라면 누구에게도 뒤지지 않을 만큼 깊고 다양하게 알고 있다고 떠벌리는 박사이지만(특히 다양한 분야의 전문 지식을 통합할 수 있을 때는 더 그렇다), 우리는 피터(이 책의 저자 중 한 명—역주)의 첫째 아이에게 무언가를 배우고는 겸손해할 때가 있다. 그 아이는 당장 궁금한 것이 있을 때 우리 둘에게 동시에 혹은 한 사람씩 차례로 물어봐서는(여기에는 그 아이의 어머니, "아줌마" 조안, 그 밖에 가까이 있는 어른들까지 포함된다), 당황스럽게도 재빨리 우리의 종합적인 지식을 소진해 버린다. 그 아이는 "우리는 그저 그게 왜 그런 식으로 일어나는지 모를 뿐이야"라는 식의 대답을 경멸하며, "그런데 왜 '그럴 거야'라고 했어요?"라고 되묻는다.

철학자 로버트 브랜던Robert Brandon은 '왜-아마도'식의 대답이 진화생물학에서 중요한 역할을 한다고 주장한다(그는 그것을 "아마도 어떻게" 식의 설명이라고 부른다).[55] 그는 진화의 궤도는 매우 복잡하기 때문에 어떻게 그리고 왜 무엇이 일어났는지 정확하게 설명하기가 어렵다고 지적한다. 적응이 어떻게 진화했는지 정확하게 설명하기에는 진화의 과정은 매우 복잡하며, 과거의 환경이나 화석 자료는 대단히 단편적이다.* 우리가 갖고 있는 자료만으로도 하나 이상의 가설을 만들어 낼 수 있으며, 우리가 얻을 수 있는 자료를 다 모으고 나서도 꽤 많은 가설이 유효할 것이다. 비록 역사적인 질문에 대해 진화생물학자들의 적응주의인 설명이 때로 "적응주의적인 그럴 법한 이야기adaptive just-so stories"로 낙인찍히더라도, 브랜든은 비적응적주의적인 설명도 마찬가지로 "그럴 법할" 뿐이라고 주장한다. 어떤 계통에 속한 유기체의 진화를 다원적으로 설명하더라도 '아마도 어떻게' 식의 설명을 피할 수는 없다. 그럼에도 몇몇 '아마도 그렇게'식의 설명은 다른 식의 설명보다는 우월하다. 그것이 더 우월

• 예를 들어, 인류 진화에만 한정 지어 생각하더라도 침팬지와 인간과의 분기가 일어났던 800만 년 전과 500만 년 전 사이에 해당하는 화석, 그리고 오스트랄로피테쿠스Australopithecus와 호모Homo의 분기가 발생했던 300만 년 전과 200만 년 전 사이에 해당하는 화석이 거의 없다. 이 중에서도 1,400만 년 전과 500만 년 전 사이를 중신세의 간극Miocene Gap이라고 부른다. 중신세의 간극 동안 인류가 진화했던 동아프리카에서는 화산 활동 및 지각의 변화로 인해 빽빽한 삼림지대에서 듬성듬성한 사바나로의 이행이 있었던 것으로 추정되지만, 정확한 환경 변화의 패턴은 알기 어렵다.

한 이유는 지금까지 축적된 정보에 더 부합하며, 이론적인 근거가 확실하고, 후속 연구가 가능하기 때문이다. 우리가 '아마도 그렇게'식의 설명에 만족하지 못하더라도, 우리는 그 설명으로 인해 상당한 진전을 이룰 수 있다.

대개 진화과학은 오류투성이더라도 그 오류로 인해 수많은 후속 연구를 자극하는 몇 개의 단순한 가설로부터 시작한다. 그 후 그럴듯한 생각들이 재빠르게 자라나는 동안, 자료는 그보다 천천히 축적된다. 문제를 해결하는 이 과정에서 불확실성은 점차 증가하는 것처럼 보이며, 우리가 문제를 더 탐구할수록 그 문제의 어떤 부분도 확실하지 않은 것처럼 느껴진다. 물론 처음부터 순진하게도 얼마나 큰 문제인지 지각하지 못했기 때문에 이런 상황이 벌어진 것이다. 이어서 면밀한 연구를 통하여 새로운 오류가 발생하는 속도보다 더 빠르게 오래되고 좋은 관념에서 결정적인 오류가 발견되면서 가지치기 과정이 시작된다. 우리는 정답을 찾지 못할 수도 있지만, 결국에는 처음보다 훨씬 더 세련된 해답을 얻을 것이다. 인간의 행동에서 문화가 상당히 중요하다는 것을 고려해 볼 때, 문화의 진화에 대한 이론은 '아마도 그렇게' 연구 과제에서 중심이 되어야만 한다. 이러한 맥락에서 우리는 다음 절에서 호모 사피엔스의 기원은 아마도 문화에 대한 복잡한 능력이 점차적으로 진화했기 때문이라는 '왜-아마도'식의 주장을 펼칠 것이다.

문화는 변화하는 환경에 대한 정보를 제공하기 때문에 적응적이다

인류는 수렵 채집자이던 시절 다양한 환경에 적응했다. 고고학적 자료에 따르면 홍적세의 식량 채취자는 아프리카 및 유라시아, 오스트레일리아의 거의 대부분에 거주했다. 역사적으로 알려진 수렵 채집자에 대한 자료에 따르면, 인류는 이렇게 다양한 거주지를 개척하기 위해서 현기증이 날 정도로 다채로운 생존 방법과 사회 체계를 사용했다. 단지 몇 가지 사례만 생각해 보자. 코퍼 에스키모인은 북극권 고위도 지방에 거주했다. 그들은 매켄지Mackenzie강 어귀 주변에서 사냥을 하며 여름을 보냈으며, 해빙 위에서 바다표범을 사냥하며 길고 어두운 겨울을 보냈다. 또한 작은 집단을 이루고 살았으며 남성의 사냥이 주요한 생활 수단이었다. 중부 칼라하리사막에 거주했던 '!쏘'족은 씨앗, 덩이줄기, 멜론을 수집했고, 임팔라(아프리카산 영양—역주)와 겜즈복(남아프리카산 영양—역주)을 사냥했다. 지독한 열기에도 생존하였으며, 때로는 몇 달 동안 지표수가 없이도 살아갔다. !쏘족과 코퍼 에스키모인 모두 자신의 무리보다 큰 부계 무리 연합체에 연결되어 있는 작은 유목 무리로 살았다. 한편 추마쉬Chumash족은 비옥한 캘리포니아의 해안(현재의 산타바바라 주변)에서 크고 두꺼운 판자로 만든 배로 태평양에서 조개를 채취하고 씨앗을 수집하며, 낚시도 하면서 살았다. 그들은 노동이 잘 분업화되고, 사회적 계층화가 잘된 큰 마을을 이루고 영주했다.

이처럼 인류는 그 어떤 동물 종보다 거주지 및 생태학적 전문화, 사회 체계의 범위가 훨씬 크다. 사자와 늑대 같은 커다란 포식자는 동물 중에서도 가장 넓은 분포 범위에서 살지만, 사자는 아프리카와 유라시아의 온화한 지역 바깥으로 나아가지 않았으며, 늑대는 북부 아메리카와 유라시아를 벗어나지 않았다. 그러한 커다란 포식자의 식생과 사회 체계는 모든 분포 범위에서 비슷하다. 그들은 대개 매복해서 습격하거나 혹은 먹이의 눈을 피해 접근해서 재빠르게 추격하는 방법 중 하나를 사용하여 그리 많지 않은 종류의 먹이를 포획한다. 먹이를 포획한 이후에는 이빨과 발톱을 사용하여 먹기 시작한다. 커다란 육식동물의 삶이 이처럼 단순하다는 것은 게리 라슨Gary Larson의 풍자 만화에 잘 드러난다. 그가 그린 한 만화에서 티라노사우르스T. rex는 달력을 바라보며 생각하고 있다. 모든 날짜에는 다음과 같은 메모가 적혀 있다. "어떤 것을 죽여서 그것을 먹자." 반면 인간 사냥꾼은 포획하는 방법이 다양하며 막대한 범위의 먹이 종, 식물 자원, 무기물을 다룰 줄 안다. 예를 들어, 인류학자 킴 힐Kim Hill과 그의 동료들이 연구한 파라과이에 거주하는 식량 채취자 집단인 아체Aché족은 먹이, 계절, 날씨 그리고 수많은 요소에 따라 놀라울 정도로 다양한 기술을 사용하여 포유류 78종, 파충류 21종, 어류 14종, 조류 150종을 섭취한다. 그들은 발자취를 쫓아서 사냥하기도 하는데, 이 기술은 생태와 환경에 대한 상당한 지식이 없이는 불가능하다. 혹은 먹이가 짝짓기나 곤경에 처했을 때 내는 울음소리를 흉내 내어 끌어내기도 한다. 그 밖에 어떤 동물은 올가미나 덫에 걸리게 하거나 굴에 연기를 피우는 방법을 사용하여 잡기도 한다. 그들은 손으로 포획하거나 죽이며, 혹은 화살을 쏘거나, 곤봉으로 때리거나, 창을 사용한다.[56]

그리고 이것은 단지 아체족이 먹이를 사냥하는 방법일 뿐이다. 모든 인류의 사냥 전략을 나열한다면 그 목록은 끝이 없을 것이다. 식물과 무기물에 사용되는 기술의 목록도 마찬가지로 길고 다양하다. 북극에서 생존하려면 특별한 지식이 필요하다. 예를 들어, 어떻게 방수가 되는 옷을 제작하는지, 요리에 쓰는 빛과 열은 어떻게 얻는지, 어떻게 카약과 우미악(나무 뼈대에 바다표범의 가죽을 씌운 에스키모인의 작은 배—역주)을 제작하는지, 해빙에 난 구멍으로 바다표범을 어떻게 사냥하는지를 알아야만 한다. 중부 칼라하리사막에서 살아남으려면 마찬가지로 특수화된 그러나 북극과는 전혀 다른 종류의 지식이 필요하다. 예를 들어, 어떻게 건기에 물을 찾는지, 어떤 식물이 먹을 수 있는 것인지, 화살 독을 만드는데 어떤 딱정벌레의 독을 쓰는지, 먹이의 발자취를 어떻게 쫓는지를 알아야만 한다. 온화한 캘리포니아 해변에서의 생존은 이보다는 쉽겠지만, 작고 평등한 무리로 살아가는 코퍼 에스키모나 !쏘족에 비해 계층화된 추마쉬 마을에서 성공하려면 특별한 사회적 지식이 필요하다.

이처럼 인류는 사자보다 다양한 방법으로 생존한다. 그렇다면 다른 영장류는 어떠한가? 침팬지에는 문화가 있는가? 그들도 집단마다 다른 도구와 식량 채취 기술을 이용하는가? 다른 포유류에 비해 유인원이 더 다양한 식량 채취 기술을 갖고 있고, 식량 처리 방법이 더 복잡하며, 도구 사용이 더 많다는 것은 의심의 여지가 없다.[57] 하지만 이런 기술이 유인원의 경제에서 차지하는 비중은 인간 식량 채취자의 경제에서 차지하는 비중에 비하면 훨씬 낮다. 인류학자 힐러드 카플란Hillard Kaplan과 그의 동료들은 몇몇 침팬지 집단과 인간 식량 채취자 집단의 채취 경제를 비교했다. 그들은 획득의 난이도에 따라 식량 자원을 분류했다. 익은 과일과 나뭇잎 같은 **채집 식량**Collected foods은 환경으로부터 간단하게 수집하며 먹을 수 있다. **추출 식량**Extracted foods은 반드시 처리되어야 하는데, 딱딱한 껍질에 싸인 과일, 깊은 땅속에 묻힌 덩이줄기 혹은 흰개미, 나무 높이 벌집에 숨어 있는 꿀, 먹기 전에 뽑아내야 할 독을 함유한 식물 등이 이에 해당한다. **사냥 식량**Hunted foods은 포획하거나 덫으로 잡아야 하는 동물을 말하며, 주로 척추동물이다. 그들의 연구 결과에 따르면 침팬지는 압도적으로 채집 식량에 의존하는 반면, 인간 식량 채취자는 추출 혹은 사냥으로 얻은 식량 자원으로부터 대부분의 열량을 얻는다.[58]

　인간은 문화로 인해 유전자의 계승에 비해 지역 환경을 이용하는 더 나은 전략을 비교적 신속하게 축적할 수 있었기 때문에 다른 영장류보다 다양한 환경에서 생존할 수 있었다. 가장 일반적인 의미의 "학습"을 생각해 보라. 모든 적응적인 체계는 하나 또는 그 이상의 메커니즘을 사용하여 환경에 대해 "학습한다." 학습에는 정확성과 일반성의 트레이드오프가 존재한다. 학습 메커니즘은 환경을 "관찰한" 다음 그에 따른 행동을 생성한다. 관찰을 행동에 연결 짓는 장치가 바로 "학습 메커니즘"이다. 어떤 학습 메커니즘이 다른 것보다 특정한 환경에서 더 적응적인 행동을 생성시킨다면 이는 그 환경에서 더 정확하다는 뜻이며, 다양한 환경에서 적응적인 행동을 발생시킨다면 다른 메커니즘보다 더 일반적이라는 뜻이다. 대개 정확성과 일반성 사이에는 트레이드오프가 존재한다. 왜냐하면 모든 학습 메커니즘에는 어떤 환경의 신호가 환경의 상태를 반영하는지 그리고 각각의 환경에서 어떤 행동이 최선인지에 대한 사전 지식이 필요하기 때문이다. 특정한 환경에 대한 사전 지식이 더 자세하고 명확할수록 학습 규칙은 더 정확해진다. 따라서 일정량의 계승받은 지식에 더하여, 학습 메커니즘은 적은 수의 환경에 대해 자세한 정보를 갖거나 혹은 수많은 환경에 대해 덜 자세한 정보를 가질 수 있다(트레이드오프를 설명한 문장이며 전자는 정확성을, 후자는 일반성을 획득한 경우이다—역주).

　대부분의 동물은 이러한 지식을 유전자에 저장한다. 물론 개인적 학습을 제어하는 유전자도 여기에 포함된다. 2장에서 언급한 사고 실험에서의 변이에 대해 생각해 보자. 넓은 분포 범위를 갖는 영장류 종을 하나 골라 보자. 여기서는 비비baboon라고 하자. 그다음에 비비의 한 집단을 포획하여 비비의 자연적인 분포 영역 중에서 최대한 환경이 상이한 지역에 이동시킨다. 예를 들어, 오카방고 삼각주의 풀이 우거진 습지대로부터 서부 나미비아의 혹독한 사막으로 한 집단을 이주시킬 수 있을 것이다. 그다음에 그들의 행동을 동일한 환경에 살고 있는 다른 비비의 행동과 비교해 보라. 아마 시간이 조금 지난 후에는 실험군의 비비가 그들의 이웃과 비슷해질 것이다. 이렇게 극단적인 경우는 아니더라도 실제로 이런 실험이 행해진 바가 있다. 영장류학자 셜리 스트럼Shirley Strum은 인간에 의해 위협받고 있던 비비 집단을 수백 킬로미터 떨어진 다소 상이한 지역으로 이주시켰다. 그 비비들은 재빠르게 새로운 보금자리에 적응했다. 짐작하건데 본래 그 지역에 있던 비비와 이주시킨 비비가 비슷해진 이유는 비비가 인간보다 변이가 적기 때문일 것이다. 다시 말해 그들은 어떻게 비비가 되는가에 대한 정보 대부분을 유전적으로 얻는다. 분명 비비는 사물이 어디에 존재하는지, 어디에서 잠을 자야 하는지, 어떤 먹이를 먹어야 하는지를 배워야 한다. 그러나 그들은 이미 그에 대한 지식을 갖고 있는 비비와 마주치지 않고도 이것을 할 수 있다. 왜냐하면 그들은 이런 기본적인 지식을 선천적으로 갖고 있기 때문이다. 하지만 그들은 온대 삼림이나 북극의 툰드라에서 생존하는 방법을 배울 수는 없다. 그들의 학습 체계에 그런 환경에 대처하는 본유적인 정보가 없기 때문이다.

　인간은 문화로 인해 학습 메커니즘의 정확성과 일반성을 동시에 획득할 수 있다. 왜냐하면 **누적적인 문화적인 적응**으로 인해 지역 환경에 대한 정확하고 보다 자세한 정보를 얻을 수 있기 때문이다. 사람들은 영리하지만, 한 개인은 북극이나 칼라하리사막 또는 그 밖의 어떤 곳에서라도 생존하는 방법을 학습할 수 없다.[59] 당신이 느닷없이 북극의 해변에 떨어져서 떠다니는 나무와 바다표범 가죽으로 카약을 만들어야 한다고 생각해 보라. 당신은 이미 많은 것을 알고 있을 것이다. 카약이 어떻게 생겼는지, 대략 얼마나 큰지, 그리고 건조 과정에 대해서도 대략은 알고 있을 것이다. 그럼에도 당신은 분명 성공하지 못할 것이다(우리는 당신을 무시하는 것이 아니다. 우리 또한 카약 건조에 관한 글을 많이 읽었지만 기껏해야 조악한 카약밖에 못 만들 것이다). 비록 당신이 고만고만한 카약을 만들 수 있다 하더라도, 당신이 이누이트Inuit의 경제에 기여하려면 열두 개 정도의 도구를 사용할 줄 알아야 한다. 그리고 또한 이누이트의 사회적 관습을 배워야만 한다. 이누이트 사람들은 그들의 집단에 속한 다른 사람들의 행동과 가르침으로부터 유용한 정보의 거대한 보고를 이용할 수 있기 때문에 카약을 만들 수 있으며, 생존에 필요한 여타 모든 것들을 할 수 있다. 이러한 보고에 포함된 정보가 적응적인 이유는 학습과 문화적 전달이 결합되면서 적응이 비교적 **빠르게 축적**되기 때문이다. 대부분의 사람들이 문제 해결을 위한 단순한 보조 도구를 가끔씩만 사용하여 마구잡이로 모방하더라도, 수많은 사람으로 이루어진 집단은 평균적으로 전통을 적응적인 방향으로 조금씩 변화시킬 것이다. 문화적 전달로 인해 수많은 작은 자극이 보존되며, 이미 변화를 거친 전통은 또 다른 자극에 노출된다. 약한 의사 결정의 힘은 보통의 진화적인 시간의 기준으로 볼 때 매우 빠르게, 자연선택만으로 이루어지는 진화보다 빠르게 새로운 적응들을 발생시킨다. 문화적 전통은 우리가 주의 깊고 세밀한 결정을 내리기 힘들고, 우리의 능력으로 배울 수 없을 만큼 복잡해질 수도 있다. 우리는 그저 문화적 진화의 개체군 수준에서의 작용이 우리의 "학습"을 위해서 열심히 일하게 내버려 두는 것이다.

사회적 학습은 홍적세의 기후 불안정에 대한 적응이었을 것이다

앞서의 논의는 시공간상으로 환경이 크게 상이하며 그리고 그러한 변이가 충분히 느리게 발생하여서(환경의 변화가 시공간상에서 느리게 진행된다는 뜻—역주) 사회적 학습에 의한 전달과 축적이 유용할 때 축적적인 문화적 적응이 가장 유리하다는 것을 보여 준다. 만약 환경이 시간이나 공간적으로 너무 빠르게 변화한다면, 자연선택은 전달을 전혀 선호하지 않으며, 개인적인 학습을 선호할 것이다. 반대로 환경이 너무 느리게 변화한다면, 보통의 유기체 진화가 사회적 학습으로 이루어지는 체계보다 변화를 보다 충실하게 추적할 수 있으며 비용이 적게 들 것이다. 아마도 인간은 지구상에서 축적적인 문화를 위한 고등한 능력을 진화시킨 첫 번째 종일 것이다. 그렇지만 그 덕분에 우리는 영원하지는 않을지 몰라도 놀랄 만한 성공을 이루어 내었다. 과연 복잡한 문화가 적응적이라면, 왜 장대한 지구 생명의 역사에서 바로 이 특정한 시점에 인간의 계통에서 복잡한 문화가 진화했을까?

하나의 훌륭한 '아마도 어떻게' 대답은 사회적 학습이 지난 홍적세 후기 동안 증가한 기후 변동에 대한 적응이라는 것이다. 이 가설은 적응주의자의 딜레마를 해결할 수 있는 유력한 방법 중 하나이다. 문화를 위한 세련된 능력은 지구 역사상 아주 최근의 짧은 기간 동안만 적응적이었을 것이며, 우리는 그저 그것의 이점을 발견한 첫 번째 계통일 뿐이라고 생각한다. 지난 200만 년 동안 악화되는 기후는 사회적 학습에 더욱 의존하는 것을 비롯하여 행동의 가소성이 증가하는 것을(아마도 수많은 종에서) 선호했을 것이다. 이미 비교적 뇌가 큰 집단인 영장류는 문화를 다루는 데 필요한 인지적으로 성가신 메커니즘인 관찰에 입각한 학습 및 복잡한 편향이 진화하도록 전적응preadapted*을 갖춘 상태였다. 복합적이

• 조상 종이나 개체군에서 진화한 형질이 자손 종이나 개체군에서 본래 진화된 기능과 다르게 적응적으로 작용하는 경우이다.

고 축적된 문화적 적응들과 관련된 거대한 문화적 목록들을 저장하는 데만 해도 상당한 부피의 뇌가 필요하다. 영장류는 또한 다른 포유류에 비해 사회적이며, 문화적 진화에 의한 "학습"은 고도의 사회적인 현상이다. 결국 아마도 영장류에게 공통적인 시각적 적응과 우리 조상들에게 공통적인 자유자재로 조작이 가능한 손*은 모방 및 인류 경제의 초석인 복잡한 도구의 생산을 위한 전적응일 것이다. 화석과 고고학 자료에서도 누적적인 문화적 변화의 토대에 해당하는 심리학적 기제가 과거 어느 때보다 기후가 불안정했던 기간인 지난 50만 년 동안 진화했다는 가설과 일치되는 증거를 찾을 수 있다.

최근 고기후학자들은 대양 퇴적물, 호수 퇴적물 및 만년설에서 추출한 원통형 표본core에서 얻은 과거의 기온, 강우량, 빙하의 부피 등의 다양한 간접적인 측정 결과를 이용하여 지난 300만 년 동안의 기후 악화를 깜짝 놀랄 만큼 정확하게 묘사했다.[60] 이에 따르면 지구의 평균 기온은 어느 정도 하강했고, 강우량과 기온의 변동 폭은 증가했다(그림 4.2를 보라).[61] 아직 그 이유는 잘 알 수 없지만, 빙하는 바다의 순환, 이산화탄소, 메탄, 대기 중 먼지 함량, 평균 강수량 및 강수 분포의 변화에 따라 커졌다가 작아졌다 한다. 이 모든 변수에 따라 빙하가 전진하고 후퇴하는 순환 주기가 바뀌었다. 초기에는 21,700년 주기가 지배적이었으며, 260만 년 전부터 100만 년 전까지는 41,000년 주기, 지난 100만 년 동안은 95,800년 주기가 지배적이었다.

지난 수만 년 동안 발생한 변동이 사회적 학습을 위한 적응의 진화를 부추겼을 가능성은 그리 높지 않다. 인간 집단은 거주지를 바꾸거나 유기체의 진화(문화적 진화가 없는 유전자의 진화를 말함—역주)를 통해서 그러한 느린 변화에 대처할 것이다. 하지만 이처럼 긴 시간 척도 동안 변

• 다른 영장류에는 존재하지 않는 인간만의 특징 가운데 하나는 마주 볼 수 있는 엄지손가락opposable thumb이다.

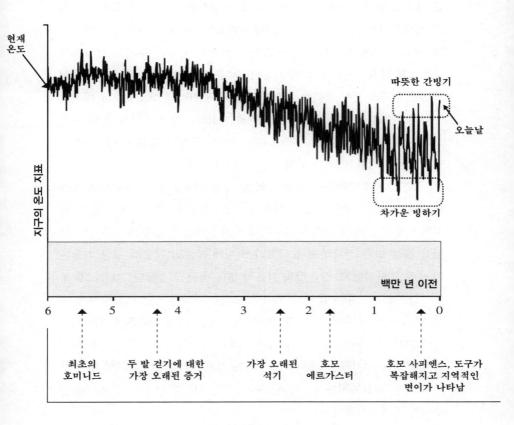

그림 4.2

지구의 기후는 지난 600만 년 동안 더 차가워졌고, 더 변화가 심해졌다. 수직 축은 $\delta^{18}O$를 뜻한다. 다시 말해, 지난 600만 년에 걸쳐서 다양한 시기에 해당하는 심해 퇴적물에서 채취한 샘플에서 ^{16}O에 비해 ^{18}O가 얼마나 초과했는가를 뜻한다. 추운 기간에는 해수에서 ^{18}O의 농도가 증가하는데, 그 이유는 좀 더 가벼운 산소 동위원소 ^{16}O를 포함하고 있는 해수가 더 빨리 증발해서 차가운 얼음에 갇히기 때문이다. 또 다른 자료에 의하면 추운 시기에는 좀 더 건조하고 대기 중 CO_2 농도가 낮다고 한다[Opdyke et al.(1995)의 그래프를 다시 그렸음)].

224

이가 증가한 것은 훨씬 짧은 시간 척도 동안의 변이와 강한 연관관계에 있는 것 같다. 지난 8만 년 동안에 대한 자세한 분석 자료는 그린란드의 깊은 대륙빙하에서 추출한 원통형 표본에서 얻을 수 있다. 10년 정도 지속된 사건은 8만 년 된 빙하에 그 흔적을 남기며, 3천 년 이내의 빙하에서는 한 달 정도 지속된 사건까지 분석 가능하다. 원통형 표본에서 얻은 자료에 의하면 마지막 빙하기 동안 기후는 몇 천 년 혹은 몇 백 년 단위로 매우 변화가 심했다.[62] 그림 4.3은 이러한 변화가 얼마나 심했는지 보여 준다. 심지어 기후가 빙하의 지배를 받았을 때에도, 천 년쯤 되는 기간마다 거의 간빙기 정도로 잠깐 따뜻했다는 것을 알 수 있다. 마지막 빙하기의 변화는 너무나 격렬해서 빙하의 원통형 표본 자료에서 분석할 수 있는 10년 단위의 한계를 벗어난다. 그린란드의 자료에 의하면 한 세기 남짓 지속되는 급격한 기온 변화가 흔했다는 것을 알 수 있다. 온대와 열대에 해당하는 위도에서 얻은 최근의 고해상도 자료에서도 빙하의 원통형 표본에서 관찰할 수 있는 커다란 진폭의 변동이 전全지구적인 현상이라는 것을 알 수 있으며, 세계의 기후 대부분이(혹은 전부) 그린란드의 빙하에 아름답게 기록된 것과 동일한 박자로 오르내렸다는 유력한 증거도 있다.[63]

분명 이와 같은 빙하의 원통형 표본에서 발견할 수 있는 주기적인 진동은 진화하고 있던 동물 집단에 중대한 영향을 미쳤다. 충적세(가장 최근의 비교적 따뜻하고 얼음이 얼지 않았던 11,500년간)는 마지막 빙하기와 비교했을 때 기후가 매우 안정적이었다. 그럼에도 충적세의 극단적인 날씨는 생물에 막대한 영향을 미쳤다.[64] 홍적세 대부분은 훨씬 더 변이가 심했을 가능성이 높기 때문에 그 충격은 상상하기 힘들다. 열대 생물들도 기후 변이의 충격을 피하지 못했다. 위도가 낮은 곳에서 온도와 강수량은 변화가 매우 심했는데, 강수량은 특히 더했다.[65] 홍적세 내내 동식물들은 다른 종들이 기후의 요란한 변화에 분포 범위를 조정해 감에 따라 생태적

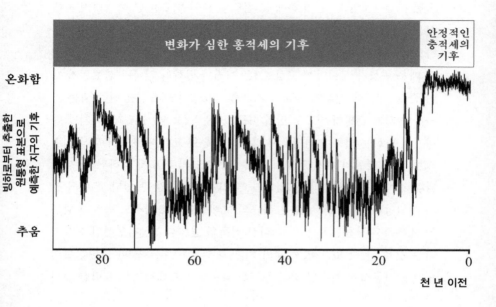

그림 4.3

가장 최근의 빙하기 동안 지구의 기후는 지난 몇 천 년 동안보다 훨씬 더 변화가 심했다. 이 그래프에 나타난 자료는 1990년대 초기에 그린란드 빙하 연구에서 2마일 깊이로 채취한 빙하의 원통형 표본에서 얻은 것이다. 기장 최근의 빙하기는 약 110,000년 전부터 12,000년까지 지속되었는데, 이 시기의 원통형 표본에서 얻을 수 있는 자료는 단지 80,000년까지만 신뢰할 만하다. 수직 축은 원통형 표본에서 ^{18}O의 부족량이며, 이는 온도의 지표이기도 하다. 마지막 빙하기 동안 위도가 높은 곳의 온도가 천 년 정도마다 빙하기에서 거의 간빙기 수준으로 요동치는 것을 주목하라. 이와 같은 변동이 위도가 낮은 곳에서도 발생했다는 자료가 있다. 이 그래프는 150년 단위로 평균을 내는 기법으로 매끄러워졌기 때문에, 실제 변동 주기는 보이는 것보다 짧다[(Ditlevsen et al.(1996)의 그래프를 다시 그렸음)].

인 공동체의 빠르고 종잡을 수 없으며 계속적인 재조직에 대처해야만 했다. 따라서 지난 250만 년쯤 되는 기간 동안 동식물은 아마도 시간 척도상의 수많은 환경 변수의 증가하는 변동에 대처해야만 했으며, 여기서 표현형을 유연하게 발현시키는 전략이 매우 적응적이었을 것이다.

홍적세의 기후 악화는 우리 인류뿐만 아니라 수많은 포유류 계통에서 두뇌 크기의 증가와 연관된다. 포유류의 평균적인 상대적 두뇌 크기(본문에서는 'encephalization'로 표기한 이 단어는 신체 크기에 대한 상대적인 두뇌의 크기를 나타내는 전문 용어다―역주)는 6,500만 년 전 공룡이 멸종한 이후로 지속적으로 증가했다.[66] 그러나 커다란 두뇌를 진화시킨 종이 속해 있는 목目에서조차 비교적 작은 두뇌를 가진 수많은 포유류가 지금까지 살아남았다. 현재까지 단위 시간당 상대적 두뇌 크기가 가장 증가한 시기는 지난 250만 년 동안이다. 이 시기에 상대적 두뇌 크기가 평균적으로 증가한 양은 이전 2천만 년 동안 증가한 양보다 크다. 인간이 속한 계통에서 뇌의 증가는 홍적세의 시작(약 200만 년 전)과 함께 다른 유인원과 상이한 추세로 진행되기 시작했다. 이 시기는 빙하기의 기후 변동의 진폭이 갑자기 증가한 시기와 동일하다.[67] 그 이후 80만 년 전과 50만 년 전 사이에 기후 변동의 진폭이 커지자 뇌의 크기는 다시 급격히 커졌다.

모든 다른 조건이 동일하다면 자연선택은 무자비하게도 작은 뇌를 선호해야 한다. 큰 뇌는 비용이 많이 들기 때문이다.[68] 그런데도 포유류의 뇌 크기는 상당히 다양하다. 인간의 뇌는 우리의 기초 신진대사의 16%를 소비한다. 포유류는 평균적으로 대략 3%의 기초 대사를 뇌에 할당하며, 유대류는 1%보다 적게 할당하고도 잘 살아간다.[69] 이런 큰 차이로 인해 강력한 진화적인 트레이드오프가 발생한다. 신진대사뿐만 아니라 뇌가 커지면 상당한 비용을 치러야 하는데, 이를 테면 출산이 어려워지며, 두뇌가 외상에 취약해지고, 발달상의 혼란이 발생할 가능성이 증가한다. 게다가 큰 뇌에 유용한 정보를 채우는 데에는 시간과 노고가 필요하다. 사실상 모든 동물은 가능한 어리석게 살도록 하는 강력한 선택 압력 아래에 있다. 우리가 두뇌의 일부분밖에 사용하지 않는다는 흔히 언급되는 "사실"은 신화일 뿐이다. 뇌는 사용하지 않으면 사라져야만 하는 기관이다. 뇌가 커졌다면, 분명 거기에는 이점이 있다.

비교 심리학자 사이먼 리더Simon Reader와 케빈 랠런드Kevin Laland의 최근 연구에 의하면 그 이점 중의 하나가 학습이다. 여기에는 개인적인 학습과 사회적 학습이 모두 포함된다.[70] 리더와 랠런드는 영장류 연구를 검토하면서 각각의 영장류 종에서 도구의 사용, 새롭거나 혁신적인 행동을 하는 것, 사회적 학습을 하는 것, 이러한 세 가지의 행동이 관찰된 횟수를 기록하였다. 그들은 이 세 가지 특성 모두 뇌 크기와 상관관계에 있다는 것을 보여 주었다. 다시 말해서, 큰 뇌를 가진 영장류는 사회적 학습을 사용하거나 새로운 행동을 하거나 혹은 도구를 사용할 가능성이 높다는 뜻이다. 흥미롭게도 두뇌 크기가 미치는 영향을 제거하고 나서도 새로운 행동을 하는 횟수와 사회적 학습을 하는 횟수는 서로 상관관계에 있었다. 이는 사회적 학습으로 인해 새로운 환경에 더 유연하게 반응할 수 있다는 것을 암시한다.

이와 관련된 힐러드 카플란과 경제학자 아서 롭슨Arthur Robson의 연구[71]는 뇌가 클수록 행동의 유연성이 증가한다는 가설을 지지한다. 그들은 영장류에서 (신체 크기의 영향을 제거하였을 때) 큰 두뇌가 긴 아동기 및 늘어난 수명과 상관관계에 있다는 것을 보여 주었다. 집단의 크기처럼 뇌의 크기와 상관관계에 있는 변수를 통제하고 나서도 그 결과는 동일했다. 카플란과 롭슨은 뇌의 크기 및 수명이 적응적인 복합체에 연관되어 있다고 주장한다. 모두 알고 있다시피, 배우는 데는 시간이 필요하다. 체스 두는 법이나 스키 타는 법을 하루에 배울 수는 없다. 이에 필요한 정신적 기술과 육체적 기술을 모두 터득하려면 수년 동안 배우고 연습해야만 한다. 식량 채취 기술도 마찬가지이다. 이는 행동의 유연성을 선호하는 홍적세와 같이 변화가 심한 환경은 또한 학습에 충분한 시간을 부여하는 긴 아동기를 선호한다는 것을 의미한다. 문화를 학습하고 가르치는 것은 비용이 많이 드는 투자이기 때문에 늘어난 뇌 크기와 긴 아동기는 긴 수명을 선호할 것이다. 긴 수명으로 인해 사람들은 필요하지만 많은 비용이 드는 늘어난 아동기 동안 학습한 것에서 더 많은 이익을 얻을 수 있다. 따라서 자연선택은 긴 수명을 선호한다.[72]

지금까지 발전시킨 논의에 의하면, 인간은 분포상에서 끄트머리에 위치한다. 인간은 뇌가 크고 천천히 발달하는 포유동물목 중에서도 뇌가 가장 크며, 가장 천천히 발달한다. 하지만 이것이 전부는 아니다. 뇌 크기의 증가와 발달 속도의 감소가 기후의 변이와 연관되었다는 사실은 변동이 심한 환경이 행동의 유연성과 사회적 학습을 진정으로 선호한다는 가설을 지지한다. 하지만 앞서 논의한 바와 같이 많은 세대에 걸쳐서 수많은 혁신가가 수정한 것이 축적되면서 복잡한 생존 체계를 만들어 낸 우리의 능력에 필적할 것은 없다. 이 능력 덕분에 우리는 복잡한 문화적 적응들을 무한하게 진화시킬 수 있었으며, 이는 다시 우리 종의 성공을 설명해 준다. 그러나 만약 많은 동물이 사회적 학습을 할 수 있는 기초적인 체계부터 다소 정교한 체계를 갖고 있다면, 그리고 만약 복잡한 문화가 홍적세의 기후 악화에 매우 성공적으로 적응할 수 있는 수단이라면, 왜 복잡한 문화는 흔하지 않을까?

이에 대한 흥미로운 가설 중의 하나는 누적적인 문화가 진화하려면 "부트스트랩 문제"를 해결해야만 했다는 것이다. 모델에 따르면 어떤 상식적인 인지-경제적 가정하에서 복합적이고 누적적인 문화에 대한 능력은 흔하지 않을 때에는 자연선택에 의해서 선호될 수 없다.[73] 이는 매우 직관적으로 이해할 수 있다. 모방을 통하여 복잡한 전통을 효과적으로 획득하려면 어떤 파생된 인지 기제가 필요하다고 가정하자. 예를 들어 몇몇 심리학자는 관찰에 기반한 학습을 하려면 "마음의 이론theory of mind(타인의 심리 상태를 짐작할 수 있는 능력—역주)"이 필요하다고 주장해 왔다.[74] 그들은 다른 사람의 의도와 동기를 추측할 수 없다면 모방이 매우 어려워진다고 주장한다. 당신이 쓰임새를 짐작하기 어려운 도구 (그림 4.1, 4.4)가 다른 사람의 주방에 걸려 있는 것을 보고 난 다음 동일한 도구를 상점에서 보았다고 해 보자. 당신은 그것을 사겠는가? 무엇에 쓰는 도구인지 모른다면, 분명 사지 않을 것이다. 다른 사람이 그 도구로 무엇을 하는지 알아냈다면, 아마 살 수도 있을 것이다. 우리 인간들은 무심코 다른 사람의 머릿속에 들어가 본다. 펄 아줌마가 당신이 보는 앞에서 샐러드를 만드는 데 그 도구를 사용했다면, 당신은 그녀가 어떤 샐러드를 만들려 하고, 샐러드에 어떤 특정한 내용물을 넣고 싶으며, 그 목적을 위해 그 도구를 사용한다는 시나리오상에서 어떻게 쓰일지 예상해 본다. 펄 아줌마의 의도와 행동에 대한 그림을 마음속에 그렸다면, 당신은 그 기구의 기능을 아는 것이며, 비록 당신이 그 도구를 만지거나 샐러드를 맛본 적이 없더라도, 당신 나름대로 그것이 쓰일 만하다고 여겨지는 시나리오상의 어떤 지점에 넣어볼 수 있다. 일단 물건의 목적을 **관찰했다면** 살 것인지 사지 않을 것인지 판단하는 것은 그리 어렵지 않다. 이와 같이 겉보기에 하찮은 마음의 이론화는 우리에겐 쉽고 습관적이지만, 어린 아이와 대부분의 동물을 대상으로 실험한 결과에 따르면 그 둘에게는 타인의 기능적인 행동을 이런 식으로 관찰하는 능력이 없거나 그렇게 할 수 있는 능력이 한정되어 있다고 한다.

복잡한 기술을 빠르고 정확하게 모방하는 데에는 마음의 이론을 처리하는 모듈이 필요하며, 이 모듈은 두뇌 자원의 상당 부분을 차지한다고 가정해 보자. 이에 덧붙여서 만약 복잡하고 축적이 어려운, 문화적으로 진화된 전통이 그 모듈을 사용해서 모방될 수 있다면, 그것을 습득할 수 있는 능력은 적합도에 커다란 이익이며, 상당한 비용을 상쇄하고도 남는다고 하자. 분명, 누적적인 문화적 진화를 일으킨 인지적인 장치가 없이는 복잡한 전통이 진화할 수 없다. 문제는 복잡한 문화적 전통이 무無에서 발생하지 않는다는 것이다. 우선 모방할 수 있는 개인들로 이루

그림 4.4

아보카도를 자르는 기구('Progressive International' 회사 제품). 아보카도를 반으로 자르고, 씨를 빼낸 다음, 이 기구를 이용하여 쐐기 모양으로 파낼 수 있다. 고리가 평평하여 껍질 가까이에서 잘라 낼 수 있으며, 얇은 철사는 잘 여문 아보카도를 흠 없이 고르게 잘라 낸다.

어진 어떤 커다란 집단이 존재해야 하며, 그 집단이 복잡한 전통을 진화 시킬 만한 시간 동안 지속되어야 한다. 이는 모방할 수 있는 능력을 가진 뛰어난 돌연변이 개인(가령 그가 더 나은 마음의 이론을 갖고 있다고 하자) 은 그의 능력을 사용하지 않고서도 습득할 수 있는 행동만 관찰할 것이 라는 것을 의미한다. 그러한 돌연변이 개인은 모듈에 대한 비용을 부담 하겠지만 어떤 이익도 얻지 못할 것이다.

인류학자 조 헨리히Joe Henrich가 주장했듯이, 더 어려운 문제는 그에 필요한 복잡한 인지 능력을 갖고 있는 사람 몇 명으로는 복잡한 전통이 발생할 수 없다는 것이다. 다시 말해, 문화의 진화에 의해 복잡한 적응들 이 발생하려면 모방할 수 있는 능력을 지닌 개인들이 모인 상당히 큰 집 단이 필요할지도 모른다. 헨리히는 모방은 오류가 발생하기 쉬우며, 학 습자가 복잡한 인공물을 정확하게 만들어 내는 데 필요한 기술을 습득하 기 힘들다고 지적한다. 작은 집단에서는 이러한 효과로 인해 보다 복잡 한 기술들이 퇴화될 것이다. 하지만 커다란 집단에서는 특별히 솜씨가 좋거나 운이 좋은 연장 제작자가 비교적 많을 것이다. 이러한 천재들은 기술을 개선시킬 것이며, 원래대로 회복시킨 복잡성을 그들의 모방자들 이 다른 이들에게 확산시킬 것이기 때문에 기술의 퇴화를 막을 것이다. 헨리히의 연구는 오직 상당히 커다란 집단만이 복잡하고 문화적으로 진 화된 인공물과 행동을 유지시킬 수 있음을 보여 준다.

작고한 호주의 고고학자 라이스 존스Rhys Jones가 연구한 태즈메이니 아(오스트레일리아 남쪽의 섬)에서 도구의 복잡성이 사라져 간 현상은 헨리히의 연구 결과와 일치한다. 19세기에 유럽의 탐험대가 태즈메이 니아에 도착했을 때, 그들은 현존하던 인류가 쓰던 도구 중 가장 단순 한 도구를 수집했다. 존스가 1970년대에 태즈메이니아를 발굴했을 때, 그는 태즈메이니아인들이 한때 오스트레일리아에 존재하던 모든 도구 를 사용했으며, 현존하는 태즈메이니아인들에게서 수집한 도구보다 품 목이 수백 개 이상 더 많았다는 것을 발견하였다.[75] 8천 년 전 배스Bass

해협에 범람이 발생하여 태즈메이니아에서 대륙으로 연결되는 지협이 끊어지자 도구가 단순해지기 시작했다. 그 무렵 태즈메이니아의 인구는 적지 않았다(유럽인이 도착했을 때에는 4천 명 정도였다). 기술이 급속하게 단순화된 것도 아니었다. 오히려 선박처럼 보다 복잡한 품목은 천 년에 걸쳐서 느리지만 꾸준히 사라진 것으로 보인다. 이러한 자료와 헨리히의 모델은 사소하지만 누적적인 전달상의 오류에서 기인하는 느리지만 가차 없는 퇴화에 대항하여 수백 개의 다소 복잡한 품목으로 구성된 도구 세트를 유지하려면 놀랄 만큼 커다란 인구가 필요하다는 것을 보여 준다.

만약 복잡한 전통이 진화하는 데 이와 같은 장애물이 존재했다면, 진화의 경로는 누적적인 문화적 적응을 위해서 마음의 이론 모듈(혹은 다른 무엇이든)이 양의positive 자연선택 아래에 놓이는 데 필요한 역치를 지나도록 분명 우회하여 나아갔을 것이다. 어떤 학자들은 영장류의 지능이 본래 복잡한 사회생활을 해 나가기 위한 적응이라고 주장한다.[76] 아마 우리의 계통에서 식량의 공유 및 노동의 성적 분업, 혹은 이와 비슷한 복잡한 사회적 문제를 다루기 위해 자연선택은 다른 사람의 관점을 예측할 수 있는 세련된 능력의 진화를 선호했을 수도 있을 것이다. 그러한 능력은 아마도 우연히 모방을 가능하게 했을 것이며, 복잡한 문화적 전통의 가장 기초적인 형태를 진화시켰을 것이다. 일단 복잡한 문화적인 전통이 발생했다면, 역치는 넘어선 것이다. 진화하고 있는 전통이 쉽게 모방하기에는 너무 복잡해지면서 이는 보다 고차원의 모방의 진화를 일으키기 시작할 것이다. 이처럼 이점이 많더라도 흔하지 않을 때에는 증대시킬 수 없는 진화 과정상의 골치 아픈 문제(부트스트랩 문제를 말함—역주) 때문에 아마도 진화에는 흔히 우연성과 역사성이 개재되는 것 같다.[77] 새로운 능력이 진화하는 데 그러한 장벽이 존재한다면, 그에 필요한 명백한 전적응을 갖춘 수많은 종 가운데 어느 하나가 그 장벽을 헤쳐 나갈 때까지 장벽 앞에 모일 것이다. 이러한 종류의 다른 장벽을 생각해 내기란 그리 어렵지 않다. 문화에서 얻는 견인력의 상당 부분은 도구에서 비롯된다. 대부분의 유인원은 이동을 위해서 모든 사지가 필요한 네발 걷기 동물이다. 일단 우리의 계통이 두 발 걷기를 하기 시작하자, 두 손은 석기를 만들거나 창을 나르는 따위의 새로운 기능을 위한 선택 아래에 놓일 수 있었다. 마치 복권에 당첨되는 것처럼 자연선택이 복잡한 문화를 위한 능력을 진정으로 진화시키기 이전에 아마도 수많은 전적응이 우리의 진화적 경로를 지나쳐야 했을 것이다.

어떻게 인간이 진화했나*

지금까지의 논의를 염두에 두고, 인간 계통이 어떻게 진화했나에 관심을 돌려보자. 우리는 여기서 두 가지의 목적이 있다. 첫째, 우리는 인간의 문화에 대한 개체군 사고는 고인류학에서 통상적으로 사용되는 설명을 상당 부분 보완할 수 있다는 것을 보여 주고 싶다. 둘째, 6장에서 우

• 이 절은 인류 진화사에 대한 대략의 이해가 없다면 세세한 이해가 힘든 부분이다. 저자의 설명은 시간적 순서를 따르고 있다. 고인류학의 분류법taxonomy 및 계통도phylogeny에 따르면 대략 500만 년 전에서 700만 년 전 침팬지와 분기한 이후로 호미니드는 오스트랄로피테쿠스, 케냐앤스로퍼스(혹은 두 발 걷기 유인원, 420만 년~250만 년 전)-호모 하빌리스(230만 년~160만 년 전)-호모 에렉투스(180만 년~40만 년 전)-호모 하이델베르겐시스(70만 년~20만 년 전)-호모 사피엔스(20만 년~현재) 순으로 진화하였다. 파앤스로퍼스(혹은 강건한 오스트랄로피테쿠스, 270만 년~100만 년 전) 및 네안데르탈인(23만 년~3만 년 전)은 계통도에서 곁가지에 해당되며 더 이상 자손을 남기지 않고 멸망한 것으로 보인다.
세세한 부분에 있어서는 고인류학자마다 분류법 및 계통도가 다른 데 그 이유는 첫째, 화석 종의 분류가 어렵고, 둘째, 이에 더하여 조상-자손의 관계를 설정하기가 쉽지 않으며, 셋째, 화석으로 발견되는 표본이 시공간상으로 듬성듬성하기 때문이다(어떤 고인류학자들은 화석으로 드러난 표본이 실제로 생존했던 종의 10%밖에 되지 않는다고 주장한다). 현존하는 종은 생물학적 종 개념(상호교배가 가능하며, 번식 가능한 자손을 남길 수 있음)에 따라서 분류하기가 비교적 쉬운 데 비해, 멸종한 화석 종(혹은 고종古種, paleospecies)의 분류에는 생물학적 종 개념을 사용할 수 없다. 따라서 고인류학자들은 형태상으로, 시간상으로, 공간상으로 비슷한 표본들을 한 데 묶어서 하나의 종으로 분류한다. 그렇다면, 고인류학자는 다음과 같은 질문에 답해야만 한다. 어떤 형질을 종을 가르는 기준으로 삼을까? 표본들 간에 나타나는 변이는 종'간' 변이인가? 종'내' 변이인가? 이러한 질문에 답하는 것이 쉬운 일은 아니다.

리는 문화의 진화 작용은 인간의 사회적 환경에 변화를 주어서 결국 인간 심리의 유전적 진화에 상당한 영향을 미쳤다고 주장할 것이다. 여기서 우리는 그러한 공진화적 과정이 큰 영향력을 가질 만큼 인간이 오랫동안 누적적인 문화의 진화를 위한 능력을 갖고 있었다는 증거에 대해 논의할 것이다.

가장 오래된 호미니드는 두 발 걷기를 했지만 그 외의 점에 있어서는 현대의 유인원과 흡사했다. 유전적 자료에 따르면 인간, 침팬지, 보노보의 가장 최근 공통 조상은 500만 년에서 700만 년 전에 생존했다. 이 시기에 세 가지 다른 호미노이드* 화석이 발견되었다. 그것은 오로린 투게넨시스*Orrorín tugenensis* 및 사헬란트로푸스 차덴시스*Sahelanthropus tchadensis*, 아르디피테쿠스 라미두스*Ardipithecus ramidus*이다. 하지만 최근 화석 연구에 따르면 이 종들이 두 발 걷기를 했는지, 그들이 인간 혹은 침팬지 중 어느 쪽에 더 가까운지 구별하기 힘들다고 한다. 화석 자료상으로 대략 400만 년 전부터 최초의 두 발 걷기 호미니드가 등장하며 그 이후에는 모두 두 발 걷기를 했다. 이후 200만 년 동안 아프리카는 호미니드 종들로 우글거렸다. 이들을 어떻게 분류할 것인가에 대해서는 이견이 많지만, 대부분의 고인류학자는 세 개의 개별적인 속 屬·genera, 즉 오스트랄로피테쿠스*Australopithecus* 및 파란트로푸스 *Paranthropus*, 케냔트로푸스*Kenyanthropus*에 속한 다섯 내지 열 개의 종이 존재했다는 데 의견을 같이한다. 우리는 이들을 집합적으로 "두 발 걷기 유인원"이라고 부를 것이다. 왜냐하면 그들은 두 발 걷기를 했지만, 그 외의 다른 측면에서는 아직 유인원과 비슷했기 때문이다. 수컷은 암컷보다 훨씬 컸는데, 이는 아마도 수컷이 자식을 돌보는 것보다 짝에 대한 경쟁에 더 많은 에너지를 투자했다는 것을 의미한다. 두뇌의 크기

---

* 호미노이드Hominoid는 현생 유인원(인간, 비비, 오랑우탄, 고릴라, 침팬지)뿐만 아니라 여기서 말하는 유인원의 멸종한 형태들까지 포함한다.

는 동시대의 유인원들과 동일했으며(몸의 크기를 보정하였을 때), 아동기와 수명이 비교적 짧았는데, 이 둘은 현재의 침팬지보다도 훨씬 더 짧았다. 그들은 현재의 인류보다 더 작았으며(대략 침팬지와 비슷한 크기였다), 팔이 길고 다리가 짧았는데, 이는 그들이 아직 나무에서 상당 시간을 보냈다는 것을 암시한다. 수많은 인류학자는 이전에는 호모 하빌리스Homo habilis로 분류했던 표본이 뇌의 크기에 있어서 다른 초기 호미니드보다 더 크더라도 다른 면에 있어서 유인원적이기 때문에 이 표본을 세 가지의 속 가운데 하나에 포함시킨다.[78] 고인류학자들은 어떤 두 발 걷기 유인원이 더 나중에 등장하는 호미니드의 조상인지 대해 의견이 일치하지 않는다.* 예전에 고인류학자들이 가정했던 것처럼 직립이 되고 손을 자유롭게 쓸 수 있다고 해서 복잡한 문화가 즉각적으로 발달할 수는 없었다. 두 발 걷기를 시작한 지 150만 년 동안 인공물의 증거는 전혀 존재하지 않는다.

결국 두 발 걷기 유인원은 석편 도구를 사용하게 되었다. 가장 오래된 석편 도구는 에티오피아의 한 유적지인 고나Gona에서 발견되었으며, 그 시기는 260만 년 정도로 추정된다. 올두바이공작Oldowan industry에 속하는 이와 비슷한 정제되지 않은 형태의 몸돌 및 석편이 이 시기에 속하는 아프리카의 많은 유적지에서 발견되지만, 어떤 호미니드 종이 이 도구를 만들었는지는 확실치 않다. 지금까지 발견된 바에 따르면 두 발 걷기 유인원은 석기 주변에 뼈를 남겼다. 하지만 약 180만 년보다 오래된 호모 에르가스터Homo ergaster 화석은 지금까지 발견되지 않았다. 돌로 만든 도구는 잘 부서지지 않으며, 아마도 그 사용자는 평생 동안 많은 도구를 만들었을 것이다. 반면 뼈는 훨씬 부서지기 쉬우며,

---

* 강건한 오스트랄로피테쿠스Robust Australopithecus라고도 불리는 파란트로푸스에 속하는 종은 호모Homo의 조상이 아닐 것이라는 의견의 일치는 이루어졌으나 가녀린 오스트랄로피테쿠스(Gracile Australopithecus 혹은 파란트로푸스에 대비하여 쓸 때에는 그냥 오스트랄로피테쿠스라고 함)와 케냔트로푸스에 속한 종 중에서 어느 것이 호모의 조상인지는 의견 일치가 이루어지지 않았다.

그 누구도 한 세트 이상의 뼈를 남기지 않는다. 따라서 도구의 기록은 뼈의 기록보다 더 촘촘하다. 대개 화석에서 가장 오래된 도구의 기록은 그 도구를 만들었던 생물의 화석보다 이전에 나타난다. 어쨌거나, 침팬지와 오랑우탄 모두 단순한 도구를 사용하기 때문에, 두 발 걷기 유인원은 석편 도구를 사용하지 않았다고 하더라도 아마 살아가는 데 문제가 없었을 것이다.

다른 증거에 따르면 홍적세의 두 발 걷기 유인원은 현재의 유인원과 사회적 학습 능력에 있어서 크게 다를 바가 없었다. 그들의 두뇌 크기와 발달 속도는 현재의 유인원들과 비슷했는데, 이는 그들의 인지 능력과 학습량이 현재의 유인원들과 비슷했으며, 그들의 지리적인 영역이 현재의 유인원 종들처럼 제한되었다는 것을 암시한다. 따라서 두 발 걷기 유인원의 도구 전통은 모방에 의해서 전달되었다기보다 현재의 유인원처럼 다른 식의 학습 메커니즘에 의해 유지되었을 가능성이 높다. 영장류학자 수 새비지 럼보Sue Savage Rumbaugh와 고고학자 니컬러스 토트Nicholas Toth는 인간의 행동을 습득하는 데 상당한 능력을 지녔던 보노보인 칸지Kanzi에게 단순한 석기를 만드는 법을 가르치는 데 실패했다. 칸지는 자갈을 단단한 콘크리트 표면에 던져서 작고 날카로운 박편을 만든 다음, 그 박편을 사용해 식품 용기를 열 수 있었다. 하지만 수없이 가르쳐도 손을 자유자재로 사용하여 몸돌을 만들 수는 없었다.[79] 왜 칸지가 이 일을 해낼 수 없었는지는 확실하지 않다. 모방하는 능력이 모자랐을 수도 있다. 혹은 침팬지와 같은 손의 형태로는 그 일이 어려웠을 수도 있다.[80] 또는 인지적인 한계 때문일 수도 있다. 예를 들어, 침팬지는 물리적 인과 관계를 상상하는 능력이 부족할지도 모른다.[81]

호모 에르가스터의 초기 표본은 동아프리카의 몇몇 유적지에서 발견되었으며 이와 멀리 떨어진 유적지인 코카서스산맥의 산기슭에 있는 드마니시Dmanisi(그루지아 공화국 남쪽에 위치)에서도 발견되었다. 대개 호모 에렉투스*Homo erectus*라고 일컬어지는 해부학적으로 비슷한 화석•은 시기상으로 대략 100만 년 전부터 10만 년 전으로 추정되며, 중국과 인도네시아의 유적지에서 발견되었다. 이 생물들은 뇌가 두 발 걷기 유인원보다 클 뿐만 아니라 체구도 현대인과 비슷한 정도로 컸다. 따라서 그들은 이전 시기의 두 발 걷기 유인원보다 평균적으로 아주 조금 뇌가 더 컸을 뿐이다. 이 호미니드는 긴 다리와 짧은 팔로 육상에서 걸어 다녔다(나무 위에서 생활하지 않았다는 뜻—역주). 수컷과 암컷의 크기 차이도 현대인과 비슷하였다. 호모 에르가스터는 아마도 현대인보다는 빠르게 성장했을 것이다. 생물인류학자들은 치아 에나멜에서 성장선을 세어서 치아가 성장하는 속도를 정확하게 예측할 수 있으며, 현존하는 영장류에서 치아의 발육 속도는 다른 발육 속도와 높은 상관관계에 있다. 해부학자 크리스토퍼 딘Christopher Dean과 그 동료들은 이 기술을 사용하여 호모 에르가스터의 발육 속도는 현존하는 유인원과 비슷하며, 이 속도는 이전에 존재했던 두 발 걷기 유인원보다 약간 느리며, 현대인보다는 훨씬 빠른 속도라는 것을 보여 주었다.[82]

호모 에르가스터의 가장 오래된 화석은 단순한 올두바이식의 석기를 사용하였다. 이는 80만 년 동안 어떤 한 생물 혹은 여러 생물이 만들던 석기 그대로이다.•• 하지만 160만 년 전에서 140만 년 전경, 보다 세련된 도구 세트인 아슐리안 공작이 아프리카에서 등장하였다. 아슐리안 석기는 커다란 자갈을 세심하게 깎아 만든 대칭형의 떨어지는 눈물 모양의

• 화석을 어떻게 분류할 것인가에 따라 고인류학자들은 크게 병합을 주장하는 학자들lumpers 그리고 세분을 주장하는 학자들splitters로 나뉜다. 병합을 선호하는 고인류학자들은 호모 에르가스터와 호모 에렉투스가 해부학적으로 다르지 않기 때문에 하나의 종명인 호모 에렉투스라고 총칭한다. 반면 세분을 선호하는 고인류학자들은 대개 이 둘이 해부학적으로 차이가 있다고 주장하며, 아프리카에서 발견된 화석을 호모 에르가스터로 아프리카 바깥에서 발견된 화석을 호모 에렉투스로 배속한다.

•• 이는 앞서 고나에서 발견된 석기와 동일한 올두바이 공작으로 만들어졌다는 것을 의미하며, 호모 에르가스터의 가장 오래된 화석은 180만 년 전이다. 여기서 "한 생물 혹은 여러 생물"이라는 모호한 표현을 쓰는 이유는 이 시기(260만 년 전부터 180만 년 전까지)에 올두바이 석기를 쓰던 종이 호모 하빌리스 하나뿐인지 혹은 다른 종까지 포함하는지 확실하지 않기 때문이다.

손도끼가 대부분이었다. 이와 비슷한 양식의 도구는 이후 100만 년 동안 아프리카 전체와 서부 유라시아에서 발견된다. 이 도구 모음들은 서로 닮았을 뿐만 아니라 통계적으로도 동일하다. 일단 가공되기 전의 원재료의 효과를 설명한 후에(주변에서 구할 수 있는 원재료로 인한 도구의 차이는 제거한다는 뜻임—역주), 100만 년의 간극을 두는 유적지에서 발견된 도구들 간의 차이는 평균적으로 볼 때 동시대의 유적지에서 볼 수 있는 도구들 간의 차이와 다르지 않다. 동아시아에서는 올두바이식의 단순한 도구가 계속 만들어졌다. 또한 아직 이론의 여지가 있는 증거에 따르면 이 시기의 호미니드는 불을 사용할 줄 알았다고 한다.

호모 에르가스터의 모방 능력에 관한 증거는 우리를 매우 당황스럽게 만든다. 대부분의 학자는 아슐리안 석기를 제조하는 데 필요한 기술이 현존하는 식량 채취자들 사이에서 석기 전통이 문화적으로 전달되는 방식과 동일한 방식으로 전달된다고 가정한다. 하지만 이 가정은 이론이나 자료와 일치하지 않는다. 모델에 따르면 작고 약간 고립된 집단에서의 전통은 재빠르게 갈라져 나아가기 때문에 기능적인 제약이 강하더라도 집단 간 변이는 시간이 지나면서 증가할 것이다.[83] 이후의 사람들(호모 에렉투스 이후의 호모속에 속한 종을 말함—역주)에서 얻은 고고학적인 증거 혹은 민족지 자료 모두 이러한 예측과 일치한다. 하지만 문화적 전달만으로—특히 만약 비교적 원시적인 모방 능력만 존재했다면—어떻게 100만 년 동안이나 구세계의 절반에 해당하는 지역에서 아슐리안 손도끼처럼 세련되고 양식적인 도구를 보존할 수 있었을까?[84] 이 사실에 덧붙여 호모 에르가스터는 상대적으로 두뇌가 작았으며 발육이 빨랐다는 사실을 고려한다면, 아슐리안 양면 석기가 전적으로 문화적이라기보다 본유적인 제약에서 비롯되었으며, 시간적인 안정성은 유전적으로 전달되는 심리의 어떤 구성 요소에서 비롯된다는 가설을 받아들일 필요가 있는 것 같다. 한편 어떤 영장류 종도 아슐리안 석기처럼 세련되고 양식화된 형태의 도구를 만들지 못했으며, 아슐리안 석기를 만들려면 우리가

문화적으로 전달하는 수공 기술과 비슷한 수준의 기술이 필요하다는 것
도 고려해야 한다.

문화적 진화의 관점에서 본다면 이러한 기이한 패턴은 더 이상하게 보
일 것이다. 대부분의 진화적인 시나리오에서는 현대인과 침팬지는 연속
적인 선상에 있다고 가정하며, 호모 에르가스터 및 에렉투스가 그 선상에
서 중간 즈음에 위치한다고 가정한다. 문화적 진화를 고려해 본다면 우리
의 네발 걷기 조상으로부터 현재에 이르는 길은 좀 더 에두르는 길이었다
는 데 무게가 실린다. 과연 초기 홍적세에 무슨 일이 일어난 것일까. 이 시
점에서는 우리가 알고 있는 것만큼이나 모르는 것 또한 중요하다.

대략 50만 년 전부터 좀 더 큰 두뇌를 가진 호미니드가 아프리카와
유럽에 나타났다. 여기서 "대략"이라고 말한 이유는 이 시기에 해당하는
유적지가 가장 최근까지도 정확하게 연대를 측정하기가 매우 어려웠기
때문이다.[85] 이들은 목 아래 부분은 호모 에르가스터 및 에렉투스와 비
슷했지만—근육이 매우 두껍고 뼈가 강건하다—목 위쪽으로는 현대인
에 가까웠다. 그들 두뇌의 크기는 우리와 동일하지만, 두개골은 길고 낮
으며, 얼굴은 더 크고, 눈두덩이가 돌출하였다. 우리는 최근의 경향을 따
라서 이 호미니드들을 호모 하이델베르겐시스*Homo heidelbergensis*라고 부
를 것이다. 초기 호모 하이델베르겐시스의 발육 속도를 직접적으로 측정
한 적은 없다. 하지만 서부 유라시아에서 30만 년과 13만 년 전 사이에
등장했던 네안데르탈인은 현대인과 비슷한 속도로 발육했다. 형태적으
로 볼 때 네안데르탈인은 하이델베르겐시스와 비슷하며, 비슷한 도구 모
음을 사용했기 때문에, 현대인의 특징인 느린 생애사가 이 시기 동안 진
화했을 가능성이 높다.

대략 같은 시기에 논의의 여지가 없는 누적적인 문화적 적응의 사례
가 고고학적 기록에서 처음으로 등장하기 시작한다.[86] 그 기록은 아프리
카에 집중되어 있다. 약 35만 년 전 아프리카에서 아슐리안 공작은 소위

고고학자들이 "준비된 몸돌 기술prepared core technology•"이라고 부르는 다양한 중석기 시대MSA: Middle Stone Age의 공작으로 대체되었다. 이러한 도구를 제조하려면 먼저 제작자는 망치용 돌을 사용하여 돌덩이와 몸돌을 가다듬고, 그다음에 몸돌을 쳐서 이미 어림잡은 형태의 박편을 제거해 내야 한다. 25만 년 전에 이 기술은 서부 유라시아 전체에 퍼져 있었다. 이 기간 동안, 특히 아프리카에서는, 도구의 지역 간 변이가 놀랍도록 증가했다. 어떤 지역에서는 길고 가는 돌칼 및 좀 더 세련된 준비된 몸돌에 바탕을 둔 매우 정제된 도구 공작법이 등장했다. 동부의 카탄다 Katanda에서는 고고학자들이 뼈로 만든 아주 훌륭하고 날카로운 창촉을 발굴하기도 했다.[87] 독일의 습지 퇴적물에서 현대의 투창처럼 정확하게 날아갈 수 있도록 무게를 조절한 물미가 달리지 않은 던지는 나무창이 발굴되기도 했다.[88] 한 개인이 스스로 개발할 수 있는 것보다 복잡한 지역적인 다양성과 매우 복잡한 문화적 적응은 모두 누적적인 문화적 적응의 대표적인 사례이다. 이 시기 후반 동안 아프리카에서는 상징적인 행동이 존재했다는 징후가 발견되기도 했다. 현대인들이 개인적인 치장을 위해 사용하는 붉은 황토가 수많은 유적지에서 발견되었으며(매우 초기의 유적지에서도 발견되었다), 약 10만 년 전부터는 타조 알 껍질로 만든 구슬을 비롯한 장식적인 물건이 고고학적 기록에 나타나기 시작했다.[89]

수많은 유전자 자료에 따르면 현대인은 이 시기 동안 진화하여 아프리카 전체에 퍼졌으며, 곧이어 아마 5만 년 전 세계의 나머지 지역으로 확산되었다.[90] 약 16만 년 전에 존재했던 가장 오래된 현대인 화석은 아프리카에서 발견되었으며, 수많은 증거에 따르면 현대인들은 세련된 기술을 갖고 약 5만 년 전에 세계 전체로 퍼져 나간 것이다. 아프리카 및 유라시아 집단 사이에 얼마나 많은 유전자의 흐름이 있었는지는 확실치

• 몸돌에서 거북이 등딱지 같은 박편을 제거하는 기술이라고 해서 "거북이 등 기술turtle back technology"이라고도 부른다.

않다. 네안데르탈인 여섯 명의 미토콘드리아 DNAmtDNA에 따르면 현대인과 네안데르탈인 미토콘드리아 DNA의 가장 최근 공통 조상은 아마 50만 년 전에 생존했을 것이며, 양질의 증거에 따르면 유럽에 거주했던 현대인은 네안데르탈인과 아무런 관계가 없다[91](50만 년 이후 호모 사피엔스와 네안데르탈인 간에 상호 교배가 없었다는 뜻임—역주). 한편, 모든 수집할 수 있는 분자 자료를 통계적으로 복잡하게 분석한 결과에 따르면 인구 확산이 발생했을 때 현대 아프리카인과 고대 유라시아인 간의 유전자 교류가 상당했다고 한다.[92]

지금까지 우리는 언어에 대해서는 언급하지 않았는데, 그 이유는 단순하다. 고인류학자들은 언제 인간의 언어가 진화했는지 모른다. 몇몇 해부학자들은 200만 년 전에 생존했던 두 발 걷기 유인원 종의 두개골에서 언어와 관련이 있는 뇌의 구조를 식별할 수 있을 것이라 생각한다.[93] 한편, 어떤 학자들은 발성 기관의 연약한 조직을 재건한 결과에 기초하여 네안데르탈인과 같은 매우 최근의 호미니드도 발화 능력이 제한되었을 것이라고 주장한다.[94] 언어가 누적적인 문화적 진화에 필요조건인지가 불확실하기 때문에 고고학적 기록으로부터 언어의 진화를 추측하는 것은 쉬운 일이 아니다. 적어도 화석 자료에서 드러난 문화의 측면에 관해서는 더욱 그러하다. 고고학자 스티븐 세넌Stephen Shennan은 석기 기술 및 이와 비슷한 손기술은 관찰을 통해서 학습되었으며 그것을 만드는 데 언어가 필요하지 않았을 것이라고 주장한다.[95] 예술적인 작품들도 아마 마찬가지일 것이다. 많은 사람이 시각 예술과 언어가 상관관계에 있다고 가정하는 경향이 있지만 말이다. 우리 친구 중의 하나는 훌륭한 예술가인데, 그는 자신의 작품에 관해 아무 말도 하지 않으려 한다. 누군가가 간청한다면 그는 "당신은 그것에 대해 이야기하려 할 것이 아니라 그것을 봐야만 한다"라고 말한다.

심리학자 멀린 도날드Merlin Donald는 언어를 사용하지 않고도 매우 복잡한 행동이 모방으로 습득될 수 있다고 주장한다.[96] 19세기의 농아들이 언어를 사용하지 않고도 다양한 종류의 유용한 경제적, 사회적 기술을 습득할 수 있었다는 일화는 그들이 언어의 도움을 받지 않고 관찰만으로 대부분의 비언어적인 기술들을 쉽게 습득할 수 있었음을 보여 준다. 따라서 후기 홍적세에 점점 복잡해졌던 석기들은 좋은 모방 기술을 가진 농아의 능력 범위 너머에 있지 않았다. 물론, 정상적으로 말할 수 있는 사람들도 대개 그러한 기술을 직접 실연하는 것이 그림보다 더 강력하며, 그림은 천 마디의 말과 맞먹는다는 것을 알고 있다. 언어는 종종 인간과 다른 동물 사이의 분기점으로서 우월함의 근거가 되며, 게다가 우리는 현대인에서 화석 호미니드를 유추하려는 유혹을 받는다(특히 큰 뇌를 가진 호미니드의 경우 더욱 그러하다). 어떤 사람들은 의심에 가득 차서 다소 오래된 호미니드는 단순한 언어조차 갖지 않았다고 생각하기도 한다. 이 시점에서 우리는 아슐리안 손도끼에 그랬던 것처럼 우리의 먼 조상들이 살아왔던 방식에 대해 우리가 알고 있는 것이 사실과 동떨어졌다는 데에 놀라게 된다. 현대의 패턴에 비추어 과거의 그것을 "원시적"이라고 일방적으로 폄훼한다면 고인류학자들의 발견에 눈을 감는 셈이다. 우리 조상들은 아마도 비교적 최근까지 벙어리로 살아왔을 것이다.

수많은 학자가 언어는 사회적인 상호 작용을 다루기 위해서 진화했다고 믿는다.[97] 사회적인 행위자는 대개 누가 누구에게 언제 그리고 왜 무엇을 했는지를 전달함으로써 이익을 얻을 수 있는데(즉, 쑥덕공론을 통해서), 이는 문법적으로 틀이 잡힌 언어가 없이는 불가능하다[People's court(민사재판을 다루는 유명한 미국의 텔레비전 쇼—역주)의 배역들이 무언극을 한다고 상상해 보라]. 언어는 또한 특정한 문화적 전통, 특히 사회적인 역할 및 도덕적인 규범에 대한 많은 정보를 포함하는 신화나 이야기를 부호화하고 전달할 수 있는 매우 강력한 도구이다. 19세기의 농아가 식사 에티켓 같은 단순한 사회적인 관습은 배울 수 있을지 몰라도, 단계單系, unilineal 친척 체계가 작동하는 규칙을 다루지는 못할 것이며 법정은 말할 것도 없다. 생산적인 언어 덕분에 인간은 수많은 관념을 표현하고 그것을 정돈하여 관련지을 수 있다. 어떤 학자들은 언어로 부호화하지 않는다면 사회적 학습이 부정확하게 이루어지기 때문에 영속적인 전통이나 점진적이고 누적적이며 적응적인 진화가 발생할 수 없다고 생각한다.[98] 그리고 비록 언어가 초기에는 집단의 정치에 대한 쑥덕공론을 위해 진화했다고 하더라도, 그 이후에 더 정제되었을 수도 있다. 왜냐하면 언어 덕분에 문화적인 규칙을 구두로 보다 쉽게 표현하고 기억하며 가르칠 수 있어서 보다 복잡한 문화 전통이 유지될 수 있었기 때문이다. 아마도 그 어떤 복잡한 문화 형태보다 정교한 언어가 먼저 발생했을 것이다.

신경의 재조직이 어떠했든지 간에 한 가지 중요한 사실은 인간은 5만 년 전경에 네안데르탈인보다 인구가 더 많았다는 것이다. 이 장 초반에 언급했던 조 헨리히의 모델을 떠올려 보라.[99] 그는 상당히 큰 인구가 있어야지만 복잡한 적응의 누적적인 문화적 진화가 가능하기 때문에 모방은 오류가 일어나기 쉬운 과정이라고 주장한다. 아마도 네안데르탈의 사회는 그리 복잡하지 않았을 것이며, 상대적으로 단순한 도구 모음을 볼 때 이웃과 접촉도 비교적 제한적이었을 것이다.

결론: 왜 인간의 문화는 그렇게 놀랍도록 성공적인 적응인가?

만약 우리가 옳다면 문화는 유전자가 스스로 해낼 수 없는 일을 해내기 때문에 적응적이다. 단순한 형태의 사회적 학습은 환경에서 드러난 신호를 선택적으로 사용할 수 있도록 하기 때문에 개인적 학습의 비용을 줄여 준다. 당신이 무엇을 해야 할지 쉽게 가늠할 수 있다면, 그것을 해라! 하지만 그 반대라면, 당신은 다른 사람이 하는 것을 모방할 수 있다. 환경이 변덕스럽고 학습이 어렵고 비용이 많이 들 때, 그러한 체계가 있다는 것은 큰 이점이며, 사회적 동물에서 흔히 발견되는 비교적 허술한 사회적 학습의 체계를 설명할 수 있을 것이다. 인간은 모방과 교육으로 다양한 전통을 습득할 수 있는 특별한 능력을 진화시켰으며, 가장 흔한 변형이나 성공한 사람이 사용하는 변형을 정확하고 빠르고 선택적으로 습득할 수 있다. 이러한 종류의 사회적인 학습 편향들이 때때로 발생하는 적응적인 혁신 및 내용 편향과 결합될 때, 복잡하고 사회적으로 학습된 적응들이 누적된 문화가 진화할 수 있는 것이다. 이러한 적응들은 어떤 한 개인 혼자서 창조적인 능력으로 이룰 수 있는 것이 아니다. 누적적인 문화는 자연선택이 유전적 적응을 만들어 내는 것보다 훨씬 빠르게 복잡한 적응을 진화시키기 때문에, 인류는 복잡한 문화로 인해 변화가 매우 심한 홍적세의 환경에 잘 적응할 수 있었다. 그 결과 인류는 결국 홍적세의 수많은 포유류 중에서 가장 성공적인 종이 되었다.[100]

역설적이게도 인류는 충적세에 기후의 변이가 거의 사라졌는데도 더욱 성공적이었다. 앞서 말한 것처럼 문화가 본래 홍적세의 불안정한 기후에의 적응이라면, 이는 상당히 놀랄 만한 반전이다. 지난 11,000년 동안 안정적인 기후로 인해 비용이 많이 드는 신경 체계의 조직이 몸의 경제의 (쓸데없이) 많은 부분을 차지하게 되어 문화적 체계가 퇴화해야 하지 않았을까? 보다 일반적으로, 영향력 있는 진화심리학자 레다 코스미데스와 존 투비는 다음과 같이 주장한다.

처음부터 현대의 문화적 혹은 행동적인 관행이 "적응적"이라고 가정할 필요는 없다. (…) 혹은 현대의 문화적인 역학이 필연적으로 혼란에 빠졌을 때 적응적인 궤도로 인도할 것이라고 가정할 필요는 없다. 분명 홍적세 동안 문화를 지배하는 심리 메커니즘은 적응적인 궤도를 따라갔을 것이다. 그렇지 않았다면 그러한 메커니즘은 진화할 수 없었을 것이다. 그러나 인간의 문화가 적응적이었던 홍적세의 조건을 넘어서 충분히 빠른 속도로 나아가면서부터,

예전의 적응적인 궤적과 문화적인 역학의 연관관계가 무너지게
되었다.[101]

투비와 코스미데스의 **논리**는 오류가 없어 보인다. 하지만 **경험적으로**
인간 집단은 지난 1만 년 동안 급작스럽게 증가했다. 다시 말해 지금 우
리는 홍적세보다 훨씬 더 성공적이라는 뜻이다. 이는 또 다른 적응주의
자의 딜레마이다! 그 이유 중 하나는 인간 스스로가 지난 빙하기의 기
후 변화에 비견할 만큼 **빠르고** 큰 규모의 환경 변화를 일으키기 때문이
다. 예를 들어, 농업은 야생 식물과 야생 동물 및 생존을 위해 그 동식물
에 의존하는 식량 채취자의 환경을 바꿔 놓는다. 가령 잡초, 해충, 질병
이 인간이 변화시킨 새로운 환경을 이용하도록 진화하더라도, 우리는 더
빠르게 다시 적응하며, 환경을 더 악화시킨다. 우리가 우리의 경쟁자, 포
식자 그리고 해충보다 스스로가 변화시킨 환경에 더 적합하기만 하다면,
돌진하는 해충보다 문화적인 적응을 이용하여 한 발짝 앞서 나갈 수 있
다면, 우리는 번영할 수 있다. 인간은 우리의 자원과 우리 자신을 공격하
는 종들과의 군비 확장 경쟁에서 승리함으로써 성공했다. 그들은 너무
느리게 진화했다. 반면 우리는 문화적인 적응으로 응수하여 그들을 따돌
렸으며 따라서 경쟁에서 한 발짝 앞서 나아갔다. 우리는 단순히 우리의
환경이 악화되는 것보다 앞서 나아가는 이상의 일을 했다. 아마 생명의
기원 이후로 그 어떤 종도 해내지 못할 정도로 우리는 지구를 지배해 왔
다. 또한, 밀집한 인구 집단들은 서로 경쟁하며, 한 사회의 기술 및 사회
혁신은 이웃하는 사회에 경쟁 압력을 부과하곤 한다. 따라서 **빠르게** 문
화적으로 진화할 수 있는 능력은 단지 스스로 지속될 뿐만 아니라 우리
가 읽기와 쓰기, 산술 같은 문화적 진화를 촉진시키고 기술과 사회를 더
복잡하게 만드는 문화적인 장치들을 발명하면서부터 점차 가속화되었
다. 적어도 지금까지는 그러하다! 인간의 문화는 홍적세의 환경에 반응
하면서 적응적 체계로 진화했지만 그 이후에는 닻을 올리고 미지의 지역

에서 제법 잘 항해했다.

문화적 진화가 그 이후로 얼마나 맹렬하게 나아갔든지 간에, 그것은 어떤 적응적인 도전에 맞서 자연선택이 작용하여 복잡한 적응을 쌓아 올렸기 때문에 발생했다. 문화는 오직 개체군 수준의 속성을 갖기 때문에 표현형적 가소성이 있는 예외적인 체계이다. 그러나 진화의 역사에는 이와 유사한 것이 상당히 많다. 예를 들어 공진화하는 상리 공생 관계가 이에 해당한다.[102] 그러한 공진화는 때로 놀랄 만한 진화적인 사건을 촉진시키기도 한다.[103] 박테리아의 공생 관계에서 파생된 진핵생물이 한 예이다. 생명 진화의 역사에서 인간의 유전자-문화 공진화가 진핵생물의 출현에 비견할 만한 지위를 성취했는지는 독자들이 스스로 판단하기 바란다. 하지만 6장을 읽기 전까지는 그 결정을 미뤄 두길 바란다!

그러나 이는 이야기의 일부분일 뿐이다. 문화적 진화의 산물들이 이처럼 엄청난 성공을 불러왔더라도 솔직히 말해 많은 산물들은 부적응적으로 보인다. 다윈적인 사회과학의 비판자들은 종종 문화적 진화의 많은 부분이 적응과 관계없다는 주장에 크게 의존한다. 우리는 마치 우리 뒤에 쓰레기를 가득 끌면서 엄청난 적응적인 성공을 거쳐 온 것처럼 보인다. 다른 적응주의자들은 문화적 부적응이 있다는 데에 불편할지 모르겠지만 우리는 그렇지 않다. 다음 두 장에서 우리는 지나치게 많은 부적응과 거대한 사회적 체계를 조직해 낸 우리의 놀랄 만한 성공 모두가 이 장 및 그 이전 장에서 우리가 윤곽을 그린 작용에서 직접적으로 기인한다는 것을 독자들에게 납득시키고 싶다.

5장

Culture Is Maladaptive

문화는 비적응적이다

당신은 지금 비적응적인 행위를 하고 있다

수많은 문화인류학자는 인간의 행동이 적응적이라는 생각을 비웃으며,[1] 문화들 간의 임의적이고 기이하게 보이는 차이를 인용하면서 즐거워한다. 예를 들어, 마셜 살린스Marshall Sahlins는 미국인은 개고기처럼 말고기를 먹을 수 없는 것으로 여기는데, 프랑스인은 말고기를 즐겨 먹는다는 사실을 인용한다. 그는 "말고기를 먹는 것이 프랑스에서는 적응적이면서 미국에서는 그렇지 않단 말인가"라고 묻는다. 더군다나 이러한 사례들은 엄청나게 많다. 수많은 사회에서 개고기는 별미이다. 생물학이 아니라 문화가 이를 결정하는 것이다.

이러한 문화적 결점은 부적응일 수도 있고 아닐 수도 있다.[2] 하지만 만약 부적응이라면, 그것만이 특별한 사례는 아니다. 당신의 유전적 적합도에 훨씬 더 위험한 것은 살린스의 저서와 같은 책을 쓰거나 읽는 것이다. 혹은 당신이 지금 손에 들고 있는 책이라고 하는 것이 더 적절할지도 모르겠다. 분명 이 책을 읽는 대부분의 독자는 중산층의 전문직에 종사할 것이며, 세 자리의 지능지수와 지금까지 생존했던 대부분의 사람이 상상했던 것보다 더 큰 부를 소유하고 있거나 소유할 것이다. 하지만 우리 대부분은 이 재산을 가능한 한 많은 자식을 갖는 데 쓰지 않는다. 다른 중산층의 전문직에 종사하는 사람들처럼 우리들 중 몇몇은 하나, 둘 혹은 세 명의 아이를 낳았을 것이며, 아이가 없는 이들도 많을 것이다.

오늘날 미국인은 평균적으로 둘 이하의 아이를 낳으며, 유럽의 출산율은 이보다 더욱더 낮다.[3]

왜 현대 중산층의 출산율은 그렇게 낮을까? 이에 대한 근인은 우리 모두가 알고 있다. 우리가 바쁘게 살기 때문이다. 전문직은 할 일이 많다. 부유하다면 수많은 시간을 투자해야 하는 취미를 즐길 수 있다. 예를 들어, 외국으로 여행 가거나, 골동품을 모으거나, 등산을 하거나, 마장마술을 마스터하려면 많은 시간과 돈이 든다. 아이를 키우는 것 또한 시간과 돈이 필요하기 때문에 우리는 스스로 출산율을 제한한다. 왜 우리가 이렇게 행동하는지에 대한 궁극적인 원인은 훨씬 모호하다. 원칙대로라면 자연선택은 성공적으로 키울 수 있을 만큼의 자식을 낳는 데 자원을 할당하는 사람들을 선호해야 한다. 역사상 가장 부유한 사람들이 출산율을 제어한다는 것은 놀랄 만한 부적응이다. 인간이 지구의 생태계에 해를 입히는 존재라는 관점에서는 그렇게 제어하는 것이 칭찬받을 행동이라고 할 수 있겠지만, 자연선택이 선호할 만한 행동은 아니다.

대부분의 진화사회과학자는 이러한 비적응적인 행동이 현대 인류가 살고 있는 환경이 인류가 진화한 환경과 근본적으로 다르기 때문에 발생한 현상이라고 본다. 그들에 따르면, 문화는 진화에 의해서 발생한 인간 뇌의 정보 처리 특성에 의해서 형성되었다. 이는 홍적세의 조건에서 형성되었기 때문에 분명 적응적인 행동 패턴에 기여했을 것이다. 홍적세의 기후는 최근의 기후와 많이 달랐으며, 홍적세의 사회는 아마도 역사나 민족지의 기록으로부터 알고 있는 수렵 채집 사회와 비슷했었을 것이다. 그들은 이어서, 자연선택은 인간에게 높은 지위를 추구하는 심리를 갖도록 했으며, 홍적세의 식량 채취 사회에서 이런 심리는 대체로 번식 성공에 기여했을 것이라고 주장한다(가까운 과거의 단순한 사회에서는 아마도 그러했을 것이다).[4] 하지만 현대 사회에서는 이런 심리가 우리의 번식 성공에 기여하기보다 전문적인 성취를 하기 위해 투자하거나 비싼 장난감과 취미를 얻는 데 기여한다. 이런 식의 가설은 매우 복잡하게 설명되기도 한다. 예를 들어, 이러한 문제에 대해 깊이 생각하고 있는 학자 중 하나인 인류학자 힐러드 카플란은 과거의 환경에서는 자신과 자기 자식의 기술에 투자하는 것이 대체로 적합도에 큰 이익이 되었다고 주장한다. 따라서 인간의 심리는 그 이익에 민감할 수밖에 없다. 현대의 경제 체제에서는 그러한 투자로 인해 얻는 물질적인 풍요가 크게 증가했기 때문에, 결과적으로 자식이나 손자의 수가 적더라도 부모들은 그들과 그들 자식의 기술을 갈고닦는 데 엄청난 투자를 한다.[5] 부모들은 높은 지위와 고급 기술을 가진 자식을 가졌다면 설령 그 자식이 하나 혹은 둘뿐이더라도, 그리고 그 자식이 축적한 부를 손자를 낳는 데 쓰지 않더라도 만족한다. 이와 비슷한 논의는 패스트푸드에 중독되는 경향에서부터, 다음 장의 주제이기도 한, 관계가 먼 사람들로 이루어진 큰 집단에서도 협동을 유지할 수 있는 능력에 이르기까지 인간 행동의 주요한 비적응적인 측면들을 설명하는 데 적용될 수 있다. 우리는 이를 "커다란 실수" 가설이라고 부를 것이다. 그 이유는 현대 인간 행동의 많은 부분은 유전자의 관점에서 볼 때 커다란 실수로 여겨지기 때문이다.

우리는 커다란 실수 가설이 설득력이 있다고 생각한다. 그러나 그렇다고 해서 그것이 현대에 나타난 부적응의 대체적인 원인이라고는 생각하지 않는다. 이 장에서 우리는 인간 부적응의 많은 부분이 누적적인 문화적 적응이 발생하면서 피할 수 없는 부산물이라는 논의를 펼치고자 한다. 사람들은 다른 사람들로부터 정보를 습득하면서 다양한 환경에 빠르게 적응하지만, 이는 또한 사람들의 머리에 다른 것이 들어올 수 있는 통로를 연다. 이 통로를 통해서 비적응적인 관념이 들어올 수 있다. 여기서 비적응적인 관념이란 사람들에게 잘 퍼질 만한 내용을 지녔지만, 이를 가진 사람들의 유전적 적합도를 증가시키지 않는 관념을 뜻한다. 비적응적인 관념은 유전자와 다르게 전달되기 때문에 확산될 수 있다. 교육받은 전문가가 될 수 있도록 돕는 관념들은 비록 번식 성공을 제한하더라도 퍼질 수 있다. 현대의 경제 체계에서는 교육받은 전문가들이 높은 지위를 차지하며, 따라서 선망의 대상이 되기 쉽다. 아이가 없는 전문가는 그들의 학생이나 피고용자, 하급자의 신념이나 목표에 상당한 영향을 미치는 한 문화적으로 성공할 수 있다. 문화적 적응의 부산물로 그러한 비적응적인 관념이 확산될 것은 충분히 예측할 수 있다. 어떤 변형이 적응적인지 그렇지 않은지 판별하는 데 많은 비용이 들기 때문에, 자연선택은 비적응적인 문화적 변형이 퍼지는 것을 막을 수 없다. 만약 이 **비싼 정보 가설**costly information hypothesis이 옳다면, 문화적 능력은 진화된 부적응을 습득하게 되더라도 그 비용을 감수하고 적응적인 정보의 습득을 최적화하는 방향으로 진화할 것이다.

부적응을 설명하는 것은 중요하다

우리는 때때로 문화적인 부적응에 대해 과대한 주의를 기울인다고 핀잔을 들었다. 그들의 비판은 이해할 수 있다. 진화사회과학을 연구하는 수많은 동료들은 진화론적인 방법이 사회과학에 기여할 수 있는 가장 강력한 도구는 적응을 분석하는 것이라고 생각하며 그들의 수많은 비판자가 잘못된 정보를 갖고 논쟁에 뛰어드는 데 대해 분개한다. 그들은 생물학에서의 "도를 넘어선" 적응주의를 지적한 작고한 스티븐 제이 굴드 Stephen Jay Gould의 널리 알려진 저작들에서 진화생물학의 지식을 습득했지만, 그의 대안적인 가설에 대해서 경험적인 증거가 희박하다는 것을 깨닫지 못한 사회과학자들과 논쟁을 벌인다.[6] 지난 장에서 말했다시피, 적응주의적인 추론은 생물학자의 가장 강력한 도구 가운데 하나다.

문화적 부적응에 초점을 맞춘다면 인간과학에 진화론적인 분석을 하는 데 대해 반감을 갖는 사람들에게 도움이나 위안을 주지 않을까? 그럴지도 모른다. 하지만 부적응을 이해하는 것은 그러한 반대를 보충하고 남을 만큼 중요하다. 비록 진화론의 지지자와 비판자 모두 때때로 이 점을 간과하지만, 부적응에 대한 다윈의 이론은 아마도 그의 가장 중요한 업적일 것이다. 진화론의 역사에서 부적응을 설명할 수 있는 다윈의 능력은 적응을 설명할 수 있는 그의 능력보다 더 중요했다. 자연신학에도 적응에 대한 그럭저럭 쓸 만한 이론이 있다.[7] 눈과 같이 매우 완벽한 기관이 존재한다는 것은 명백히 그것을 설계한 초자연적인 신이 존재한다는 주요한 증거였다. 하지만 자연신학은 실제 유기체의 설계에 만연한 조잡성과 유사성을 설명하기 어렵다. 척추동물의 눈은 감광성의 간상세포와 원추세포 위에 신경망이 놓여 있다. 이 때문에 빛에 대한 감도가 줄어들며, 신경이 모여서 망막을 통과하는 시신경이 조직되는 부분에 맹점이 형성된다. 반면 문어의 눈은 "설계상으로" 척추동물과 거의 비슷하지만, 망막 뒤쪽의 감각은 훨씬 죽어 있다. 이 차이는 각각의 눈이 독립적으로 진화했기 때문에 발생한 것이다.[8] 뒤쪽으로 기능(감각)이 집중되도록 설계된 척추동물의 눈은 그리 부적응적이진 않지만, 서투른 부분이 분명히 존재하며, 이는 진화의 역사가 설계자의 손이 빚어낸 것이 아니라 눈이 먼, 점차적인 자연선택에 의해 개선되었다는 것을 보여 준다.

최근 인간에 진화론을 적용하는 데에도 동일한 논의가 적용될 수 있다. 사회과학에서도 적응을 설명하는 수많은 기능적인 이론들이 있다. 하지만 이러한 이론들은 있는 그대로의 사회적 적응의 본성을 설명하지 못했으며, 역사에 의해 좌지우지되기 때문에 비판받곤 한다.[9] 우리의 접근 방법이 옳다면, 적응과 부적응의 진화적 뿌리는 같다. 다양한 환경에 적응할 수 있도록 돕는 작용은 또한 유전적 적합도와 문화적 성공 사이에 갈등을 빚어낸다. 우리는 문화를 통해서 수많은 적응적인 정보를 얻지만, 또한 수많은 부적응적인 특성도 습득한다. 커다란 실수 가설에 따르면 부적응은 **각 개인들이** 새로운 현대의 환경에서 오래된 규칙을 잘못 사용하기 때문에 발생한다. 한편, 비싼 정보 가설에 따르면 부적응은 문화적 적응에 필요 불가결한 **개체군 수준의** 진화적인 트레이드오프 때문에 발생하며, 이 가설은 훨씬 다양한 환경에서 나타나는 부적응을 예측할 수 있다. 만약 문화적 진화에 대한 다윈주의적인 이론이 실제 세계에서 발생하는 부적응을 예측하지 못한다면, 이 모든 이론은 의혹 덩어리가 될 것이다.

왜 문화는 부적응을 발생시키는가

전통적으로 생물학자들은 자연선택이 포괄적 적합도를 최대화시키는 잘 적응된 개체들을 만들어 낸다고 말해 왔다. 하지만 생물학자 리처드 도킨스가 지적하다시피, 꼭 그런 것은 아니다.[10] 그는 오히려 각각의 유전자들을 다음 세대에 그들의 사본을 최대한 많이 남기려는 이기적 행위자로 이해할 수 있다고 말한다. 물론 유전자가 실제로 이기적 행위자는 아니다. 하지만 자연선택은 유전자에 작용하며, 이기적인 것처럼 행동하는 유전자를 선호한다. 당신이 개체의 관점을 택하든 유전자의 관점을 택하든 대부분의 유기체에 있는 대다수의 유전자에 나타나는 결과는 동일하다. 난자와 정자를 생산하는 세포 분열 과정을 볼 때 대부분의 유전자가 각각의 생식 세포에 들어갈 확률은 동일하다. 이것이 사실이라면, 모든 이기적 유전자들은 그들의 숙주가 성공적인 정자와 난자를 최대한 많이 생산하도록 함께 노력해야 한다. 또 한 사람의 뛰어난 진화생물학자인 에그버트 리Egbert Leigh는 하나의 전체로서 게놈일 때 가장 잘 작동하며, 이는 마치 모든 유전자들이 연합하여 난자와 정자에 들어갈 공평한 기회를 갖도록 보장하고 무법 유전자를 경찰력으로 다스리려는 "법안을 통과"시키는 "의회"에 비유할 수 있다고 했다.

각각의 유전자가 서로 다른 경로를 따라서 번식한다면 이야기는 달라진다. 그렇다면 유전자가 이기적이라는 관점은 매우 유용한 관점이 된다. 예를 들어, 대부분의 유전자는 세포의 핵에 있는 염색체상에서 전달된다. 사람들은 그들의 부모로부터 세포핵에 존재하는 유전자의 사본을 하나씩 물려받는다. 미토콘드리아(세포의 에너지 공장)나 엽록체(식물의 세포에 있는 빛 에너지 시스템)와 같은 세포 기관에는 적은 수의 유전자가 존재한다. 핵에 속한 유전자와 달리, 암컷만이 세포 기관에 속하는 유전자를 전달할 수 있다. 이제 자신을 세포 기관 유전자의 음모 집단이라고 생각해 보라. 이는 똑똑하고, 이기적이고, 음모를 꾸미며, 비양심적인 집단이다. 당신은 어떤 변화를 일으키겠는가? 아마도 매력적인 음모 중의 하나는 수컷 없이 지내는 것이다. 미토콘드리아는 암컷 후손에게만 전달되기 때문에, 음모 집단의 관점에서 볼 때 수컷의 생산에 바치는 자원은 모두 쓸모없는 것이다. 따라서 당신의 숙주로 하여금 모든 것을 암컷에게 투자하도록 속이는 편이 나을 것이다. 유전자가 이기적이라고 보는 관점에 의하면 자연선택은 수컷 자손의 생산을 억압하는 미토콘드리아 유전자를 선호해야 한다. 실제로도 성비에 영향을 미치는 유전자가 존재한다.[11] 수컷을 완전히 멸종시키는 극단적인 유전자가 알려진 바는 없지만, 아마도 그런 극단적인 사례는 생물학자가 우연히 발견하기도 전에 사라지고 말았을 것이다. 박테리아나 바이러스 같은 병원균의 유전자를 생각해 보면 이 차이는 더 현격하게 보일 것이다. 감기 바이러스의 유전자는 염색체나 미토콘드리아의 유전자처럼 신체에 표현된다. 하지만 그들은 완전히 다른 통로를 통해서 번식한다. 그들은 자신의 사본을 생산하기 위해서 신체에 있는 자원을 이용한다. 이기적인 바이러스 유전자의 관점에서는 자신의 사본을 충분히 남길 수만 있다면 숙주를 해쳐도(혹은 심지어 죽여도) 상관없다.

그러한 갈등은 매우 파괴적일 수도 있기 때문에, 유전자의 의회는 그것을 진압할 수 있는 세포핵 유전자를 선호할 것이다. 여기에는 두 종류의 유효한 전략이 있다. 첫째, 핵 유전자는 모든 유전자가 번식에 있어서 동일한 이해관계를 갖도록 유전 체계를 재구성할 수 있다. 복잡하며 세세한 부분까지 공평한 감수분열의 메커니즘은 우연히 발생했던 것이 아니다. 진핵眞核 생물이라고 불리는 조직된 핵을 갖춘 유기체는 처음에 서로 다른 박테리아 종 간의 공생관계에서 발생했으며, 분명 이 과정에서 갈등이 상당했었을 것이다.[12] 세포 기관으로 된 박테리아는 유전자를 잃어버렸으며, 세포핵이 된 박테리아는 감수분열의 메커니즘을 얻었다. 이러한 두 메커니즘이 진화했던 이유는 갈등을 줄임으로써 나머지 유전자가 다른 유기체에 있는 유전자와의 경쟁에서 유리한 고지를 선점할 수 있었기 때문이었을 것이다. 둘째, 염색체상의 유전자는 불량 병원균의 유전자가 몸의 자원을 사용하는 것을 막는 면역 체계와 같은 메커니즘을 만들어 낼 수 있다. 물론 세포 기관과 병원균의 이기적 유전자들도 이러한 장벽을 넘기 위해 노력할 것이다. 지금은 세포 기관의 유전자가 매우 적기 때문에 이젠 공평한 싸움은 아니다. 따라서 의회의 규칙은 아주 가끔 지켜지지 않는다. 병원균의 경우에는 완전히 다른 얘기가 된다. 우리가 모두 알다시피, 병원균의 유전자는 자주 장벽을 넘나든다. 미생물 감염은 선진국을 제외한 대부분의 인간 집단에서 일차적인 사망 원인이다.

『이기적 유전자』에서 도킨스는 어떠한 복제자이든지 간에 동일한 논의가 적용될 수 있다는 유명한 주장을 했다. 특히 그는 밈(문화에서 유전자에 해당하는 단위에 붙인 그의 신조어)에도 동일한 논의가 적용된다고 주장했다. 비록 우리는 밈이라는 개념에 동의하진 않고 문화적 변이가 유전자의 변이와 다르더라도, 이에 한해서 도킨스의 주장은 옳다. 부모외의 다른 사람들이 문화적 전달에 있어서 중요한 역할을 한다면, 이기적 문화적 변형은 유전적 적합도를 줄이더라도 퍼질 수 있다. 비록 다른 점에 있어서는 유사성을 찾기 어렵지만, 문화적 변형을 이기적인 밈이라고 생각해 보면 어떤 종류의 문화적 변형이 퍼질 것인지 이해할 수 있을 것이다.

어린이가 습득하는 문화에 두 가지 사회적인 역할을 지닌 사람들, 즉 부모와 교사가 영향을 미친다고 가정해 보자.[13] 이에 덧붙여 개인적인 특성에 따라 누가 어떤 역할을 할 것인지 정해진다고 하자. 일찍 결혼하는 사람들은 아이가 더 많을 것이며 따라서 부모의 역할을 더 많이 할 것이다. 교사가 되려면 교육을 받아야 하기 때문에 아이 낳는 것을 미뤄야 할 것이다. 이제 사람들에게 결혼을 미루도록 만드는 문화적 변형이 발생한다고 가정해 보자. 그러한 변형은 기초적인 가치를 아이에게 전달하는 데 있어서 부모가 선생보다 중요한 역할을 한다고 하더라도 확산될 수 있다. 그 이유는 자연선택의 정도뿐만 아니라 어떤 역할을 차지한 사람이 아이의 관념에 영향 미칠 수 있을 확률도 중요하기 때문이다. 교사의 역할을 획득하는 사람은 그리 많지 않다. 교사가 되려면 학교 성적도 좋아야 하며, 학위도 높아야 하고, 다른 지망자들과 경쟁해야 한다. 반면 대부분의 사람은 부모가 된다. 전통적인 사회일수록 더 그럴 것이다. 한 집단에서 무작위로 뽑은 사람들이 부모가 되고, 특별한 목표가 있는 사람들만 교사가 된다고 가정해 보자. 여기서 특별한 목표라 함은, 예를 들어, 교육을 더 받기 위해 결혼을 미루도록 만드는 지식에 대한 유별난 열망이다. 이와 같을 경우 부모로부터의 학습은 다음 세대에서 결혼을 미루는 사람의 비율에 영향을 미치지 못한다. 반면 전문적인 교사로부터의 학습은 결혼을 늦추는 빈도를 증가시킬 것이다. 상대적인 자연선택의 강도 및 상대적인 영향력의 합이 얼마나 강력하냐에 따라서 결혼을 미루게 하는 신념의 빈도는 다소 빠르게 증가할 것이다.[14]

여기서 "교사"는 단지 다른 이들에게 영향을 미치는 역할을 맡은 사람의 대역일 뿐이다. 이를 "장교," "고용주," "성직자," "정치인," "유명 인사," 혹은 "비평가"로 바꾸어도 그 논리는 동일하다. 만약 어떤 문화적 변형을 지니고 있는 것만으로도 이런 역할 중 하나를 맡을 가능성이 높으면, 그리고 그 역할을 맡은 사람이 사회적 학습에서 중요한 역할을 한다면, 다른 모든 조건이 같다고 할 때 그 변형은 확산될 것이다. 육군 장교는 애국심을, 고용주는 노동 윤리를, 성직자는 신의 사랑을, 정치인은 세속적인 이데올로기를, 유명인은 대중이 소비하는 스타일을, 비평가는 상류 문화에서 유행을 확산시킬 것이다. 결혼을 늦추도록 만드는 신념이 어떤 한 집단에서 발생한다면, 부모는 교사처럼 그들을 가르치려 들 것이다. 『허클베리 핀Huckleberry Finn』에서 허클베리의 무지한 아버지인 팹은 도망쳐서 학교에 갔다는 이유로 그를 구타하여 위협하는 데 반해, 학교를 다녔던 폴리 이모와 왓슨은 허클베리가 책 읽기에 관심을 갖도록 최선을 다한다.

이기적인 밈 효과도 제법 강력하다. 이 논의가 성립하기 위해서 문화적 변형이 별개의 부분으로 된 유전자와 같은 입자라고 가정할 필요는 없다. "밈"이 연속적으로 변이하고 어린이들이 부모와 교사의 신념을 각각 어떤 비율로 받아들이게 되더라도 이 논의는 성립한다. 자연선택의 힘이 어떤 문화적 변형이 퍼질 것인가에 영향을 미치는 한, 동일한 기본적인 논리가 작용할 것이다.

왜 유전자는 공진화적인 경쟁에서 승리하지 못하는가

당신은 이렇게 질문할지도 모르겠다. 왜 자연선택은 부모 이외의 다른 사람으로부터의 영향을 제한하여 자신의 이익을 보호하는 유전자의 진화를 선호하지 않는가? 혹은, 왜 자연선택은 부모가 아닌 사람들의 행동에 관심을 두되, 우리의 유전적 적합도에 도움되는 것만 학습하도록 사회적 학습의 심리를 구조화하지 않는가? 이 질문들은 우리가 여타 다원주의에 기반한 사회과학 공동체와 벌이는 논쟁의 핵심에 해당한다.

수많은 진화사회과학자는 이기적인 문화적 변형이 존재할 가능성은 거의 없다고 믿는다. 그들이 주장하는 바에 따르면 인류 진화의 각 단계에서 자연선택은 부적응적인 문화적 변형들이 활동하지 못하도록 새롭게 등장하는 문화의 습득을 지배하는 심리적인 기제들을 수정했을 것이다. 이에 따르면, 자연선택은 이기적인 문화적 적응들이 확산되도록 하는 심리적인 체계를 선호하지 않았을 것이다.[15] 인류가 진화했던 과거에는 우리의 진화된 심리가 이기적인 문화적 변형으로부터 우리를 보호했을 것이다. 앞에서 언급했듯이, 현재의 환경은 과거와 다른 문제이지만, 진화론자는 대체로 복합 사회에서 비적응적인 행동을 비非문화적으로 설명하길 선호한다. 지난 장에서 우리는 이런 종류의 적응주의적인 논의에 열광적으로 찬성했다. 그때는 문제가 없었는데, 지금 무엇이 문제란 말인가?

대체로 적응주의적 추론에는 잘못된 것이 없다. 문제는 얼마나 정확하게 문화의 진화에 적용하는가에 달려 있다. 우리는 문화가 자연선택의 산물인 심리적인 성향에 의해서 형성되었으며, 이 성향들은 적응적인 문화적 변형들이 퍼지도록 한다는 동료들의 주장에 동의한다. 하지만 진화된 편향들만이 문화적 진화의 결과를 결정한다는 것은 이 두 가지 전제로부터 끌어낼 수 있는 결론이 아니다. 진화된 편향이 이기적인 문화적 변형의 진화를 막을 수 없는 이유는 그러한 신념들을 퍼지게 만든 것이나, 문화적 전달로 인해 적응적인 이익을 취할 수 있게 된 것이나 **동일한 구조적인 특징**에서 비롯되었기 때문이다. 요지는 자연선택이 문화적 부적응을 제거한다면 변화하는 환경을 빠르게 따라잡는 능력 또한 사라질 수밖에 없다는 뜻이다.

적응에는 항상 트레이드오프가 있다.[16] 초식 동물 중에서 가젤보다 빨리 움직이거나, 기린보다 키가 크거나, 코끼리보다 힘이 센 동물은 없다. 생물-물리학적인 트레이드오프는 피할 수 없기 때문에 거대하며, 날수 있고, 불을 뿜기도 하는 용과 같은 기이한 유기체는 발생할 수 없다. 돼지는 날 수 없다. 돼지에게 최적으로 설계된 날개가 있다 하더라도 너무 무겁기 때문이다.[17] 마찬가지로 모방은 정보를 모을 수 있는 적응적인 체계이지만, 이 또한 트레이드오프가 있다. 인간은 문화로 인해 적은 비용으로 빠르고 누적적인 진화를 이룰 수 있었지만, 트레이드오프로 인해 이기적인 문화적 변형에 노출되었다. 네 가지의 서로 관련된 트레이드오프가 연합하여 문화적 진화에 대한 유전적으로 결정되는 편향의 영향력을 약화시킨다. 첫째, 부모가 아닌 다른 사람들이 적응적인 정보의 중요한 원천이다. 둘째, 내용 편향은 비싼 비용을 부담하거나 혹은 사회적 학습이 제공하는 적응적인 유연성을 희생시켜야만 제한될 수 있다. 셋째, 순응 편향과 명성 편향처럼 신속하고 비용이 들지 않는 적응적인 문제 해결을 위한 보조 도구에는 그 고유의 피할 수 없는 부적응적인 부작용이 있다. 마지막으로, 불량 문화적 변형은 내용 편향의 영향을 피할 수 있는 우회적인 전략을 만들어 낸다. 문화적 적응의 속도가 유전적 진화보다 빠르기 때문에, 불량한 변형은 유전자와의 군비 경쟁에서 종종 승리할 것이다.

부모가 아닌 다른 사람들로부터 학습하는 것은 적응적인 행위이다

대부분의 미국인들은(적어도 대부분의 미국 부모들은) 부모가 어린이의 신념과 가치의 가장 중요한 원천이라고 생각하는데, 이는 옳지 않다. 아이들이 보통 부모와 가까운 유대관계를 형성하는 것은 사실이며, 어떤 문화에서는 부모들이 자기 아이들의 믿음에 영향을 미치기 위해 막대한 노력을 기울인다. 또한 부모와 자식의 신념과 태도는 종종 매우 비슷하다. 하지만 수많은 증거에 따르면 부모는 기껏해야 자식이 최종적으로 선택하게 될 문화적 변형에 부차적인 역할밖에 하지 못한다.[18] 행동유전학 연구에 따르면 부모와 자식 간에 인성 특질이 비슷한 이유는 수직적인 문화적 전달 때문이 아니라 유전자를 많이 공유하기 때문이다.[19] 또이 연구들에 따르면 가족 성원 간에 공유되지 않는 "환경적인" 변이가 상당하다고 한다. 아이들은 또래로부터 그리고 부모가 아닌 다른 어른들로부터도 많은 것을 배운다. 어떤 영역에서는—예를 들어, 언어—또래가 부모보다 훨씬 중요하다. 미국으로 이민 온 아이는 보통 또래로부터 영어를 학습하며, 모국어보다 영어를 더 선호하게 된다. 사람들이 한 지역에서 다른 지역으로 이주할 때, 그들의 아이들은 보통 부모의 언어보다 이주한 지역의 언어를 사용한다.[20] 다른 영역에서도, 부모가 아닌 어른들이 아이들에게 큰 영향력을 발휘한다. 특히 공교육이 강조될 때 더 그렇다.

부모가 아닌 어른들의 영향력이 조금밖에 되지 않더라도 유전적으로 비적응적인 문화적 변형이 퍼진다면, 왜 자연선택은 사회적 학습의 심리를 아이들이 우선적으로 부모에게 주의를 기울이도록 만들지 않았을까(십 대의 아이들을 둔 부모로서 우리가 경험한 바에 따르면 그 반대로 되어야 할 것 같은데)?

그 이유는 단순하다. 사회적 학습은 주변의 사회적인 환경으로부터 적응적인 정보를 수집하기 위한 것이다. 표본이 클수록 모든 종류의 편향된 전달이 효과적으로 이루어지기 때문에, 유용한 정보를 획득할 기회도 그만큼 늘어난다. 이러한 힘들은 자연선택처럼 변이가 존재해야만 작동하며, 더 많은 모델을 관찰할수록 편향이 작용할 수 있는 변이가 더 많아진다. 이것이 바로 우리가 내용 편향이라고 하는 것을 관찰하기 가장 쉬운 방법이다(내용 편향은 직접적으로 그 장점에 비추어서 문화적 변이의 유용성을 평가할 수 있는 능력을 말한다). 때로 엄마는 식량을 수집하는 데 비효율적이거나 정보가 별로 없을 수도 있으며, 숙모나 할머니, 인척 혹은 친구가 더 잘할 수도 있다. 하지만 당신이 엄마에게서만 배울 수 있다면, 당신은 그녀가 하는 방식으로부터 벗어날 수 없다. 더 넓게 탐색할수록 배울 만한 가치가 있는 것을 관찰할 가능성을 높이게 된다. 인류학자 배리 휴렛Barry Hewlett는 중앙아프리카의 "피그미족"이라고 알려진 부족에서 어린 소년들이 어떻게 사냥하는 법을 배우는가를 기록했다.[21] 소년들은 대부분의 사냥 기술을 아버지로부터 배웠지만, 나이가 들어가고 독립할수록 아버지의 방식으로부터 벗어나려고 했다. 하지만 그들이 사냥하는 방식은 아버지로부터 크게 벗어나지 않았다. 그러나 휴렛이 조사하는 동안 석궁이라는 혁신이 새로이 도입되었으며, 대부분의 아버지들은 그것을 어떻게 만들고 사용해야 하는지 몰랐다. 석궁은 유용했기 때문에 소년들은 어떤 관계에 있든지 어떤 사람이 그것을 어떻게 사용하는지 안다면 그 사람으로부터 사용법을 배웠다. 이러한 혁신이 성공적으로 확산되는 데에는 "감지되는 이익(우리의 용어에서는, 내용 편향)"이 가장 강력한 역할을 했다.[22] 순응 편향과 명성 편향에 의한 전달에도 똑같은 논리가 적용된다. 두 경우 모두, 어떤 규칙에 의해서 다양한 변형들을 비교하며, 무작위로 선택한 변형보다 더 나은 변형을 선택한다. 관찰되는 변형들의 표본 크기가 커질수록 집단에서 구할 수 있는 최상의 변형을 획득할 가능성도 높아진다.

편향은 비용이 많이 들기 때문에 불완전하다

적어도 수많은 진화사회과학자 가운데, 리처드 도킨스는 현 시대에 진화론자 중에서 저 위의 판테온(기원전 27년에 건립된 로마의 수많은 신을 모신 신전—역주)에 있다(확신하건데, 그는 최고의 다섯 명에 들 것이다). 그럼에도 대부분의 학자는 불량 밈에 대한 도킨스의 주장이 쓸모가 없다고 생각하며, 인간의 문화적 진화에 대한 진지한 제안으로 여기기보다는 복제자를 설명하기 위한 가공의 도구라고 여긴다. 오히려 그들은 모든 형태의 학습은 유기체가 현재 환경에 적합한 행동을 개발하려고 환경에 존재하는 통계적인 규칙성을 이용하는 과정이라고 생각하는 경향이 있다. 언제나 자연선택은 적응적인 행동을 하도록 전조가 되는 단서를 이용하는 심리(및 다른 작용)를 형성시킨다. 사회적 학습은 사회적 환경에 존재하는 단서를 이용하는 또 다른 학습 메커니즘일 뿐이다. 따라서 조금만 단순화하여 얘기한다면, 대부분의 진화사회과학자는 홍적세의 사람들이 그들에게 이로운 것을 학습하였으며, 홍적세와 비슷한 조건인 소규모의 인간 사회에서도 그와 동일할 것이라고 예측한다. 유전자에 작용하는 자연선택에 의해서 인간의 두뇌에 각인된 정보 처리 능력으로부터 적응이 발생한다. 이러한 메커니즘은 오늘날에는 부적응적인 행동을 발생시키기도 하지만, 이는 문화와는 아무런 관련이 없으며, 전적으로 "환경"이 우리의 본유적인 의사 결정 능력이 측정하는 매개 변수보다 훨씬 바깥에 있기 때문이다.

이 논의는 중요한 트레이드오프를 간과하고 있다. 자연선택으로는 적응만 가져다주고 부적응적인 변형을 버리는 심리를 만들어 낼 수 없다. 왜냐하면 자연선택이 가용한 비용 한에서 정확한 일반 목적의 학습 메커니즘을 만들어 낼 수 없기 때문이다. 왜 불가능한가? 어떤 물체를 먹을 수 있는지 없는지를 알기 위해서 맛을 사용한다고 생각해 보자. 수많은 독성 식물의 맛은 쓰며, 따라서 우리는 쓴맛이 나는 음식을 먹지 않으려고 할 것이다. 반면, 상당수의 독소는 쓴맛이 나지 않으며, 따라서 쓴맛은 식용 여부에 대한 절대적으로 신뢰할 수 있는 지표가 될 수 없다. 더구나 도토리를 비롯한 수많은 쓴맛이 나는 식물들은 요리하거나 여과함으로써 식용으로 만들 수 있다. 게다가 몇몇 쓴맛이 나는 식물의 성분은 치료에 사용할 수 있다. 실제로 사람들은 쓴맛이 나는 음식과 음료수를 좋아할 수 있게 되었다. 진토닉을 생각해 보라. 쓴맛은 식용 여부에 대해서 단지 개략적이고 즉석에서만 사용 가능한 지표밖에 되지 않는다. 원칙적으로, 혓바닥 끝에 가장 일반적인 네 가지 맛을 느낄 수 있는 감각만 있는 것보다 해로운 요소와 유익한 요소를 최대한 분리해 낼 수 있는 현대 식품 화학자의 실험실이 있다면 훨씬 더 잘할 수 있을 것이다. 어떤 동물은 인간보다 이를 훨씬 더 잘할 수 있다. 예를 들어, 인간의 후각은 동물보다 매우 둔하다. 하지만 자연계의 생물에 존재하는 합성물은 엄청나게 많으며, 자연선택은 대개 적합적인 행동을 이끌어 내고 너무 많은 비용이 들지 않는 절충안을 선호한다. 후각이 극단적으로 발달하려면 후각을 담당하는 뉴런이 분포한 감각 상피조직이 있는 코끝이 길쭉해야 하며, 이 뉴런에 에너지를 공급하려면 많은 혈액이 순환해야 한다. 쓴맛은 상당히 정확하고 일반적인 걸러 내기 도구이지만, 두뇌에서 다양한 편향을 이용하여 평가하는 장치는 필연적으로 한계가 있기 때문에, 좋은 것을 획득하려면 나쁜 것을 얻을지도 모르는 위험을 무릅써야만 한다. 왜 그런지 살펴보자.

존 투비와 레다 코스미데스는 적응을 "세계에서 반복적으로 발생하는 구조에 꼭 맞춰졌기 때문에, 적응적인 문제에 대해 해답을 제시하는, 유기체에서 견실하게 발달하는 구조"라고 정의한다.[23] 그들은 근친상간 회피, 임신 중에 식물의 독소를 피하는 것, 사회적인 교환에서의 협상 등이 이러한 행동의 사례라고 한다. 진화심리학자는 자연선택에 의해서 빚어진 훌륭한 인지적인 적응을 웅변적으로 과장하는 경향이 있다. 그들은 찬사를 늘어놓을 만하며, 실제로 모든 사람이 그래야만 한다. 자연선택은 가장 뛰어난 공학자도 난처해할 만한 문제를 쉽게 풀어내는 뇌와 감각 체계를 만들었다. 자연환경에서 상상할 수 있는 모든 것을 해낼 수 있는 로봇을 만드는 것은 대단히 어렵다. 하지만 몇 천 개의 뉴런을 가진 작은 개미는 개미집으로부터 수백 미터의 거친 땅을 헤매어서 먹이를 찾아 자매를 먹이고자 최단 코스로 보금자리로 돌아갈 수 있다. 자연선택이 인간의 머릿속에 수많은 적응적인 정보 처리 모듈을 만들었기 때문에, 인간은 일상생활을 영위하면서 상당히 어려운 많은 문제를 해결할 수 있다. 특히 가장 훌륭한 사례는 시각을 처리하는 일처럼 수천만 년의 진화 동안 우리의 모든 선조가 여러 환경에서 끊임없이 부딪혔던 과업들이다. 인간에게만 해당되는 잘 기록된 사례들은 많지 않지만, 이러한 심리학적 적응들은 모든 고등한 사회적인 척추동물이 직면한 문제는 아니더라도 인류가 직면했던 문제에 대한 해답을 주었을 것이다. 예를 들어, 언어를 학습하는 것, 좋은 짝을 고르는 것, 사회적 교환에서 사기꾼을 피하는 것이 이에 해당한다.

문화의 진화도 놀라운 적응들을 발생시켰다. 하지만 그 적응들은 특정 환경이 제기한 문제에 대한 대답인 경우가 많다. 다시 한번, 북부 아메리카의 북극 지방의 식량 채취자인 이누이트, 유피크Yupik, 알류트Aleut 족이 만들고 사용했던 카약을 떠올려 보자. 투비와 코스미데스의 정의에 따르면 카약은 분명 적응이다. 이 사람들의 생존 수단은 북극의 바다에서 바다표범(그리고 때때로 순록)을 사냥하는 것이었다. 이렇게 큰 동물을 창 발사기로 확실하게 타격을 가해서 죽이려면 충분히 가까이 접근할 수 있는 빠른 배가 있어야 한다.[24] 카약은 이 적응적인 문제에 대한 최고의 해답이다. 카약의 선체는 얇고 효율적으로 설계되었기 때문에 노를 저어서 7노트까지 속력을 내어도 끄떡없다. 카약은 대단히 가볍지만(때로 15킬로그램도 안 되는 경우도 있다), 거칠고 몹시 추운 북극해를 안전하게 항해할 수 있을 만큼 단단하고 적합하다.[25] 소형 화기의 등장으로 인해 느리지만 더 안정적이고 보다 넓은 용도로 사용할 수 있는 우미악으로 사냥을 할 수 있기까지 카약은 또한 "견실하게 발달했다." 다시 말해서 뛰어난 사냥꾼이라면 누구나 만들거나 획득하였다. 적어도 여덟 세대 동안 이 사회에서 태어난 사람들은 주변에서 구할 수 있는 재료—뼈, 떠다니는 나무, 짐승의 가죽, 힘줄—로 이 배를 건조하는 데 필요한 기술과 지식을 습득했다.

분명 진화된 "카약 모듈"이 인류 뇌의 깊은 곳에 잠재할 가능성은 없다. 사람들은 다른 환경에 있는 사람들이 또 다른 중요한 기술을 터득하는 데 사용하는 동일한 진화된 심리를 이용하여 카약을 건조하는 데 필요한 지식을 습득해야만 한다. 확실히 어떤 기술을 배우든지 진화된 "길잡이 체계"는 필요하다. 사람들은 침수되지 않고 노젓기가 용이한 배가 물이 새고, 거추장스럽게 설계된 배보다 낫다는 것을 알고서 여러 가지 대안을 평가할 수 있어야 한다. 그리고 그들은 누구의 배가 최고의 배인지, 여러 가지 정보원으로부터 얻을 수 있는 정보를 언제 어떻게 조합해야 하는지도 어느 정도 판단할 수 있어야 한다. 어린이들이 주변 세계에서 일반적인 지식을 스스로 얻을 때 사용하는 정교한 심리 장치도 분명 중요하다. 물질의 특성이라든가 식물과 동물의 분류법을 이해하지 못하고서 카약을 건조하는 방법을 배울 순 없다. 이러한 길잡이 체계는 **어떤 것이든** 배우도록 한다는 의미에서 "모든 영역에 일반적인" 체계는 아니다. 이는 지구상에서 중간 크기의 물질과 비교적 적당한 온도에서, 손재주가 있고, 작은 사회 집단을 이루는, 살아 있는 생명체에 대단히 한정된 체계이다. 그러나 진화된 심리에 카약을 만드는 특정한 세부 지식(침수나 저체온증으로 죽음에 이르게 하는 형편없는 배가 아닌 안전하게 북극해를 헤치고 나아가며 생계를 꾸려갈 수 있는 15킬로그램의 배를 만들 수 있는 각 부분의 치수, 자재, 건조 방법에 대한 지식)이 포함되어 있지 않다는 점에서는 영역 일반적이다. 이러한 중대한 세부 지식은 이누이트, 유피크, 알류트 족 각 세대의 두뇌 속에 저장되어 있다. 일군의 진화된 심리의 활동으로 인해 이 지식은 저장되고 향상되지만, 이 메커니즘은 수많은 다른 지식을 저장하는 데에도 똑같이 유용하다.

이처럼 넓게 적용할 수 있는 학습 메커니즘은 필연적으로 고도로 제한된 영역-한정적인 학습 메커니즘에 비해 불완전하며, 오류가 발생하기 쉽다. 투비와 코스미데스가 강조했듯이, 넓고 일반적인 문제는 단순하고 제한된 문제보다 상당히 풀기 어렵다.[26] 카약은 수많은 특성 혹은 각 부분의 "치수"가 정해져 있는 매우 복잡한 물건이다. 어떻게 뼈대를 배열하는 것이 가장 좋을까? 용골이 있어야 하는가? 뼈대의 구성 요소는 어떻게 결합되어야 하는가? 어떤 동물의 가죽이 가장 좋을까? 수컷이 좋을까, 암컷이 좋을까? 일 년 중 언제 포획한 동물을 써야 할까? 좋은 카약을 설계한다는 것은 매우 특별한 목적의 배를 만들 수 있는 속성들의 한정된 조합 중 하나를 찾는 것이다. 치수의 숫자가 늘어날수록 속성들을 조합할 수 있는 방법도 기하학적으로 늘어날 것이며, 순식간에 그 방법은 헤아릴 수 없게 될 것이다. 만약 우리에게 설계를 제한해 주는 카약 모듈이라는 것이 있어서 평가를 내려야 할 대안들이 적어진다면, 문제는 훨씬 쉬워질 것이다. 하지만 진화는 이 해결 방법을 취할 수 없다. 왜냐하면 자연선택이 북극에 사는 집단의 심리를 이런 방식으로 설계하기에는 환경은 너무 빨리 변화하며 공간적으로 너무 변이가 심하다. 북극에서 생존하는 데 필요한 카약, 기름 램프, 방수 옷, 눈으로 만든 집과 같은 도구 및 수공업품을 만드는 데에도 동등한 학습 심리가 필요할 것이다. 그 밖에, 수렵 채집자들이 문화적으로 진화시켰던 자작나무 껍질로 만든 배, 갈대로 엮은 뗏목, 통나무 배, 널빤지로 만든 노 젓는 배, 토끼몰이, 입으로 부는 화살통, 흑사로 증여hxaro gift(!쿵 산족의 교환 체계. 주요 교환 품목은 식품이 아닌 타조 알껍데기로 만든 구슬 다발 같은 장식품이며, 위험에 대비하는 성격이 짙다 —역주) 등 무수히 많은 놀랍고, 전문화된, 각 환경에 특수한 기술에도 마찬가지로 동등한 학습 심리가 필요할 것이다.

진화가 영역 일반적이면서 동시에 강력한 학습 도구를 "설계할" 수 없듯이, 자연선택은 인간의 모든 경험 영역에 대해서 부적응적인 신념을 확실하게 기각하도록 하는 사회적 학습 메커니즘을 만들 수 없다. 알류트족의 젊은이는 아버지와 사촌들이 사용하는 카약이 다른 대안들보다 뛰어난지 쉽게 평가할 수 없다. 그는 하나 혹은 두 가지의 카약을 몰아본 다음에 그것이 어떻게 작동하는지 관찰하고서 서로 다르게 설계된 카약의 성능을 비교할 수 있다. 하지만 표본이 그리 크지 않고, 변이가 광범위하며, 자료를 정확하게 판단하기 어렵기 때문에 그가 가장 좋은 설계를 찾기란 불가능에 가깝다. 편향으로 일반성을 얻었다면(혹은 대략의 갈피를 잡았다면), 정확성은 포기할 수밖에 없다. 같은 문화적 유산을 공유하는 개인들이 모인 **개체군**에서 여러 세대에 걸쳐서 약한 영역-일반적인 메커니즘이 끊임없이 작용한다면 카약과 같은 복잡한 적응을 발생시킬 수 있지만, 이를 위해선 개인들이 반드시 자신들이 관찰한 것을 거의 수정을 가하지 않은 채 받아들여야 한다. 그 결과 부모 이외의 사람들로부터 전달되는 변이에 가해지는 자연선택처럼 집단 수준의 작용이 어떻게 해서든 부적응적인 행동을 선호한다면, 우리는 때때로 부적응적인 행동을 습득하게 될 것이다.

지난 장에서 우리는 가장 좋은 문화적 변형을 결정하기가 어려울 때에는 자연선택이 다른 사람을 모방하는 데 크게 의존하는 것을 선호한다고 이야기했다. 자연 세계는 복잡하며 시공간에 따라 변화한다. 마법이 효과가 있을까? 말라리아의 원인은 무엇인가? 특정한 장소에서 재배하기 가장 좋은 작물은 무엇인가? 기도는 자연 세계의 사건에 영향을 주는가? 인간 사회에서의 원인과 결과의 관계는 종종 분간하기 어렵다. 어떤 부류의 사람과 결혼해야 할까? 얼마나 많은 수의 남편을 갖는 것이 좋은가? 티베트의 여성에게는 종종 두 명 또는 세 명의 남편이 있다. 일과 가족에 어떤 비율로 헌신해야 최상의 행복 혹은 최고의 적합도를 얻을 수 있을까? 혁신의 전파를 연구하는 학자들은 "시행 가능성trialability(혹은 시행해 볼 수 있는 정도)"과 "관찰 가능성observability(혹은 관찰할 수 있는 정도)"이 한 문화에서 다른 문화로 관념이 확산되는 데 가장 결정적인 요인이라고 언급한다.[27] 가족의 구성을 비롯하여 수많은 중요한 문화적 특질은 시행 가능성과 관찰 가능성이 낮으며 일반적으로 보수적이다. 우리는 마치 그러한 행동들을 사리에 맞게 선택하기 어려우며, 관습으로부터 멀어지면 잘못을 저지르기가 쉽다는 것을 알고 있는 것처럼 행동한다.

편향의 효과가 줄어든다면, 사회적 학습은 그저 승계만 되는 체계와 점점 더 비슷해질 것이다. 따라서 한 개인의 행동 대부분은 다른 사람으로부터 거의 수정을 가하지 않고 획득한 신념, 기술, 윤리 규범, 사회적 태도의 산물일 것이다. 개인들이 어떻게 행동할지 예측하려면 그 개인들이 속한 문화적 환경에 대해 알아야만 할 것이다. 그렇다고 해서 개인적 학습에 관여하는 진화된 성향들이 중요하지 않게 된다는 뜻은 아니다. 그 성향들이 없다면 문화적 진화는 유전적 진화와 별개가 될 것이다. 그렇다면 또한 일반적으로 문화의 진화를 형성하고 적응을 발생시키며 적합도를 상승시키는 이익이 제공되지 않을 것이다. 그러나 일단 문화적 변이가 유전된다면, 문화적 진화는 유전적 적합도와 상충되는 행동에 대한 자연선택에 대응할 수 있게 된다. 문화 체계를 제어하는 유전자에 대한 자연선택은 여전히 모방에 의존하는 능력과 성향을 선호할지도 모른다. 왜냐하면 그러한 능력과 성향은 평균적으로는 이득이 되기 때문이다. 자연선택은 모방으로 얻는 이익과 병적인 미신에 빠질 위험을 비교할 것이다. 위험한 믿음을 가질지도 모르는 우리의 성향은 누적적인 문화적 적응을 이룰 수 있는 놀라울 만한 능력에 대해 우리가 지불하는 대가의 일부분이다. 이를 경구로 표현한다면 "적응을 진화시키려면, 그에 따르는 비용을 지불해야만 한다"가 되지 않을까.

적응적인 편향은 그 특유의 피할 수 없는 부적응적인 부작용을 동반한다

이즈음에서 독자들은 약한 편향이 그저 다양한 다소간 무작위의 신념을 받아들이는 안내서일 뿐이라고 생각할지도 모르겠다. 하지만 몇몇 단순한 문제 해결을 위한 보조 도구는 이에 해당할지도 모르지만, 다른 종류의 편향으로 발생하는 병리는 체계적이며, 예측할 수 있다. 따라서 우리는 그러한 병리가 존재하는지 그리고 얼마나 중요한지 확인할 필요가 있다.

순응 편향은 부적응적인 자기희생의 진화를 유도할 수도 있다

지난 장에서 "가장 흔한 변형을 모방하라"와 같은 순응 규칙은 사회적 학습을 선호하는 어떤 환경에서든지 적응적이라고 했던 것을 떠올려 보라. 만약 사회적인 학습자가 어떻게 행동하는 것이 최상인가를 결정하는 데 어려움을 겪는다면, 아마도 다른 모든 사람이 하는 것을 따라하는 것이 가장 안전할 것이다. 하지만 순응에는 상당한 부작용이 수반된다. 집단 내의 변이의 총량을 감소시키며, 집단 간의 변이는 유지시키거나 증가시키는 경향이 있다. 이로 인해 집단 선택이 중요해질 수 있으며, 만약 집단의 복리를 위해 구성원들에게 자신의 이익을 희생하도록 하는 문화적 규칙이 발생한다면, 집단 선택으로 인해 개인적으로는 손해가 되더라도 집단으로는 이득이 되는 특질의 빈도가 증가할 수 있다.[28]

예를 들어, 두 집단의 종교적인 신념이 다르다고 가정해 보자. 한 집단에서는 대부분의 사람이 악한을 처벌하는 신을 믿으며, 다른 집단에서는 대부분의 사람이 세속적인 무신론자라고 가정해 보자. 이에 덧붙여 신을 믿는 자들이 개인적으로는 손해가 되더라도 집단에 이익이 되는 행동을 한다고 가정해 보자. 그들은 상거래에서 보다 정직하며, 과도한 쾌락에 덜 빠지며, 더 관대하고 자비롭다(그들의 종교적인 믿음이 그렇다고 해서 그들이 천사와 같을 필요는 없다. 단지 그들의 경쟁자들보다 조금 더 집단의 이익에 봉사하면 된다). 마지막으로, 그들의 진화된 심리의 다른 부분은 기만, 자기 방종, 이기심을 선호하도록 하며, 결국 내용 편향으로 인해 무신론이 확산된다고 가정해 보자. 만약 작용하는 힘이 내용 편향밖에 없다면, 종교적인 신념과 관련이 있는 집단의 이익은 확산될 수 없다. 왜냐하면 무신론이 곧 우위를 차지할 것이기 때문이다. 하지만 만약 사람들에게 또한 다수를 모방하는 성향이 있다면, 첫 번째 집단에서 신을 믿는 사람들이 여전히 다수를 차지할 것이다. 왜냐하면 그들은 처음부터 흔했기 때문이다. 사람들은 마치 주위를 둘러보고 스스로 "모든 사람이 믿으니까 악한 사람을 처벌하는 신이 존재할 것이다"라고 생각하는 것처럼 행동한다. 그 결과 두 집단의 차이는 사라지지 않을 것이며, 오랜 시간이 지난 후에는 아마도 더 부유하고 더 건강하며 더 안정적인 신을 믿는 사람들의 집단이 무신론자들의 집단을 대체할 것이다.[29]

명쾌한 논의를 위해서 **적합도**의 정의에 주의해야만 할 것이다. 만약 문화적인 집단 선택이 성공적으로 작용한다면, 집단에 적용된 신념은 모든 사람의 번식 성공에 이익을 줄 것이다. 그럼에도 유전자에 작용하는 자연선택은 더 좋은 사회에 사는 이점을 누리면서도 비용을 회피하는 무신론자들을 지속적으로 선호할 것이다. 심지어 집단 선택된 단체는 이기적인 무신론자들과 그 밖에 공동체의 정통으로부터 벗어난 사람들을 차별하여 그들의 이익을 감소시킬지도 모른다. 예를 들어, 이단자 탄압을 위한 종교 재판소처럼 처벌하는 체계가 발생할 수도 있다.[30] 그러한 처벌 체계가 강력하더라도, 유전자에 작용하는 자연선택은 이미 확립되어 있는 처벌 체계를 회피할 수 있는 새로운 변형이라면 어떤 것이든지 선호할 것이다. 따라서 종교적인 믿음이 완전히 사라지는 것이 결국에는 무신론자 그 자신들의 번식 성공에 해가 되더라도 그리고 현재 집단에 있는 그 어떤 변형도 처벌 체계에서 벗어날 수 없더라도 유전자에 대한 자연선택은 여전히 개인에게 이로운 특질의 진화를 선호할 것이다.

문화적 변이에 대한 집단 선택은 인류 진화에서 중요한 힘이었다. 순응 편향과 신속한 문화적 적응은 함께 공모하여 집단 간의 수없이 많은 행동적 변이를 발생시켰다. 순응 효과는 집단 선택의 핵심적인 문제를 극복했다. 유전자의 승계만 이루어지는 체계에서는 약간의 이주만 허용되어도 집단 간의 변이가 급속히 증발해 버리곤 한다. 이타적인 특질의 경우, 집단 내에서 이타주의자를 선호하지 않는 자연선택은 이타주의의 집단 간 변이도 감소시킨다. 인간 사회에서 존재하는 큰 규모의 협동은 집단-기능주의적으로 해석할 수 있으며, 아마도 계승되는 문화적 체계의 특징 때문에 큰 규모의 협동이 가능했을 것이다. 이 논의는 다음 장에서 더 자세하게 발전시킬 것이다.

명성 편향의 힘은 "줄달음runaway" 문화의 진화를 유도할 수도 있다

다윈은 성선택으로 인해 공작의 화려한 꼬리와 같은 부적응적인 이차 성징이 발달했다고 믿었다.[31] 눈에 띄고 화려한 꼬리가 있는 공작 수컷은 암컷이 그러한 수컷을 선호하기 때문에 포식 당할 위험이 높다 하더라도 더 많은 자손을 갖는다. 본질적으로 다윈은 성적 매력에서 진화적인 유행으로 인해 종종 깃털, 털 및 곤충 귀의 부적응적인 유행이 진화한다고 생각했다. 하지만 그는 왜 암컷이 그러한 별난 선호를 갖게 되었는지는 설명하지 않았다. 선구적인 진화 이론가인 피셔R. A. Fisher는 그것을 반드시 적응적이라고 설명할 필요가 없다는 것을 보여 주었다.[32] 피셔의 통찰은 화려한 수컷을 선호하는 암컷의 수컷 자손은 화려한 꼬리에 대한 유전자 및 암컷이 그러한 수컷을 선호하도록 만드는 유전자를 둘 다 갖고 있을 가능성이 높다는 것이다. 따라서 암컷의 선택이 화려한 꼬리를 만들어 내는 유전자의 빈도를 높인다면, 또한 암컷이 그러한 꼬리를 선호하도록 만드는 유전자도 증가시킬 것이다. 이는 점진적으로 화려한 수컷에 대한 강력한 선택을 유도하며, 이는 또한 그러한 수컷에 대한 선호도도 증가시킬 것이다. 이 과정은 그 자체로 폭발적으로 순환되어 본래 적합도와 관련이 있던 특질이 유별나게 과장되는 결과를 빚어낸다. 이 논제는 아직 진화생물학에서는 논란의 대상이지만, 이론상으로는 이러한 메커니즘이 작동할 수 있다. 더구나 이는 공작의 꼬리, 바우어새bower-bird의 둥지(수컷이 암컷과의 짝짓기를 위해 "정자bower" 같은 둥지를 만들기 때문에 "bower-bird"라는 이름이 붙음—역주), 수많은 곤충의 화려

한 음경처럼 이런 식의 설명이 아니고서는 불가사의해 보이는 형질을 설명할 수 없다.[33]

명성 편향에 의한 전달도 이와 비슷한 방법으로 일어날 수 있다. 명성 편향은 각 개인들이 명성의 표지에 따라 모델을 선택할 때 발생한다. 사람들이 경건한 사람들의 행동을 모방하도록 하는 신념(반드시 의식적인 신념일 필요는 없다)을 지니고 있다고 가정해 보자. 경건한 사람들은 종교적인 의식에 시간과 자원을 바치며, 눈에 띄게 금욕적이며, 관대하다. 이러한 작용으로 인해 더 많은 사람이 경건하게 행동할 것이며, 경건한 사람들을 모방하려는 성향도 증가할 것이다. 왜냐하면 경건한 사람들을 모방한 사람은 그들로부터 누구를 모방해야 하는지에 대한 믿음도 습득할 것이며, 가장 경건한 사람들은 전체로서의 집단보다 더 경건함을 선호할 것이기 때문이다. 이러한 역학의 결과는 줄달음 성선택과 거의 비슷하다.[34] 우리는 이미 부적응적인 유행을 비롯하여 집단-기능주의적인 종교적인 믿음, 집단 간에 상징적으로 구분되는 경계 등의 수많은 현상이 명성 편향의 속성으로부터 발생했다고 주장했다.[35]

인간 사회에서 지위를 나타내는 특질이 과장되는 것은 사실 자명한 이치이다. 예를 들어, 태평양의 폰피Ponpae섬에서 남성의 명성은 정기적인 축제에 매우 거대한 얌을 기여했는가에 따라서 부분적으로 결정된다.[36] 상으로 쓰이는 얌은 열두 명의 남자가 날라야 할 정도로 거대한데, 식량 생산의 견지에서는 그 얌을 생산하는 것은 비효율적이다. 우리는 여기서 진화적인 각본을 상상해 볼 수 있다. 처음에 사람들은 축제에 그저 최고 작물을 가져왔을 것이며, 얌의 크기와 숫자가 농사짓는 능력의 직접적인 지표였다. 그 이후 최고의 사람들은 가장 큰 얌을 기증한다는 생각이 확고해지면서, 각 가족들은 큰 얌을 재배하기 위해 특별한 노력을 기울이기 시작했으며, 거대한 얌을 기르는 관습이 생겨났다. 우리가 살고 있는 캘리포니아에서 'Hummer Ⅱ(GM에서 제조하는 차종 중 하나—역주)'가 로스앤젤레스 대로 위로 굴러가는 것을 보면 우리는 열두

명이 날라야 하는 얌이 생각난다.[37]

문화적 체계는 적응적인 편향을 방어할 수 있다

마지막으로, 문화적 체계는 종종 우리의 진화된 심리의 활동으로부터 영리한 방어물을 진화시킨다.[38] 부모가 아닌 사람들로부터 전달된 문화는 미생물에 비유할 수 있다. 우리의 면역 체계는 미생물 병원균을 죽이도록 진화되었지만, 유익한 공생자도 받아들이게 한다. 누구나 잘 알다시피, 면역 체계가 정교해졌더라도 미생물 병원균은 흔하다. 그 이유 중의 하나는 우리가 이 게임에서 유일한 경기자가 아니기 때문이다. 자연선택은 기생 생물이 우리의 면역 체계를 속일 수 있도록 돕는다. 병원균의 한 세대는 짧고, 개체군에 속한 병원균의 숫자가 많기 때문에, 기생 생물의 적응은 대단히 빠를 수 있다. 사회적 학습의 심리는 이익이 되는 관념은 흡수하되 부적응적인 관념은 받아들이지 않도록 적응되었다는 의미에서 면역 체계와 닮았다. 그리고 면역 체계처럼 그것은 재빨리 진화하는 문화적 "병원균"을 항상 따라잡을 수는 없다.

예를 들어, 기독교 신학을 생각해 보라. 기독교 신학은 보상과 처벌이 영원하다고 이야기하며, 신도들에게는 이것이 그럴듯하게 여겨진다. 편향이 적합도의 이익과 비용을 측정하는 대략적이고 즉각적으로 사용할 수 있는 방법이라고 한다면, 가상의 비용과 이익을 더하는 체계는 저울의 한쪽에 손을 올려놓는 것과 같다. 신도들은 아마 적합도의 비용을 치루더라도 신념을 지키려고 할 것이다. 17세기의 선구적인 수학자이자 과학자인 블레즈 파스칼이 그가 공동으로 발견한 확률의 법칙을 이용하여 신앙에 대해 변호한 것은 유명하다. 그는 확신에 찬 어조로 유한한 지상에서의 삶의 고통과 기쁨을 무한한 천국의 보상과 무한한 지옥의 처벌에 비교했다. "얻어야 할 무한히 행복한 무한한 삶이 있으며, 이길 기회는 한 번인데 비해 질 기회는 유한하며, 당신이 내기에 걸고 있는 것은 유한한 것이다"라며 다음과 같이 결론짓는다. "망설이지 말고 하느님이 존재한다는 데 내기를 걸라."**39** 이 복잡한 논증은 신앙이 없는 사람들을 설득하는 데 자주 쓰였으며, 의심에 유혹되는 신도들을 안심시키는 데에도 사용되었다. 파스칼 자신은 1654년 돌연 세속적인 일에서 물러나 여생을 얀센주의를 옹호하는 데 보냈다. 얀센주의는 금욕적이고, 구교의 칼뱅주의라고 할 수 있으며, 결국 정통파로부터 억압받았다.**40** 우리는 파스칼이 그의 믿음에 봉사하면서 얼마나 적합도를 잃었는지에는 관심이 없다. 다만 그가 과학에 패배했다는 게 아쉬울 뿐이다.

파스칼은 혼자가 아니었다. 지난 수 세기 동안 기독교의 신자들 중에는 뛰어난 능력을 지닌 수많은 지식인이 있었다.**41** 그리스 철학은 초기 기독교의 신학자들에게 많은 영감을 주었다. 그중에서도 성 아우구스티누스가 가장 주목할 만하다. 아이작 뉴턴은 그의 과학만큼이나 그의 신학에 대해서도 긍지를 가졌다. 동시대에 파스칼의 철학적 동료였던 라이프니츠와 데카르트의 주요 관심사는 신의 존재를 증명하는 것이었다. 현대 과학은 고도로 훈련받은 이성적인 무신론자들이 크고, 신망을 얻으며, 충분한 재원이 있는 공동체를 이루고 있다는 이점이 있다. 심지어 최근에도 과학자들은 초자연적인 심리학과 창조과학 같은 "분야"를 감시하려고 노력한다. 무신론자 한 개인이 몇 세대의 우수한 사상가들의 노력으로 만든 신념 체계에 도전하기에는 너무 벅차다.

요약: 정보의 비용이 크다면, 부적응적인 신념은 확산될 것이다

모든 있음 직하고, 적응적인 사회적 학습 심리에는 불량한 변이가 개입될 여지가 있다. 엄마와 아빠에게만 주의를 기울이다 보면 너무나 많은 가치 있는 정보를 버려두게 되며, 따라서 적응적인 진화는 수많은 사람으로부터 배우는 것을 선호할 것이다. 그러나 병원균이 가득 찬 세계에서 숨을 쉬려고 콧구멍을 벌리듯이 부모가 아닌 사람들에게서 문화적 정보를 받아들이면 필연적으로 부적응적인 관념도 함께 받아들이게 된다. 유전자의 "관점"에서는 모든 홍적세의 환경에서 잠재적인 "교사들"

의 거대한 풀에서 적합도를 가장 최적화시키는 특질을 선택하도록 하는 편향은 대단히 훌륭한 편향일 것이다. 하지만 학습과 인지에는 항상 트레이드오프가 따르기 때문에 그러한 편향은 실현 불가능하다. 생체역학적인 트레이드오프 때문에 불을 내뿜는 용이나 날아다니는 돼지가 존재할 수 없듯이 말이다. 적응된 마음이 모든 문화적 변형에 대해 적합도에 얼마나 기여하는지를 일일이 심사하기에는 비용이 너무 많이 든다. 지난 장에서 우리가 내린 주요 결론은 개인들에게 길잡이가 되어 줄 특수 목적적이고 영역 한정적으로 진화된 심리가 존재하지 않을 때 개체군은 신속하게 환경에 대한 적응을 진화시킬 수 있기 때문에 문화가 적응적이라는 것이다. 문화의 진화를 엄격하게 제어한다면 문화의 진화 체계는 느려지고 투박해질 것이다. 홍적세의 환경은 매우 불규칙적이었기 때문에, 각개인들은 좋은 행동을 선택하기 위해서 주어진 환경에 대한 완벽한 본유적인 적응 또는 문화적 적응이 진화하길 기다리기보다 신속하고 비용이 많이 들지 않는 사회적 학습 방법을 즉시 이용하는 것이 나았다(그러한 완벽한 적응이 진화하기 전에 환경은 변화하고 말 것이다). 그러한 학습 방법은 이기적인 문화적 변형이 개체군으로 스며들 수 있는 여지를 남긴다. 이는 정보가 비싼, 매우 변화가 심한 환경에서 일을 벌이는 데 드는 비용으로 생각하면 될 것이다.

진화심리학은 이런 점에서는 옳다. 사회적 학습에 관여하는 심리를 비교해 보면 인간은 다른 사람들을 관찰해서 복잡한 작업을 학습할 수 있다는 것을 알 수 있다. 이러한 능력은 분명 인간에게만 존재한다. 그 어떤 동물도 이처럼 복잡하고, 고도로 진화된 전통의 거대한 보고를 갖고 있지 않다. 4장에서 우리는 문화가 개체군 수준의 속성 때문에 강력한 문제 해결 도구로 기능할 수 있음을 보았다. 인간 문화의 다양성은 문화가 세계의 어디서든지 생활의 문제를 해결할 수 있다는 것을 증명하고도 남는다. 인지심리학자들이 설득력 있게 주장한 것처럼, 개인 수준에서 일반 목적의 문제 해결 도구들은 이와 비교해 볼 때 비효율적이다.

인간의 심리는 문화적 전달을 처리하기 위해서 영리하지만 단순한 학습법에 많이 의존한다. 모든 개인의 머릿속에 일반 목적의 문제 해결 체계가 진화하기에는 너무나 많은 비용이 들기 때문에, 문화는 이러한 비용상의 문제점을 해결하기 위해서 정교한 인지적인 그리고 사회적인 시스템으로 진화하였다. 과학 활동은 그 자체로 문화가 대단히 어려운 문제도 풀 수 있는 능력이 있다는 궁극적인 사례이다. 적절한 사회적인 조직만 있다면 제법 실수하기 쉬운 지성인들이 합심하여 서서히 우주의 가장 심오한 비밀도 밝혀낼 수 있다.[42] 적응적인 정보에 대한 무차별적인 욕망 때문에 우리는 때때로 놀라울 정도로 병리적인 문화적 변형을 접대해야 하는 대가를 지불한다.

마녀사냥은 부적응적인
문화적 변형의 대표적인 사례이다

파스칼 보이어Pascal Boyer는 널리 유용한 일반 목적의 학습법이 어떻게 우리를 때때로 길 잃게 만들 수 있는지 잘 보여 주었다. 보이어는 사람이 초현실적인 존재에 대한 관념을 "귀추적 논증(불충분한 관찰로부터 최선의 예측에 도달하는 것—역주)"을 통하여 형성시킨다고 주장했다(아마도 다른 관념들도 마찬가지일 것이다).[43] 귀추적 논증은 전제가 함축하고 있는 것이 관찰될 경우 전제가 참이라고 여겨지는 일종의 귀납법이다.[44] 북극의 아메리카인은 바다의 포유류를 사냥하려고 카약을 사용했다. 그들은 원시적인 무기로도 매우 성공적으로 사냥할 수 있었다. 따라서 카약은 창 발사기로 북극해에서 포유류를 사냥하는 데 최적의 보트이다. 그럴듯하지 않은가? 그러나 다음과 비교해 보라. 사람들은 건강과 번영을 위해 신에게 기도를 드린다. 수많은 환자가 건강해지고, 수많은 경제적인 사업이 성공한다. 기도하지 않는 사람들은 때때로 병에 걸린다. 기도

하는 사람들은 응답을 받은 것이다. 따라서 신은 신도를 위하여 개입한다. 별로 그럴듯하지 않다. 이 귀추적 논증에서는 기도하고도 병이 낫지 않거나 기도하지 않고도 치료된 경우를 무시한다. 대안적인 가설이 고려되지 않는 것이다. 예를 들어, 병이 낫게 해 달라고 기도하는 경우 대부분 나쁜 건강 상태에 있다. 우리는 매우 복잡한 세계에 살고 있다. 가설을 잘못 기각하는 경우가 잦은 이유는 그에 대항하는 원인이 작용하기 때문이다. 자연 세계를 정말 잘 이해하려면 관찰에 많은 시간을 보내야 하며, 면밀한 계산과 통제된 실험이 필요하다. 하지만 이런 엄격한 귀납적인 방법은 자주 사용하기에는 너무 비용이 많이 든다. 연역적인 방법이 논리적으로나 경험적으로나 성공을 보장해 주진 않지만, 연역적 방법은 종종 실재적인 인과관계나 상관관계를 발견해 내며, 적용하기 쉽다는 이점이 있다. 그러나 사람들이 모두 잘못된 가설을 갖고 있다면, 연역적 방법으로 인해 잘못되고 종종 해로운 신념을 쉽게 받아들일 수도 있다. 대체로 종교적인 관념은 사람들의 정신 건강에나 든든한 공동체를 형성하는데에 좋은 것처럼 보인다.[45] 하지만 의례에서 방울뱀을 다루는 것의 적응적인 장점은 가늠하기 힘들다. 의례에서 방울뱀을 쓰는 남부 오순절 교회파의 사람들은 뱀에 물리거나 때로 죽기도 한다.[46]

그 밖의 초자연적인 믿음도 해로운 것 같다. 예를 들어, 마녀에 대한 믿음은 모든 수준의 사회에서 매우 흔하다. 인류학자 브루스 노프트Bruce Knauft가 연구한 뉴기니 게부시Gebusi족의 단순한 원예 농경 사회에는 복잡하고 매우 양식화된 마녀사냥에 대한 심문 제도가 존재한다. 심문이 복잡하다고는 하지만 귀추적 논증에 바탕을 두고 있기 때문에 고발을 뒷받침할 만한 "증거"는 매우 쉽게 "발견"할 수 있다. 예를 들어, 마녀는 나뭇가지와 나뭇잎으로 만든 뭉치를 통해 마법을 부리는 것으로 여겨졌다. 마녀 조사관은 숲속의 공터에 흩어진 썩어 가는 나뭇가지와 나뭇잎 사이에서 그러한 뭉치의 "증거"를 쉽게 발견했다. 유럽인과 접촉하기 이전에 게부시족은 악령을 부른다는 이유로 수많은 사람을 처형했으며, 이 처형은 말라리아와 함께 주요한 사망 원인 중의 하나였다. "우호적인 관계"를 증진시키는 관습도 있었지만, 마녀사냥으로 인해 게부시족은 이웃 종족인 베다미니Bedamini족의 약탈에 저항할 힘을 잃어버렸다. 게부시족 사회는 마녀 심문과 이웃 종족에 대한 두려움으로 인해 거의 마비되었다.[47]

종교사회학자이자 종교역사학자인 로드니 스타크Rodney Stark는 종교개혁 시기의 유럽에서 일어났던 이와 비슷한 마녀 처형의 물결을 언급한 바 있다. 신교와 구교 모두 악마의 힘을 빌려서 요술을 부리는 검은 마술이 신학적으로 상당히 일리가 있다고 생각했다. 만약 신이 자비롭다면, 지구상의 생명이 지닌 난폭한 본성을 탓할 수 있는 어떤 강력한 악의 힘이 존재해야만 한다. 만약 인간이 기도를 통해서 신의 자비로운 힘에 다가갈 수 있다면, 마법 혹은 악마 숭배도 마찬가지로 악의 힘을 요청하여 효과가 있어야 한다. 그 시대 대부분의 교양이 있는 사상가들은 이러한 논의를 받아들였다. 이러한 믿음이 있었기 때문에 드물긴 하지만 꾸준히 마녀 심판이 지속되었으며, 심판에서 대부분의 피고자는 자백하고 다시는 그러지 않겠다고 다짐했으며 이 중 몇몇은 처형되었다. 어떤 작은 마을에서는 어리석은 지방 관헌이 증거가 불확실한 아이들의 진술이나 고문으로 얻은 자백을 받아들여서 끔찍한 마녀 처형이 이따금 발발하기도 했다. 첫 희생자는 더 이상의 고문을 피하기 위해 자진하여 다른 사람들을 연루시키기도 했다. 때로 마을 사람들이 5퍼센트 혹은 10퍼센트가량 처형될 때까지 조사를 진행하지 않고 형 집행만 지속되기도 했다. 선량한 시민들이 고발될 때까지 마녀사냥은 예정된 수순을 밟아 갔다. 대부분의 끔찍한 마녀사냥은 상식을 갖춘 높은 관헌이 개입하기가 어려울 정도로 정치적으로 고립된 라인 지방(독일의 라인강 유역)에서 일어났다.[48]

수많은 사회에 미신과 화려하고 비용이 많이 드는 의례가 존재한다. 19세기의 학자들은 비적응적인 미신을 "원시적"이라고 부르는 데 거리낌이 없었다. 그 이후, 다양한 학파의 인류학자들이 수많은 종류의 기능주의적인 설명에 매혹되었다. 20세기 후반이 되자 학자들은 선진 사회에도 미신이 흔할 수 있다고 자각하기 시작했다. 예를 들어, 저널리스트 도러시 라비노비츠Dorothy Rabinowitz는 1980년대와 1990년대 미국에서의 의례적인 아동 학대 사건이 이전 시기의 마녀사냥과 기이하게도 닮았음을 보여 주었다. 미국의 전임 법무장관인 재닛 리노Janet Reno처럼 겉으로 보기에 상식적인 소추자도 시간이 지나고 보니 귀가 얇은 어린이가 제기한 우스꽝스러운 고발을 그대로 믿은 것으로 드러났다.[49] 물론 믿음의 기능은 때때로 식별하기 쉽지 않으며, 성급한 일반화가 이루어지기 이전에 더 많은 연구가 이루어져야 한다.

현대의 인구학적 천이*는
아마도 이기적인 문화적 변형이 진화했기 때문일 것이다

오늘날의 출생률 감소는 인구통계학자들에게 상당한 주목을 받고 있다. 이 경향은 선진국에서 먼저 발생했는데 이제는 세계의 대부분의 지역에서 발생하고 있다. 대체로 그들은 이 현상을 긍정적으로 묘사한다. 출생률의 감소는 산업 세계의 사람들을 부강하게 하고 세계의 원치 않는 인구 과잉을 막는 경제적인 변화와 동시대에 발생했다. 전 세계의 환경은 차지하고서라도, 이러한 출생률의 감소는 개인의 유전적 적합도가 최대화될 수 없었다는 것을 나타내며, 우리는 이를 설명해야만 한다. 구교 교회에서 산아 제한을 금지하는 것이 오히려 일반적인 진화 이론이 예측

• 높은 출생률/높은 사망률이 발생하던 시기에서 낮은 출생률/낮은 사망률이 발생하는 시기로의 이행을 뜻함. 출생률과 사망률이 변화하는 정확한 원인은 알 수 없으나(예를 들어, 의료 기술의 발달, 위생 관념의 변화로 인해 사망률이 낮아졌다는 것은 어느 정도 동의가 이루어졌지만, 출생률의 감소 원인에 대해서는 아직 학자들 간에 동의가 이루어지지 않았다), 이러한 이행은 선진국뿐만 아니라 전 세계에서 나타나는 현상이다. 인구학적 천이가 발생하는 순서는 먼저 사망률이 감소하고 난 다음, 어느 정도 시간이 지난 후에 출생률의 감소가 일어난다. 대부분의 인구 증가는 이 중간 시기에 해당하는 낮은 사망률/높은 출생률이 일어나는 시기에 발생한다.

하는 것에 가깝다. 교황과 자연선택의 관점에서는 현대 사회의 부는 어리석은 물질주의에 바쳐진 소비주의 라이프 스타일에 낭비되고 있다. 질병통제예방센터에서 번식력을 감소시키는 치명적인 병원균에 대해 경보를 발령한다고 상상해 보라. 이 새로운 병원균이 지구의 전 지역에 인구 감소를 불러온다면 경보는 더 크게 울릴 것이다. 교황청도 이 경보와 같이 생각할 것이다.

인구학적 천이의 원인 중 하나는 근대화로 인해 부모가 아닌 사람들로부터의 문화적 전달이 증가했기 때문이다. 현대의 경제는 교육된 관리자, 정치인을 비롯하여 여러 전문 인력을 필요로 한다. 이들은 대체로 높은 임금을 받고 높은 지위를 획득한다. 따라서 이러한 역할에 대한 경쟁은 치열하다. 교육과 출세에 시간과 에너지를 투자하려고 결혼과 양육을 미루는 사람들은 이 경쟁에서 우위에 선다. 높은 지위에 오른 사람들은 문화적 전달에 비교적 많은 영향을 행사하며, 따라서 전문 영역에서 성공하게 만든 신념과 가치가 확산될 것이다. 이러한 신념들은 대개 출산율을 낮아지게 하기 때문에 가족의 크기는 줄어들 것이다.

근대 이전의 농업 사회에서 일반 서민들이 처했던 상황을 생각해 보라. 인구학적 천이가 일어나기 전 대부분의 사람은 문맹이거나 교육을 받지 못했고 비교적 고립된 마을에 거주했다. 서민에게 노출된 엘리트—지주, 성직자, 장교, 정부 관리—의 지위는 능력에 따른 것이 아니라 생득권이었다. 다시 말해 서민들은 갈망할 수도 없는 세습적인 귀족들이 명성 체계를 지배하고 있었다. 가족은 많은 사람에게 가장 중요한 사회 제도이며, 생산, 소비 및 사회화의 기본 단위이다. 문화적 전달이 수직적으로 발생한다면, 문화적 변이에 대한 자연선택은 아마도 유전자에 대해 자연선택이 선호하는 행동을 똑같이 선호할 것이다(예를 들어, 크고 경제적으로 성공적인 가족을 선호할 것이다). 대개 강력한 가족 윤리는 자신의 가계나 씨족의 힘을 기르기 위해 재생산을 장려한다. 아이가 없는 부부는 불쌍히 여겨진다. 평범한 남성과 여성이 성취할 수 있는 가장 큰 업적은 크고 번창하는 가족이다.

유능한 남성과 여성의 관할하에 있는 큰 가족은 번영을 위해 가족의 노동력을 동원한다. 이보다 능력이 떨어지는 사람들은 결혼에 필요한 자원을 모으기 어렵거나, 자신의 자식을 부양하는 데 어려움을 겪거나 전통적인 환경에서 생존에 대한 수많은 위험에 피해자가 되기 십상이다. 사망률은 항상 높았으며, 기근이나 전염병, 전쟁, 자연재해가 발생할 경우에는 급속히 상승했다. 재해로부터 회복하기 위한 혹은 개척지에서 기반을 잡기 위한 쟁탈전에서 그리고 수용력의 한계에 다다른 인구가 밀집된 곳에서의 팽팽한 경쟁에서 생존하고 번식에서 성공하려면 무엇보다도 가족이 번영해야 한다.[50] 이러한 환경에서는 문화적 적합도와 유전자적 적합도 간의 갈등은 **상대적으로** 거의 발생하지 않을 것이다.[51] 유전적 편향과 문화적인 규범은 변화하는 상황에 대해 번식 행동을 적응시키려 협력한다. 경제학자 토머스 맬서스Thomas Malthus가 예로 들었듯이 18세기와 19세기의 미국과 같은 개척지에서는 전적으로 자손의 숫자를 최대화시키는 것을 선호했다. 이는 중요한 자원인 토지가 모자라지 않았기 때문이다. 한편 19세기와 20세기 초기의 아일랜드처럼 인구밀도가 높은 지역에서는 극빈자가 되지 않고 출산율을 낮추기 위해서 결혼을 미루는 것을 비롯한 여러 수단이 필요했다.

근대 이전 인구의 양상은 인구가 변동 없이 서서히 증가했던 구세계에서도 확실히 복잡했다. 경제학자이자 인구학자인 앤슬리 콜Ansely Coale에 의하면 근대 이전 대부분 환경에서 전형적으로 나타나는 거의 영에 가까운 인구 성장률은 실은 수많은 사망률과 출생율의 조합 때문이다. 예를 들어, 중국과 북서부 유럽은 모두 인구 성장률이 영에 가까운데도 중국은 북서부 유럽의 나라들에 비해서 출생률은 높고 기대 수명은 낮다.[52] 인류학자이자 인구학자인 윌리엄 스키너William Skinner는 유라시아의 "가족 체계", 즉 혼인의 표준적인 형태, 혼인 후의 주거지, 아이들의 숫자와 성, 가족 자원의 상속이 서로 다르며 이는 모든 인구통계학적 변수에 커다란 영향을 미친다고 주장한다.[53] 그는 이상적으로 여겨지는 자손의 수와 구성을 성취하기 위해 근대 이전의 사회에서 산아 제한 및 유아 살해, 수양, 입양을 사용하는 수많은 사례를 보여 주었다. 그의 사례 중에서는 우리가 본 장의 후반에 다룰 적합도에 해가 되는 행동도 있지만, 대체로 모든 전통적인 가족 체계는 빠른 인구 성장과 자원의 축적을 가능하게 했으며, 시공간상으로 자원이 제한된 상황에서 높은 인구를 유지할 수 있게 했다.

근대 산업 사회의 등장은 두 가지의 서로 연관되지만 상관관계가 불완전한 혁명들을 가능하게 했다. 그중 하나는 삶의 물질적인 수준을 향상시킨 산업화로 인한 생산에서의 혁명이다. 근대화의 이러한 국면으로 인해 생활의 물질적 수준이 높아지고 이와 연관된 공공 보건과 의료에서의 혁신으로 사망률은 떨어졌다. 이는 또한 쉽게 피임할 수 있는 기술적인 수단을 제공했다. 또 다른 하나는 모든 종류의 관념의 전달 구조에 있어서의 혁명이다. 학교 교육이 거의 보편화되면서 식자識字율도 상승했다. 생산 활동이 가족 중심의 농장으로부터 세습 엘리트가 아닌 기업가와 경영인에 의해서 관리되는 공장과 사무소로 옮아갔다. 사람들의 일상생활에서 정부의 역할은 증가했으며 관료제의 개혁으로 인해 정부의 사무실은 열망이 있는 교육받은 남성(결국에는 여성에게도)에게 열려 있는 경쟁의 장이 되었다. 높은 식자율과 인쇄의 산업화로 먼저 활자화된 대중매체가 등장했으며, 그 후에 지금도 여전히 진행 중인 방송 매체와 영화 산업의 혁신이 일어났다. 현대에는 값싼 전자 제품 덕분에 할리우드, 멕시코시티, 상파울루, 뭄바이에서 만들어진 오락을 아주 멀리 떨어진 지역에서도 즐길 수 있다. 대중매체와 보편적인 교육 덕분에 사람들은 전통 사회에서 경험하던 것보다 훨씬 더 많은 비非부모적인 문화적 영향에 갑자기 노출되었다. 상대적으로, 유전자의 적합도에 대항하여 문화적 변이가 확산될 수 있는 기회가 증가했다.

2차 세계 대전 이전의 카-손더스Carr-Saunders의 선구적인 연구를 비롯한 여타 연구가 진행된 이후 인구학자들은 인구학적 천이와 근대 산업 사회 등장의 관련성에 주목했다.[54] 대부분의 논의는 경제적 근대화와 사회적 근대화의 상관성에 대한 사례를 수없이 언급했다. 경제학은 근대화에서 출산율의 하락에 이르는 인과의 사슬을 면밀히 분석할 수 있는 가장 야심적인 이론적인 틀을 제공한다. 경제학자들은 다양한 환경에서 아이를 갖는 것의 비용과 이익을 고려했으며, 경제적 변수와 출산율 변화의 상관성을 탐구함으로써 다양한 가설을 검증하려고 시도했다. 예를 들어, 농업에서 공업으로의 변화는 아마도 유년 노동의 가치를 감소시켰을 것이다. 공장에서 교육받은 노동력을 요구했다면 더욱더 그럴 것이다. 생산에 있어서 가족 노동에 대한 필요가 줄어들고 학교 수업료를 내야 하기 때문에, 아이를 갖는 것의 이익은 줄어들고 비용은 증가할 것이다. 따라서 출산율도 떨어질 것이다. 이러한 모델의 대부분은 사람들의 선호도가 고정되어 있고, 출산율의 변화가 생산에서의 산업혁명에서 비롯되는 기회와 제약의 변화에서 기인한다고 가정한다. 이 모델도 일리가 있지만, 경험적 자료에 따르면 보다 더 복잡한 인과적 과정이 관여하는 것으로 보인다.

경제학적 모델을 가장 대규모로 검증한 작업은 앤슬리 콜이 주도한 '프린스턴 유럽 출산율 프로젝트Princeton European Fertility Project'였다.[55] 이 연구는 지난 두 세기 동안 유럽의 600군데 행정 단위에서 출산율 하락을 조사했다. 대부분의 지역에서 콜과 그의 동료들은 시간에 따라 출산율 및 결혼한 여성의 비율, 혼인 출산율이 어떻게 변화했는지를 추정할 수 있었다. 연구 결과에 따르면 놀랍게도 경제가 발전한 시기와 출산율 감소가 시작된 시기가 거의 일치하지 않았다. 예를 들어, 프랑스에서는 가장 초기부터 지속적으로 출산율이 감소했으며, 천이는 1830년경에 시작되었다. 영국과 독일에서 출산율의 감소는 50년 이후에 일어났으며, 독일의 몇몇 지역에서는 1910에서 1920년까지 높은 출산율이 지속되었다. 이러한 경향으로 볼 때 산업화가 증진됨에 따라 출산율 감소가 발생한다는 경제학자들의 단순한 모델은 재고되어야 한다. 프랑스에서는 극단적이고 시기적으로 이른 **사회적** 근대화를 겪은 반면, **경제적** 근대화의 속도는 영국이나 독일보다 훨씬 느렸다.

출산율의 패턴은 문화가 놀랄 만한 영향력을 가지고 있음을 보여 준다. 모든 유럽에 걸쳐서 문화적으로 구별되는 지역들은 대략 비슷한 시기에 출산율의 감소를 겪었다. 예를 들어, 벨기에서 프랑스어를 쓰는 지역에서는 1870년대에 천이가 시작되었으며, 반면 플라망어를 쓰는 지역에서는 천이가 40년 정도 지연되었다. 헝가리는 여타 오스트리아-헝가리 지역보다 천이가 훨씬 빨리 나타났고, 카탈로니아의 천이도 나머지 스페인 지역보다 훨씬 빨랐으며, 브르타뉴와 노르망디의 천이는 다른 프랑스 지역보다 한 세기가량 느렸다. 이러한 현상은 경제학자에게조차도 전혀 놀랄 일이 아니다. 근대에서 강조되는 개인주의와 합리성은 정치적인 권리뿐만 아니라 효율적인 경제 기구에 대한 새로운 수요를 창출시켰다. 이러한 압력은 각 지역에서 이미 존재하는 가치, 신념, 기술, 환경의 변이에 의해 여과된다. 산업 생산, 식자율, 인구 통계적 특성을 비롯한 근대의 공통적이고 체계적인 특성 간에는 느슨한 상관관계가 있지만, 만약 문화에서 역사적인 차이가 중요하다면, 각각의 문화적 지역에서의 천이 속도는 서로 다를 것이다. 불행하게도, '프린스턴 유럽 출산율 프로젝트'는 문화적인 영향력이 출산율 천이에서 담당하는 역할을 이해하는 데 필요한 자료를 모으도록 설계되지 않았다. 인구학자들은 전통에 따라 상관관계의 배면에 존재하는 인과적인 과정을 정밀하게 분석하기보다 출산율과 거시 사회적인 변수들 간의 상관관계에만 초점을 맞추었다(특히 그 인과관계가 진화적인 경우 더욱더 그랬다).

현대의 낮은 출산율은 적합도를 최대화하지 않는다

인구학적 천이가 적합도를 감소시킨다는 가정하에 논의를 진행시키기 이전에 우리는 실제로 적합도가 감소된다는 것을 확신할 필요가 있다. 진화생물학자들은 오래전부터 자손의 양과 질 사이에는 진화적인 트레이드오프가 있다는 것을 알고 있었다. 조류학자 데이비드 랙David Lack은 자신의 고전적인 연구에서 유럽의 찌르레기가 한 번에 낳는 최적의 자식 수는 최대한 낳을 수 있는 수보다 적다는 것을 입증했다. 이는 많은 수의 알을 낳는 부모는 그보다 적은 수의 알을 낳는 부모보다 둥지를 떠날 때까지 키우는 자식의 숫자가 적기 때문이다. 이와 동일한 논리로, 만약 부모가 자식에게 상속할 재산이 한 가족을 부양할 만한 농장밖에 없다면, 재산을 자식들에게 나누어 주어서 그중 누구도 넉넉한 생활을 하지 못하는 것보다 한 자식에게 모든 농장을 다 물려주는 것이 낫다. 아마도 현대의 부모들이 적은 수의 건강하고 잘 교육받은 그러나 비싼 자식을 선호하는 것은 적합도를 최적화하는 양에 대한 질의 트레이드오프를 잘 보여 주지 않나 싶다.[56] 여기에 깔려 있는 생각은 자식의 질이 양만큼이나 중요할 때, 자식의 숫자보다는 손자와 손녀의 숫자로 적합도를 측정할 필요가 있다는 것이다. 다시 말해 굶어 죽어 가는 수많은 깡마르고 교육받지 못한 아이들을 많이 낳는 것보다 적은 수의 건강한 자식을 낳는 것이 더 많은 손자와 손녀를 얻을 수 있다는 뜻이다.

인류학자 제인 랭커스터Jane Lancaster와 힐러드 카플란은 뉴멕시코주의 앨버커키에서 남성의 번식사를 대규모로 연구하면서 현대의 낮은 출산율에 대한 이러한 설명을 검증해 보았다.[57] 대개 영국계 미국인은 라틴아메리카계 미국인보다 더 유복하며 자식을 적게 낳는 것으로 드러났다. 하지만 랭커스터와 카플란은 이러한 발견이 적응적인 양과 질의 트레이드오프를 반영한다는 증거는 찾을 수가 없었다. 영국계는 적은 자식에게 더 많은 투자를 했지만 라틴아메리카계보다 적은 수의 손자와 손녀를 가졌다. 통계적으로 경제적인 요소를 조정해도, 라틴아메리카계는 더 많은 자식과 손자 및 손녀를 가진 것으로 드러났다. 이러한 민족 간의 차이는 '유럽 출산율 프로젝트'의 결과와 비슷하다. 현대 중산층에서 관찰할 수 있는 자원과 출산율의 역逆관계는 분명 부와 적합도의 역관계이다. 유럽 대부분의 지역(부유한 지역과 가난한 지역 모두)에서 지금의 인구를 유지존속할 수 없는 수준으로 출산율이 지속적으로 하락하고 있는 현상을 적합도의 향상으로 설명할 수는 없을 것이다.

비부모적인 전달 가설은 다양한 불량한 문화적 변형이 발생할 것을 예측한다

비부모적인 전달 가설은 출산율 감소의 패턴에 대해 무엇을 예측하는가? 이미 살펴보았다시피, 적절한 상황만 주어진다면 문화의 진화에 작용하는 모든 힘은 불량한 문화적 변형이 확산되는 것을 도울 것이다. 현대에 들어서 비부모적 전달이 차지하는 비중은 점점 더 커지고 있으며 값싼 대중매체의 발전과 함께 거대해졌다. 그리고 비부모적 전달이 늘어날수록 부적응적인 변형이 확산될 기회도 늘어난다. 적은 비부모적 전달에 적응되어 있던 본유적 및 문화적-편향 보조 도구는 홍수처럼 밀려드는 새롭게 진화한 신념과 가치를 다루기에는 벅찰 것이다. 이처럼 갑자기 위험에 노출된 집단에서 이기적인 문화적 변형은 다양한 전략을 이용해야만 한다. 이와 동시에 동일한 변형에 노출되더라도 집단 간에 가치에 변이가 나타나는 것은 "감염"된 정도가 다르기 때문이다. 수직적으로 전달된 문화 요소에 작용하는 자연선택은 출산을 촉진하는 가치를 직접적으로 선호할 것이며, 출산을 촉진하는 가치는 "감염"에 대해 어느 정도 저항성을 보일 것이다.

이어지는 절에서 우리는 출산율에 영향을 주는 이기적인 문화적 변형의 성공적인 전략이 매우 다양하며, 출산을 촉진하는 기존의 그리고 새롭게 진화한 가치 모두 출산을 감소시키는 영향에 대해 저항력을 보인다는 증거를 제시할 것이다.

인구학적 천이를 발생시키는 신념은 내용 편향을 이용한다

우리 심리에 존재하는 내용 편향을 이용하는 문화적 관념 중에서 가장 명쾌한 사례는 산업혁명과 정보혁명의 기본적인 생산물이라고 할 수 있다. 근대성은 우리를 근대의 생산물을 구매하고 사용하는 데 수많은 시간과 돈을 쓰는 소비자로 만들어 버렸다. 전통 사회에서 물질 소유 및 육체적 편안함에 대한 욕구는 적합도를 향상시켰으며, 거의 대부분의 사회에서 이러한 욕구는 강력하다. 아마도 기초적인 물욕은 본유적일 것이다. 초기에 아주 소수의 사람이 새로운 품목을 받아들인 이후에 그 소수의 사람은 나머지 사람들에게 실연자로 기능하며, 얼마 지나지 않아 전화기와 텔레비전이 그랬던 것처럼 또 다른 "필수품"이 태어난다. 우리는 개인용 컴퓨터와 휴대폰이 꿈도 꾸지 못했던 기기였던 시절을 기억할 수 있다. 그 밖의 경우에는 산업 제품이 돈의 여유가 있는 사람들이나(미식가를 위한 식료품) 취미가 있는 사람들에게만(등산용품) 확산된다.

경제학자 게리 베커Gary Becker는 이러한 맥락에서 부자들의 낮은 출산율은 이성적인-선택 모델로 설명할 수 있다고 주장했다.[58] 엘리트는 전문적인 노력을 기울이면 상당한 수입을 올릴 수 있다. 부유하다면 사치를 구가할 수 있지만 그러기에는 시간이 필요하다. 그들에게는 일과 소비 패턴이 자식을 기를 수 있는 능력보다 우선순위에 있다. 반면 임금이 낮고 시간이 걸리는 취미 생활을 할 만한 여유가 되지 않는 가난한 사람들은 아이를 기르는 것이 시간을 즐겁게 보내는 방법이라고 생각한다. 부자가 스테이크와 샴페인을 구매할 수 있는 능력이 되기 때문에 가난한 사람들보다 콩과 맥주를 적게 소비하듯이, 그들은 자식을 갖기보다는 돈을 벌고 비용이 많이 드는 취미를 탐닉하는 데 더 많은 시간을 보낸다. 자식, 비싼 사치품, 시간이 드는 취미에 대한 선호가 사람마다 혹은 시대마다 다를 필요는 없다. 경제가 큰 폭으로 구조적으로 변화하면서, 예산은 늘어나며, 보편적인 선호도는 단지 소비 목록 중에서 적은 선호를 받는 품목에서 좀 더 많은 선호를 받는 품목으로 대체하도록 만들 뿐이다. 직접적인 편향의 의사 결정력이 매우 커지게 되면, 전기 토스터를 사용하는 것과 같은 "특질"을 채택하는 것은 매우 사소한 의미에서만 문화적이라고 할 수 있다. 앞서 살펴보았다시피, 이성적인 선택 모델은 문화적 진화의 특수한 사례일 뿐이다. 베이커의 모델은 모든 진화적인 활동이 경제적인 성장을 일으키는 혁신들의 무대 뒤에서 일어나는 감추어진 문화적인 진화 모델이라는 것을 유념하라.

다시 말해서, 현대의 경제는 분명 우리의 선호—그것이 보편적이든, 특정 문화에만 한정된 것이든, 자신에게만 특이한 것이든, 규범에서 벗어난 것이든 간에—에 강력하게 호소하는 수많은 상품과 서비스를 생산한다. 현대의 기업 경영의 목표는 마치 고도로 훈련된 사람이 고안한 것처럼 우리의 선호와 산업 생산 시스템을 직접적으로 연결시키는 것이다. 이는 매우 성공적이며, 그 결과는 말할 것도 없이 우리의 적합도에 영향을 미친다. 어디에서든 문화를 상자 속에 가두어 넣고 환경-결정적인 결론에 초점을 맞추고자 하는 사람들은 이성적-선택 모델에 가까운 수많은 현상을 발견할 수 있을 것이다. 꼼꼼히 살펴보아도 그런 노력 자체는 잘못되지 않았다. 하지만 이성적-선택 이론가들이 어떤 껍질이 문화의 씨앗을 숨기고 있는지 놓칠 때 문제가 발생한다. 특히 문화의 씨앗이 진화하고 있을 때 문제는 더 크다. 우리가 옳다면, 사람들이 모든 사회에서 동일한 선호를 갖거나 사람들의 선호가 시간이 지나도 변하지 않는 일은 없을 것이다.

그러나 현대의 삶이 주는 압력과 산만함이 출산율 감소의 유일한 원인이 될 수는 없다. 왜냐하면 미국을 비롯한 산업화된 국가의 사람들은 아직도 육아를 할 만한 충분한 시간적 여유가 있기 때문이다.[59] 사회학자 존 로빈슨John Robinson과 제프리 고드비Geoffrey Godbey는 1965년부터 지금까지 미국 전 지역을 대상으로 하여 상세한 시간 일지 형식의 자료를 수집했다. 이는 사람들의 회상에 의거한 자료와는 상당히 다른 종류의 자료이다. 몇몇 유럽 국가들과 일본에 대해서도 비슷한 자료가 존재한다. 미국인들은 그들이 실제로 일하는 것보다 더 많이 일한다고 보고하며, 여가 시간을 적게 보냈다고 생각하는 것으로 드러났다. 이로 인해 대중매체에서는 미국인들을 과로에 지쳤다고 묘사한다.[60] 교육 수준이 높거나 부유한 사람들은 그렇지 않은 사람들보다 더 많은 일을 했지만, 그들은 또한 그들이 일하는 시간을 더 크게 과장했다. 사실 1965년 이후로 노동 시간은 감소했다. 여성의 경우, 집 바깥에서의 취업이 증가했기 때문에 주당 노동 시간이 세 시간 정도 증가했지만, 모든 미국인의 평균 노동 시간은 주당 세 시간 이상 감소했다. 남성과 여성 모두에게 가사 노동 시간은 상당히 줄어들었는데, 그 주된 이유는 독신이 증가하고 아이의 숫자가 감소했기 때문이다. 결과적으로 1965년에 비해 현재 미국인들의 주당 여가 시간은 약 다섯 시간 정도 증가했다. 그러나 주당 다섯 시간의 텔레비전 시청 시간이 이러한 증가를 완전히 상쇄하고 있다. 현재 평균 성인의 시청 시간은 대략 주당 열다섯 시간에 달한다.[61]

우리의 소득은 또한 대가족을 부양하기에 부족함이 없다. 베이비붐으로 태어난 세대는 그들의 부모보다 상당히 많이 벌고 있다. 수입을 가구당 아이의 숫자 및 생계비를 반영하도록 보정했을 때, 베이비붐 세대들은 그들의 부모보다 50% 부유하다. 이러한 우위는 출산율의 감소와 여성 취업의 증가를 뚜렷이 반영한다. 베이비붐 세대는 그들 부모의 출산율을 초과하거나 대등할 수 있는 재정적인 원천이 있었지만, 더 많이 일하고 더 적은 아이를 갖는 것을 선택했다.[62]

단순한 소비주의가 아니더라도 현대의 경제 체제에 참여하기로 결정하는 명백한 이유는 수없이 많다. 선진 의료, 더 나은 위생, 저렴한 식품, 그리고 더 좋은 주거지는 모두 적합도의 기본적인 구성 요소에 긍정적으로 기여한다. 독재적이고 때때로 변덕스러운 가장에 대한 의존도가 줄어든 것과 같은 요소는 비록 아이를 기르는 데 대한 유인이나 보조를 사라지게 하더라도 분명 커다란 혜택으로 여겨질 것이다. 원칙적으로, 사람들은 현대의 신념과 태도를 주의 깊게 평가할 수 있으며 적합도를 향상시키는 것들을 선택적으로 채택할 수 있다. 조금 뒤 논의하겠지만, 사실 이 정도로 엄밀한 선택 체계를 만들어 낸 문화는 그리 많지 않다. 그들 사회가 그것을 이루는 수단은 이론적으로 매우 중요하다.

인구학적 천이를 불러오는 신념은 명성 편향을 이용한다

산업혁명으로 발생한 부의 상당 부분은 교육이나 사업, 예술, 의학, 대중매체, 정부 관료에서 경쟁에 의해 결정되는 지위를 향해 부단히 경쟁하는 사람들에게 흘러갔다. 전통적인 역할을 하는 사람들, 특히 그중에서도 농업 교역에 종사하는 사람들에게 흘러간 부는 얼마 되지 않는다. 앞서 논의한 것처럼, 자연선택은 사회적 학습의 심리를 명성과 물질적인 부를 소유한 사람을 모방하는 성향을 지니도록 설계했다. 명성을 지표로 하여 모방하는 사람은 다른 사람들이 현대적인 가치와 태도의 총체를 습득하게 만들도록 할 가능성이 높다. 현대인들은 부 그 자체뿐만 아니라 부유한 삶의 방식을 발생시킨 평생 동안의 직업적 성취를 존경한다. 무료이거나 저렴한 교육으로 인해 그러한 경력으로 향하는 경쟁의 장벽은 낮아졌다. 모든 사람이 현실적으로 거대한 부를 축적하는 것은 불가능하지만, 상당히 많은 사람이 그들의 전문적인 동업자들로부터 존경을 받길 갈망할 수 있게 되었다. 사실, 우리 어머니 중 한 분은 "그 아이는 자기 분야에서 유명해"라면서 당신 아들의 다소 추상적이고 눈에 띄지 않는 업적을 자랑하곤 한다.

이러한 새로운 욕구는 아이를 갖고자 하는 욕구를 감소시킨다. 이런 변화는 여성에게서 여실히 감지된다. 전통 사회에서 여성은 아이를 양육하거나 가사를 수행함으로써 자존심과 사회적 지위의 태반을 획득한다. 가장 전통적인 문화에서는 엄격한 성의 분업으로 인해 여성들이 최고로 존경받는 역할에 대한 경쟁에 뛰어들 수 없으며, 그러한 역할은 대부분 남성이 독점한다. 정규 교육은 이러한 패턴을 혁명적으로 변화시킨다. 인구학적 천이를 가져온 가장 큰 요인 중의 하나는 여성 교육의 시작과 관련 있다.[63] 여성들은 학교에서 직접적으로 교사(대개 여교사)를 접하며, 간접적으로 권위 있는 현대적 지위를 차지하는 사람들을 접한다.

부와 세련됨을 과시할 수 있는 현대에는 그러한 역할이 상당히 매력적이다. 더군다나 여학생들은 성공적으로 학업을 수행할 수 있다는 것을 알게 되며, 이에 더하여 남녀공학에 다니는 여학생들은 남학생보다 실제로 학교 성적이 조금 더 높다는 것을 발견한다. 너무나 자연스럽게도, 학교 교육을 받은 많은 여성은 직장에 고용되어서 현대의 경제에 참여하여 소득을 올리고자 한다.

문화적 변이에 작용하는 자연선택은 인구학적 천이에 영향을 준다

명성 편향을 통해 인구학적 천이를 확산시키는 현대의 명성 시스템이 얼마나 강력한가는 현대적 역할에서의 성취와 핵가족 규범과의 상관관계에 달려 있다. 만약 핵가족의 구성원이 학교에서의 성취가 더 높고 그 후 이어지는 현대의 사회적 역할에서 명성에 대한 경쟁에서 더 우위에 있다면, 비부모적 전달에 상당한 영향력을 발휘하는 사회적인 역할을 핵가족 출신들이 상당수 차지하게 될 것이다. 인구학자 고故 주디스 블레이크Judith Blake는 가족 크기와 지적, 교육적 성취 간의 트레이드오프 관계에 대한 강력한 증거를 제시했다.[64] 그녀는 형제자매가 많으면 부모의 자원이 갖는 효력이 약화된다는 가설을 검증하기 위해서 주로 1950년대부터 1980년대까지 미국을 대상으로 한 대규모의 조사들로부터 대량의 자료를 수집했다. 가족 크기의 효과는 다양한 종속 변수에 관계없이 일정하게 나타났다. 대가족은 일관되게 지능과 교육적 성취에 부정적인 영향을 미쳤다. 많은 형제자매와 자란 아이들(일곱 명 이상)은 외동 혹은 두 명이서 자란 아이들보다 2년 내지 3년의 교육을 적게 받았다. 외동과 두 명의 형제자매는 교육 연수에 있어 차이가 없었지만, 이보다 더 형제자매가 많아질수록 그에 비례하여 교육 연수가 줄어들었다. 외동과 일곱 형제자매의 차이는 백인과 흑인의 평균적인 차이 혹은 세대 간의 차이보다 더 컸다.[65] 심지어 아버지의 교육 정도(지능의 본유적 측면에 대한 부분적인 보정으로써)를 통계적으로 보정한 이후에도, 형제자매의 크기가 지능(그중에서도 언어 능력)에 미치는 영향은 상당히 컸다. 아이의 교육열은 직간접적으로 형제자매의 크기에 영향받았으며, 이는 다시 다양한 과외 활동(이를테면 문화 활동과 독서에 보내는 시간)에 부정적인 영향을 미쳤다.

또한, 아이의 양육 방식을 직접 관찰한 결과에 의하면 대가족의 어머니가 각각의 아이와 보내는 시간은 적으며, 이는 양/질 트레이드오프 가설을 지지한다.[66] 지지하고 꾸짖지 않으며 관심을 갖고 학교에서 성적이 뛰어난 아이를 길러 내는 중산층 양육 스타일은 꾸짖거나 무관심하여 공부를 싫어하는 아이를 길러 내는 스타일보다 확실히 시간이 많이 든다.[67] 당신 아이의 유전적 적합도를 향상시키고 싶다면, 부디 숙제를 도와주지 말라!

근대화 중인 사회에서 얻은 자료에 따르면 출산에 대한 규범 및 현대 문화와 상관관계에 있는 여타 규범은 학교나 직장에서 전달된다.[68] 사회학자 멜빈 콘Melvin Kohn과 카미 스쿨러Carmi Schooler는 미국에서 업무 환경이 심리학적으로 미치는 영향을 조사했다. 스스로의 목표가 뚜렷한 전문 직업에 있는 사람들은 동료들 사이에서 이러한 태도를 조장했다.[69] 아마도 인구학적 천이가 발생하기 시작한 19세기 유럽에서도 이와 비슷한 영향이 작용했을 것이다.

이처럼 상당한 증거가 고등 교육을 받는 사람들은 작은 가족 출신일 가능성이 높다는 것을 밝히고 있다. 고등 교육이 필요한 역할을 하는 사람들은 핵가족을 이룰 가능성이 높을 것이며, 핵가족에 선호도를 드러내고, 자신의 직업적인 성공과 자식들의 예정된 성공이 정확하게도 가족 성원의 수를 제한한 덕분이라고 생각할 것이다.

의사소통 경로가 강화된다면 인구학적 천이가 낮은 사회·경제적 수준에서도 발생하게 된다

인구학자 존 본가르트John Bongaarts와 수전 왓킨스Susan Watkins는 현재 라틴아메리카와 아시아의 대부분 국가에서 일어나고 있는 인구학적 천이가 유럽에서 발생했던 인구학적 천이와 상당히 다르다는 것을 지적한다.[70] 최근의 천이는 보다 빠르게 발생하며 항상 사회·경제적 발전이 일어나는 매우 초기에 시작한다. 발전 정도는 유엔 인구통계국 인간개발지수UN Population Division Human Development Index, 즉 기대 수명, 식자율, GDP의 가중 평균으로 측정할 수 있다. 이러한 변화는 아마도 발달 초기에 지역 공동체를 국가와 국제적인 영향 아래에 놓은 혁신 덕분에 발생했을 것이다. 본가르트와 왓킨스가 묘사하듯이, 발전은 전통적인 지역 의사소통 네트워크와 근대화된 기구 사이에 의사소통 경로를 다양화한다. 예를 들어, 친구와 친척이 비공식적으로 모여서 갖가지 흥미로운 주제를 논의하는 것은 피임과 출산에 대한 새로운 관념이 펼쳐지는 소매시장과 같다. 이러한 시장이 열리지 않았다면 천이는 일어나지 않는다. 발전으로 인해 새로운 관념들이 교육, 이주 및 신개념의 도매상이라고 할 수 있는 근대화가 진행되는 분야와 접촉이 일어나는 여타 통로를 통해서 시장에 유입된다.

최근 몇 십 년간, 지역 수준에서 새로운 관념에 대량으로 노출되는 세 가지 방식이 부쩍 중요해졌다. 첫째, 저렴한 전자 매체로 인해 아주 멀리 떨어진 마을 사람들까지 자국 및 선진국에서 제조된 오락 프로그램에 노출되기 시작했다. 둘째, 대부분의 국가 정부에서 신新맬서스적인 정책을 채택했다. 지역의 보건 활동가 및 여타 정부의 변혁 주체들이 피임을 장려하고 핵가족의 장점을 칭송한다. 셋째, 가족계획연맹Planned Parenthood과 같은 국제 비정부 조직이 스스로 선전 활동을 하면서 국가의 신맬서스적인 정책을 보완한다. 본가르트와 왓킨스는 계획적인 출산율 감소가 가능한가에 대해 지역적으로 논의가 공공연하게 되는 것만으로도 가족 수 감소가 널리 받아들여지는 중요한 첫걸음이라고 여겼다. 중앙 방송국에서 만들어지는 멜로드라마가 어떤 효과를 지니는지 생각해 보라. 거기서는 현대의 도시 생활을 이끄는 유복하고 매력적인 사람들을 묘사한다. 그러한 오락 프로에서 산아 제한을 장황하고 공공연히 다루지는 않더라도, 농도 짙은 로맨스는 이를 생생하게 묘사하며 아이가 거의 등장하지 않는 것도 비슷한 것을 암시한다. 우리 중 한 명은 멕시코의 시골을 자주 여행한다. 거기서는 길가 포장마차나 작은 마을의 식당 직원들이 텔레비전에서 방영되는 텔레노벨라(중남미 국가에서 인기를 얻기 시작한 텔레비전 드라마 장르—역주)에 흠뻑 빠져 있는 것을 자주 발견할 수 있다. 오락 분야가 채우지 못하는 여백은 정부와 비정부 기구의 공공연한 신맬서스적인 선전 활동이 채운다.

혁신이 전파되는 과정은 결코 단순하거나 자연 발생적이지 않다.[71] 하지만 다양한 소통 경로를 통해 현대적인 관념에 노출된다면, 지역의 비공식적 의사소통 네트워크가 근대화에 견딜 만큼 강력한 편향을 갖고 있지 않는 한, 결국에는 공감을 자아낼 것이다. 지난 수십 년 동안 이러한 통로가 증가하면서 비부모적 전달 가설이 예측하는 바와 동일한 효과가 발생했다. 그것은 출산율이 예상보다 더 일찍 그리고 더 빠르게 감소하는 것이다.

드물게도 어떤 하위문화는 인구학적 천이를 성공적으로 거스른다

현대 사회에서 어떤 하위문화는 지속적으로 다른 문화보다 높은 출산율을 보였다. 예를 들어, 강력한 출산장려주의 이데올로기와 대가족에 대한 상당한 사회적이고 물질적인 지원이 존재하는 보수적인 신교도 및 가톨릭, 정통 유대인은 현대적인 가족 이데올로기가 주는 충격을 지연시키거나 다소 완화시켰다. 1960년대에도 가톨릭 교구의 고등학교 및 대학 교육을 받은 가톨릭 여성들은 어느 종파에도 속하지 않은 교육을 받은 가톨릭 여성보다 더 많은 아이를 가졌다. 또한 어느 종파에도 속하지 않은 교육을 받은 가톨릭 여성은 신교도 여성보다 더 많은 아이를 가졌다.[72] 사회학자 웨이드 루프Wade Roof와 윌리엄 맥키니William McKinney의 자료에 따르면 가톨릭과 보수적인 신교도는 여전히 다른 종파보다 더 높은 출산율을 보인다.[73] 반면 가톨릭을 믿는 이탈리아에서는 최근 예전에 높았던 출산율이 교체 수준 이하로 떨어졌다. 중동과 북아프리카 무슬림 국가의 출산율도 대부분의 개발도상국보다 높지만, 대부분 최근에 천이를 시작했다. 현대에 발생한 그 어떤 천이도 일단 시작하고 난 다음에는 역전되지 않았다.[74] 앞서 살펴보았다시피, 앨버커키 사람들 간의 출산율의 차이를 설명하기에 가장 좋은 변수는 수입이 아니라 민족이었다.

여기서 우리는 매우 높은 출산율을 보이는 두 재세례파—암만파 신도the Amish와 후터파 신도the Hutterites—를 살펴볼 것이다. 이 하위문화들은 공식을 증명하는 예외에 해당할 것이다. 이 사회의 사람들은 상당히 부유하지만 인구학적 천이를 겪지 않았다. 그 이유는 재세례파의 관습으로 인해 거의 모든 근현대 사회가 쉽게 영향을 받았던 문화적 진화의 한 형태에 저항할 수 있었기 때문이다.

재세례파 집단의 출산율은 천이 이전 단계에 있는 국가의 출산율 중에서 가장 높은 출산율과 비슷하지만, 사망률은 산업 사회와 동일한 수준에 있다.[75] 따라서 그들의 인구 증가율은 대단히 높다. 암만파의 인구는 1900년에 약 5천 명 정도였는데, 1992년에 약 14만 명으로 증가했다. 최근에는 20년마다 인구가 두 배로 늘어났다. 후터파의 인구 증가율은 매년 4%보다 조금 더 높았는데, 17년마다 인구가 두 배로 늘어났다. 배교로 인한 두 집단의 인구 감소는 정확하게 알 수 없다. 평범한 보수적인 신교도로 개종하는 것이 점차 문제가 되는 것 같지만, 이로 인한 인원의 감소가 재세례파 공동체의 보존에 직접적으로 위협이 되는 것은 아니다. 이들 사회는 모두 유복하지만, 매우 높은 인구 성장을 유지하기 위해서 사치품의 소비를 크게 줄였다.

재세례파라고 해서 끊임없이 아이를 낳는 것은 아니다. 그들도 경제적인 제약에 따라서 출산율을 줄이기도 한다. 최근 몇 년간 높은 지대는 후터파와 암만파 사회에게 상당한 영향을 주었다. 후터파 집단의 총출산율은 2차 세계 대전 이후 15년 동안 아홉 명보다 많은 수준에서 새로운 이주지를 구하기가 더욱 어려워지자 1980년대 초반에는 여섯 명이 약간 넘는 수준으로 떨어졌다.[76] 암만파 사회는 지대의 상승에 대해 출산율을 줄이기보다 다른 직업을 구하는 방식으로 대처했다. 그들은 공장에 취직하거나 농업이 아닌 가업을 시작했으며, 그중에서도 관광객에게 판매할 목적으로 하는 수공업이 인기가 있었다.

재세례파는 국가에 종교가 제도적으로 결부되는 것을 거부했던 16세기 독일 신교도의 후손이다. 그들은 성인 세례주의(믿음을 가졌음을 선포한 후에 세례를 받아야 한다는 주장. 유아 세례주의와 대척점에 있음—역주)를 주장하고 폭력을 반대했으며, 국가의 간섭으로부터 교회가 자유로워야 한다는 급진적인 주장으로 인해 유럽의 여러 정부로부터 강력한 탄압을 받았다. 하지만 몇몇 소집단은 탄압을 버텨 냈으며, 결국 일부가 미국(암만파 및 메노파 교도, 18세기)과 캐나다(후터파 교도, 19세기)로 이민 가기에 이르렀다. 비록 포교를 더 이상 하지 않지만, 자신들은 여전히 삶의 방식으로 농업을 강조한다. 많은 면에서 그들은 여전히 자신들이 유래한 16세기 중부 유럽의 농민 사회와 닮았다. 후터파는 공동 경제 체제를 유지하고 있는 반면, 암만파 집단은 독립적인 가족 단위의 농부들로 구성되어 있다.

암만파의 전통적인 삶의 방식들—마차와 말이 끄는 농기구들—이 유명하다고 해서, 그들이 현대 경제로부터 격리되었다고 생각한다면 오산이다. 후터파교도들은 현대적인 도구를 사용하지만 문명의 이기가 그들의 가정생활에 들어오는 데 대해 보수적이다. 예를 들어 전화기는 일반적으로 금지 품목이다. 하지만 실은 두 집단 모두 현대 경제에 꽤 깊숙이 엮여 있다. 그들은 보다 대규모의 경제로부터 수많은 필수품을 구매하고 그 대신에 많은 것을 판매하기도 한다. 더구나 그들은 높은 출산율로 인해 아이들을 기르는 데 필요한 토지 기반을 확장하기 위해 상당한 자본을 축적해야만 한다. 빠른 인구 성장을 유지하려면 그들의 사업은 전통적인 방식만큼 효율적이어야 한다(그보다 더 효율적일 필요는 없더라도). 따라서 재세례파는 더 넓은 세계에 경제적으로 깊숙이 관련되어 있더라도 문화적인 분리가 유지된다. 게다가 재세례파의 문화는 보수적이며 어느 정도 통속 문화로부터 격리되어 있지만, 화석화되거나 주류 문화의 영향으로부터 완전히 격리되어 있는 것은 아니다.

성공적인 암만파의 종파는 주류 사회로부터 문화를 습득할 때 강력하게 걸러 낼 수 있는 문화적 신념과 관행을 갖고 있다. 출산율을 감소하게 만드는 신념들에 노출되는 모든 경로마다 그에 상응하는 방어 기제가 존재한다.

재세례파에서 문화가 전달되는 패턴은 현대적이지 않다

암만파는 본래 아이들을 시골의 공립학교에 보냈다. 후터파에서 이는 여전히 지켜진다. 두 집단 모두 학교에는 대개 그들의 생각에 동의하는 선생들이 있었다(때로는 선생이 재세례파 신도였다). 그 이유 중 하나는 그들이 조밀하게 모여 살기 때문에 그들의 아이들이 학교에서 (압도적이지는 않더라도) 다수를 차지했기 때문이다. 암만파와 후터파는 재세례파의 생활양식을 위해서 8학년의 교육만으로 충분하다고 생각했으며, 나이가 많은 아이들은 실질적인 허드렛일을 하고 공동체와 영적 생활에 참여해야 한다고 생각했다. 그들은 또한 거슬리는 현대적인 관념에 노출되는 정도가 중학교보다 고등학교에서 훨씬 심하고 더 위험하다고 느꼈다. 1960년대와 1970년대에 미국 공립학교 교과 과정이 영화와 같은 혁신들로 "내실화"되었고, 의무 교육법은 일찍 교육을 끝내려 하는 암만파의 요구와 충돌했다. 1972년 미국 대법원은 암만파가 14세에 학교 교육을 끝낼 수 있는 권리를 승인했으며, 이후 암만파는 오늘날 그들의 아이들을 교육시키는 방법인 종교계 학교 체계를 시작했다. 이 체계로 인해 덧붙여 텔레비전과 영화에 거의 노출되지 않았기 때문에 재세례파의 어린이들(그 때문에 어른들도)은 다른 아이들보다 현대적인 관념에 노출되는 정도가 훨씬 적다.

재세례파의 가족은 매우 전통적이다. 노동의 성적 분업은 엄격하며, 아버지는 큰 영향력을 갖는 권위의 소유자이다. 소년은 "남자다운" 태도와 기술을 그들의 아버지와 다른 남성 어른들(대부분 친척들이다)로부터 학습한다. 소녀는 그들의 어머니와 공동체의 다른 성인 여성으로부터 "여성다운" 기술을 배운다. 여성은 그들의 주된 만족을 아이를 기르고 가정 경제를 관리하는 데에서 찾는다. 남성도 가족을 부양하는 그들의 능력과 그들의 가족에 상당한 자부심을 갖는다. 인구학자의 자료가 명백히 보여 주는 것처럼 소녀들이 학교 교육을 통해 현대적인 직업에 이끌리는 것이 인구학적 천이를 불러오는 강력한 힘이라면, 재세례파의 보수적인 단축 교육과 매우 전통적인 가족 구조는 여자아이들이 근대화의 영향에 노출되는 것을 제한한다.

재세례파의 교육 및 가족생활 패턴은 인구학적 천이를 추동하는 문화적 힘으로부터 어느 정도 방패막이가 된다. 그러나 방패는 그리 단단하지 않았다. 재세례파는 아직도 인구 성장률이 현저하게 높은 반면, 여타 촌락 및 보수적인 집단들은 어느 정도 지연시키긴 했지만 결국에는 혹독한 영향에서 피할 수 없었다. 분명 더 유효한 기제가 작동해야 한다.[77]

암만파는 초기 칼뱅주의 교회의 금욕주의를 버리지 않았다

후터파 신학에서 크게 강조되는 것은 '조용한 순종Gelassenheit'이라는 개념인데, 이는 현세적인 근심을 배제하고 신과 하나가 되는 정신 상태를 가리킨다. 암만파의 신학에서는 육신의 썩은 세계는 죽음에 이를 뿐이기 때문에 믿는 자만이 영생의 보답을 기대할 수 있다고 여긴다. 그들은 육신의 세계를 배제하려 했던 만큼 영혼의 세계를 강조한다. 이러한 관념이 16세기로부터 기원한다는 것에 주목하라. 이 관념은 인구학적 천이를 피하려고 발명된 것이 아니며, 이러한 관념을 지속하는 명확한 이유가 천이를 막기 위함도 아니다. 그저 그 가치가 작동하기 때문에 우리가 당연하게 여기는 고안품, 안락함을 주는 것, 오락 및 휴식이 끌리지 않을 뿐이다. 현대의 몇몇 소비품이 재세례파 사회로 여과되어 수용되더라도, 그 수는 비교적 적다. 시간의 거대한 좀도둑인 텔레비전은 기피 대상이다. 현대적인 기술은 철저한 논의를 거치게 되는데, 만약 그들의 종교적 가치에 의해 정의되는 재세례파 공동체의 목적에 합치된다면 받아들여진다. 예를 들어, 암만파가 자동차를 거부하는 것은 분별없는 전통주의가 아니다. 오히려 그것은 주의 깊은 분석의 결과이다. 암만파의 기준에서는 아주 기본적인 자동차조차도 사치스럽게 여겨지기 때문에 회피 대상이다. 자동차에는 운전자를 세속적인 관념에 물들게 할 수 있는 라디오가 있으며, 운전자는 자동차를 이용하여 그들의 공동체 동료로부터 멀리 떨어져 거주할 수 있기 때문이다. 암만파 중에서 가장 금욕적인 분파는 배교로 인한 손실이 가장 적다. 그들은 높은 수준의 금욕주의를 유지하여 육신의 세계에서 비롯되는 관념의 흐름을 방어할 수 있다. 그들은 재세례파의 가치로 인해 시간이 많이 드는 취미와 비싼 고안품에 대한 취향으로부터 면역성을 얻는다. 재세례파의 가슴과 마음을 향한 산업 디자이너와 광고 제작자의 호소는 무위에 그치고 말았다.

재세례파는 주류 사회와 사회적으로 분리되어 있다

본래 재세례파와 다른 신교도가 분리된 것은 교리의 차이 때문이었다. 신도들은 그들 자신을 죄 많은 세계의 영향으로부터 보호하고 싶었다. 자신의 신념을 지키고자 하는 사람들은 국가로부터의 소추에 견디기 위해 더 깊이 종교에 전념할 수밖에 없었다. 분리의 상징적 표지가 진화했다. 재세례파는 독특한 옷을 입고, 독일 고대 방언을 말했으며, 그들의 신학에서 비롯한 기준에 따라 공동체에서의 지위를 나누었다. 재세례파의 명성 체계는 주류 사회의 명성 체계와 다르며 독특하다. 그들의 명성 체계는 주류 사회에서의 성공으로 얻은 지위를 죄스러운 것으로 규정하며, 세속적인 사람들과 필요 이상으로 접촉하는 것을 금지한다. 재세례파 공동체에서 여러 가지 제도는 번식 성공을 막을 가능성이 있는 경쟁적인 지위 추구를 최소화한다. 목사, 최고 경제 운영자, 기숙학교의 선생으로 구성된 모두 남성인 집행 위원회가 후터파 공동체를 이끈다. 암만파의 교구(25~35 가족으로 구성)는 주교, 두 명의 목사, 집사가 통솔한다. 암만파의 관습을 가장 잘 보여 주는 남성들이 이러한 신망이 있는 역할에 후보로 추천되지만, 종국에는 제비뽑기로 선택된다. 제비뽑기를 하는 이유는 관직을 향한 경쟁을 막고 뽑힌 후보자가 너무 자랑스러워하거나 강대하다고 느끼지 못하게 하기 위해서이다(이는 그들의 영혼에 위험한 상태로 여겨진다). 공동체가 그리 크지 않기 때문에 상당수의 남성은 늦은 중년이 되기까지 신망이 있는 지위를 차지한다. 겸손의 규범으로 인해 이 지도자들은 너무 많은 권위를 내세우지는 못한다. 또한 많은 남성이 존경과 권력의 지위를 성취할 것이기 때문에, 이기적인 문화적 변형에 대한 선택은 약할 것이다. 지역 공동체보다 상위 수준의 조직은 느슨하며, 야심적인 개인이 가족을 희생하여 높은 관직을 추구하게 하는 지역 공동체 너머의 역할도 존재하지 않는다.

재세례파의 방식을 신봉하는 사람들은 그들의 신념에 대해 높은 수준의 자기 확신을 갖게 된다. 그들 대부분은 현대의 과학과 기술이 보여 주는 경이에 노출되어도 후회하거나 의심하지 않는다. 과학의 능력은 대부분의 재세례파가 인정하듯이 의심할 여지없이 위대하며, 그들은 현대 의학의 발전에 감사해하면서 적절히 이용하고 있다. 하지만 그들은 신의 능력이 더 위대하다고 말한다. 따라서 명성 편향의 메커니즘은 재세례파에게 약하게 작용할 뿐이며, 재세례파의 규범을 선호하는 매우 현저한 체계에 의해 상쇄된다.

재세례파는 공동체 규범에 순종하기를 요구한다

재세례파의 양육 방식은 다소 고전적이며 부모와 선생의 권위에 대한 존경을 강조한다. 공동체의 기준에 맞지 않는 행동은 권위자에게 제지당한다. 아이들에게 첫 번째 권위자는 부모인데, 부모는 아이에게 고전적인 복종을 요구한다. 이렇게 작은 공동체에서는 규범에서 벗어난 행동이 눈에 띄기 마련이다. 이들은 성인 세례의 전통으로 인해 공동체의 가치에 개인적으로 헌신을 맹세하는 엄숙한 선언을 한 뒤에야 공동체의 완전한 일원이 될 수 있다. 후터파에서 신청자는 반드시 재세례파의 신학에 대한 뛰어난 지식을 증명하고 과거의 행동과 미래의 목표에 대한 장로들의 엄격한 질문에 대답해야만 한다. 물론 육신의 죄스러운 세계는 재세례파의 젊은이들에게 매력적이다. 특히 갓 성인이 된 젊은이들에게 더욱더 그렇다. 공동체에서의 삶은 엄숙하고 따분하다. 더구나 공동체가 항상 부드럽게 작동하는 것은 아니다. 갈등과 의견 불일치로 인해 사람들의 결심이 나약해지기도 한다.

어느 사회에서든 전형적인 일탈 행위가 그렇다시피, 규범을 어기는 자들은 대개 젊은이들이다. 암만파에서는 16세에서 20대 초반의 기간이 부모의 엄격한 통제 아래에 있을 시기와 세례로 인해 교회에 헌신을 다할 때의 중간 기간에 해당한다. 생애의 이 단계를 펜실베이니아의 "독일식" 용어로는 '럼스프링가rumspringa(이곳저곳 돌아다니는 기간이라는 뜻—역주)'라고 한다.[78] 럼스프링가 동안 많은 암만파 청년들은 부모 또는 교회의 간섭을 거의 받지 않고 세속의 즐거움을 맛본다. 재세례파의 성인 세례주의는 성인이 되면 자주적으로 교회에 헌신해야 한다는 것을 강조하며, 럼스프링가를 겪었다는 것은 세속적 삶을 포기하는 것이 자발적이라는 것을 의미한다. 세례에서 서약을 한 뒤, 공동체는 적극적이고, 공식적으로 심각한 일탈자를 배척한다. 가족들도 그들과 접촉하지 말아야 하지만, 럼스프링가 기간 동안만은 아무리 심각한 일탈자라도 가족들이 접촉할 수 있다. 도망자는 죄를 참회하고 공동체의 활동에 다시 헌신하여 복귀할 수 있으며, 실제로 많은 수가 돌아온다. 재세례파 공동체에서 기대되는 순종의 정도가 크기 때문에 혁신을 조금씩 받아들이면서 주류 사회의 가치가 침윤하는 것은 쉽지 않다. 사실상, 사회의 변화는 공동체 모두가 승인한 사안에 대해서만 일어난다.

재세례파는 끝까지 근대화에 저항할 수 있을까?

후터파와 암만파는 모두 강력한 근대화의 영향하에 있다. 앞서 살펴보았다시피, 암만파의 전통적인 팽창적인 농업 체계의 경제적 생존 능력은 농업의 산업화와 지대의 상승이 가속화되면서 위협받는다. 재세례파의 농부는 농장의 산업화로 인해 경제적으로 살아남기 위해서 수많은 혁신을 받아들일 수밖에 없으며, 이 혁신은 재세례파 공동체의 분리를 종용한다. 사업에 필수가 되어 버린 전화기는 사회적인 용도로 쓰일 수 있기 때문에 유혹적이다. 기계가 복잡할수록 교육이 더 많이 필요하다. 높은 지대로 인해 많은 암만파 사람들은 전통적이지 않은 직업으로 돌아선다. 관광객을 안내하거나 암만파가 운영하지 않는 공장에서 일하면서 외부인들과 접촉은 늘어난다. 후터파의 경우에는 개종시키려 하는 전통적인 기독교의 목사들이 신을 가까이 하면서도 훨씬 덜 금욕적인 라이프 스타일로 배교자를 환영한다. 아마도 모든 재세례파 공동체가 결국에는 진보 암만파New Order Amish의 길을 따라갈 것이다. 진보 암만파의 규율은 대개 그리 엄격하지 않기 때문에 수많은 현대적인 기술이 더 빠르게 침투하며 배교율이 높다.

재세례파의 분리주의는 사라질지도 모르며, 이 교파들이 주류의 전통적인 신교도에 합병될 수도 있을 것이다. 하지만 어떻게 될지는 아무도 모른다. 예를 들어, 마서Martha의 포도 농장에서의 거대한 관광 산업은 농장 주인과 본토 뉴잉글랜드 사람들과의 사회적인 거리감을 줄이기보다 오히려 증대시켰다.[79] 재세례파는 주류 사회로부터의 박해와 유혹에 아랑곳하지 않고 4세기 반 동안 분리를 유지해 왔다. 아마도 재세례파는 농업 경제를 확장할 수 있는 능력이 한정된 상황에서 오래된 관습들을 보존하고자 출생률을 제한할지도 모른다. 따라서 그들의 출생률이 어느 정도 떨어지더라도, 보다 가혹한 경제적인 제약이 있다는 것을 고려해 볼 때 아마도 그들은 적합도를 최적화하고 있는 것이다. 또는 암만파가 새로운 경제적인 적소를 구축하여 빠른 인구 확장이 지속되고 보수적인 삶의 방식을 보존할 수도 있을 것이다. 적어도 지금까지는, 농업으로부터 임금 노동 및 관광 사업으로의 상당한 이동이 암만파에게 문제를 일으키는 것 같지는 않다. 하지만 어디까지나 암만파의 적응은 문화적 분리와 현대 사회에서의 경제적인 활동과의 적절한 균형에 달려 있다.

재세례파의 사례는 현대 사회에서 출산율을 감소시키는 믿음과 가치의 확산에 저항하려면 적응(혹은 이 경우에는 전적응preadaptation이라 할 수도 있다) 또한 포괄적이어야 한다는 것을 보여 줌으로써 그 믿음과 가치가 다방면으로 강력하게 작용한다는 것을 보여 준다. 통신 수단과 운송 수단의 혁신으로 인해 몇몇 경로로 침투하는 부적응적인 문화적 변형이 미처 생각하지도 못한 방향으로 진화하였다. 지금까지 오직 재세례파와 이와 비슷한 소수의 집단(극단적인 정통 유태교도와 같이)만이 근대성의 감염에 상당한 저항성을 가진 것 같다. 재세례파는 마치 폭풍우가 치는 근대성의 바다를 헤쳐 나아가는 단단한 카약과 비슷하다. 겉으로 보기에는 약해 보여도 그것이 직면하는 엄청난 압력에도 새지 않기 때문에 살아남는다. 일단 어디서든 심각한 문화적 누출이 발생한다면 그것으로 끝나는 것이다. 재세례파의 진화적인 미래는 예단하기가 불가능하다. 적어도 그때까지 아름다운 설계를 감탄할 수밖에 없다.

인구학적 천이의 문화적 복합성은 문화의 진화로 설명할 수 있다

매우 저항적인 재세례파나, 조금 저항적인 구교도, 보수적인 신교도와 회교도, 그리고 수많은 개발도상국에서 오늘날 일어나고 있는 때 이른 천이를 볼 때, 유럽에서 문화에 따라서 인구학적 천이의 양상이 매우 상이한 것은 그리 놀랄 만한 일이 아니다. 경제와 사회적 역할의 근대화는 복잡한 과정이며, 말할 것도 없이 산업화 이전의 문화적 변이에 영향을 받는다. 인구학적 천이를 포함해서 근대화적인 현상은 경제적 근대화 및 사회적 근대화가 비록 정확하게는 아니더라도 함께 일어나기 때문에 발생한다. 프랑스처럼 사회적 근대화가 산업적인 생산보다 더 빨리 일어날 수 있으며, 혹은 영국처럼 산업화가 사회적 근대화를 서서히 인도하는 경우도 있다. 사회적 근대화는 가동 중인 공장에 쉽게 적응할 수 있는(비록 그들의 본래 목표는 상업 혹은 행정 사무직이지만) 교육받은 개인들을 만들어 낸다. 산업화는 교육을 받고 개인적으로 동기 부여가 된 노동자와 경영자에 대한 수요를 만들어 낸다. 하지만 전통적인 교육 체계가 만들어 낸 사람들만으로도 이러한 변화가 어떻게든 발생할 수 있다. 귀족 엘리트들은 관리직에서 상업으로 옮겨 갈 수 있으며, 중류 계급인 성직자와 의사, 변호사는 관리인의 수완을 발휘할 수 있다. 거기다 전통적인 수공업자는 수학에 밝은 중산층 관리자로부터 조금의 도움을 받는다면 쓸 만한 기술자가 될 수 있다. 결국에는 사회적 근대화와 경제적 근대화의 시너지로 인해 둘 사이에 강한 상관관계가 발생하지만, 근대화 과정이 다른 사회 간에 상당한 변이를 발생시킬 만한 여지는 충분히 있다.

산업적인 생산과 사회의 근대화가 영국과 프랑스의 중심 지역으로부터 확산되면서, 각각 다른 종류의 저항과 수용의 양상을 보였다. 저항이 얼마나 강력하고 효율적인가는 신념 및 가치, 경제적 활동이 문화의 비부모적 전달 패턴을 어떻게 구조화하며 현대적인 관념을 선호 혹은 배격하는 힘을 어떻게 발생시키는가에 달려 있다. 근대성에 대한 수용 정도에서 재세례파는 한쪽의 극단에 위치한다. 미국의 구교도와 전통적인 신교도는 보다 온건한 축에 속하지만, 일반적으로는 근대성에, 좀 더 구체적으로 말해서 인구학적 천이에 저항하는 중요한 세력이다. 현대의 제3세계에서는 대중매체와 여성에 대한 초등교육으로 인해 급격한 출산율의 천이가 시작되는 국가도 있으며, 보수적인 회교 사회처럼 비교적 높은 출산율이 지속되는 곳도 있다. 회교 사회에서 높은 출산율이 지속되는 이유는 아마도 여성에게 전통적인 성별 역할 분담을 요구하기 때문일 것이다.

결론: 문화는 편리함을 위한 것이 아니라
속도를 위한 것이다

　모든 적응은 절충과 트레이드오프의 결과이다. 새들은 날 수 있기 때문에 수많은 포식자로부터 쉽게 달아날 수 있고 효율적으로 긴 거리를 이동할 수 있다. 하지만 새들은 밀도 및 점도가 낮은 공기라는 매체에서 날기 위해 필요한 수많은 설계상의 제약하에 있다. 예를 들어, 새의 뼈는 가벼우면서도 단단해야 한다. 속이 빈 뼈는 가벼우면서도 단단해야 하는 제약을 만족시키지만, 매우 연약하기 때문에 마치 알루미늄으로 만든 정원 가구처럼 구부러졌을 때는 끔찍하게도 쓸모가 없어진다.

　이 장에서 우리는 문화적인 부적응은 설계상의 트레이드오프로부터 발생한다고 주장했다. 문화는 광범위한 환경에 대해 신속하게 적응하도록 하지만, 그 결과 규칙적으로 부작용이 발생한다. 윌리 딕슨Willie Dixon의 고전적인 블루스 곡의 제목(원제목은 'Built for comfort'이다—역주)을 완전히 바꾸어 놓는다면, 문화는 편리함을 위한 것이 아니라 속도를 위한 것이다.[80] 학습은 이미 갖고 있는 지식에 따라 크게 달라진다. 만약 당신이 어떤 문제에 대해서 이미 많은 것을 알고 있다면, 학습은 매우 쉽고 효율적일 수 있다. 만약 아는 것이 별로 없다면, 학습이 불가능할 수도 있다. 이러한 사실 때문에 짧은 시간에 급격한 변화가 일어나는 환경에서 학습으로 적응하기에는 큰 어려움이 존재한다. 자연선택은 빠른 환경의 변화를 따라잡지 못하기 때문에, 각 개인은 최신의 환경에 꼭 맞는 진화된 심리를 가질 수 없다. 그저 전체적인 환경의 공통적이고 통계적인 특징에 대한 지식을 갖고 있을 뿐이다. 우리는 문화가 이러한 문제를 해결할 수 있도록 진화한 적응이라고 생각한다(문화의 심리학적 토대와 전달되는 관념의 풀 모두 여기서 말하는 문화에 해당한다). 비교적 약한 일반 목적의 학습 메커니즘과 함께 작용하는 정확한 가르침 및 모방 덕분에 집단은 자연선택이 유전자의 빈도 변화를 일으키는 것보다 훨씬 신속하게 적응적인 정보를 축적할 수 있다. 이러한 능력은 큰 이점이 있으며, 인간 채취자들은 이 능력 때문에 그 어떤 동물 종보다 다양한 환경에 적응할 수 있었다. 하지만 마치 날기 위해서 부러지기 쉬운 속이 빈 뼈가 필요하듯이, 문화적 적응에도 설계상의 타협이 수반된다. 유전자 대신 모방을 이용한 다윈적인 체계로 모의실험을 만들면서, 자연선택은 이기적인 문화적 변형이 확산될 수 있는 조건을 만들었다. 우리가 경험적인 사례로부터 논의한 것이 옳다면, 이 가설이 예측하는 종류의 이기적 변형들을 관찰할 수 있을 것이다.

우리의 문화는 우리의 폐와 많이 닮았다. 둘 다 진화된 기능을 잘 수행할 뿐만 아니라 우리를 병원균에 감염되기 쉽도록 한다. 다른 사람과 최대한 접촉하지 않는 한 심각한 호흡기 질환이나 이기적인 문화적 변형에 감염될 가능성은 매우 낮을 것이다. 하지만 우리는 다른 사람들과 접촉하면 많은 이익이 발생하기 때문에 두 가지의 질병에 걸릴 위험을 무릅쓰도록 진화했다. 문화 덕분에 우리는 인간사에 꼭 필요한 것들을 모방할 수 있는 능력을 지녔지만, 그로 인해 우리를 불구로 만들거나 죽게 만드는 재갈을 물게 되기도 한다. 마치 우리가 숨 쉬는 공기처럼 말이다.

커다란 실수 가설은 인간의 부적응을 설명하려는 가장 강력한 대안적인 가설이다. 이 가설에 따르면 우리가 문화라고 명명하는 것을 구성하는 데 필요한 정보의 대부분이 홍적세의 환경에 의해 형성된 유전자에 내재되어 있다고 주장한다. 이 가설을 지지하는 사람들은 이러한 정보가 홍적세 동안 적응적인 행동을 산출해 내는 의사 결정 체계로 조직되었다고 이야기한다. 그들은 이에 덧붙여 홍적세 이후에 문화의 변화 속도가 갑자기 빨라지자 "환경"이 변화했고, 그리하여 환경은 진화된 의사 결정 체계가 처리할 수 있는 범위에서 이제 멀리 벗어나 버렸다고 주장한다. 이러한 커다란 실수가 어디서 그리고 얼마나 자주 일어나는지에 대해 진화사회과학자들의 의견은 제각각이다. 예를 들어, 존 투비와 레다 코스미데스는 홍적세 이후의 대부분의 행동은 적응적이지 않다고 보는 입장인 것 같다.[81] 이에 반해, 인간 행동 생태학자들은 현대 사회와 비교했을 때 전통적인 충적세 사회에서 매우 적응적으로 행동하는 것처럼 보이는 증거는 상당히 많다고 주장한다.[82] 두 가지 설명 모두 개인들의 마음과 "환경"의 직접적인 상호 작용에 집중할 뿐 문화의 진화적인 역학에는 관심을 두지 않는다.

부적응적인 행동에 대해 커다란 실수 가설과 명시적인 문화진화론을 구분하는 것은 두 가지 이유에서 중요하다. 첫째, 문화적 가설은 어떻게 문화적인 부적응이 발생하는지에 대해 자세하고 체계적으로 예측할 수 있다. 이에 반해 일반적인 "커다란 실수" 가설은 그러한 예측을 하지 않으며, 카플란의 인구학적 천이에 대한 설명처럼 이 가설의 특수한 변형들은 특수한 상황에만 적용할 수 있다. 물론, 복잡하고 고도로 진화한 적응이 잘못될 수 있는 길은 매우 많기 때문에, 커다란 실수 가설은 본질적으로 특별한 목적을 가질 수밖에 없다. 특수한 상황을 위한 설명이 반드시 틀렸다는 이야기가 아니다. 어떤 종이 진화한 환경을 벗어났을 때 적응이 제 기능을 못할 가능성이 매우 높다는 뜻이다. 그렇게 제 기능을 못하는 사례로 들기에 인간이 가장 적절하지 않을지도 모른다. 왜냐하면 인간은 다양한 환경에 매우 잘 적응하는 종이며, 충적세 동안의 폭발적인 성공이 이를 예증한다. 여기 우리가 다루는 사례인 인구학적 천이는 현대 사회에서 부적응적인 것으로 드러난 부와 명예에 대한 선호만으로 설명하는 것보다 우리의 가설로 더 잘 설명할 수 있다. 우리의 설명은 부적응을 설명할 수 있는 세부적이면서도 일반적인 이론을 제공한다.

둘째, 두 가지 가설은 홍적세의 수렵 채집 환경에 대해 매우 다르게 예측한다. 커다란 실수 가설은 홍적세 수렵 채집자의 행동이 항상 적응적이었을 것이라 예측한다. 반면, 우리의 가설에 따르면, 일단 문화적 전달이 중요한 위치를 차지하자, 문화적 능력에 대한 자연선택은 비부모적 전달을 선호하기 시작했으며 필연적으로 불량한 문화적 변이가 나타나기 시작했을 것이다. 우리는 또한 현대 사회에서 부모의 문화적인 영향보다 부모가 아닌 사람들의 문화적 영향이 훨씬 커졌기 때문에 부적응적인 문화적 변이가 더 많을 것이라 예측한다. 적합도를 감소시키도록 주의를 산란시키는 대중매체는 이제 순수예술 수준으로 진화했지만, 한편으로는 식자율이 높아지고 과학이 발달하면서 내용 편향의 적응적인 부분이 더 강력해졌기 때문에 해로운 미신들이 많이 사라졌다.

두 가설을 엄밀하게 검증하려면 홍적세에서 문화적 진화론에서 예측하는 종류의 부적응이 실제로 존재했는지 찾아봐야 할 것이다. 물론, 이는 어려운 작업이다. 현대 수렵 채집 사회의 행동을 연구하는 것도 유용하긴 하지만 충적세의 환경은 후기 홍적세의 환경과 너무 다르기 때문에 불충분하다. 고인류학의 자료 또한 불충분하기 때문에 직접적인 검증이 어렵다. 실제로 적합도의 최적화로부터 대규모로 그리고 지속적으로 벗어나게 만드는 메커니즘 가운데 하나는 유전자와 문화의 공진화일 것이다. 일단 문화적 전통이 새로운 환경을 만들어 내면(유전적으로 전달되는 여러 변형의 적합도에 영향을 미칠 수 있는 환경을 말한다), 유전자와 문화는 함께 공진화의 춤을 추기 시작한다. 극단적인 경우에는 문화적으로 결정되는 사회적 전통으로 인해 문화적 전통의 보존을 돕는 유전자형이 선택될 수도 있다.[83] 문화가 작용하는 데에는 사람들이 모인 개체군이 필요하기 때문에, 그러한 공진화적인 부적응은 자연적으로 사라질 가능성이 높으며 따라서 홍적세의 빈약한 증거로는 그 부적응을 관찰하기 어렵다. 가장 발견할 가능성이 높은 부적응은 아마도 유전자에 가해지는 자연선택이 그 부적응에 불리하도록 작용하더라도 실제로는 집단의 평균적인 적합도를 향상시키는 별난 부적응일 것이다. 인간의 협동이 아마도 여기에 해당될 수 있을 것이다. 유전자에 가해지는 자연선택에 따르면 친척 혹은 서로 잘 알고 있는 사람과만 협동해야 하지만, 인간은 이방인들과 큰 집단을 이루어 협동하는 데 매우 능하다. 앞서 언급했다시피, 아마도 내용 편향으로 인해 집단 내의 협동을 선호하는 자연선택이 작용할 수 있는 집단 수준의 안정적인 변이가 생성될 수 있을 것이다. 정말 인간이 협동할 수 있는 능력이 이처럼 겉보기에 모순적인, 적응적인 부적응의 사례일까? 인간의 협동이 홍적세부터 시작되었다고 확신할 수 있을까? 이는 다음 장에서 다룰 주제이다.

6장

Culture and Genes Coevolve

문화와 유전자는 공진화한다

한때 우유는 미국에서 "누구에게나 우유가 필요하다"는 슬로건과 함께 판매되었다. 이 슬로건은 사람의 마음을 끌지는 몰라도 틀린 말이다. 대부분의 사람은 우유를 필요로 하지 않을 뿐만 아니라 견뎌 낼 수 없다. 전 세계 성인의 대다수가 우유 속의 당 성분인 락토오스를 소화하는 데 필요한 효소가 부족하며, 그들이 우유를 마시게 되면 락토오스는 소화관에 흡수되는 것이 아니라 박테리아에 의해서 발효되며, 불쾌하게도 장에 가스가 차거나 설사의 공격을 받는다. 1960년대까지 우리가 이를 몰랐다는 것은 과학자들이 그들의 문화적 배경으로 인해 눈멀 수 있다는 증거이다(대부분의 영양학자는 성인 락토오스 불내성이 흔하지 않는 국가 출신이다). 이는 또한 생체임상의학에서 진화가 차지하는 역할이 얼마나 적은지 보여 주는 증거이다. 왜냐하면 조금만 적응주의적으로 생각했더라면 우유를 소화할 수 있는 능력은 정상이 아니라 비정상이라는 것을 알수 있었을 것이기 때문이다. 우유는 포유류에게 항상 이유식이었으며, 락토오스는 어머니의 우유에서만 발생한다. 따라서 성인이 된 포유류에겐 락토오스를 분해할 수 있는 효소가 필요 없다. 항상 검소한 자연선택이 거의 대부분의 포유류 종에서 젖을 뗀 이후 이 효소의 생산을 중지하는 것은 당연하다. 대다수의 사람은 표준적인 포유류의 발달 패턴을 따른다. 다시 말해, 그들은 어릴 때 우유를 소화할 수 있지만 성인이 되어서는 우유를 소화하지 못한다. 왜 일부 인간 집단에서 대부분의 어른이 락토오스를 소화할 수 있는지는 진정 진화론적 수수께끼가 아닐 수 없다.

1970년대 초반, 지리학자 프레드릭 시문스Fredrick Simoons는 락토오스를 소화할 수 있는 능력이 낙농업의 역사에 대한 반응으로 진화했다고 제안했다.[1] 유럽 북서부의 사람들은 오랫동안 젖소를 기르고 신선한 우유를 소비했다. "아리아인" 침략자들에 의해서 인도에 낙농이 전파되었으며, 서아시아와 아프리카의 유목민도 천 년 정도 낙농을 해 왔다. 이 지역에서는 모두 대부분의 성인이 신선한 우유를 마실 수 있다. 지중해 연안에서 낙농업을 하는 사람들은 전통적으로 요구르트나 치즈 등의 락토오스가 제거된 제품의 형태로 우유를 소비해 왔다. 이 집단의 일부 성인들은 락토오스를 소화할 수 있다. 세계의 나머지 지역에서는 낙농업을 하지 않거나 낙농업이 흔하지 않기 때문에, 아메리카 원주민이나 태평양 연안의 섬 주민, 극동 지방 사람, 아프리카인 중에서는 락토오스를 흡수할 수 있는 사람은 거의 없다. 시문스의 가설은 그 당시에는 논란거리였지만, 이후의 유전적 자료에 의해 단 하나의 우성 유전자가 락토오스 소화 여부를 결정한다는 것이 밝혀졌고, 면밀한 통계적 분석으로 낙농업의 역사가 존재하는가의 여부가 이 유전자의 높은 빈도를 예측할 수 있는 가장 좋은 변수라는 것이 밝혀졌다. 더구나, 낙농업이 처음 시작된 이후 이 유전자가 확산될 시간은 충분했던 것으로 드러났다.[2]

성인의 락토오스 소화의 진화는 "유전자-문화 공진화"의 한 사례이다. 공진화라는 용어는 생물학자들이 두 개의 종이 서로 환경의 일부분이 되면서 한 종에서 진화적인 변화가 발생하게 되면 다른 종에도 진화적으로 변화가 발생하는 체계를 가리키기 위해서 만든 용어이다.[3] 이는 촘촘하게 구성된 공진화의 춤으로 발전할 수 있으며, 놀라운 결과를 만들어내기도 한다. 예를 들어, 일반적으로 포식성인 개미는 종종 다른 포식자로부터 진딧물을 보호해 주기도 한다. 그에 대한 보상으로 진딧물은 개미가 수집하는 당이 풍부한 단물을 배출한다.

인간 집단이 보유하고 있는 문화적 그리고 유전적 정보의 진화하는 풀에서 이 두 가지는 서로 비슷한 소용돌이의 왈츠를 추는 파트너이다.

유전자의 진화는 복잡한 문화적 적응을 누적적으로 진화시킬 수 있는 심리 기관을 만들어 내었다. 어떤 환경에서는 이 과정으로 인해 낙농업의 전통이 진화하였다. 이처럼 새롭게 문화적으로 진화된 환경은 성인이 되어서도 전유全乳를 소화할 수 있는 유전자의 상대적 적합도를 증가시켰다. 이 유전자가 확산되자, 이어서 환경을 형성시키는 문화적 관행을 변화시켰을 것이다. 예를 들어, 전유를 더 많이 마시게 되었다든가, 혹은 뜻하지 않게도 아이스크림을 발명했을 수도 있다.

우리는 유전자-문화 공진화가 인간 심리의 **유전적** 진화에서도 중요한 역할을 했다고 생각한다. 만약 유전적으로 부적응적인 문화적 변형이 누적적인 문화적 적응으로 인해 필연적으로 발생할 수밖에 없는 결과라면, 인간 집단이 보유한 문화적 및 유전적 정보의 풀은 각각의 진화적 역학에 반응했다는 뜻이다. 다시 말해, 자연선택 및 돌연변이, 유전자 부동이 유전자 빈도를 형성하며, 자연선택과 유도 변이를 비롯한 다양한 전달 편향이 문화적 변형들의 분포를 결정한다. 그러나 이 두 종류의 과정은 독립적이지 않다. 이 공진화의 춤에서 각각의 파트너는 다른 파트너의 진화적인 움직임에 영향을 준다. 유전적으로 진화한 심리적인 편향은 유전자의 적합도를 상승시키는 방향으로 문화의 진화를 이끈다.[4] 문화적으로 진화된 특질은 다양한 유전형의 상대적인 적합도에 수많은 방식으로 영향을 미친다. 몇 가지 사례만 살펴보자.

- 문화적으로 진화한 기술이 몸의 구조와 형태의 진화에 영향을 미칠 수 있다. 예를 들어 현대인은 이전의 호미니드 종보다 훨씬 덜 강건하다. 고인류학자들은 이러한 변화가 효과적으로 던질 수 있는 사냥 무기의 문화적 진화 덕분이라고 주장해 왔다.[5] 이러한 효과적인 사냥 무기가 존재하기 이전에는 가까운 거리에서 커다란 동물을 살육해야 했기 때문에 강건한 유전자형이 선호되었다. 하지만 일단 멀리 있는 동물을 죽일 수 있게 되자, 자

연선택은 보다 덜 강건한(따라서 비용이 적게 드는) 체격을 선호
하게 되었다.

- 문화적으로 진화한 귀중한 정보에 접근이 용이하다면 그 정보
를 습득하고 이용하는 데 향상된 능력이 선택될 것이다. 언어
가 가장 대표적인 사례이다. 인간의 발성기관과 청각 장치가 구
두 언어를 생성하고 해독하는 능력을 향상하도록 수정되었으
며, 우리가 단어의 의미와 문법 규칙을 학습하는 데 필요한 특수
목적 심리 장치를 갖고 있다는 데에는 이견의 여지가 없을 것이
다. 구두 언어가 존재하지 않았다면 환경에 존재하는 이러한 파
생 특질이 자연선택으로 발생할 수 없었을 것이다. 이에 대한 가
장 그럴듯한 설명은 문화적으로 전달될 수 있는 단순한 언어가
먼저 발생했고, 이후에 소리를 생성할 수 있는 특수 목적의 인후
구조 및 학습, 언어의 해독, 발화를 위한 특수 목적의 심리를 자
연선택이 선호했으며, 이로 인해 언어가 더 풍부하고 더 복잡해
졌으며, 또 이로 인해 언어를 습득하고 생성하는 기관이 더 가다
듬어졌다는 것이다.
- 만약 규범을 어기는 자가 누군가에 의해 처벌받는다면 문화적
으로 진화한 도덕규범은 적합도에 영향을 미칠 수 있다. 반사회
적인 충동을 제어하지 못한 남성은 소규모 사회에서는 황야로
추방되었으며, 현대 사회에서는 투옥된다. 사회적으로 부적합
한 행동을 한 여성은 남편감을 찾지 못하거나 남편에게 이혼당
할 것이다.[6] 이 장에서 우리는 공진화적 힘이 인간의 사회적 심
리의 본유적인 부분을 혁신적으로 바꾸어 놓았다고 주장할 것
이다.

유전자-문화의 공진화는 오랜 시간 동안 진행되었기 때문에 이와 같
은 상당한 유전자의 변화를 발생시킬 수 있다. 약 300세대에 걸쳐서 성

인 대부분이 락토오스를 섭취할 수 있는 집단에서 낙농업은 하나의 힘으로 작용했다. 4장에서 우리는 복잡한 문화적 적응을 축적할 수 있는 능력이 대략 50만 년 정도 되었다는 증거를 제시했다. 이는 약 2만 세대 동안 복잡한 문화적 전통이 인간의 유전자 풀에 공진화적인 선택압을 가했다는 것을 의미한다. 문화적으로 진화된 환경은 이 기간 동안 인간 유전자의 진화에 공진화적으로 상당한 영향을 미칠 수 있었을 것이다.

우리는 모든 독자들이 유전자-문화 공진화가 직관적이고 그럴듯한 개념이라고 받아들이길 바란다. 하지만 많은 진화사회과학자들은 이 개념으로 인해 우리가 잘못된 곳으로 인도될 수 있다고 생각한다. 이러한 전통 아래에 있는 연구자들은 문화의 진화가 우리의 진화된 심리에 의해 형성되었지만, 그 역은 아니라고 강조한다. 심리학자 찰스 럼스덴Charles Lumsden과 진화생물학자 윌슨E. O. Wilson의 표현을 빌리면, 유전자는 문화를 구속하고 있다.[7] 문화는 약간은 배회할 수 있지만, 완전히 벗어나고자 시도한다면 주인인 유전자가 제어할 수 있다. 우리는 이것이 진실의 일부분에 지나지 않는다고 본다. 앞 장에서 길게 논의했듯이, 유전될 수 있는 문화적 변이는 자기 스스로 진화적인 동역학에 따른다. 그래서 때로는 유전자에 가해지는 자연선택이 선호하지 않는 방향으로 문화적 변이의 진화가 일어나기도 한다. 결과적으로 발생한 문화적 환경은 유전자의 진화적인 동역학에 영향을 미친다. 문화는 족쇄에 묶여 있지만, 묶여 있는 개는 크고 똑똑하며 독립적이다. 어디로 향하게 되는지, 누가 누구를 이끄는지는 구분하기 어렵다.

따라서 유전자와 문화는 항상 공생할 수밖에 없는 관계라고 생각하는 것이 낫다. 마치 혼자서 해낼 수 없는 일을 두 종이 각각의 특별한 능력을 조합하여 공동으로 해내는 것처럼 말이다.[8] 인간은 스스로 힘만으로 풀을 먹을 수 있는 음식으로 바꿀 수 없다. 마찬가지로 젖소는 스스로 힘만으로 사자와 늑대를 쫓을 수 없다. 인간과 젖소의 공생 관계는 두 가지의 이점을 모두 취할 수 있게 해 준다. 그러나 이러한 공생 관계는 항

상 불완전하다. 인간은 늘 젖소가 줄 수 있는 양보다 많은 우유를 얻고
자 하고, 젖소는 사람들이 자기 자식을 먹이려는 양보다 우유를 적게 생
산하는 것을 선호하는 자연선택의 영향하에 있다. 협동으로 얻는 순이익
이 발생하는 한 서로 종잡을 수 없는 상대편의 생물학적 요구를 들어주
게 된다. 인간은 자기 자신이 길들이기에서 우월한 위치에 있다고 생각
한다. 한편 젖소도 인간이 자신을 위해 많은 일을 하게끔 만들기 때문에
스스로를 똑똑하다고 칭찬할 자격이 있다. 유전자와 문화의 관계도 이와
닮았다. 유전자는 자기 스스로 빠르게 변화하는 환경에 적응할 수 없다.
문화적인 변이도 몸과 뇌가 없이 혼자 힘으로는 아무것도 해낼 수 없다.
유전자와 문화는 이처럼 서로 긴밀하게 엮여 있지만 서로 다른 방향으로
이끄는 진화적인 힘 아래에 있다.

　생물학자 존 메이너드 스미스John Maynard Smith와 외르스 사트마리
Eörs Szathmáry는 유기체 수준으로 진화할 때 상리공생이 중요한 역할을
했다고 지적한다.[9] 진핵eukaryotic 세포의 기원이 좋은 예이다.[10] 약 20억
년 전 세계의 생물상은 원핵prokaryote 생물이 차지하고 있었다. 원핵 생
물은 현대의 박테리아처럼 핵 또는 염색체가 없는 생물을 말한다. 그 무
렵 원핵 종간의 긴밀한 공생으로 진핵 세포가 발생했다. 어떤 원핵 세포
는 마침내 핵으로 진화했으며 어떤 세포는 미토콘드리아나 엽록체처럼
세포 기관이 되었다. 이러한 공생의 공진화로 발생한 크고 기능적으로
보다 복잡한 진핵 세포는 기존의 적응 적소에서 원핵 세포를 대체했으며
수많은 새로운 적소를 개척할 수 있었다.

　이 장의 나머지 부분에서 우리는 인간 종에서 유전자와 문화의 공생
으로 인해 생명의 역사에서 이와 비슷한 커다란 변혁이 일어났다고 주장
할 것이다. 복잡하고 협동하는 인간 사회는 지난 1만 년 동안에 세계의
거의 모든 거주지를 혁신적으로 변화시켰다.

유전자와 문화의 공진화와
인간의 극단적인 사회성

　인간 사회는 동물 세계에서 볼 때 굉장히 예외적인 것이다. 인간 사회는 상징적으로 서로를 구분하는 커다란 집단의 협동에 기초하고 있다. 그 집단은 세밀한 분업을 바탕으로 한 경제 체계를 갖고 있으며, 그와 비슷한 외집단과 경쟁한다. 현대 사회는 이에 정확히 부합한다. 군대, 정당, 교회 및 기업 같은 거대한 관료 조직은 복잡한 업무를 처리하며, 사람들은 지구 구석구석에서 산출되는 다양한 자원에 의존한다. 하지만 수렵 채집 사회도 이에 부합한다. 그들은 광범위한 교환 네트워크를 바탕으로 가족과 거주 집단 바깥에서 정기적으로 식량 및 기타 생필품을 공유한다.

　대부분의 동물 종에서 협동은 존재하지 않거나 매우 작은 집단에 한정되어 있으며 노동의 분업도 거의 존재하지 않는다.[11] 협동의 단위가 큰 동물 중에는 벌, 개미, 흰개미 등의 사회적 곤충과 털이 없는 뻐드렁니쥐, 아프리카의 땅속 설치류가 있다. 다세포 식물과 다세포 무척추동물 또한 개개의 세포가 모인 복잡한 사회로 여길 수 있을 것이다. 하지만 이 모든 경우 협동하는 개체들은 같은 유전자를 공유한다. 일반적으로, 다세포 생물의 세포는 유전적으로 동일한 복제 세포이며, 곤충과 털이 없는 설치류 군체의 개체들은 형제자매들이다.

　따라서 우리에겐 또 하나의 진화적인 수수께끼가 있다. 중신세 600만 년 전 우리의 조상들은 아마도 현대의 영장류처럼 주로 친족으로 이루어진 작은 집단 내에서 협동했을 것이다. 물물교환 및 노동의 분업이 거의 이루어지지 않았으며, 제휴는 작은 수의 개인들에게 한정되었을 것이다. 아래에서 논의하겠지만, 이러한 패턴은 자연선택이 어떻게 행위를 형성시키는가에 대한 우리의 이해와 일치한다. 그 무렵과 지금 사이에 언젠가 어떤 일이 일어나서 인간은 크고 복잡하며 상징적으로 구분된 집단에서 협동하기 시작했다. 인간이 여타 사회적 동물들과 극단적으로 다르게 행동하게 된 원인은 무엇일까?

우리는 이 수수께끼에 대한 가장 그럴듯한 해답이 유전자와 문화의 공진화에 있다고 생각한다. 이 논의는 두 가지로 구분될 필요가 있다. 첫째, 문화적 적응으로 인해 협동과 상징적인 표지標識의 문화적인 진화가 촉진된다. 인간은 문화로 인해 복잡한 적응을 빠르게 축적하며, 인간의 문화는 가변적인 환경에 특히 적응적이다. 이처럼 재빠른 적응으로 인해 계승할 수 있는 집단 간의 문화적 변이의 양이 급진적으로 증가했으며, 이는 집단 간의 경쟁(경쟁은 항상 존재했다)과 함께 집단의 성공을 증진하는 문화적 특질의 누적적인 진화를 낳았다. 상대적으로 크고, 협동적이며, 결속력이 강한 집단은 상대적으로 작고, 협동이 잘되지 않는 집단과의 경쟁에서 승리하기 때문에, 집단 선택으로 인해 문화적으로 전달되는 협동적이고, 집단을 우선하는 규범 및 그러한 규범이 잘 지켜지도록 하는 보상과 처벌의 체계가 발생할 수 있다. 집단 간의 변이가 유지된다면 상징적인 표지가 진화하며, 각 개인은 상징적인 표지를 사용하여 누구를 모방하고 누구와 관계를 가져야 하는지 선택할 수 있게 된다.

둘째, 문화적으로 진화된 사회적 환경은 그러한 환경에 적합한 본유적인 심리를 선호할 것이다. 보상과 처벌의 체계에 의해 친사회적인 prosocial 규범이 강요되는 문화적으로 진화한 사회 환경에서 개체 선택은 각 개인이 사회적인 보상을 얻고 사회적인 처벌은 회피하도록 만드는 심리적인 성향을 선호할 것이다. 마찬가지로, 그 구성원들로 하여금 충성심을 요구하는, 결속력이 강하고, 문화적으로 독특하며, 상징적으로 구분된 집단들로 이루어진 세계에서 개체 선택은 사람들이 그들의 사회적 세계를 구성하는 집단을 세밀히 분석하여 자신에게 어울리는 집단에 소속되도록 하는 심리적인 적응을 선호할 것이다.

그 결과, 사람들은 두 가지의 본유적인 성향 혹은 '사회적 본능'을 지니게 된다.[12] 그 첫째는 우리의 영장류 조상들과 공유하는 오래된 본능이다. 오래된 사회적 본능은 우리에게 친숙한 진화 과정인 친족 선택과 호혜성에 의해 형성되었으며, 그로 인해 복잡한 가족생활을 하며 타인과 빈번히 친구를 맺을 수 있었다. 두 번째는 '부족'[13] 본능인데, 이로 인해 우리는 상징적인 표지를 공유하는 사람들 혹은 부족과 큰 단위로 협동을 할 수 있게 되었다. 사회적 부족 본능은 위에 언급한 과정에 의해서 부족 단위의 사회에서 유전자-문화의 공진화로 발생한다. 그 결과, 인간은 상당한 크기의 혈연관계가 없는 사람들로 이루어진 문화적으로 정의된 집단에서 공동의 대의를 만들 수 있다. 이런 형태의 사회 집단은 다른 영장류에는 존재하지 않는다.[14]

이 장의 나머지 부분에서 우리는 이 가설을 설명하고 정당성을 주장할 것이다. 첫째, 우리는 협동의 진화에 관한 이론을 간단히 소개할 것이다. 이 장의 목적은 독자들에게 인간의 사회성은 수수께끼라는 것을 주지시키며, 우리의 공진화 이론을 이해하는 데 필요한 배경과 진화심리학으로부터의 경쟁 가설을 소개하는 것이다. 그다음 우리는 어떻게 유전자와 문화의 공진화가 사회적 부족 본능을 일으켰는지 좀 더 자세히 설명할 것이다. 이어서, 그러한 본능이 실제로 존재한다는 것을 암시하는 심리학 연구를 소개할 것이다. 그다음, 최근의 수렵 채집 사회가 부족 단위의 사회 조직으로 구성되었다는 것을 암시하는 민족지와 역사 증거를 제시할 것이다. 마지막으로, 자연적인 실험의 일환으로 복잡한 사회의 진화가 어떻게 이루어졌는지를 보면서 가설을 검증할 것이다.

협동은 대개 친족 및 적은 수의
호혜 관계에 있는 사람들에게 한정된다

우리가 대학원에서 공부하던 1960년대 말과 1970년대 초, 생물학 교과서는 대개 종에 대한 이익의 관점에서 동물의 행동을 설명했다. 위급을 알리는 울음소리는 자신의 사회 집단이 포식자에게 먹히지 않게 하기 위한 것이며, 유성 생식은 종이 적응하는 데 필요한 유전적 변이를 유지하기 위한 것이다. 40년 전 생물학에서 일어난 핵심적인 진보는 그러한 설명이 대부분 틀렸다고 입증한 것이다. 자연선택은 일반적으로 종의 이익을 위해서나 혹은 사회적 집단의 이익을 위해서 어떤 특질을 진화시키지 않는다. 자연선택은 대개 개체, 때로는 개개의 유전자의 번식 성공을 촉진하는 특질을 선호한다. 따라서 만약 개체를 위해서 좋은 것과 집단을 위해서 좋은 것 사이에 갈등이 발생한다면 자연선택은 대부분 개체에게 이익을 주는 특질의 진화를 이끈다.

자연선택은 친족 간의 협동을 선호한다

이 규칙에 대한 도드라진 예외는 집단이 유전적인 친족으로 이루어졌을 때이다. 그럴 때에 자연선택은 어떤 행동이 집단의 적합도를 충분히 상승시키는 한 그 행동을 행하는 개인의 적합도를 감소시키더라도 그 행위를 선호할 수 있다. 세계의 개체군에서 정확하게 아홉 개체씩 골라내어 집단을 이룬 프러시안 종이 있다고 가정해 보자. 그리고 협력자와 이기주의자의 두 종류가 있다고 가정해 보자. 협력자는 집단에 속한 다른 여덟 개체의 적합도를 각각 1/4 단위씩 증가시키지만 자신의 적합도를 1/2 단위씩 감소시키는 친사회적 행동을 한다. 이러한 행동은 분명 집단에 이익이 된다. 다시 말해, 다른 집단 구성원들의 적합도를 평균적으로 1/4씩 증가시키기 때문에, 그 행동으로 인한 집단 적합도의 순증가분은 1과 1/2(8×1/4—1/2) 적합도 단위이다.

진화생물학의 훈련을 받지 않은 사람들은 집단의 이익에 봉사하는 행동이 자연선택에 의해서 선호될 것이라고 믿는 경향이 있다. 하지만 집단에 대한 이익만으로는 충분하지 않다. 집단이 무작위로 형성된다고 가정해 보라. 그렇다면 각각의 친사회적인 행동이 협력자와 이기주의자의 적합도에 미치는 영향은 평균적으로 같다. 이는 친사회적인 행동이 협력자와 이기주의자의 **상대적** 적합도에 아무런 영향을 미치지 않는다는 뜻이다. 왜냐하면 협력자는 악인과 선인을 무차별적으로 도우며 성자처럼 행동하기 때문이다. 이 경우, 집단에서 두 가지 유형의 빈도에는 아무런 변화가 없을 것이다. 왜냐하면 이타적 행동으로부터 받는 **영향**(이익)이 동일하기 때문이다. 이와 동시에 친사회적인 행위에 대한 **비용**은 오직 협력자만 부담하기 때문에 이기주의자에 비해 그들의 상대적인 적합도는 줄어들 수밖에 없다.

이제 같은 생물학적 부모 아래에서 태어난 형제자매들로 이루어진 집단을 가정해 보자. 이 형제자매들은 50%의 유전자를 공유하며, 따라서 협력자는 8명의 구성원 중에서 협력하는 유전자를 가진 4명이 평균적으로 포함된 집단에 속하게 된다. 나머지 4명은 모집단에서 무작위로 추출한 유전자를 지닌다. 그렇다면, 친사회적 유전자를 지닌 개체가 친사회적 행위를 한다면 그저 1/2 적합도 단위의 손해를 무릅쓰고 1 (=4×1/4) 적합도 단위를 증가시킬 수 있다. 친사회적인 행위의 이익이 우선적으로 동일한 유전자를 지닌 개체에게로 향하기 때문에 자연선택은 이 행위를 선호할 수 있다.

이처럼 간단한 사례는 핵심적인 진화의 원리를 보여 준다. 즉, 집단에 이득이 되는 행위의 이익이 우선적으로 그 행위를 하게 만든 유전자를 지닌 개체로 향하지 않는 한 비용이 많이 드는, 집단에 이득이 되는 행위는 진화할 수 없다. 자연선택은 친족에 대한 이타주의를 선호할 수 있다. 왜냐하면 친족은 유전적으로 비슷하기 때문이다. 훌륭한 진화생물학자인 고故 윌리엄 해밀턴W. D. Hamilton은 1964년에 친족 선택에 대한 기본적인 수식을 풀었으며,[15] 친족 선택이 사회 진화에 미치는 수많은 중요한 영향을 추론했다. 앞서 살펴보았다시피, 같은 부모를 공유하는 형제자매는 공통 유래를 통하여 그들 유전자의 반을 공유하고 있기 때문에 적합도의 이익이 손해의 두 배보다 많은 한 형제자매의 번식을 도울 수 있다. 먼 친족의 경우에 이타적인 행위가 발생하기 위해서는 더 높은 이익-손해 비율이 필요하다.[16] 종종 해밀턴의 규칙이라 불리는 이

원리는 매우 다양한 유기체에서 수많은 행위(및 형태)를 성공적으로 설명한다.[17]

자연선택은 호혜자로 이루어진 작은 집단에서 협동을 선호할 수 있다

동물들이 반복적으로 관계를 맺을 때, 과거의 행동은 차별적인 사회적 상호 작용을 일어나게 하는 단서가 될 수도 있다. 동물들이 사회적 집단에서 거주하며 다른 개체와 짝을 이뤄 오랫동안 상호 작용한다고 가정하자. 종종 짝의 한쪽은 약간의 손해를 무릅쓰고 상대방을 도울 수 있는 기회를 갖는다. 덧붙여 두 가지 유형이 있다고 가정하자. 그 하나는 돕지 않는 배반자이며, 다른 하나는 "처음에 마주칠 때 돕는다. 그다음에는 상대방이 계속 돕는 한 지속해서 도우며, 만약 돕지 않는다면 더 이상 도움을 주지 않는다"는 전략을 쓰는 호혜자이다. 처음에는 무작위로 짝을 지어서 처음부터 도움이 호혜자로만 향하지 않게 한다. 하지만 첫 번째 라운드 이후에는 호혜자만 도움을 받으며, 라운드가 충분히 길게 이어진다면 두 파트너 중에 호혜자가 얻는 적합도가 더 크기 때문에 호혜자의 평균적인 적합도도 배반자보다 훨씬 높게 될 것이다.

이런 기본적인 논의 이외에는 아직 과학자들 사이에 호혜가 어떻게 이루어지는지에 대한 동의가 거의 이루어지지 않았다. 이때 친족 선택 이론과의 비교는 유익할 것이다. 생물학자는 해밀턴의 공식으로 표현되는 단순한 원리를 이용하여 다양한 현상을 설명할 수 있다. 수많은 연구가 이루어졌지만, (여러분을 포함한) 진화 이론가들은 아직 호혜성의 진화를 설명할 수 있는 널리 적용할 수 있는 일반적인 법칙을 발견해 내지 못했다. 더욱 비관적인 사실은 자연에서 호혜성이 중요하다는 증거가 드물다는 것이다.[18] 호혜성의 증거를 보여 주는 연구는 얼마 되지 않으며, 이마저도 모두 결정적인 증거는 아니다.[19]

이처럼 많은 문제가 있는데도, 이론적인 연구에 따르면 단 한 가지 예측은 확실하며, 그 예측은 여기서 언급할 필요가 있다. 그것은 호혜성은 작은 집단에서는 협동을 유지시킬 수 있더라도 큰 집단에서는 그렇지 않다는 것이다.[20] 개체들이 짝을 이루어서 상호 작용하기보다, 집단을 이루어 살며 각각의 협력 행위가 모든 집단 구성원에게 이익이 된다고 가정해 보자. 예를 들어, 포식자가 다가올 때 집단 구성원들에게 경고를 보내는 것은 협력 행위가 될 수 있다. 하지만 소리의 송신자는 눈에 잘 띄기 때문에 잡아먹힐 위험이 높아진다. 집단에서 절대로 경고를 보내지 않는 배반자가 있다고 가정해 보자. 만약 호혜자가 '다른 모두가 협동할 때만 협동하라'는 법칙을 사용한다면, 이 배반자는 다른 호혜자들이 협동을 그만두도록 유도하는 셈이다. 배반은 더 많은 배반을 부른다. 배반을 되갚는 방법이 협동을 하지 않는 것밖에 없다면, 순진하게 협동하는 자와 죄를 범한 배반자의 손해는 동일하다. 반면 호혜자가 배반자를 묵인한다면, 결국 배반자가 더 많은 이익을 얻을 것이다.

이론적 연구에 따르면 이 현상으로 인해 호혜성은 아주 작은 집단에 한정되며, 좋은 경험적인 자료는 없더라도 이는 우리의 일상 경험과 일치한다. 우리는 교우 관계 및 부부 관계, 그 밖의 두 사람 사이에서 발생하는 관계에서 호혜성이 중요하다는 것을 익히 알고 있다. 우리는 다른 친구가 초대를 되갚지 않는다면 결국 그 친구를 저녁 식사에 초대하지 않을 것이며, 배우자가 아이를 돌보지 않는다면 배우자에게 화가 날 것이며, 자동차 정비소가 지속적으로 수리비를 과잉 청구한다면 정비소를 바꿀 것이다. 하지만 커다란 집단에서는 이 같은 원리에 따라 협동이 이루어질 수 없다. 자신이 배반하면 파업이 실패할까 봐 두려워서 1천 명의 조합원 하나하나가 피켓 라인을 따라 걷는 것이 아니다. 마찬가지로 자신이 도망감으로써 모두가 후퇴할까 봐 두려워서 각각의 엔가Enga(파푸아뉴기니의 한 부족—역주) 전사가 전선에서 자기 자리를 지키는 것은 아니다. 마찬가지로 우리는 우리의 쓰레기로 인해 지구가 멸망할까 봐 두려워서 빈 병과 신문지를 재활용하는 것이 아니다.

어떤 연구자들은 처벌이 다른 형태로 나타날 수 있다는 것을 강조한다. 예를 들어, 지위가 낮아진다든지, 친구를 사귈 수 없다든지, 배우자를 만날 기회가 줄어들 수 있다.[21] 진화생물학자 로버트 트리버스Robert Trivers는 이를 "도덕적 처벌"이라고 명명했다.[22] 때로 도덕적 처벌과 호혜성이 뭉뚱그려지기도 하지만, 진화적으로 볼 때 이 둘은 매우 다르다. 도덕적 처벌은 두 가지 이유 때문에 호혜성보다 큰 규모의 협동을 유지시키는 데 효율적이다. 첫째, 처벌은 누군가를 목표로 할 수 있다. 다시 말해, 호혜자가 배반자와 협동하기를 거부할 때처럼 연속적으로 배반이 일어날 필요 없이 배반자가 처벌받을 수 있다. 둘째, 호혜성으로 각각의 집단 구성원에게 미치는 처벌의 여파는 그저 한 사람의 협동이 사라지는 데 그칠 것이며, 이 여파마저도 집단의 크기가 커지면 줄어든다. 이에 비해, 도덕적 처벌은 배반자에게 더욱 큰 손해를 끼칠 수 있으며, 따라서 큰 집단에서 협력자의 수가 아주 적더라도 이들은 다른 구성원들의 협동을 유도할 수 있다. 겁쟁이와 의무를 포기하는 사람, 남을 속이는 사람은 예전의 동료에게 공격받거나, 사회에서 격리되거나, 험담의 대상이 되며, 혹은 영토나 배우자로의 접근이 거부될 수도 있다. 따라서 큰 규모의 협동이 유지되는 것을 설명하는 데 호혜성보다 도덕적 처벌이 훨씬 더 그럴듯한 장치이다.

하지만 두 가지 문제가 아직 남아 있다.[23] 첫째, 왜 처벌해야 하는가? 만약 처벌하는 데 비용이 들고 협동의 이익이 집단 전체로 흘러 들어가 버린다면, 처벌을 집행하는 것은 집단에겐 이득이 되더라도 집행자에게는 비용이 드는 행위이다. 따라서 이기적인 개체들은 협동은 하더라도 처벌하지 않을 것이다. 겁쟁이를 처벌하는 엔가 남성은 자신의 손해를 무릅쓰고 그의 부족의 다른 구성원들에게 이익을 주는 것이다. 전열을 이탈한 남성을 회피하는 엔가 여성은 엔가족에서 겁쟁이가 늘어나지 않도록 하는 데 기여하지만 다른 점에서는 괜찮은 신랑감을 놓칠 수도 있다. 따라서 한 개인이 처벌하는 효과가 전쟁의 결과에 기여하는 효과에 그리 크지 않은 한, 이기적인 사람들은 처벌하지 않을 것이다. 둘째, 도덕적 처벌은 그 어떤 자의적인 행동도 일정 수준으로 유지할 수 있다. 예를 들어, 넥타이를 매는 것, 동물에게 친절한 행위, 죽은 친족의 뇌를 먹는 행위를 유지할 수 있다. 그 행동이 집단에게 이익인가 그렇지 않은가는 아무런 상관이 없다. 중요한 점은 도덕적 처벌을 하는 사람이 흔할 때 옳은 행동을 하는 것보다 처벌받는 것이 손해가 더 크다는 것이다(옳은 행동이 어떤 행동이든 관계없다). 어떤 행위이든지 안정적인 균형 상태로 유지될 수 있을 때, 협동이 하나의 안정적 평행 상태라는 사실만으로는 실제 결과도 그럴 것인지 알 수 없다.

지금까지 도덕적 처벌에 대한 대부분의 논의는 첫 번째 문제에 초점이 맞춰졌지만, 우리는 두 번째 문제가 큰 집단에서의 협동의 진화를 설명하는 데 더 큰 장애라고 생각한다. 만약 도덕적 처벌이 흔하며 처벌이 충분히 가혹하다면, 협동은 수지가 맞는 일이다. 대부분의 사람이 처벌을 행사할 필요 없이 생을 보낼 수도 있으며, (거의 처벌이 없는 상황에서) 이는 처벌하려는 성향이 협동하려는 성향에 비해서 비용이 적게 든다는 것을 의미한다. 따라서 비교적 약한 진화적 힘만으로도 도덕적인 성향이 유지될 수 있으며, 그렇다면 처벌로 인해 집단에 이득이 되는 행동이 지속될 수 있는 것이다. 하지만 오직 개인적인 이익과 비용에 의해서만 진화적 변화가 좌우된다면, 도덕적 처벌은 협동을 일정한 수준으로 유지할 수 있을 뿐만 아니라 다른 어떤 것도 일정한 수준으로 유지할 수 있다. 사회는 종종 도덕적 처벌이나 처벌의 위협을 통해서 직장에서 넥타이를 매는 것과 같은 아무런 쓸모가 없는 사회적 관습을 강요하기도 한다. 협력적 행동은 모든 가능한 행동 중에서 아주 작은 부분에 불과하기 때문에, 처벌만으로는 왜 큰 규모의 협동이 널리 이루어지는지 설명하지 못한다. 다시 말해, 거대한 규모의 협동을 유지하는 데 도덕적 처벌이 필요할지는 몰라도, 그것만으로는 왜 큰 규모의 협동이 발생하는지 설명하기에 충분하지 않다.

크고 부분적으로 격리된 집단들에 대한 자연선택은 효과적이지 않다

집단 선택은 아마도 진화생물학자들에게 가장 민감한 주제일 것이다. 1960년대 초반, 조류학자 윈-에드워즈V. C. Wynne-Edwards가 몇몇 조류의 모호한 행동을 집단의 이익의 관점에서 설명한 책을 출판하자 논쟁이 불붙기 시작했다.[24] 예를 들어, 그는 저녁 무렵 1천여 마리의 찌르레기가 보금자리에 들며 선회 비행으로 과시하는 것은 자신들의 개체군 크기를 어림짐작해서 식량의 공급량에 맞추어 출산율을 조절하기 위한 것이라고 생각했다. 당시에는 이런 식의 설명이 흔했지만, 윈-에드워즈는 그의 동시대 연구자들보다 집단 수준의 적응이 발생하는 과정을 훨씬 명쾌하게 설명했다. 과시 행위를 하는 집단은 생존하고 번영했지만 그렇지 않은 집단은 식량을 과도하게 소비했고 멸망했다. 그의 책은 엄청난 반향을 불러일으켰으며, 데이비드 랙David Lack, 조지 윌리엄스, 존 메이너드 스미스 같은 생물학계의 권위자들은 왜 이러한 메커니즘이(이후 집단 선택라고 명명함) 작용할 수 없는지 설명하며 비판했다.[25] 동시에, 해밀턴이 새롭게 주조한 이론인 친족 선택이 협동을 설명할 수 있는 대안으로 떠올랐다. 이를 시발점으로 해서 이후 동물 행동의 진화에 대한 우리의 이해는 혁신적으로 향상되었다. 그 혁신은 행동의 개인적 및 족벌적인 기능에 대한 주의 깊은 고찰로부터 비롯되었다.

1970년대 초반, 은퇴한 괴짜 기술자이던 조지 프라이스George Price가 진화를 진정 새롭게 이해할 수 있는 두 편의 논문을 발표했다.[26] 그 이전까지 대부분의 진화 이론은 서로 다른 유전자의 적합도를 추적하는 설명 체계에 기반하고 있었다. 특정한 특질이 어떻게 진화했는지 이해하려면, 다른 이들의 행동이 특정한 유전자를 지닌 각각의 개체들에 어떤 영향을 미치며, 이 영향이 각 개체가 처한 상황에 따라 어떻게 달라지며, 그 영향의 평균값을 구해야 한다(이는 앞서 우리가 친족 선택과 호혜성을 설명했던 방식과 동일하다). 프라이스는 자연선택이 일련의 중첩적인 수준에서 발생하는 것으로 이해할 수 있다고 주장했다. 다시 말해, 개체 내에서 유전자들 사이에, 집단 내에서 개인들 사이에, 그리고 집단들 간에 일어나는 선택으로 생각해 보는 것도 또한 유용하다. 그는 이 현상을 설명하고자 지금은 프라이스 공분산 방정식이라 불리는 매우 강력한 수학적인 수식을 발명했다. 프라이스의 방법을 이용하면 친족 선택은 두 가지 수준에서 발생하는 것으로 개념화할 수 있다. 가족 집단 '내'에서의 자연선택은 배반자를 선호한다. 왜냐하면 그들 집단 내에서는 배반자가 다른 개체들보다 더 많은 이익을 얻기 때문이다. 하지만 가족 집단 '간'의 선택은 더 많은 협력자가 있는 집단을 선호한다. 각각의 협력자가 집단의 평균적인 적합도를 상승시키기 때문이다. 따라서 결과는 집단 '내'에서의 그리고 집단 '간'의 상대적인 변이의 양에 따라 결정된다. 만약 집단의 구성원들이 서로서로 가까운 친족이라면, 대부분의 변이는 집단 간에 발생할 것이다. 복제 인간들로 이루어진 집단을 생각해 보면 이해가 쉬울 것이다(산호와 같은 군체성 무척추동물이 이에 해당한다). 이 경우 집단 내에서 유전적 변이는 거의 존재하지 않으며, 모든 변이는 집단 간에 존재한다. 선택은 집단의 이익을 최대화하는 쪽으로 발생한다.

프라이스의 다수준 선택multilevel selection과 기존의 유전자 중심의 접근 방법은 수학적으로 동일하다. 특정한 진화적 문제에 따라 둘 중 하나가 더 적합하거나 수학적으로 다루기 쉬울 수도 있겠지만, 합을 정확하게 계산한다면*, 어떠한 방법을 택하든지 같은 해답을 얻을 것이다.[27] 다수준 선택의 관점에서 문제를 바라보는 것은 동물들이 다소간 집단의 이익을 위해서 행동한다는 뜻이 아니다. 왜냐하면 두 가지의 접근 방법은 같은 해답을 주기 때문이다.

다수준 선택 접근 방법으로 인해 최근 집단 선택에 대한 논쟁이 다시 불붙었다. 이는 자신들이 집단 선택을 멸종시켰다고 생각하는 연구자들과 다수준 선택의 관점에서 집단 선택에 아무런 문제가 없다고 생각하는

• 집단 '내' 변이와 집단 '간'의 변이의 벡터 합

연구자들 사이의 논쟁이다.[28] 이 논쟁의 핵심은 과연 어떤 진화적 과정이 집단 선택으로 불릴 수 있는가 하는 것이다. 어떤 이들은 윈-에드워즈가 설명했던 작용을 집단 선택이라 명하며(대부분 유전적으로 먼 개체들로 이루어진 커다란 집단 간의 선택), 어떤 이들은 다수준 선택을 이용한 분석에서 어떤 집단 수준에서의 선택이든지(가까운 친족으로 이루어진 집단도 여기에 포함된다) 집단 선택이라는 용어를 사용한다.

진정한 과학적 질문은 '어떤 인구 구조로 인해 집단 간에 충분한 변이가 발생하여 집단 수준에서 자연선택이 영향력을 발휘하게 될까'라는 것이다. 그 대답은 매우 간단하다. 유전적으로 먼 개인들로 이루어진 커다란 집단 간의 선택은 대개 유기체의 진화에서 중요한 힘이 아니다. 매우 작은 정도의 이주가 발생하더라도 집단 간의 유전적 변이가 감소하기 때문에 집단 선택이 중요하지 않게 된다.[29] 하지만 아래에서 설명하듯이, 문화적 변이에는 이 법칙이 적용되지 않는다.

영장류에서 협동은 소규모의 집단에 한정된다

지금까지 논의에서 핵심은 진화 이론에 따르면 가족의 규모가 작은 인간 외의 영장류 및 여타 종에서 협동은 작은 집단에 한정된다는 것이다. 오직 가까운 친족으로 큰 집단을 이룰 때만이 친족 선택으로 큰 규모의 사회 체계가 가능할 것이다. 몇몇 암컷이 번식이 불가능한 수많은 수컷을 낳는 사회적 곤충과 군체 무척추동물이 이런 예외에 해당할 것이다. 영장류 사회는 족벌주의적이지만 협동이 이루어지는 대상은 대개 비교적 적은 친족 집단뿐이다. 이론적으로 호혜성은 그러한 작은 집단에서는 효과적이지만 큰 집단에서는 그렇지 않다. 호혜성은 자연에서 중요한 역할을 할 것으로 예상되지만(비록 전문가들은 이에 대해 회의적이지만), 호혜성이 대규모의 사회성 진화에 중요한 역할을 했는지에 대한 증거는 없다. 만약 인간이 존재하지 않았다면 이런 수수께끼가 발생하지도 않았을 것이다. 왜냐하면 인간 사회(심지어 수렵 채집 사회까지 포함하여)는 훨씬 크고 매우 협동적인 사회 체계로 서로 연결된 사람들의 집단으로 구성되기 때문이다.

신속한 문화적 적응으로 인해
집단 선택이 가능하다

그럼, 인간 사회의 규모는 다른 영장류처럼 작지 않을까? 우리가 생각하는 가장 그럴듯한 설명은 신속한 문화적 적응으로 인해 집단 간의 행동의 변이가 막대하게 증가했다는 것이다. 다른 영장류 종에서 집단 간의 계승될 수 있는 변이는 거의 존재하지 않는다. 이는 이주에 비해 자연선택의 힘이 약하기 때문이다. 이는 전체 영장류 집단 수준에서 집단 선택이 진화적으로 중요하지 않은 이유이기도 하다. 반면 인간 집단 간에는 거대한 행동 변이가 존재한다. 그러한 변이는 우리가 문화를 갖고 있는 이유이기도 하다. 다시 말해 서로 다른 집단은 문화로 인해 환경의 변이에 따라 각각의 적응을 축적할 수 있다. 하지만 그러한 변이 그 자체로는 집단 선택이 발생할 수 없다. 집단 선택이 중요한 동인이 되려면 집단 간에 변이를 유지시키는 어떤 힘이 또한 작용해야 한다. 우리는 이에 해당하는 적어도 두 가지 메커니즘이 존재한다고 생각한다. 도덕적 처벌과 순응 편향이 그 메커니즘이다. 자, 이제 이 두 가지가 어떻게 작용하는지 살펴보자.

변이는 도덕적 처벌에 의해 유지된다

앞서 설명했다시피, 도덕적 처벌은 매우 다양한 행동을 일정한 수준으로 유지할 수 있다. 여러 소집단으로 나뉜 집단을 상상해 보라. 사람들이 이주하거나 혹은 이웃 집단에서 관념을 받아들이기 때문에 집단 간에 문화적 관행이 확산된다. 여기에 문화적으로 전달되는 두 가지 양자택일의 도덕적 규범이 존재한다고 하자. 그 규범은 모두 도덕적 처벌에 의해 강요된다. 그 둘을 규범 X와 Y라고 하자. 예를 들어, X와 Y는 각각 "직장에서 정장을 입어야 한다"와 "직장에 다시키(미국 흑인이 착용하는 헐겁고 화려한 색채의 원피스—역주)를 입고 출근해야 한다" 혹은 "친족에 우선적으로 충성해야 한다"와 "자기가 속한 집단에 우선적으로 충성해야 한다"라는 규범이 될 수 있을 것이다. 어떤 집단에서 두 가지 규범 중에 하나가 흔한 규범이라면, 규범을 어기는 사람은 처벌받을 것이다. 여기서 사람들이 본유적인 심리에 의해서 규범 Y를 선호한다고 하자. 그렇다면 규범 Y가 흔해질 것이다. 그런데도 만약 규범 X가 어떻게 해서든지 충분히 널리 퍼진다면, 처벌의 효과가 본성적인 편향을 압도할 것이며 많은 사람이 규범 X를 따를 것이다. 이러한 집단에 다수와 의견이 다른 새로운 이민자가 들어온다면(혹은 "이질적인" 관념을 따르는 사람이 들어온다면), 그는 자신의 믿음이 문제가 될 것을 눈치채고 다수에 동화될 것이다. 규범 Y를 믿는 사람들이 더 유입되더라도, 그들은 자신들이 소수라는 것을 자각하고 자신이 속한 집단의 규범을 따를 것이며, 비록 그들의 진화된 심리와 맞지 않더라도 규범 X를 계속 지킬 것이다.

이런 종류의 메커니즘은 문화적 적응이 빠르게 일어나며 그 적응이 유전자의 진화에 큰 영향력을 발휘하지 못할 때만 발생한다. 진화생물학자는 대개 자연선택이 강하지 않다고 생각하며, 비록 이 규칙에 예외는 있더라도, 이는 유용한 일반화이다. 그렇기 때문에, 예를 들어 어떤 유전자형이 다른 유전자형보다 5%만큼 자연선택에서 유리하다면, 이는 매우 강력한 선택으로 여겨진다. 집단에게 이익이 되는 새로운 유전자형이 발생해서 우연한 사건으로 인해 한 집단에서 흔해진다고 가정해 보자. 그리고 그 유전자형은 이미 그 집단에 널리 퍼진 대체 유전자형보다 5%만큼 자연선택에서 유리하다고 하자. 집단 선택이 힘을 발휘하려면 새로운 유형이 나타났을 때 집단 선택에 의해서 확산될 만큼 오랫동안 흔해야 하며, 이는 세대당 이주 비율이 5%보다 훨씬 적어야만 가능하다.[30] 그렇지 않으면, 이주로 인해 자연선택이 무력해질 것이다. 그러나 이는 아주 높은 이주율이 아니다. 인접한 영장류 집단 간에 이주율은 세대당 약 25%이다. 이주율은 매우 측정하기 어렵지만, 멸종이 흔한 작은 집단들 간의 이주율은 대개 높은 편이다. 큰 집단들 간의 이주율은 이보다 훨씬 낮으며, 멸종율도 덩달아 낮을 것이다.

변이는 순응적인 사회적 학습에 의해 유지된다

순응 편향도 집단 간의 변이를 유지시킨다. 우리는 4장에서 자연선택은 흔한 유형을 모방하는 심리적 성향을 선호할 수 있다고 주장했다. 이 성향은 흔한 문화적 변형을 더 흔하게 만들며 드문 변형을 더 드물게 만드는 진화적 힘이다. 만약 이 편향이 이주에 비해 강력할 때, 집단 간의 변이는 유지될 수 있다.

앞서와 같이, 이주에 의해 연결된 몇 개의 집단을 가정해 보라. 여기서는 두 가지의 변형이 종교적인 믿음에 영향을 준다고 가정해 보자. '신앙인'은 도덕적 사람은 사후에 보상받으며 악인은 영원토록 끔찍한 처벌에 고통받는다고 확신하며, '비신앙인'은 사후 세계를 믿지 않는다고 하자. 신앙인은 결과를 두려워하기 때문에 비신앙인보다 더 잘 행동할 것이다. 신앙인은 더 정직하고, 관대하며, 이기심 없이 행동할 것이다. 따라서 신앙인이 흔한 집단은 그렇지 않은 집단보다 더 성공적이다. 사람들이 어떤 문화적 변형을 채택할 것인가에 내용 편향은 그리 큰 영향을 미치지 않는다. 사람들은 편안함과 즐거움, 한가로움을 선호하며, 이로 인해 사람들은 악하게 행동하곤 한다. 하지만 이에 덧붙여 사려 깊은 사람들은 편안함을 좇다가 불타는 무덤에서 영원을 보내게 될까 봐 걱정한다. 사람들은 사후의 존재 여부를 알 수 없기 때문에, 어떤 하나의 문화적 변형에 대해 강한 편향을 갖고 있지 않다. 따라서 사람들은 그들 사회에 흔한 문화적 변형에 강한 영향을 받게 된다. 신앙인에 둘러싸여 자란 사람들은 믿음을 택하며, 세속적인 무신론자 사이에서 자란 사람들은 그렇지 않을 것이다.

도덕적 처벌과 순응 학습이 어떻게 다른가는 '(사람들이 독실한 기독교 사회에서 성장했다는 가정하에) 왜 그들은 기독교의 교리를 믿는가?'라는 질문에 대한 대답을 비교해 보면 알 수 있다. 만약 문화적 변이가 주로 도덕적 처벌에 의해 유지된다면, 독실한 기독교 사회에서 기독교를 믿지 않는 자들은 신앙인들에 의해 처벌받을 것이며, 이교도를 처벌하지 않는 교도들(가령, 그들과 계속 어울린다고 하자)도 처벌받을 것이다. 처벌을 받을 경우의 비용까지 고려하여 당장 측정할 수 있는 비용과 편익을 계산해 보면, 널리 퍼진 신념을 따를 때 가장 많은 이익을 얻을 수 있기 때문에 그들은 그 신념을 따른다. 만약 문화적 변이가 주로 순응 전달 및 이와 비슷한 문화적 메커니즘에 의해서 유지된다면, 젊은 사람들은 기독교의 교리를 받아들일 것이다. 왜냐하면 그 믿음이 가장 널리 퍼진 믿음이며, 특정한 내용에 기반하여 편향적으로 전달될 수 있으며, 개인이 입증하거나 반증하기가 어렵기 때문이다(물론, 순응 편향과 도덕적 처벌은 어떤 비율로든지 섞일 수 있다. 그 비율은 질적이 아니라 양적이다).

오직 순응 편향이 이와 반대되는 힘인 내용 편향에 비하여 강력할 때에만 집단 선택이 발생할 수 있는데, 이는 사람들이 여러 대안적인 문화적 변형들의 이익과 비용을 평가기가 어려울 때에만 가능하다. 이것이 별로 어렵지 않을 때도 있다. 예를 들어, '세금을 속여서 보고해야 하는가?' 혹은 '입영을 회피하고자 질병을 속여야 하는가'는 평가하기 쉬운 경우이다. 처벌의 위협만으로도 납세자와 징집 대상자는 정직하게 행동할 것이다. 그러나 그 밖의 수많은 믿음은 어떤 효과를 발생시킬 것인지 평가하기 어렵다. 예를 들어, 아이를 키울 때 엄격하게 훈련하는 것이 나은가, 사랑으로 응석을 받아 주는 것이 나은가? 혹은, 마리화나를 피우는 것이 건강을 해치는가? 대학에 다니면 장래에 도움이 되는가? 이런 질문은 모두 대답하기 어렵다. 지금 우리에게 구할 수 있는 모든 자료가 있더라도 마찬가지이다. 대부분의 사람에게 시대와 장소에 관계없이 가장 기본적인 질문이 대답하기 어려운 질문들인 경우가 많다. 더러운 물을 마시면 병에 걸리는가? 초자연적인 존재에 간청하면 날씨가 바뀌는가? 이처럼 어려운 선택의 문제를 어떻게 해결했는가는 사람들의 행동과 복지에 막대한 영향을 미쳤다.[31]

계승되는 집단 간의 변이 + 집단 간의 분쟁 = 집단 선택

『종의 기원에 대하여』에서 다윈은 자연선택에 의한 적응에는 세 가지 조건이 필요하다고 주장했다. 첫째, 모든 개체가 생존하고 번식할 수 없도록 '생존을 위한 투쟁'이 존재해야 하며, 둘째, 변이가 존재해서 어떤 유형은 다른 유형보다 더 잘 생존하고 더 잘 번식해야 하며, 마지막으로 변이가 유전되어서 생존에 성공한 개체의 자손은 그들의 부모를 닮아야 한다.

다윈은 대개 개체에 초점을 맞추었지만 다수준 선택 이론에 따르면 번식하는 어떤 것이든, 가령 그것이 분자이든, 유전자이든, 문화적 집단이든 관계없이 똑같은 세 가지의 공리를 적용할 수 있다. 대부분의 동물 집단은 두 번째 조건까지만 만족한다. 예를 들어 버빗원숭이 집단은 서로 경쟁하며, 집단이 생존하고 성장하는 능력이 서로 다르지만, 가장 중요한 세 번째 조건인 경쟁적인 능력에 있어서 집단 수준의 변이를 일으키는 것은 유전되지 않는다. 따라서 집단 수준에서의 적응이 축적될 수 없다.

인간 사회에서 신속한 문화적 적응에 의해 안정적인 집단 간의 차이가 일단 발생한다면, 집단 수준에서 다양한 선택 압력이 작용하여 적응이 발생할 수 있다. 이에 대해 다윈은 이렇게 말한 바 있다.

> 각 개인이 높은 기준의 도덕성을 가졌다고 해도 같은 부족의 다른 사람에 비하여 자신에게 혹은 자신의 아이들에게 돌아오는 이익은 아주 작거나 없지만, 어떤 집단에서 너그러운 사람의 숫자가 많고 도덕성의 표준이 향상된다면 분명 그 집단은 다른 집단에 비해 매

우 유리하다. 어떤 부족에 애국심, 충성심, 복종, 용기, 동정심이 충만한 구성원들이 많이 있으며, 이들이 언제나 서로를 도우며 공동의 선을 위하여 자신을 희생할 준비가 되어 있다면 이 부족은 그 어떤 다른 부족과 싸워서도 승리할 수 있을 것이다. 그리고 이는 아마도 자연선택일 것이다.[32]

다윈의 논리는 단순하다. 그 핵심은 집단 간의 경쟁이다. 2장에서 살펴보았던 누에르족이 딩카족의 영역으로 확장한 것은 좋은 예이다. 누에르족과 딩카족은 수단 남부에 거주하는 큰 종족들이다. 19세기 동안 각각의 부족은 정치적으로 독립된 몇몇 집단들로 구성되어 있었다. 두 집단 간 규범에 있어서의 문화적 차이로 인해 누에르족은 딩카족보다 큰 집단으로 협동할 수 있었다. 더 많은 목초지가 필요했던 누에르족은 이웃인 딩카족을 공격하여 패배시켰으며, 그들의 영토를 차지하고, 수만 명의 딩카족을 그들의 공동체로 동화시켰다.

이 사례는 집단 간의 경쟁으로 문화적인 집단 선택이 일어나려면 무엇이 필요한지 보여 준다. 최근의 몇몇 반론과는 달리,[33] 집단 선택이 발생하는 데 있어 집단들이 개인들처럼 뚜렷하게 구분될 필요는 없다. 유일한 필요조건은 집단 간에 문화적 차이가 지속되며, 이 차이로 인해 집단의 경쟁력에 차이가 발생해야 한다는 것이다. 승리하는 집단은 반드시 패배하는 집단을 대체해야 하지만, 패배 집단이 모두 살해당할 필요는 없다. 패배 집단의 구성원들은 그저 뿔뿔이 흩어지거나 승리 집단에 동화되면 된다. 만약 패배자들이 순응 편향이나 처벌에 의해 재사회화된다면, 물리적인 이주 비율이 매우 높더라도 문화적 차이가 붕괴하지는 않을 것이다.

집단이 거대하더라도 이런 종류의 집단 선택은 강력할 수 있다. 집단에 이익을 주는 문화적 변형이 확산되려면, 그 변형은 반드시 초기의 소집단에서부터 흔해져야 한다. 꽤 큰 집단에서 무작위적인 유전자 부동과 같은 작용으로 확산이 이루어지는 속도는 더딜 것이다.[34] 그러나 확산은 한 번만 발생하면 된다. 수많은 작용으로 인해 초기의 변형이 유지될 것이다. 집단의 크기가 평소에는 크더라도, 집단의 크기를 감소시키는 병목 현상이 가끔 발생하여 우연히 집단에 이익이 되는 변형이 증가할 수도 있다. 혹은 몇몇 소집단에서 환경의 변화가 발생하여서 집단 선택에 대한 초기 자극이 발생할 수도 있다. 혹은 규범에서 벗어난 작은 집단이 우연히 큰 집단으로 성장하는 수도 있다(종교 교파에서는 흔한 일이다). 그 원천이 무엇이든 간에 서로 접하고 있는 사회들 간의 차이는 누에르족과 딩카족의 그것처럼 매우 견고하게 된다. 그 밖에도 우리는 수많은 사례를 살펴보았다.

작은 규모의 사회에서 집단 간의 경쟁은 흔하다. 낭만적으로 묘사되는 것과는 달리 민족지적 및 고고학적 자료에 따르면 채취 사회에서 습격과 전쟁은 빈번하다.[35] 예를 들어 20세기 전반기 동안 선구적인 인류학자 크로버A. L. Kroeber와 그의 제자들이 모은 자료에 따르면, 19세기 동안 북아메리카 대륙 서부의 수렵 채집 사회에서 전쟁은 매우 잦았으며, 종종 무장 전쟁이 일 년에 네 번 이상 발생하기도 했다. 그러나 수렵 채집 사회에 대한 자료는 매우 빈약하며, 제국주의 권력과 접촉하면서 영향을 받았기 때문에 그러한 분쟁으로 인해 얼마나 집단의 소멸로 이어졌는지 예측하기는 어렵다. 한편 뉴기니 고지대에서 더 좋은 자료를 얻을 수 있는데, 이 지역은 전문 인류학자들이 유럽인들과 접촉하여 엄청난 변화를 경험하기 이전에 연구한 바 있으며 단순 사회들로만 이루어진 유일한 큰 표본을 얻을 수 있었다. 엄밀히 말해 이들은 수렵 채집자라기보다 원예농이었지만, 뉴기니 사람들은 많은 수렵 채집 사회처럼 단순한 부족 사회를 이루고 살았으며, 민족지학자들이 연구를 시작했을 때에도 집단 간 경쟁이 계속 진행 중이었다(혹은 적어도 정보 제공자들은 전쟁을 생생히 기억하고 있었다).

인류학자 조지프 솔티스Joseph Soltis는 뉴기니 고산지대의 민족지 자료를 수집했다. 많은 연구에 따르면 집단 간의 분쟁은 상당했으며, 약 절반 정도의 연구가 집단의 사회적 소멸 사례를 언급했다. 그는 이 중 충분한 자료를 보고한 다섯 개의 연구에서 이웃 집단의 소멸 비율을 추정하였다(표 6.1). 소멸의 전형적인 양상은 일정한 기간 동안 이웃 집단과 대립하는 동안 쇠약해지다가 마지막으로 격렬한 패배를 당하는 식이다. 남아 있는 구성원들 가운데 충분한 수가 마지막 공격에서 패배할 것을 직감한다면, 그들은 다른 집단으로 친구 및 친족들과 함께 피신한다. 따라서 사망률은 100%가 되지 않더라도 집단은 사회적으로 소멸하는 것이다. 동시에 성공적인 집단은 성장하며, 결국에는 분열한다. 집단의 사회적 소멸은 흔한 일이다(표 6.1). 집단이 이 정도 비율로 소멸한다면, 새로운 혁신이 한 집단에서 다른 모든 집단으로 확산되는 데 20에서 40세대 혹은 500년에서 1,000년 정도 걸릴 것이다.

표 6.1

뉴기니의 다섯 지역에서 문화 집단의 소멸 비율

지역	집단의 숫자	사회적 소멸의 숫자	시간 (년)	매 25년마다 소멸하는 집단의 비율	출처
마에 엔가	14	5	50	17.9%	Meggitt 1977
마링	13	1	25	7.7%	Vayda 1971
멘디	9	3	50	16.6%	Ryan 1959
포레/우수루파	8~24	1	10	31.2%~10.4%	Berndt 1962
토르	26	4	40	9.6%	Oosterwal 1961

출처: Soltis et al. 1995

　이 연구 결과는 문화적 집단 선택이 비교적 느리게 작용한다는 것을 암시한다. 하지만 역사적 및 고고학적 자료에서 관찰할 수 있는 정치적 및 사회적 발전 속도도 역시 느리다. 뉴기니의 사회 체계는 분명 활발히 진화했지만,[36] 홍적세 기간 동안 사회적 복잡도의 순증가분은 그리 크지 않다. 문화적 전통이 변화하면서 결국에는 우리가 살고 있는 대규모의 사회 체계를 이룩하였고, 이 변화는 그다지 빠르지 않게 진행되었다. 농업이 시작된 이후 원시적인 도시 국가가 처음 등장하기까지 대략 5천 년이 걸린 것이나 단순한 국가가 등장한 이후 현대의 복잡한 사회가 만들어지기까지 다섯 세기가 걸린 사실은 이러한 추정치로 설명할 수 있다.

집단에 이익을 주는 문화적 변형은 사람들이 성공적인 이웃을 모방하기 때문에 확산될 수 있다

집단 간 경쟁이 집단에 이익을 주는 문화적 변형이 확산되는 유일한 메커니즘은 아니다. 성공적인 이웃을 모방하려는 성향도 중요한 역할을 할 수 있다. 지금까지 우리는 사람들이 자기가 속한 집단의 다른 구성원들이 하는 행동에 대해 무엇을 아는지에 초점을 맞추었다. 그러나 때로 사람들은 이웃 집단의 행동 규범에 대해서도 어느 정도 안다. 그들은 자신의 집단에서 사촌과 결혼할 수 있다는 것과 다른 이웃 집단에서 그것이 금지된다는 것을 알고 있다. 혹은 여기서는 과일을 마음대로 채집할 수 있지만 저기서는 개인이 과일나무를 소유한다는 것을 안다. 이제 사람들이 어떤 규범을 따르는 것이 다른 규범을 따르는 것보다 더 성공적이라고 가정해 보자. 이론과 경험적인 증거 모두 사람들은 성공한 사람을 모방하려는 강력한 성향을 지니고 있다는 것을 보여 준다. 따라서 사람들이 자신보다 더 성공적인 이웃을 모방하기 때문에 더 나은 규범이 확산될 것이다.

독자들은 과연 이러한 메커니즘이 실제로 작용하는지 궁금해할지도 모르겠다. 이 메커니즘이 작용하려면 집단에 이익이 되는 관념이 퍼질 수 있도록 집단 간의 확산이 충분해야 하며, 또한 확산이 너무 많이 이루어져도 안 될 것이다. 왜냐하면 집단 간의 변이가 사라지기 때문이다. 이 두 가지가 동시에 이루어질 수 있을까? 우리도 동일한 고민을 했으며, 수학적 모델화를 해 보았다. 그 결과에 따르면 집단에 이익이 되는 신념은 다양한 조건 아래에서 확산될 수 있다.[37] 이 모델에 따르면 그러한 확산은 매우 빨리 일어날 수 있다. 대략적으로 말해서, 개인에 이익이 되는 특질이 집단 내에서 확산되는 데 걸리는 시간보다 집단에 이익이 되는 특질이 한 집단에서 다른 집단으로 확산되는 데 걸리는 시간이 두 배 더 길다. 이 과정은 단순한 집단 간 경쟁보다 훨씬 빠르다. 왜냐하면 집단이 소멸하는 비율보다 개인이 새로운 전략을 모방하는 비율이 훨씬 빠르기 때문이다.

로마 제국에서 크리스트교가 빠르게 확산된 것은 이러한 과정 때문일 것이다. 예수의 죽음으로부터 콘스탄티누스 대제의 재임까지의 약 260년의 기간 동안 크리스트교인의 수는 소수의 인원에서 대략 6백만 명에서 3천만 명 정도(이는 추정치에 따라 다르다)로 증가했다. 언뜻 보기에는 크게 증가한 것처럼 들리지만, 실제로는 매년 평균 3~4% 정도 증가한 것이다. 이는 지난 세기 동안 모르몬교도의 증가율과 같다. 사회학자 로드니 스타크Rodney Stark에 따르면 수많은 로마인은 더 나은 삶의 질에 이끌려서 크리스트교로 개종했다.[38] 이교도 사회에서 가난한 자와 병자는 아무런 도움을 받지 못했다. 반면 기독교 공동체는 "사회적 봉사가 거의 존재하지 않는 제국에서 구호와 상호 부조로 이루어 낸 축소판의 복지 국가 같았다."[39]

로마 제국의 말기에 전염병이 확산되는 동안 이러한 상호 부조는 매우 중요했다. 병에 감염되지 않은 이교도 로마인들은 병자를 돕거나 죽은 자를 매장하는 것을 거부했고, 때때로 이는 혼란만 가중시킬 뿐이었다. 기독교 공동체에서는 상호 부조의 규범이 강력했기 때문에 병자를 내버려 두는 일이 없었으며 따라서 사망률도 낮았다. 기독교를 믿는 후대의 주석자뿐만 아니라 이교도 주석자 또한 그런 도움을 받기 위해서 기독교로의 개종이 늘어났다고 해석했다. 예를 들어, 율리우스 황제(그는 기독교를 몹시 싫어했다)는 그의 주교에게 보내는 편지에서 "만약 이교도가 사람들의 영혼을 얻고자 한다면 기독교인의 덕을 본받아야 할 것"이라고 썼다. 그는 "비록 그들이 겉으로만 그럴지는 모르지만 그들의 도덕성과 이방인에 대한 그들의 박애"를 본받아야 한다고 주장했다.[40] 개종하는 사람들 중에서 중산층의 여성들이 대다수를 차지했는데, 아마도 기독교 공동체에서 그들의 지위와 결혼의 안정성이 높았기 때문으로 보인다. 로마에서는 첩을 허용했으며, 결혼한 남자는 마음대로 바람을 피울 수 있었다. 반면 기독교에서는 신실한 일부일처제가 규범이었다. 이교도 과부는 재혼을 해야 했으며, 재혼한 후에 그들의 재산권을 상실했다. 기독교도 과부는 재산을 소유할 수 있었으며, 만약 가난하더라도 기독교 공동체가 돌보아 주었다. 기독교의 성장에는 인구학적 요소도 중요하게 작용했다. 전염병이 도는 동안 상호 부조 덕분에 사망률이 상당히 감소되었고, 유아 살해를 금지하는 규범이 있어서 기독교의 인구 증가율은 상당히 높았다.

문화적 관행이 이러한 메커니즘에 의해서 확산되려면 관찰하고 시도하기가 비교적 쉬워야 한다.[41] 기독교와 이슬람처럼 전도가 중시되는 종교에서는 잠재적인 개종자에게 새로운 체계를 가르쳐야 하고 어색해하는 신개종자를 잘 대해 줘야 하는 수고를 해야 한다. 그렇다고 하더라도, 개종은 대부분 같은 처지에 있는 가족 구성원, 가까운 친구, 그 밖의 친근한 사람들 사이에서 이루어지며, 과거에도 아마 그러했을 것이다.

문화적 적응이 빠르게 일어나면서 집단 간의 상징적 표지가 발생한다

인간의 사회에서 가장 두드러진 특징은 집단을 구분 짓는 상징적 표지이다.[42] 어떤 상징적 표지는 독특한 의상 스타일이나 말투처럼 언뜻 보기에 무작위적으로 보이지만, 정교하게 합리화된 관념 체계를 수반하는 복잡한 관례 체계들이다. 집단에서 신성시하는 믿음 체계에 기반을 둔 규범에 의해서 사회적 관계가 규제되는 경우는 흔하다.[43] 심지어 단순한 수렵 채집 사회에서도 상징적으로 구분되는 집단의 크기는 거대하다. 대표적인 상징적 표지 중 하나인 민족성은 다양하며 정의하기가 까다롭다. 민족성은 계급, 지역, 종교, 성性, 직업을 비롯하여 이타적인 규범의 범위를 제어하는 데(다른 무엇보다도 이것이 우선이다) 사용되는 갖가지의 상징적인 표지 체계들로 나뉜다.

상징적인 표지가 단순히 비슷한 문화적 유산의 부산물이 아니라는 증거는 상당히 많다. 아이들은 동일한 어른들로부터 수많은 특질을 습득하며, 만약 문화의 경계가 종의 경계와 마찬가지로 침투가 불가능하다면, 상징적인 표지와 다른 특질 간의 상관관계를 설명할 수 있을 것이다. 예를 들어, 캘리포니아에 이민 간 멕시코 어린이가 멕시코 어른만 모방하며 캘리포니아 백인들도 마찬가지로 보수적이라면, 민족의 경계가 유지되는 것은 쉽게 설명할 수 있을 것이다. 그러나 민족적 정체성이 가변적이며 민족적 경계에 구멍이 많다는 증거는 상당히 많다.[44] 캘리포니아의 멕시코계 아이들은 표준 영어를 배우며 수많은 백인 관습을 습득한다. 백인 캘리포니아인 역시 적어도 스페인어 몇 마디는 배우며, 케첩보다 칠레 소스를 더 좋아하며, 생일 잔치에서 배쉬 피나타bash piñatas•를 하며, 그 밖에 다른 멕시코 관습을 습득한다. 사람과 관념의 집단 간 이동은 어디에서나 존재하며, 이는 집단의 차이를 감소시키곤 한다. 따라서 현재 존재하는 경계가 계속 지속되고 새로운 경계가 생겨나고 있다는 것은 이주와 민족적 정체성의 선택적 흡수로 인한 동질화의 효과를 거스르는 어떤 사회적 작용이 존재한다는 것을 의미한다.

두드러진 경계가 유지되는 이유는 아마도 빠른 문화적 적응의 결과일 것이다. 첫째, 상징적인 표지로 인해 사람들은 자신이 속한 집단의 구성원을 식별할 수 있다는 것에 주목하라. 내집단의 표지는 두 가지 노릇

• 생일인 아이가 눈가리개를 한 채 막대기로 공중에 달려 있는 캔디와 선물을 넣은 항아리를 깨트리는 놀이

을 한다. 첫째, 내집단 구성원을 식별할 수 있는 능력으로 인해 선택적인 모방이 가능하다. 문화적 적응이 빠르게 일어날 때, 자신의 주변 환경에서 무엇이 적응적인지 알려면 자신이 속한 집단에서 정보를 구하는 것이 낫다. 같은 지역 사람을 모방하며 다른 곳의 관념을 가져오는 이민자로부터 배우지 않는 것은 중요하다. 둘째, 내집단의 구성원을 식별할 수 있는 능력으로 인해 선택적으로 사회적 관계를 만들어 갈 수 있다. 앞서 논의했다시피, 빠른 문화적 적응으로 인해 집단 간의 도덕적 규범의 차이가 보존된다. 무엇이 옳고 그른지 무엇이 공평한지, 그리고 무엇이 가치있는 것인지에 대해 같은 신념을 공유하는 사람들과 관계를 맺으면 처벌을 피하고 사회생활의 보상을 얻을 수 있다. 따라서 상징적인 표지가 어떻게든 존재한다면, 같은 상징적인 표지를 공유하는 사람들과 선택적으로 모방하고 관계를 맺으려는 심리적 성향은 자연선택에 의해 선호될 것이다.

둘째, 좀 불확실한 방법이긴 하지만 이러한 동일한 성향으로 인해 상징적인 표지와 연관되는 특질의 변이가 생성되고 유지되는지 관찰하는 것이다.[45] 빨강과 파랑이라는 두 개의 집단이 있다고 가정해 보자. 각각의 집단에서 빨간 규범과 파란 규범이 흔하다고 가정해 보자. 같은 규범을 공유하는 사람들과 상호 작용하는 것이 그렇지 않은 사람들과 상호 작용하는 것보다 더 성공적이다. 가령 그 규범이 재산권 분쟁과 관련된 것이라면, 같은 규범을 공유하는 사람끼리는 그렇지 않은 사람보다 재산권 분쟁을 더 쉽게 해결할 것이다. 덧붙여 이 두 집단에 두 개의 중립적이지만 쉽게 판별할 수 있는 표지 특질이 존재한다고 가정해 보자. 이를 각각 다른 방언이라고 하자. 하나는 빨간 말이며 다른 하나는 파란 말이다. 빨간 말은 빨간 집단에서 더 흔하고 파란 말은 파란 집단에서 더 흔하다. 사람들은 방언이 같은 사람들과 상호 작용하는 경향이 있다. 흔한 특질을 둘 다 지닌—다시 말해서 빨간 집단에서 빨간 규범과 빨간 말을 하는 사람 혹은 파란 집단에서 파란 규범과 파란 말을 하는 사람—사람은 자신과 비슷한 사람들과 상호 작용하려 할 것이다. 그들은 동일한 규범을 공유하기 때문에, 이러한 상호 작용은 비교적 성공적일 것이다. 반대로 흔하지 않은 규범과 말을 지닌 사람들은 성공적이지 못할 것이다. 문화적 적응으로 인해 성공적인 전략이 확산되는 한, 빨간 표지를 지닌 사람은 빨간 집단에서, 파란 표지를 지닌 사람은 파란 집단에서 각각 증가할 것이다. 실제 세계는 분명 이보다 훨씬 더 복잡하지만, 그렇다고 하더라도 이 논리는 유효하다. 사람들에게 그들과 비슷한 모습 혹은 비슷한 말투를 지닌 사람과 관계 맺으려는 성향이 있는 한, 그리고 그 성향으로 인해 사회적 상호 작용이 더욱 성공적으로 이루어진다면, 표지는 사회적 집단과 상관관계를 가지게 될 것이다.

동일한 논리는 선택적으로 모방하는 데 사용되는 표지에도 적용된다.[46] 같은 지역에서 흔한 표지를 지닌 이들을 모방하는 사람은 그 지역에서 유리한 변형을 획득할 가능성이 높다. 만약 사람들이 표지를 지닌 사람의 표지와 행위를 모두 모방한다면, 그 지역에서 흔한 표지를 지닌 사람들은 그렇지 않은 사람들보다 평균적으로 더 성공적일 것이다. 이로 인해 그 지역에서 흔한 표지는 더 흔해질 것이며, 이는 그 표지로 인해 누구를 모방해야 하는지 더 명확해진다는 것을 뜻한다. 만약 지역 내에서 환경의 변이 또는 규범의 변이가 크다면, 문화적 고립으로 인해 집단의 평균적인 행위가 최적화될 때까지 문화적 표지의 차이는 계속하여 극단적으로 커질 것이다.[47]

많은 사람은 이타주의자가 다른 이타주의자를 민족적 표지로 식별할 수 있기 때문에 민족적 표지가 발생했다고 믿는다.[48] 이 논의는 상징을 속이기 쉽다는 것을 간과하고 있다. 말은 쉽고 머리를 염색하는 것도 마찬가지이다. 자신이 이타주의자라고 광고하는 것은 위험한 제안일 수 있다. 왜냐하면 나쁜 사람이 자신을 좋은 사람이라고 신호 보내는 것은 쉽기 때문이다. 만약 당신이 가슴에 큰 "A"를 붙이고 다닌다면(나는 이타주의자altruist라는 의미의 A―역주), 당신의 좋은 의도를 착취하고 아무것도 보답하지 않는 나쁜 친구에게 당할 수 있다. 물론, 반사회적인 사람들은 자신의 착취 계략에 따라 다른 사람을 선하게 행동하도록 유도하는 데 능한 것 같다.[49] 반면, 도덕적 처벌에 의해 강요되는 협동적인 규범을 공유하는 집단의 한 구성원이라는 것을 나타내는 표지는 진화할 수 있다. 이 경우에는 이타적인 행동은 결국 자기 자신의 이익이 되며, 도덕적 공동체의 한 일원이라고 광고한다고 해서 무자비한 반사회적 사람들에게 착취당할 염려도 없다. 왜냐하면 공동체에 있는 다른 도덕적인 사람들이 당신을 착취하는 사람을 처벌할 것이기 때문이다. 이타주의가 도덕적 규칙과 도덕적인 처벌에 의해 보호받는 공동체에서 자신이 공동체의 구성원임을 선전하는 행위는 쉽게 내뱉을 수 있는 말에서 부족한 부분을 위협으로 보완하는 것이다.[50]

부족의 사회적 본능은 문화의 작용에 의해 형성된 사회적 환경에서 진화했다

빠른 문화적 적응의 결과로 발생한 새로운 사회는 인간 계통에서 새로운 사회적 본능이 진화하도록 했다. 문화적 진화는 협동적이고 상징으로 서로를 구분하는 집단을 만들었다. 그러한 환경은 그러한 집단에서 살아가는 데 적합한 새로운 사회적 본능의 진화를 선호했으며, 그 본능 중에서는 도덕적 규범으로 조직된 사회에서 살아갈 것을 "예상하며" 그러한 규범을 학습하고 내재화하도록 설계된 심리도 있다. 그 외에도 수치와 죄책감처럼 규범이 준수될 확률을 높이는 새로운 감정들도 진화했다. 그리고 사회가 각각 상징적인 표지를 지닌 집단들로 구분될 것을 "예상하는" 심리도 진화했다.[51] 새로운 사회적 본능이 결여된 사람들은 널리 퍼져 있는 규범을 자주 어기게 되었고 적대적인 선택을 경험하였다. 그 사람들은 사회에서 추방되었거나, 공공재의 이익을 누리지 못했거나,

결혼에 실패했을 수도 있다. 집단 간의 대립에서 협력과 집단 소속감으로 인해 군비 경쟁이 발생하며, 이러한 군비 경쟁은 집단 내 협력을 극대화시키는 방향으로 사회의 진화를 이끈다. 결국 인간 사회는 여타 영장류의 사회에서 갈라져 나오게 되었으며, 민족지 자료에서 볼 수 있는 수렵 채집 사회를 닮게 되었다. 많은 증거에 따르면 약 10만 년 전에 대부분의 사람은 부족 규모의 사회를 이루고 살았던 것으로 보인다.[52] 이런 사회는 몇 백 혹은 몇 천 명의 사람이 언어, 의식, 의복 등의 상징으로 자신들을 구분하는 집단 내에서의 협동에 바탕을 두고 있었다. 사회적 관계는 평등하였으며, 정치적 권력은 분산되었고, 사람들은 자신의 이익과 직접적으로 관계없는 일에도 사회적 규범을 어긴 자를 처벌하기를 주저하지 않았다.

그러나 왜 자연선택이 새로운 친사회적인 성향을 선호해야만 했을까? 사람들이 영리하다면 처벌의 위험이 있는 상황에서 협동과 배신을 어떻게 혼합해야 하는지 계산할 수 있지 않을까? 하지만 우리는 진화가 인간에게 그런 계산 능력을 부여하지 않았다고 생각한다. 예를 들어, 인간을 포함한 많은 생물이 의사 결정에서 현재를 과대평가하는 경향이 있다는 증거는 많다. 예를 들어, 사람들에게 지금 1,000달러를 받을 것인지 내일 1,050달러를 받을 것인지 물어보면 대부분의 사람은 지금 1,000달러를 받겠다고 한다. 반면, 30일 후의 1,000달러와 31일 후의 1,050달러일 경우, 많은 사람은 후자를 선택한다. 그러나 이는 30일이 지났을 때 사람들이 자신의 결정을 후회한다는 뜻이다. 이러한 편향으로 인해 사람들은 시간이 지난 후에 후회할 결정을 하게 된다. 왜냐하면 그들은 미래의 비용을 미래의 시점에서의 같은 비용을 평가하는 것보다 현재 시점에서 낮게 평가하기 때문이다.[53] 자 이제, 앞서 논의한 바와 같이 문화적 진화로 인해 비협조자가 처벌받는 사회적 환경이 만들어졌다고 하자. 많은 경우 비협조에 대한 보상은 당장 받을 수 있지만 처벌의 비용은 나중에 겪는다. 따라서 즉각적인 이익을 과대평가하는 사람들은 협동하지 않을 것이다. 비록 협동하는 것이 자신들에게 더 이익이 되더라도 말이다. 만약 일반적으로 대부분의 사회 환경에서 협동이 선호된다면, 자연선택은 본성적으로 협동적이고 큰 사회 집단에 소속감을 느끼며 유전적으로 전달되는 사회적 본능을 선호할 것이다. 예를 들어, 자연선택은 배신을 손해 보는 행동처럼 느끼게 만드는 죄책감 같은 감정을 선호할 것이다. 왜냐하면, 죄책감으로 인해 배신의 비용을 현재에 치루기 때문이며, 행위자는 협동의 비용과 배신의 비용을 적절하게 비교할 수 있기 때문이다.

이러한 새로운 부족의 사회적 본능은 기존의 친구와 친척을 선호하는 본능을 제거하지 않고 이들과 함께 인간의 심리에 존재하게 되었다. 따라서 인간의 사회생활에서는 필연적으로 갈등이 발생한다. 큰 집단에 소속감을 갖고 협동하도록 하는 부족 본능은 이기심, 친족 선호 및 직접적인 호혜성과 대개 갈등을 일으킨다. 어떤 사람들은 세금을 올바르게 보고하지 않거나 빌린 돈을 갚지 않는다. 공공 라디오 방송을 듣는 사람들이 모두 비용을 지불하는 것은 아니다. 사람들은 친척과 친구에게 진심으로 의리 있게 대하면서도, 씨족, 부족, 계급, 카스트, 국가에도 커다란 충성심을 느낀다. 필연적으로 갈등은 존재할 수밖에 없다. 가족은 내란에 의해 이산가족이 된다. 부모들은 고통스럽고 혼란스러운 감정으로 자식들을 전쟁터에 보낸다(혹은 보내지 않는다). 상당히 협동적인 범죄 집단이 나타나 보다 큰 규모의 사회 조직이 만들어 낸 공공재를 약탈한다. 엘리트들은 사회 구조에서 핵심 위치를 이용하여 그들이 일한 대가보다 더 많은 수입을 올린다. 이런 목록은 끝이 없다. 요점은 인간은 이러한 갈등으로 인한 고통을 겪는다는 것이다. 다른 대부분의 동물은 이기심과 친족 선호에 따라서만 행동하기 때문에 이런 고통을 겪지 않는다.

진화를 연구하는 몇몇 동료 학자들(진화심리학자들을 말한다—역주)은 이러한 논의는 너무 복잡하다고 불평하곤 한다. 친족으로 구성된 작은 집단에 적용된 심리에 의해서 문화가 만들어졌다고 가정하는 것이 더 간단하지 않은가? 글쎄, 그럴 수도 있겠다. 하지만 그 학자들은 대부분 언어 본능이 이와 동일한 정도로 복잡한 공진화 과정에 의해 진화했다고 믿는다. 촘스키의 문법에 대한 원리와 변수principles-and-parameters 모델[54]에 따르면 어린이는 주변 사람들이 말하는 언어의 문법을 빠르고 정확하게 배울 수 있는 특수 목적의 심리 기제를 갖고 있다. 이러한 기제에는 아이들이 듣는 문장에서 취할 수 있는 해석의 범위를 제한하는 문법적인 원리들principles이 포함된다. 그러나 아이들이 모든 인류의 언어를 습득할 수 있도록 하는 자유로운 변수들parameters도 많다.

이러한 언어 본능은 마치 우리가 가정했던 것처럼 사회적 본능이 문화적으로 전달되는 사회적 규범과 함께 공진화했듯이 분명 문화적으로 전달되는 언어와 함께 공진화했을 것이다. 언어 본능과 부족 사회 본능이 동시에 진화했을 가능성은 매우 높다. 처음에는 특별히 언어 학습을 위해 적응하지 않은 기제를 이용하여 언어를 습득했을 것이다. 이러한 조합으로 인해 새롭고 유용한 의사소통 형태가 만들어졌을 것이다. 천성적으로 원시 언어를 조금이라도 더 잘 배운다든지 혹은 조금이라도 빨리 배울 수 있는 사람들은 더 풍요롭고 유용한 소통 체계를 가졌을 것이다. 그 이후 자연선택은 더 특수화된 언어 본능을 선호했을 것이며, 따라서 더 풍요롭고 더 유용한 소통 체계가 진화할 수 있었다. 이와 마찬가지로 인간의 사회적 본능도 우리가 구성하는 사회에 한계를 부여하고 방향을 제시할 것이다.[55] 물론 몇몇 중요한 세부 항목은 지역적인 문화가 채워 넣을 것이다. 문화적 변수가 정해지면, 본능과 문화가 조합하여 실제로 작동하는 사회 제도가 만들어진다. 다른 영장류와 비교해 볼 때, 인간의 모든 사회는 기본적인 특색이 동일하다. 동시에, 인간 사회 체계의 다양성 또한 매우 장대하다. 언어 본능과 마찬가지로 사회적 본능은 그러한 사회 제도와 지난 몇 십만 년간 공진화했다.

이론은 이 정도면 충분하다. 이러한 본능이 실제로 존재한다는 증거는 무엇인가?

이타주의와 공감

사람들이 이타적인 감정에 영향받는다는 정황적인 증거는 많다. 사람들은 보상과 처벌을 기대할 수 없는 상황에서도 자신과 관계없는 사람을 돕는다.[56] 사람들은 때때로 익명으로 자선단체에 기부한다. 사람들은 자신의 생명을 무릅쓰고 위험에 빠진 사람들을 돕기도 한다. 자살 폭탄 특공대는 대의명분을 위해 목숨을 내놓는다. 그리고 사람들은 헌혈한다.

이런 목록은 길다. 하지만 사람들의 동기에 대해 회의적인 사람들을 설득할 만큼 길지는 않다. 그들은 이타주의자의 마음속에는 이기적인 이해관계가 있다고 믿는다. 익명으로 기부하는 사람은 거의 없으며, 알만한 사람들은 누가 무엇을 기부했는지 알고 있다. 영웅들은 데이비드 레터맨쇼(미국의 유명한 토크쇼―역주)에 초대받는다. 자살 폭탄 특공대의 가족은 막대한 보상을 받는다. 헌혈 후에는 달고 다닐 수 있는 스티커를 받는다. 혹은, 생물경제학자 마이클 기셸린Michael Ghiselin의 말을 빌리면, "이타주의자를 할퀴면 위선자가 피 흘리는 것을 볼 것이다."[57] 이 같은 실제 사례에서 보이지 않는 이기적인 동기가 존재할 가능성을 결코 배제할 수 없다.

그러나 최근의 심리학자와 경제학자의 실험 연구에 의하면 선한 행위의 이면에 어두운 동기가 존재한다고 의심하기가 훨씬 어려워졌다. 이 일련의 실험에서 이기적인 보상을 받을 가능성은 신중하게 배제되었다. 그런데도 사람들은 여전히 이타적으로 행동했다. 심리학자 다니엘 뱃슨Daniel Batson은 이타주의의 핵심을 공감empathy이라고 보았다.[58] 도움을 주는 행위는 일단 첫 걸음만 내딛고 나면 피해자의 고통을 덜기 위한 진정 이타적인 동기를 따른다. 그는 이기적인 동기가 매우 중요하다고 보았다(우리도 마찬가지다). 문제는 공감에 의해서 촉발된 이타주의 또한 중요한가이다. 뱃슨은 이타적인 행동에서 공감이 하는 역할이 무엇인지 탐구하기 위한 일련의 실험을 수행했다. 실험 참가자들은 실험군과 대조군으로 나뉘었다. 실험자는 실험군에게 피해자의 입장에서 실험을 서술하도록 하여서 공감을 불러일으키게 했다. 반면 대조군에게는 상황을 객관적으로 바라보도록 주문했다. 실험의 조건은 과연 실험군의 참가자가 도움을 더 많이 줄 것인지를 검증할 수 있도록 만들어졌다. 예를 들어 한 실험에서는 의도적으로 "엘레인"이라는 피해자(실제로는 참가자 중 한 명)에게 심하진 않지만, 고통을 느낄 만한 열 번의 충격을 가했다. 이를 직접 경험하는 것도 즐겁지 않을 뿐 아니라, 어떤 이가 이를 당하는 걸 목격하는 것도 즐겁지 않을 것이다. 실제 참가자 중 일부는 엘레인이 두 번 충격을 당하는 것을 관찰한 후 그 상황을 피할 수 있었으며, 다른 일부는 (의도적으로) 열 번의 충격을 모두 목격해야 했다. 그리고 엘레인에게 충격이 가해지기 바로 이전에 모든 참가자는 엘레인이 어릴 때 정신적인 충격을 당해서 매우 충격에 민감하다는 말을 전해 듣는다. 이 말에 참가자들은 몹시 불편해한다. 실험자 또한 근심을 표현하며 실제 참가자들로 하여금 엘레인을 대신하여 "실험"을 계속할 수 있다고 전한다. 그들에게도 충격은 불쾌하겠지만 엘레인만큼은 아닐 것이다.

뱃슨은 만약 도움을 주는 행위의 동기가 다른 사람의 고통을 목격하는 것을 피하고자 하는 이기적인 욕구에 있다면, 일부 참가자들은 두 번의 충격이 가해진 이후 피할 수 있기 때문에, 엘레인을 대신하여 충격을 받는 참가자들이 거의 없을 것이라고 추론했다. 한편, 참가자들이 피해자를 돕고자 하는 마음이 진심이라면, 두 번 충격이 가해진 이후 피할 수 있는 참가자들도 동일한 도움을 주어야 할 것이다. 공감도가 낮은 조건의 대조군에서는 회피하기가 어려운 상황에서는 도움이 급격하게 증가했으며, 회피할 수 있는 상황에서는 다섯 명의 참가자 중 한 명 정도가 엘레인 대신 충격을 받았는 데 비해 그렇지 않은 상황에서는 다섯 중 세 명 정도가 도움을 주었다. 이는 엘레인이 받는 고통을 지켜보는 동안 참가자들은 매우 불편했으며, 이 불편을 회피할 수 있는 가장 효과적인 방법이 도움을 건네는 것이었을 때 그들은 도움을 주었다는 것을 의미한다. 공감도가 높은 조건에서는, 회피할 수 있고 없고는 도움을 주는 정도에 거의 영향을 미치지 않았다. 이 조건에서는 거의 대부분의 사람이 도움을 베풀었다. 이 경우, 피해자에 대한 공감은 참가자들의 반응에 있어서 다른 어떤 요소보다 우선했다.

뱃슨은 또한 사람들이 돕고자 하는 동기는 진심이며, 자기 스스로 심리적 만족을 얻고자 하는 욕구에서 비롯된 것이 아니라는 증거를 제시했다. 도움을 주고 싶은 상황에서 다른 누군가가 도움을 주어서 당황하게 되는 한 실험에서, 참가자들은 누군가가 도움을 주는 것을 목격하고 자신은 도움을 줄 필요가 없을 때 기분이 가장 좋았고, 아무도 도와주지 않는 데 자신도 도움을 줄 수 없을 때 가장 기분이 좋지 않았다. 일단 공감이 되면 사람들은 진심으로 이타적으로 돕고자 했다. 이는 마치 "그건 귀찮지만 누군가는 해야 할 일이다"고 하는 것 같았다. 극단적인 예를 들자면, 전투 군인의 회고담에 이와 같은 태도가 잘 드러난다. 더 이상의 전투를 갈망하는 군인은 거의 없으며, 그들에게 전쟁의 경험은 불쾌한 것이다. 그러나 그들은 자신의 의무를 해냈다.

이 실험에 경제학자, 게임이론가를 비롯한 이성적 선택 모델을 믿는 학자들이 동의한 것은 아니다. 첫째, 심리학자들은 실험 대상자들에게 거짓말을 하는 경우가 많다. 다시 말해, 엘레인이 실제로 충격을 받은 것은 아니다. 실험 대상자들은 대개 심리학 수업을 듣는 학생들이며 할당된 읽기 자료를 읽은 학생들이기 때문에, 실험자가 말하는 것을 믿지 않을 수도 있다. 뱃슨의 실험 대상자들이 "엘레인"이 실험자의 공모자라고 의심했을 수도 있다. 둘째, 비용과 보상이 모호하며 측정하기 힘들다. 참가자들은 기분이 좋아졌다고 했지만, 그들이 진실을 말하는지는 모를 일이다. 마지막으로, 호혜성과 명성이 미치는 효과를 주의 깊게 통제하지 않았다. 참가자들은 교정에서 엘레인을 다시 만나서 도움에 대한 보상을 받길 기대할 수도 있다. 이타주의의 심리는 그저 호혜성의 인연을 만들기 위한 근접 메커니즘일 수도 있다.

경제학자들은 이러한 회의 때문에 이런 종류의 효과를 통제한 그들 자신의 실험을 설계했다. 독재자 게임이 좋은 예이다. 모집된 참가자들은 모두 실험실에서 "참가"에 대한 사례금을 받는다. 이어서 일부 참가자에게 일정 금액(보통 밑천endowment이라고 한다)이 전해진다. 대개 액수는 크지 않으며(여기서는 10달러라고 하자), 종종 이보다 훨씬 큰 경우도 있다. 밑천을 받은 각각의 참가자는 그 돈의 일부(혹은 전부)를 상대 참가자에게 줄 수 있다. 참가자들은 각자의 선택을 하고 나서 얼마가 되었든 간에 그들이 가지기로 결정한 돈을 갖고 실험실을 벗어났다. 참가자들은 상대에 대해 전혀 알 수 없다. 참가자는 상대를 볼 수도 없으며 상대에 대한 어떤 이야기도 듣지 못한다. 어떤 실험에서는 실험자조차도 개개의 참가자들이 어떤 행동을 하는지 알 수 없다. 경제학의 이론에 따르면 게임의 결과는 명확하게 예측된다. 이기적이고 최대의 돈을 얻고자 하는 참가자는 돈을 상대에게 한 푼도 주지 않아야 한다는 것이다.

독재자 게임은 각각 다른 조건에서 수백 번 실행되었다. 미국, 유럽, 일본의 대학생들은 대개 받은 돈의 약 80%를 차지하고 20%를 상대방에게 주었다. 대학을 졸업한 사람들(혹은 어른들)은 더 많이 주었으며, 어떤 경우에는 평균적으로 반을 주었다. 몇몇 작은 규모의 비서구 사회에서도 독재자 게임이 실행되었다. 이들의 제시 금액은 서구 사회의 제시 금액보다 다양했지만, 그렇더라도 대부분의 참가자는 얼마간의 돈을 상대방에게 주었다.[59] 이는 사람들이 순전히 이기적인 동기만 갖고 있다고 믿는 사람들에게는 매우 좋지 않은 뉴스일 것이다.

도덕적 처벌과 보상

사회의 규범을 어기는 집단의 동료 구성원을 처벌하고자 ─ 비록 그러한 처벌이 자신에게 손해가 되더라도 ─ 하는 욕구가 보편적이라는 정황적인 증거는 매우 많다. 도로상에서 난폭 운전 또는 얌체 운전으로 인한 분노 표출은 고전적인 사례이다. 어떤 차가 끼어든다든지 당신 앞에서 불법 좌회전을 했을 때 어떤 느낌이 드는가. 당신이 대부분의 사람과 다르지 않다면 매우 짜증을 낼 것이며, 규칙을 어긴 자를 다시 보지 못할 것을 알고 있더라도 그를 처벌하길 원할 것이다. 혹은 당신이 영화를 보려고 대기하는데 누가 끼어든다고 생각해 보라. 대부분의 사람은 줄의 맨 앞쪽에 서서 좋은 자리를 얻을 것이 확실하더라도 매우 화를 낼 것이다. 이러한 감정으로 인해 사람들은 사회의 규칙을 어긴 자들을 자발적, 비공식적으로 처벌한다. 그러나 경찰과 사법 기관이 규칙 위반자를 처벌하는 복잡한 사회에서도 그러한 처벌이 사회의 규범을 유지하는 데 중요한 역할을 하는지 알기 어렵다. 반면 많은 단순 사회에서는 공식적인 사법 기관이 존재하지 않기 때문에 유일한 처벌 수단은 비공식적이고 자발적인 처벌밖에 없다. 소규모 사회의 많은 민족지 자료에 따르면, 도덕적 규범은 처벌에 의해 강요된다.[60]

취리히대학의 경제학자 에른스트 페르Ernst Fehr와 그의 동료들은 많은 사람이 그들에게 어떤 식으로든 이익이 되지 않는데도 규칙을 어기는 자들을 처벌하고자 한다는 것을 보여 주는 일련의 실험을 했다.[61] 고전의 반열에 오를 이 실험은 실험경제학자들이 사용하는 공공재 게임에 기반하고 있다. 여느 실험경제학의 게임처럼 참가자들은 익명이며 실제 화폐를 받는다. 게임의 각 라운드마다 참가자들은 임의의 네 명으로 이루어진 집단으로 나뉘며, 각각의 참가자는 자신이 가지거나 공동 기금에 기부할 수 있는 얼마간의 돈을 받는다. 실험자는 공동 기금에 모인 기부금을 40% 늘려서 집단의 모든 구성원에게 동일하게 분배한다. 예를 들어, 한 참가자만 10달러를 기부한다면, 실험자는 그 돈을 14달러로 늘려서 각 구성원에게 3.5달러씩 분배한다. 그다음에 새로운 네 명으로 이루어진 집단이 무작위로 형성되며, 동일한 절차를 반복한다. 이 절차는 일련의 시행 동안 계속된다.

이 게임에서는 모든 참가자들이 자신의 모든 자원을 공동 기금에 기부했을 때 평균적으로 최상의 이익을 얻는다. 그러나 개인의 관점에서는 모든 사람이 전부를 기부하며 자신은 기부하지 않는 것이 최선이다. 이 기적인 사람은 자기 돈을 지키고 봉sucker이 기부한 돈에서 발생하는 보상에서 자기 몫을 챙긴다. 페르의 실험에서 참가자들은 기존의 공공재 게임의 참가자들과 비슷하게 행동했다. 다시 말해, 처음에는 많은 참가자가 공동 기금에 기부했지만, 시간이 흐르면서 기부 금액은 줄어들었다. 마지막인 열 번째 라운드에서 참가자들은 거의 아무것도 기부하지 않았다.

그러나 페르는 거기서 그만두지 않았다. 그는 실험 조건을 달리하여 각각의 라운드를 두 단계로 나누었다. 첫 단계는 앞서 설명한 것과 같은 공공재 게임이다. 두 번째 단계에서 각 참가자의 기부 금액을 공표했다 (하지만 참여자의 신원은 밝히지 않았다). 그다음, 참가자들은 얼마간 대가를 치루고 다른 참가자의 이익을 감소시킬 수 있었다. 일정한 시간마다 임의로 집단이 재형성되기 때문에 처벌을 가하는 사람이 차별적으로 대우받을 가능성은 없었다. 많은 참가자는 공동 기금에 적게 기부하는 사람들을 처벌하였다. 그 결과 기부금의 액수는 시간이 지날수록 상승했고 열 번째 라운드에서는 대부분의 참가자가 자신의 모든 밑천을 기부했다. 게임이 끝난 후의 면담에서 참가자들은 앞서 설명한 도덕적 감정에 자극을 받았다고 말했으며, 페르에 따르면 몇몇 참가자들은 다른 참가자의 부정한 행동에 대해 상당히 화를 냈다.

이런 종류의 실험에 대한 흔한 비판 가운데 하나는 사람들은 처음 보는 사람들과 일회성 게임을 하고 있다는 것을 믿지 않는다는 것이다. 다시 말해, 인간의 심리는 이러한 가능성을 고려하도록 설계되지 않았기 때문에 우리는 항상 이웃들이 지켜보는 것처럼 행동한다는 것이다. 물론 그럴 수도 있을 것이다. 하지만 페르의 실험에 따르면 참가자들은 규범을 위반한 사람들을 처벌하면서 가학적으로 즐거워하거나 적어도 처벌하려고 노력해야 한다는 의무감을 느꼈다. 이타적이고 도덕적인 이웃이 무엇을 할 것인지 걱정하는 것은 분명 인지상정이다. 설령 이러한 충동이 작은 집단에서 반복되는 게임을 위해 설계되었다고 하더라도, 이 충동은 익명의 반복되지 않는 상황에서도 즉각 발현되는 것 같다(그렇게 설계되었다면 발현되지 않아야 하지만).• 우리는 문화적 규칙이 이러한 성향을 이용하며, 이러한 충동이 일상적으로 발현되도록 한다고 생각한다(이 성향이 무엇을 위해 설계되었는지는 알 수 없지만).

이러한 실험에 큰 오류가 없는 한, 이 실험들은 결코 다시 만날 일이 없는 낯선 사람조차도 당신이 그에게 불친절하게 대하지 않는 한 당신에게 친절하게 대하리라는 것을 의미한다. 우리가 하는 많은 평상적인 일들이 이에 기대고 있다. 여행을 한번 생각해 보자. 홀로 여행하는 사람도 낯선 도시를 여행할 수 있으며 예의 바르게 행동하는 한 해를 끼칠 이도 없을 것이다. 우리는 그 지역 사람들에겐 한밑천이 되는 돈과 소지품을 수중에 품고 비효율적이고 부패한 경찰이 있는 제3세계를 여행했다. 그동안 별다른 문제가 없었다. 우리가 무심코 위험한 일을 하려 할 때마다(피해야 될 술집이라든가) 가게 주인, 호텔 직원, 참견하기 좋아하는 중년 부인들은 넌지시 충고를 전하곤 했다. 좀 더 극단적인 사례를 들면, 1998년 8월의 케냐 대사관 폭탄 테러나 뉴욕시의 9/11 테러를 떠올려 보라. 테러가 발생한 자리에서 수많은 부상자는 똑같이 피투성이가 된 사람들로부터 도움의 손길을 받았다. 모든 종류의 재난에서 우리는 이와 비슷한 장면을 목격할 수 있다. 전문적으로 훈련받고 월급을 받는 응급 처치 요원도 아닌 일반인들이 도움이 필요한 다른 사람들을 돕는다.

집단의 상징적인 표지와 관련된 사회적 본능에 대한 증거

마지막으로, 집단을 경계 짓는 상징적 표지로 인해 몇 가지 중요한

• 원문에서는 'misfire'라는 용어를 쓰고 있으나 직역하면 어색한 표현이 되기 때문에 '발현되었다'고 표기하고 부가적인 설명을 추가했다. 'misfire'는 문맥상 어떤 기질이 자연선택에 의해 설계된 상황이 아닌 다른 상황에서도 발현되는 것을 의미한다.

행동이 발생한다는 많은 증거가 있다. 사람들은 부족 본능으로 인해 상징적인 표지를 이용하여 내집단의 경계를 한정하며, 그 밖에 누구와 공감을 형성시켜야 할 것인지, 누구를 의심해야 할 것인지, 좀 끔찍한 경우에는 누구를 살해해야 할 것인지를 정한다.[62]

채취자들은 민족 언어를 사용하여 서로를 상징적으로 구분하며 집단에의 소속을 드러내는 양식적 표지가 매우 현저하다는 증거가 있다. 인류학자 폴리 위스너Polly Wiessner는 칼라하리사막의 !쿵 산족을 비롯한 그녀가 연구한 몇몇 집단(이중에는 !쿵 산족도 그 존재를 모르는 집단도 있다)에서 화살촉을 수집했다. 위스너는 !쿵 산족의 남성에게 각각의 독특한 양식에 대해 의견을 물었다.[63] !쿵 산족 남성들은 생소한 화살촉을 보자 아마도 매우 다른 집단의 화살촉처럼 보인다고 말했다. 그들은 자신의 지역에서 이 화살촉을 발견한다면 매우 놀랄 것이라고 했다. 그건 그들이 모르는 사람이 잊어버린 것이며 따라서 자신들이 위험에 처할 수도 있다는 것을 뜻하기 때문이다. 한편, !쿵 산족은 집단 내에서 양식적으로 친숙한 구슬 세공을 비롯한 귀중품을 교환하면서 그들의 사회적 우주라는 개념을 만들어 내며 같은 민족 언어를 쓰는 사람들끼리 관계망을 형성한다. !쿵 산족과 같이 무리band 규모의 단순한 사회에서 부족의 구성원을 결합시키는 사회 제도는 비공식적이지만 매우 중요한 것이다. 거칠고 예측이 불가능한 세계에서 곤경에 처했을 때 구조는 삶과 죽음을 갈라놓기도 한다. 선물 교환, 의식 활동, 족외혼을 이용하여 신뢰할 수 있는 친구와 인척으로 이루어진 큰 집단을 이루고 사는 것은 일종의 유효한 보험이다. 이 연구는 적어도 1만 년 전에 나타난 양식적인 유물과 함께 인류가 상당 기간 동안 사회생활을 영위하기 위해 상징적인 과시를 하나의 전략으로 택했다는 것을 가리킨다.[64]

사회심리학자 헨리 타즈펠Henri Tajfel이 고안한 "최소 집단minimal group" 실험은 상징을 이용하여 집단의 경계선을 긋는 데 사용되는 근접적인 심리 수준의 인지 메커니즘 및 집단에의 소속에 따라 사람들이 택하는 행동에 대한 흥미로운 통찰을 보여 준다.[65] 사회심리학 실험에서 참가자들은 현실에서처럼 같은 집단 구성원들에게 호의를 베풀었으며 집단 바깥의 사람들을 차별했다. 타즈펠의 전통 아래에 있는 사회심리학자들은 집단에의 소속감이 주는 효과와 사람들이 스스로 내집단을 형성하고자 하는 애착을 분리하고자 했다. 예를 들어, 사회심리학자 존 터너John Turner는 집단-지향의 행동을 설명하기 위해서 두 종류의 가설을 대비시켰다.[66] 기능적인 사회 집단은 개인적인 관계, 객관적으로 공유된 운명, 또는 그 밖의 개인 중심의 관계로 연결된 개인들의 네트워크만으로 구성될 수 있다. 혹은 상호 간에 호감을 느끼는 개인들이 함께 모여서 집단을 이룰 수도 있을 것이며, 이는 어느 정도의 기능적인 상호 의존과 상호 간의 도움을 반영하고 있다. 또 다른 가설은 집단에 정체성을 부여하는 상징만으로도 사람들은 집단에 소속감을 느끼며 집단 구성원들에게 호의적으로 대하며 집단 바깥의 사람들에게 적대적으로 대한다는 것이다.

그의 대표적인 실험 중 하나에서 타즈펠은 참가자들에게 미학적 판단력을 테스트할 것이라고 했다. 그러고는 파울 클레Paul Klee와 바실리 칸딘스키Wassily Kandinsky의 그림을 찍은 사진을 보여 주고는 어떤 그림이 더 좋은지 물었다. 그다음 참가자들을 두 집단으로 나누었는데, 그들은 자신의 선호도에 따라 나뉜 것으로 짐작했지만, 실제로는 무작위로 나뉜 것이었다. 이어서 참가자들은 얼마간의 돈을 자기 집단과 다른 집단에 분배해야 했다. 참가자들은 자기 집단 구성원들을 우대했다. 다시 말해 참가자들은 클레 또는 칸딘스키에 대한 취향을 공유하는 (것으로 보이는) 사람들에게 더 많은 돈을 주었다. 이러한 실험 결과에 대한 가장 그럴듯한 진화적인 설명은 사람들이 집단에의 소속을 뜻하는 상징적인 휘장에 반응한다는 것이다. 왜냐하면 진화적 과거에는 상징적인 휘장이 중요한 사회적 단위를 표시하였기 때문이다. 만약 실험에서 집단의 속성에 대해 아무런 정보를 주지 않는다면, 사람들이 내집단을 인지하는 심리의 "기본 상태"가 드러날 수도 있을 것이다. 이렇게 볼 때, 최소 집단 실험은 사람들이 상징적으로 서로를 구분하는 집단에서의 삶에 적합한 행동이 무엇인지 빠르고 직관적으로 판단할 수 있다는 것을 보여 준다. 실험실을 벗어나 집단 형성이 어쩌면 더 현저하게 나타나는 정치적으로 복합적인 세계에서 사람들은 주어진 환경에서 어떤 신호를 중대하게 받아들여야 할지 숙고하며, 유전적인 기질(그것이 무엇이든 간에)과 함께 사회적인 학습이 중요한 역할을 한다.

심리인류학자 프란시스코 길-화이트Francisco Gil-White가 최근 몽골 현지에서 실험한 바에 따르면 사람들은 동식물의 종을 분류하는 데 쓰는 인지 전략을 민족 집단을 구분하는 데도 사용한다. 사람들이 어떤 종의 개개의 구성원들은 숨겨진 주요한 속성(혹은 본질)을 공유하며 이 본질이 부모에서 자식으로 유전된다고 믿는다는 증거는 많다. 이러한 본질은 변하지 않는다. 예를 들어, 얼룩말이 말처럼 보이고 행동하도록 바뀌더라도, 작은 어린이들조차도 여전히 얼룩말이라고 우길 것이다. 사람들은 직관적으로 본질이 중요하다고 믿기 때문에, 곧잘 어떤 종의 한 개체에서 관찰한 것을 그 종의 모든 개체에게 일반화한다.

길-화이트의 실험은 민족에 대한 우리의 민속 이론도 본질주의적이라는 것을 보여 준다. 그는 연구 지역에서 대다수를 차지하는 몽골족과 카자흐족을 면담했으며, 카자흐족에게 그들 스스로 몽골족과 구별되는 변하지 않는 특성을 공유한다고 믿는지를 알아볼 수 있는 질문을 했다. 가령 카자흐족 아이가 태어나자마자 몽골족 부모에게 입양되어 길러진다면 몽골족인가 카자흐족인가, 라는 질문을 받았을 때, 대부분의 사람은 "카자흐족"이라고 대답했다. 어떤 생물학자 혹은 인류학자도 종이나 문화를 분류하는 데 본질주의는 적절하지 않다고 생각한다. 하지만 일상적인 목적에서는 문제가 없을 것이다. 길-화이트는 대개 카자흐족과 몽골족은 다른 관습으로 인해 일상적이고 친근한 상호 작용에서 불편하게 느끼는지 여부에 따라서 구분된다고 보았다. 두 집단에서 가족생활, 음식, 위생, 손님 대접의 관습과 일상적인 교류에서의 절차가 다르기 때문에 사회적 상호 작용이 어색해진다. 예를 들어, 몽골에서는 손님을 접대할 때 정중하게 침묵하는 것이 주요 특징이지만, 카자흐족은 시끄럽고 성가시게 굴면서 즐거움을 느끼며 손님도 똑같이 하길 바란다. 처음에 몽골족 집에 머물렀던 길-화이트는 카자흐족의 성가신 손님 대접에 익숙해지는 데 며칠이 걸렸다고 했다. 그는 본래 개인적으로 몽골족보다는 카자흐족의 방식에 더 편안함을 느끼는데도 말이다. 이러한 차이는 문화가 빠르게 진화하면서 발생할 가능성이 높으며 민족적 표지에 대한 관심을 진화하게 만들 수 있다.[67]

인간은 크고 비인격적인 집단(이를테면, 아일랜드 신교도, 세르비아, 유태교도, 독일인, 후투족, 투치족 등)에 강력한 감정을 느끼며, 적절한 상황만 주어진다면 자기가 속한 집단을 위해 극단적인 행동도 서슴지 않는다. 집단에의 소속감이 대단히 클 때에는 다른 집단에 속한 예전의 친구나 이웃을 배신하는 경우도 놀랄 만큼 많다. 과거 나치 독일하에서 유태인 친구를 보호하려고 애쓴 독일인은 거의 없었으며, 이 때문에 도움의 손길을 준 사람들은 영웅으로 대접받는다.[68] 마찬가지로 2차 세계 대전 동안 일본계 미국인 억류자들을 도운 유럽계 미국인이 거의 없었기 때문에, 도움을 받은 사람들은 도움을 건네준 사람들을 잘 기억하고 있다. 만약 집단이 항상 개인들의 일대일 관계에 기초하여 만들어진다면, 거대하고 필연적으로 추상적일 수밖에 없는 집단에의 충성이 개인적인 친분으로 생긴 의리를 넘어서서 잔인한 행위로 귀결되는 것을 설명하기 힘들다(자민족 중심주의로 이런 일은 자주 발생한다). 심지어는 오랜 휴지기가 지난 후에도, 집단 정체성으로 인해 우리의 감정이 크게 고양되는 경우가 있다. 그리고 공격적인 외집단이 이전에는 별다른 관계가 없던 집단에게 스스로 목표를 만들어 표적을 겨누는 경우도 많다(최근 보스니아 회교도와 20세기 중반 독일의 유태인이 이에 당했다). 상징적으로 서로를 구분하는 집단 간의 오랜 갈등은 때로 서로를 내집단으로 여기는 감정으로 전

이되기도 하며, 이 감정은 외집단과의 분쟁에 쉽게 이용되기도 한다. 그럼에도 다른 민족 집단 간에 대량 학살에 이르는 적대적인 관계보다는 비교적 완화된 관계가 보다 흔하다.[69]

홍적세의 사회 규모는
사회적 본능 가설이 예측하는 바와 일치한다

진화사회과학자의 대다수는 문화가 공감과 민족중심주의 같은 사회적 감정과 깊은 관련이 있다는 데에 회의적이다. 오히려 그들은 인간의 사회적 본능이 친족 선택과 호혜성을 통해서 협동이 이루어졌던 소규모의 채취자 집단에서 진화했다고 생각한다.[70] 이런 식의 논의는 많지만, 그중에서도 가장 설득력이 있는 논의는 다음과 같다. 지난 1만 년에 걸쳐 농업이 확산되기 이전에 인류는 아마도 비교적 작은 집단을 이루고 살았을 것이다. 그러한 세계에서 보통의 자연선택은 집단이 소규모이기 때문에 공감과 도덕적인 분노와 같은 심리적 메커니즘을 선호할 수 있으며, 이타적 행위의 잠재적인 수혜자는 대개 친족이거나 소규모의 호혜적인 사회적 관계망의 구성원일 것이다. 현대의 대규모 익명 사회에서 (혹은 실험경제학 실험실에서) 낯선 사람에게 무조건적인 이타적 행위를 하도록 만드는 동기는 우리의 사회적 심리가 진화하던 동안 선호되었을 것이다. 왜냐하면 소규모의 수렵 채집 집단에서 낯선 사람과 관계 맺을 일은 거의 없었을 것이기 때문이다. 집단 내에서의 친족과 호혜성의 연대는 집단 간의 그것보다 강력하기 때문에, 이웃하는 집단은 영토나 자원을 두고 다툰다. 혼인이 빈번한 이웃 집단과도 방언, 관습, 인공물에서 아주 약간의 차이만 있다면 자연선택은 "자신과 비슷한 말, 옷, 행동을 하는 사람들에게 친절하고, 그렇지 않은 사람에겐 의심의 눈길을 보내라"라는 규칙을 선호할 것이다. 농업의 발달로 인해 훨씬 크고 문화적으로 균질한 사회적 집단을 이루게 되었을 때, 이러한 사회적 감정으로 인해 부족 규모의 사회 조직이 발생했다. 작은 무리의 특징이었던 문화적 균질성은 훨씬 큰 집단에도 적용되었으며, 따라서 친족 집단에 적절한 감정들도 보다 큰 집단에서 작동하기 시작했다. 이는 우리가 지난 장에서 논의한 "큰 실수 가설"의 또 다른 변종이다. 만약 이 가설이 옳다면 현대의 거의 모든 것들—무역, 종교, 정부, 과학 등—이 이기적 유전자의 관점에서는 실수이다.[71]

홍적세의 수렵 채집 사회의 규모가 어느 정도인지 알고 있다면 부족 사회적 본능 가설과 큰 실수 가설 중 어느 것이 옳은지 알 수 있을 것이다. 만약 홍적세부터 이미 제법 복잡한 사회 조직이 존재해서 꽤 큰 규모의 집단에서 도덕적 규범 및 집단의 상징적인 표지를 공유했다면, 부족 사회적 본능 가설이 옳을 것이다. 부족 사회적 본능은 부족 사회 생활에의 적응이다. 반면, 수렵 채집 사회의 규모가 꽤 작았다면, 큰 실수 가설에 무게가 실릴 것이다. 이론적으로 호혜성은 매우 작은 집단에서만 진화할 수 있으며,[72] 특히 전쟁에서의 협동 및 도덕적 규칙의 강제와 같은 공공재와 관련된 것이라면 더욱 그렇다. 인간의 번식 생활을 고려해 보면 친족 집단도 필연적으로 소규모다.

따라서 우리는 홍적세의 수렵 채집 사회가 어떠했는지 알아야만 한다. 하지만 불행하게도 이에 대답하기는 매우 어렵다. 민족지 연구를 통하여 현대 수렵 채집민의 경제와 사회 조직을 자세히 알 뿐만 아니라 때로는 양적으로 기술할 수 있다. 하지만 수렵 채집 사회의 민족지 조사가 이루어지는 곳은 칼라하리사막, 호주 중부의 사막, 아마존의 열대 우림을 비롯한 비생산적인 환경에서 거주하는 집단에 편향되어 있다. 역사 자료에 따르면 북아메리카 대륙의 북서 지역처럼 풍요한 땅의 수렵 채집민은 민족지로 연구된 집단보다 복잡한 사회 조직을 이루고 살았다.[73] 유럽 후기 홍적세의 장대한 동굴 벽화는 복합적인 사회에나 있을 법한 공들인 의례를 떠올리게 하며,[74] 이는 적어도 홍적세의 일부 사회는 이와 비슷하게 복합적이라는 것을 의미한다. 그러나 과거의 수렵 채집 사회가 어떠했는지에 대한 추측은 추측일 뿐이다. 역사에 대한 기술은 불확실하며, 20세기 초반에 민족지학자가 면담했던 노인들도 이미 현대 사회에 영향받은 마을에서 전생을 살았다. 또 다른 문제는 민족지와 역사에 기록이 남은 사회를 홍적세에 투영시키기가 어렵다는 것이다. 지난 11,500년 전의 기후는 지금보다 더 따뜻하고, 습하며, 중기와 후기 홍적세의 변화무상한 기후와는 달리 변화가 훨씬 적었다.

이러한 문제를 염두에 두고, 현대까지 잔존한 수렵 채집 사회에 대한 연구를 바탕으로 해서 최선을 다해 후기 홍적세의 채취자가 어떤 사회 조직을 이루고 살았는지 추측해 보자. 북아메리카 대륙의 대평원 그리고 남아프리카의 칼라하리사막, 중부 오스트레일리아의 사막에 거주하는 무리 규모의 사회가 민족지와 역사 자료에 등장한 가장 단순한 사회이다.[75] 대평원의 사회는 비공식적이며 최소한의 부족 단위의 사회 조직을 이룬 채 자율적인 가족들의 무리로 구성되었으며, 같거나 근접한 언어를 쓰는 사람들과 더 협동적인 경향이 있었다. 무리는 토끼몰이나 영양 사냥을 비롯한 공동체의 행사나 교제를 위해 모이곤 했다. 따라서 아무리 단순한 수렵 채집 사회이더라도 부족 규모의 협동이 상당했다. 무리 규모에서 사회 조직을 설명하려면 친족이나 친구 관계로 족할지 모르지만, 부족 규모에서는 인간에게만 특별한 사회 조직 원리가 만연했으며, 따라서 그들에게 부족 본능이 존재했다고 할 수 있을 것이다.

그 밖의 무리 규모의 사회에서는 부족 규모의 사회 조직이 더 명확히 드러난다. 예를 들어, 남아프리카의 !쿵 산족은 선물 교환 체계(후기 홍적세부터 만들어 오던 예술품 등을 교환)를 통하여 작은 거주 무리들을 훨씬 많은 사람으로 구성된 부족으로 엮는다.[76] 현대적인 국가의 축소판처럼 전체 부족이 한곳에 모이는 일은 없지만, 그들은 누가 부족에 속하고 속하지 않는지 명확히 이해하고 있다. 사람들은 위급할 때에 같은 부족에 속한 다른 무리의 구성원들에게 도움을 청하여 응급 처치를 받거나 다른 무리의 영토에서 채취하기 위하여 다른 무리의 구성원들과 관계를 유지한다. 인류학자 아람 옌고얀Aram Yengoyan에 따르면 오스트레일리아 대륙의 가장 척박한 사막에 거주하는 원주민들은 더 풍요로운 땅에 거주하는 사람들보다 무리 간의 연대를 유지하기 위한 사회 조직이 더 정교하다. 사막에서의 생존은 불안정하므로 사람들은 잘 알지 못하는 사람이거나 관계가 먼 사람이더라도 도움을 청해야 한다.[77]

이러한 단순한 무리 규모의 사회에서 부족 수준의 사회 조직은 강하지 않다. 정부와 같은 뚜렷한 상부구조는 없으며, 세력 있는 사람들이 모인 비공식적인 협회조차도 존재하지 않는다. 강력한 이웃들에 둘러싸인 !쿵 산족은 호전적이지 않지만, 규범을 어기는 사람을 처벌하려면 스스로 강제할 수밖에 없기 때문에 집단 내에서의 폭력은 만연하다.[78] 가장 평등하고 가장 정치적으로 발달하지 않은 채취자 집단은 집단에 속한 모든 구성원이 최대한 많은 사람과 우호적인 관계를 유지하려고 노력하더라도 내부의 평화를 유지하고 외부의 위협에 대해 규합하여 대응하는 데 어려움을 겪는다.[79] 하지만 민족지의 기록으로 남은 대다수의 수렵 채집 사회에서는 대체로 전쟁이 잦으며, 홍적세의 사회에서 전쟁을 위한 협동은 아마도 부족 제도의 주요한 기능이었을 것이다.[80]

다른 한 극단에서는 몇몇 민족지의 기록으로 남은 채취자들은 복합적이고 계층적인 사회에서 살았다. 예를 들어, 유명한 콰키우틀족을 비롯해서 북아메리카 대륙 북서 해변의 사회들은 한곳에 큰 집단을 이루고 오래 거주했으며, 노동의 분업이 상당했고, 사회 체계와 정치 계급은 위계적이었으며, 대규모의 전쟁을 벌였다. 이러한 특징은 모두 농업 사회가 보이는 특징이다. 그들의 예술은 홍적세의 동굴 벽화만큼 정교한데, 이는 후기 홍적세의 수렵 채집자가 같은 정도로 사회·정치적으로 세련되었다는 것을 암시한다. 이러한 복잡성 중 일부는 유럽인이 도착한 이후 그들과의 거래로 촉발되었을 가능성이 높지만, 다른 지역에도 복합적인 수렵 채집 사회가 존재했다는 역사학과 고고학적 증거가 많다.[81] 따라서 후기 홍적세의 유럽 사회가 이와 비슷한 복합 사회였을 가능성은 높다. 풍부한 바다 자원으로 인해 북서 해안 사회들이 밀집된 거대한 인구를 부양할 수 있었으며, 그 거대한 인구로 인해 복잡한 사회를 이룰 수 있었듯이, 어떤 비옥한 지역에서는 이동성의 큰 짐승을 사냥하여서 큰 인구를 부양할 수 있었을 것이다.[82]

이러한 두 극단 사이에 민족지적으로 혹은 역사적으로 알려진 다양한 채취자 사회들은 아마도 후기 홍적세의 대체적인 경향에서 벗어나지 않았을 것이다. 큰 짐승 사냥을 전문적으로 하는 북아메리카 대륙 대평원의 집단들이 좋은 예이다. 그들의 거주 환경은 마지막 빙하기를 지배했던 춥고 약간 건조했던 환경과 비슷하며, 주로 식물을 채취하여 생존하는 !쿵 산족 같은 사회보다는 홍적세의 사회들처럼 큰 포유 동물 사냥이 경제 활동의 중심을 이루었다. 18세기에 말이 도입되기 이전 대평원 사회에 대한 약간의 역사 자료가 남아 있으며, 이후 두세 세대 동안 모피 상인들이 그들과 정기적으로 거래하면서 더 많은 2차 자료를 남겼다.[83] 농부이자 사냥꾼이었던 조상들을 두었던 말 시대the horse era의 다른 많은 대평원 부족과 달리 검은발Blackfoot 동맹의 조상들은 순전한 수렵 채집자였다. 그들이 생존하는 핵심은 들소 사냥이었다. 여러 가족이 올가미를 함께 만들어서 들소 떼를 몰아갔다. 몰이가 성공하면 고기를 많이 건질 수 있었으며 실패할 때도 많았다. 따라서 몰이를 잘 못하는 집단은 잘하는 집단의 관대함에 기댈 수밖에 없었으며, 이 때문에 무리들은 !쿵 산족과 중부 오스트레일리아 대륙의 원주민이 그랬던 것처럼 보험을 목적으로 부족 규모의 동맹을 유지해야 했다. 무리끼리 상당한 규모로 정기적인 회합을 가질 때에는 말린 고기가 등장하곤 했다.

검은발 동맹의 전쟁은 부족 규모에서 발생했다. 검은발 동맹은 대평원 북부에서 들소를 사냥하던 쇼쇼니족을 상대로 정기적인 게릴라전을 치렀다. 걸어서 이동할 수 있는 거리가 제한적이기 때문에 대부분의 싸움은 무리 규모의 습격이었다. 하지만 말 시대 이전에 젊은 시절을 보낸 정보 제공자가 초기 방문자에게 말한 바에 따르면 한 편이 200명 정도(이는 한 부족 전력의 대부분에 해당한다)가 되는 전쟁이 가끔씩 발생했다고 한다. 각각 몇몇의 무리로 구성된 검은발 동맹의 세 하위 부족(피겐Piegans족 및 블러드Bloods족, 검은발Blackfeet족)은 서로 평화롭게 지냈다. 말 시대 혹은 그 이전부터 검은발 동맹은 다른 두 부족(그로반트Gros Ventres족 및 사시스Sarsis족)과 동맹을 맺었으며, 따라서 상당한 규모에서 내부 평화를 유지하였다.

원시 전쟁을 기록한 사람들은 대체로 평화가 유지되는 영역이 어느 정도인지 설명하지 않지만,[84] 전쟁의 빈도나 규모 그 자체보다도 내부적인 평화의 범위와 특성이 아마도 부족 조직의 전력을 반영하는 주요한 지표일 것이다. 병참상의 문제 때문에 채취자 집단에서 전쟁을 위해 모일 수 있는 인원은 한정적이었지만, 평화의 범위는 한 장소에 모일 수 있는 인원들보다 더 많은 인원을 포괄할 수 있으며 실제로도 대개 그러했다. 검은발 부족과 같은 사회에서 분쟁은 피해를 입은 일행이 자력으로 폭력을 행사함으로써 해결되었다. 공식적인 통치 체계가 없는 사회에서 홉스적인 사회적 평화의 붕괴가 발생하지 않는다는 것은 사회적 본능과 그와 연관된 문화적 규범이 얼마나 강력한가를 보여 준다.[85]

심지어 말 시대에도 검은발 부족의 통치는 매우 비공식적이었다. 인류학자 크리스토퍼 보엠Christopher Boehm은 이처럼 평등한 사회에서는 피통치자가 통치자의 행동을 제어하는 위계질서의 역전이 발생한다고 주장했다.[86] 검은발 무리의 "통치자"는 소위 평화 추장이라 불리는데, 대개 말을 많이 소유한 노인이었다. 가난한 자들에게 말과 식량을 대여하는 관대한 부자들이 대단히 존경받았으며, 이성적인 결정을 내리는 사람만이 이러한 존경을 유지할 수 있었다. 그렇다 하더라도 추장은 여론을 조성할 수 있었을 뿐이며, 피통치자를 강제할 수는 없었다. 언제든 다수의 의견이 다른 사람의 의견으로 기울 때, 잘못된 판단을 하는 추장은 "교체되었다." 개개의 가족은 현재 속한 무리의 삶에 만족하지 못할 때

다른 무리로 자유롭게 이동할 수 있었다. 더구나 몇몇 가족들이 합심하여 새로운 무리로 갈라설 수도 있었다. 전쟁 추장은 보통 평화 추장보다 젊은 사람인데, 말과 노예 그리고 영광을 찾아서 당면한 습격만을 책임지는 청부 추장이었다. 전쟁 추장과 평화 추장은 서로 종속 관계에 있지 않았다.

말은 검은발 동맹의 이동 및 풍부한 식량 공급에 도움이 되었지만, 말 시대는 기본적인 사회 제도에 영향을 미치기에는 짧은 시간이었다. 따라서 말 시대가 시작되었을 즈음 검은발 동맹은 분명 도보로 이동하는 큰 짐승 사냥꾼보다는 약간 규모가 크고 풍요로웠을 것이며, 좀 더 부유했던 말 소유자의 권위도 사냥꾼의 지도자보다 더 높았을 것이다. 아마도 홍적세의 마지막 즈음 채취자 사회들은 검은발 동맹의 사회들이 보여 주었던 복잡성을 모두 포함하고 있었을 것이다. 물론, 검은발 동맹의 사회들이 후기 홍적세에서 얼마나 대표성을 지녔는지는 판단하기 어렵다.

민족지의 증거에 따르면 대부분은 아니더라도 수많은 홍적세 사회들이 작은 거주지 무리가 좀 더 큰 사회에 속해 있는 다수준의 부족으로 구성되었다. 스펙트럼의 단순한 쪽의 극단은 쇼쇼니족과 !쿵 산족처럼 무리들이 느슨하게 조직된 부족 단위로 유대를 맺고 있는 사회였다. 연속체의 다른 한편에는 자원이 풍부한(낚시 혹은 사냥 거리가 많은) 부족 사회가 복잡한 문화적 규범을 정비하여 수천 명의 집단으로 성장할 수 있었다. 예를 들어, 누에르 부족의 인구는 조금 모자란 1만 명에서 4만 명 남짓에 이르기까지 다양했으며, 비록 인구 전체 규모에서는 약간의 단결이 이루어지는 정도였지만 친족 이데올로기가 크게 확장되었고 그 밖에도 약간의 사회적인 구속력이 존재했다.[87] 아마도 홍적세의 어떤 사회도 이 정도 크기에는 미치지 못했을 것이다. 비교적 풍요롭고 온화한 환경에 살았던 전형적인 홍적세 사회는 생존과 전쟁에서의 협동을 위해 수백 혹은 수천의 사람을 조직할 수 있는 비교적 제한적인 부족 조직을 갖춘 검은발 동맹과 비슷했을 것이다. 만약 이 논의가 옳다면, 친족과 호혜성에 그 바탕을 두고 있는 큰 실수 가설은 후기 홍적세의 전형적인 사회 조직의 규모를 설명할 수 없을 것이다.

현대의 사회 조직은 부족적 사회 본능에 기초하고 있다

적응주의적 추론은 대개 "미래를 향해" 나아간다. 다시 말해 우리는 과거의 환경에 대한 지식으로부터 현재의 행동을 예측한다. 하지만 인간의 사회적 행동의 경우에는 최근에 인간의 환경에 근본적인 변화가 발생했고 고고학적 증거가 불충분하기 때문에 이 전략을 사용하기가 어렵다. 그러나 적응주의적 추론은 "과거로" 거슬러 올라갈 수도 있다. 다시 말해 우리는 현재의 행동으로부터 과거의 환경을 추론할 수 있다. 최근에 환경이 급격하게 변화했기 때문에 이 전략은 유효하다. 충적세 동안 복합 사회가 진화한 사실은 소규모의 사회에 적응한 사회적 본능이 새롭고 다양한 환경 조건을 맞닥뜨린 거대한 현장 실험이라고 생각해도 될 것이다. 이를 테면 '어떻게 문화의 진화가 본래 기껏해야 수단 남부의 소 야영지 규모의 사회에 맞게 설계된 원료로부터 고대 로마나 현대의 로스앤젤레스를 만들어 낼 수 있었을까?'라고 질문할 수 있다. 로마와 로스앤젤레스의 규모 및 노동의 분업 정도, 위계나 종속의 정도는 가장 복잡한 수렵 채집 사회보다 열 배 혹은 백 배 이상이다. 큰 실수 가설과 부족적 본능 가설 중 하나만 옳다면, 우리의 진화된 심리 구조로부터 비롯된 구축물 전반에 증거가 남아 있어야 한다.

지난 1만 년 동안 사회는 더욱 커지고 복잡해졌다. 비옥한 환경에서처럼 수렵 채집만으로 제법 큰 정착성의 위계적인 사회가 유지될 수도 있지만, 대부분의 환경에서 채취자 집단의 사회적 복잡성은 한계가 있다. 홍적세 내내 채취는 유일한 선택이었을 수도 있다. 왜냐하면 건조하고, 대기 중에 이산화탄소 함량이 낮으며, 짧은 시간 단위로 극단적으로 변화하는 기후에서 농업을 하기란 불가능했기 때문이다. 지난 11,500년 간 따뜻하고, 습하며, 안정된 기후 덕분에 농업이 가능했으며, 따라서 지구상의 많은 지역에서 보다 크고 보다 복합적인 사회가 발달할 수 있었다. 일단 이러한 발달이 가능해지자, 경쟁이 시작되었다. 대규모의 사회는 대개 대규모로 군사력을 결집할 수 있었기에 작은 사회와의 군비 경쟁에서 승리할 수 있었다. 규모의 경제가 가능해지면서 노동의 분업으로 인해 경제적 생산성도 올라갔다. 이 사회들은 정치적 및 군사적으로도 성공했으며 모방자와 이주자를 끌어들였다. 역사적인 기록이 시작된 이후로 누에르족과 딩카족 사이에 발생했던 것과 같은 정복과 흡수는 여기저기서 발생했다. 그 결과 사회 규모나 복잡성은 점점 증가했으며, 오늘날에도 멈추지 않고 있다.[88]

인간 사회의 규모 및 복잡성의 증가 이후 아마도 우리의 사회적 본능의 중대한 변화가 곧이어 발생하지는 않았을 것이다. 자연선택으로 인해 때로는 몇 천 년만에 유전자에 상당한 변화가 일어나기도 하지만, 대부분의 생물학자에 따르면 복잡한 형질이 근본적으로 변화하려면 조합하는 데 보다 많은 시간이 걸린다. 따라서 우리의 본성적인 사회적 심리는 아마도 우리의 홍적세 조상으로부터 물려받았을 것이다.

이 논의에 오류가 없다면, 현대 사회에서 위계 및 강력한 지도자 체계, 불평등한 사회적 관계, 광범위한 노동의 분업을 가능하게 만든 사회 제도는 본래 부족 사회의 삶에 적응했던 사회적인 "문법" 위에 쌓아 올린 것이다. 우리는 사회적 세계가 제대로 기능하도록 우리의 사회적 본능이 진화했던 사회와 닮은 사회를 구축한다. 그렇지만 만약 사람들이 소규모 부족 사회에서 하듯이 행동한다면, 대규모 사회는 기능할 수 없을 것이다. 노동은 세밀하게 나뉘어져야 한다. 규율이 존재해야 하며, 지도자는 복종을 요구할 수 있는 공식적인 힘을 가져야 한다. 대규모 사회가 기능하려면 관습적인 절차가 필요하며, 관계가 없는 낯선 사람끼리 평화롭게 상호 작용할 수 있어야 한다. 이러한 요건들은 필연적으로 오래되고 부족적인 사회적 본능과 마찰을 일으키며, 따라서 감정적 갈등, 사회의 붕괴, 비효율을 야기한다.

따라서 대규모의 사회가 기능하도록 하면서 동시에 부족 규모의 사회생활을 효과적으로 영위할 수 있도록 하는 사회적 혁신이 확산될 것이다. 만약 충적세가 시작된 이후로 사회적 본능이 거의 변하지 않았다고 가정한다면, 진화는 복합 사회를 발달시키는 사회 제도적인 "차선책 work-arounds●"으로 우리의 사회적 본능의 장점을 활용하면서 동시에 교묘하게 처리한 것으로 보인다. 사람들도 이러한 배합을 선호할 것이며 선택권이 주어진다면 이를 채택할 것이다. 이렇게 구성된 사회는 내부의 갈등도 적을 것이며, 다른 모든 조건이 동일하다면, 다른 집단과의 경쟁에서도 더 효율적일 것이다. 이러한 견해를 가능한 한 다르게 표현해 본다면, 오래되고 부족적인 사회적 본능이 떠받치는 사회 제도는 복잡한 사회의 진화에서 토대가 될 것이다.

그러나 이러한 토대가 목표에 썩 잘 어울리는 것은 아니다. 예를 들어, 대규모의 협동에 필요한 명령과 규제는 필연적으로 높은 지위에 있는 사람들이 사회의 보상을 더 많이 차지하는 불평등을 야기하게 된다. 우리의 사회적 본능은 명령에 복종하거나 불평등을 참아 내도록 설계되지 않았다. 따라서 우리의 사회 제도는 마치 본래 잘 맞지 않는 데 솜씨 좋게 길들인 부츠와 같다. 우리는 복합적인 사회의 제도에서 잘 걸어갈 수 있지만, 때로는 사회의 어떤 부분을 지나치다 다칠 수도 있다.

이어지는 절에서 주요한 차선책 메커니즘들과 갈등, 타협, 그리고 각각의 메커니즘이 실패했을 때 나타나는 양상에 대해 살펴볼 것이다.

● 'work-around'의 본래 뜻은 '주어진 문제점을 해결하지 않고 회피하는 방법'을 뜻한다. 따라서 "차선책"이라는 번역어로 원문에서 의미하는 바를 모두 담아내지 못했다는 것을 유념하기 바란다.

강제적인 명령은 필요하지만 그것으로 충분하지는 않다

복합 사회가 되려면 부족 사회의 도덕적 처벌에 제도화된 강제가 보완되어야 한다. 그렇지 않으면, 강제의 수단을 강구할 수 있는 개인 및 조직화된 약탈 무리와 계급, 특권 계급이 협동, 조화, 노동의 분업에서 발생하는 이익을 완전히 갈취할 것이다. 그러나 제도화된 강제는 자신들의 편협한 이익을 위해 강제를 이용할 수 있는 힘을 가진 역할, 계급, 하위문화를 발생시킨다. 그러므로 어떤 사회적 제도이든 규제하는 자들을 규제하여서 그들이 보다 큰 이해를 위해 행동하도록 만들어야 한다. 그러한 규제는 분명 완벽할 수 없으며, 최악의 경우에는 형편없을 수도 있다. 엘리트가 항상 자신의 이익을 위한다는 사실은 개인의 이기심, 족벌주의 그리고 흔히 엘리트의 부족적 연대감에서 비롯되는 편협한 이익이 항상 예측 가능한 영향을 발휘한다는 것을 뜻한다.

강제적인 제도는 흔하지만 그것만으로는 복합 사회를 지탱하기 어려울 것이라고 보는 두 가지 이유가 있다. 첫째, 엘리트 계급 그 자체도 복합적이고 협동적인 집단이기 때문이다. 덧붙여, 그들에게 고유한 부족 본능과 제도는 대개 사회적인 결속을 강하게 만든다. 수많은 국가의 정치에서 군대가 얼마나 중요한가만 보아도 아무리 사회 규범이 강제적이더라도 복잡한 사회를 지속적으로 제어하려면 조직화가 필요하다는 것을 알 수 있다. 조직화되지 않은 강제적인 엘리트는 군벌정치로 변질되기 쉬우며, 소말리아, 아프가니스탄, 콜롬비아, 자이르/콩고, 구소련의 몇몇 공화국이 보여 주듯이 거의 무정부 상태에 이르게 된다.

순수한 강제만으로는 부족한 두 번째 이유는 정복당하거나 착취당한 사람들이 희생이 따르는 저항을 하지 않고 지속적으로 예속 상태를 받아들이는 경우가 거의 없다는 것이다. 독재자의 지위가 불안정하다는 것은 고도로 체계화된 강제도 장기적인 관점에서는 충분하지 않다는 것을 의미한다. 사람들은 명백하게 불평등한 사회에서 부당하다고 느낄 때 될 대로 되라는 식으로 행동하며, 단기적으로는 사회가 제대로 기능하지 못하도록 하며 장기적으로는 붕괴하도록 하여 강압적 지배에 대한 비용을 치르도록 한다.[89] 현대 유럽의 민족국가, 중국의 한漢 왕조, 로마 제국처럼 정복이 오래 지속된 경우에는 조야한 강제에서 친사회적인 제도로 서서히 변화를 준 경우이다. 그들이 대체했던 고도로 강제적인 지배 체계에 비해 중국의 유교적 지배 체계나 서구의 로마적인 법체계는 훨씬 더 정교하며 집단의 기능을 위한 제도였다.

위계는 분할된다

대체로 위로부터 아래로의 통제는 얼굴을 맞대고 있는 것 같은 평등한 관계의 느낌이 들도록 적응된 여러 단계의 위계를 통하여 이루어진다. 앞서 논의했다시피 후기 홍적세의 사회는 아마도 거주지를 중심으로 이루어진 무리가 보다 큰 민족 언어를 쓰는 집단으로 엮여서 공식적인 정치 기구 없이도 사회적 기능이 유지되었을 것이다. 이와 동일한 원리는 복합 사회에도 사용되어서 명령과 통제의 위계를 심화시키고 강력하게 만든다. 그 비결은 관직에 있는 사람들에게 온갖 합리화와 성취감을 부여하며 사회적 위치가 미리 정해진 것이라는 착각을 일으켜 여러 단계의 공식적인 위계를 만드는 것이다. 위계의 각 단계는 수렵하고 채집하던 무리의 구조와 닮았다. 각 단계의 지도자는 주로 바로 아래 단계의 거의 동등한 소수의 사람과 상호 작용하며 같은 위계의 동료와 협동한다. 새로운 지도자는 대개 하위 지도자들 가운데 높은 지위에 있는 사람 중에서 선발되며, 그 단계의 비공식적인 지도자 중에서 지명되는 경우가 많다. 개인간의 호혜 관계나 작은 집단에서 오는 단결심으로 발생한 유대로 인해 보다 큰 위계에서의 지위를 이용하여 임의적으로 권위가 부여되는 경향이 완화된다. 현대의 위계 관계에서는 지위가 높은 지도자라 하더라도 마치 겸손한 추장처럼 자신의 지위를 정중하게 받아들인다.[90] 빌 클린턴Bill Clinton처럼 카리스마적인 인물은 연쇄적인 직무상 지휘 체계의 훨씬 아래에 있는 사람들로 하여금 주관적인 거리가 가깝게 느껴지도록 만드는 재능을 지니고 있다. 막스 베버Max Weber의 유명한 논의처럼, 관료 제도는 명령과 통제 체계를 합법화하기 위해서 훈련 및 상징적 수단, 법리적인 규제를 사용하여 카리스마의 일상화를 꾀한다.[91]

제도와 사회적 본능이 어울리지 않는다면 분할된 위계는 극도로 비효율적이 된다. 이기심과 친족 등용주의가 사회 조직의 효율성을 갉아먹는다. 부패한 상관, 무능한 귀족, 허영심에 가득 찬 장교, 권력에 목마른 관료를 낳는다. 복합적인 사회의 지도자는 반드시 아래를 향해서 명령을 내려야지, 동료들의 동의를 구할 필요는 없다. 지도자는 세부적인 것에까지 상당한 주의를 기울여야만 하급자로 하여금 현재의 위계 관계가 평등주의적인 합의에 의해서 발생했다는 환상을 갖도록 하여 자신에게 충성하도록 만들 수 있다. 대규모의 복합 사회에서는 필연적으로 명령의 연쇄가 길 수밖에 없으며, 따라서 대중으로부터 멀리 떨어진 지도자는 일반적으로 대중에게 개인적인 카리스마를 발휘하기 어렵다. 소규모 집단의 지도자들이 대중과 대면해서 정통성을 가지려면 상위 지도자가 명령의 연쇄에 있어 훨씬 아래에 있는 하위 지도자에게 상당한 지휘권을 양도해야 한다. 그러나 권한이 위임된 후 하위 지도자의 목표가 상위 지도자의 목표와 다르거나 대중에게 멀리 떨어진 상급자의 힘없는 앞잡이로 비춰진다면 마찰이 발생하기 쉽다. 계층화로 인해 엄격한 경계가 발생하는 것은 흔하며, 따라서 인위적인 방법을 쓰지 않는 지도자는 특정한 수준 이상으로 승진하기 힘들며 인간 자원과 수많은 분노의 원천을 효율적으로 관리하지 못하여 사회적인 불만을 증폭시키곤 한다.

내집단 상징은 복잡한 사회 체계에서 유대감을 만들어 낸다

복합 사회에서는 높은 인구밀도 및 노동의 분업, 의사소통의 향상으로 인해 부족 사회의 증표와 관례를 재현하여 마치 그 일원이 된 것처럼 느끼도록 하는 상징 체계가 발달했는데, 이는 때로 현대의 민족주의처럼 거대한 규모에서 작용하기도 한다.[92] 고고학적 자료 중에서 거대한 의례를 무대에서 상연하기 위한 기념비적인 건축물은 처음 등장한 복합 사회를 암시한다. 보통 제정일치의 종교 조직이 복합 사회의 제도를 떠받친다. 이와 동시에, 복합 사회는 상징적인 내집단 본능을 이용하여 문화적으로 정의된 다양한 소집단을 제한한다. 일상적으로 상당한 협력이 소집단 간에 이루어지기 때문이다. 군대 조직은 대개 중간 크기의 부족 규모 단위의 구성원들에게 그 집단의 구성원이라는 눈에 잘 띄는 휘장을 부여한다. 분대나 소대는 친사회적인 지도자가 호혜적인 행위를 장려함으로써 유대가 확인될 수 있지만, 중대, 연대, 사단에의 소속감은 상징적인 표지로만 실감된다. 같은 민족 집단에 속해 있는 것과 같은 이러한 감정은 1천 명에서 1만 명 정도의 단위(영국과 독일의 연대나 미국의 사단이 이에 해당한다)에서 가장 강화될 수 있다.[93] 이 규모는 우리의 부족 본능이 진화했던 부족 사회와 동일한 규모이다. 일반 시민의 생활에서 이와 같이 상징적인 표지를 지닌 집단은 지역, 부족 집단, 이산 민족 집단, 카스트, 거대한 경제 기업, 종교 집단, 시민 단체가 있다.[94] 물론 대학도 여기에 해당한다.

상징적으로 서로를 구분하는 소집단의 진화적 특성은 복합 사회에서 많은 문제와 갈등을 발생시킨다. 때로는 소집단의 유대가 너무 강하여 보다 큰 사회 체계가 손해를 보는 경우가 있다. 군대의 하급 단위에서 적군과 비공식적인 휴전 협정을 맺거나 엘리트 집단의 우월 이데올로기로 인해 착취적인 사회 제도가 지속되는 경우가 이에 해당한다. "이해 집단"은 자신의 이데올로기나 물질적 풍요를 위해 정책을 자신들의 입맛에 맞도록 바꾼다. 카리스마적인 혁신자는 대개 새로운 믿음과 명성 체계를 출범시키며, 때로는 새로운 구성원들에게 과도한 충성을 요구하고, 기존의 사회 제도를 무시하며, 폭발적으로 성장하기도 한다. 현대 국가의 사회 제도를 좀먹는 근본주의적인 신념이 세계적으로 증가하는 것은 동시대에서 볼 수 있는 사례이다.[95] 한편, 좋든 나쁘든 간에 보다 큰 집단에 대한 충성심이 현대의 민족주의나 이슬람처럼 발현될 수도 있다.

사회는 합법적인 제도를 만들어 대다수의 지지를 요구한다

가장 기능적인 사회 제도는 법과 관습이 공평하다고 느끼도록 한다. 합리적으로 정비된 관료 체계, 활발한 시장, 사회적으로 이득이 되는 재산권의 보호, 공공의 문제에 대한 광범위한 참여 등으로 인해 공공재와 사유재의 공급이 원활이 이루어지며, 개인의 자유와 마을의 자율성이 어느 정도 보장된다. 현대 사회를 살아가는 개인들은 문화적으로 명명된 부족 규모의 집단에 소속되었다고 느끼며(지역 정당처럼), 이 집단은 가장 멀리 떨어진 지도자에 이르기까지 영향을 미친다. 보다 오래된 복합 사회에서는 마을 의회나 지역의 저명인사, 부족의 족장, 종교 지도자가 하급의 청원자에게 열려 있는 심의회를 관리했으며, 이러한 지역의 지도자는 보다 높은 권력에 대해 마을을 대표하였다. 대부분의 사람이 현행 사회 제도가 공평하다고 생각하며, 정상적인 정치 활동으로 개혁이 이루어질 수 있다고 느낀다면, 공동으로 사회적 활동이 이루어질 여지는 충분히 남아 있으며 함께 심사숙고하여 새로운 사회 제도를 만들어 낼 수도 있을 것이다.

반면, 복합 사회에서 발생하는 사회 제도상의 피할 수 없는 수많은 결함으로 인해 정당성이 유지되기 어려울 때가 있다. 현행의 제도적 질서가 정당하지 않다고 생각하는 사람들은 함께 저항 단체를 조직하기도 한다. 세속적인 근대주의를 못마땅하게 생각하는 동시대의 근본주의자와 부족 집단들이 이에 해당한다. 아프가니스탄과 파키스탄의 파탄족과 같은 완고한 부족 집단은 보다 큰 사회 체계와 통합되지 않으려고 천 년 동안 저항해 왔다. 복합 사회에서 신뢰의 정도는 상이하며, 신뢰가 얼마나 존재하는가는 사회 간의 행복의 차이를 설명할 수 있다.[96] 가장 효율적이고 정통적인 사회도 소규모 사회 조직 혹은 소위 현대 민주 정치에서 이익 집단이라고도 불리는 파벌에 좌지우지당할 수 있다.[97]

결론: 공진화는 문화적 원인과 유전적 원인을 하나의 옷으로 엮는다

이 장의 요점은 유전자-문화 공진화 과정에서 문화적인 부분이 인간 사회 제도를 진화시키는 데 중요한 역할을 했다는 것이다. 단기적으로는, 오래되고 부족적인 사회적 본능 및 문화적으로 다양한 집단 간에 일어나는 자연선택을 통하여 문화의 진화는 우리가 관찰할 수 있는 사회 제도를 발생시킨다. 장기적으로는, 문화의 진화 작용은 인간만의 독특한 사회적 본능을 진화시키는 환경을 잉태한다.

이러한 가설은 복잡한 인간 사회의 진화를 일관적인 이론으로 설명할 수 있을 뿐만 아니라 수많은 경험적 증거와 일치한다. 이는 인간의 사회 제도가 바탕하고 있는 기능적 설계의 핵심적인 구성 요소 및 복합 사회에서 명백히 드러나는 허술함을 설명한다. 오래된 사회적 본능의 시각에서만 다른 영장류와 인간 사회 체계가 공유하는 특징을 설명할 수 있다. 또한 우리 인간의 사회가 다른 영장류의 사회와 왜 그렇게 상이한지, 부족 규모의 인간 집단이 왜 감정적으로 크게 두드러지는지, 사회 조직과 사회 갈등에 있어서 부족 규모의 집단이 왜 중요한지는 부족적 사회 본능을 언급하지 않고는 설명할 수 없다. 인간 사회 제도의 진화를 형성시키는 편향으로 기능하는 두 가지의 사회 본능은 인간 사회의 특이성을 설명해 줄 뿐만 아니라 사회 제도가 진화한 시간 척도, 인간 사회의 골칫거리 중 하나인 주기적인 갈등의 패턴을 설명해 준다. 복합 사회의 사회 제도는 오래되고 부족적인 본능에 기반하고 있으며, 문화의 진화적 작용을 살펴보면 어떤 결함이 존재하는지 예측할 수 있다.

우리는 이 가설을 자랑스럽게 생각하지만, 많은 지엽적인 부분들을 간과하고 있다는 것도 안다. 미래에 연구가 더 이루어지면 마침내 뇌 속에서 문화와 유전자가 어떻게 통합적으로 작용하는지 알 수 있을 것이다. 사회심리학자는 이러한 통합이 사회 제도의 기반이라고 할 수 있는 일상적인 사회적 상호 작용에서 어떤 역할을 하는지 알아낼 수 있을 것이다. 덧붙여, 사회학자, 인류학자, 역사학자는 어떻게 우리의 진화된 심리가 현재 진행 중인 문화의 진화를 통해서 우리가 관찰할 수 있는 실제적인 사회 제도를 발생시키는지 더 잘 알 수 있을 것이다. 그럼에도 좋은 설명이라면 여기서 설명한 몇 가지의 필수적인 요소를 포함하고 있을 것이다. 좀 더 자세히 말하면, 좋은 설명이라면 (1)유전적 원인과 문화적 원인을 종합적으로 다루며, (2)진화적이며, (3)인간 사회에 존재하는 기능적인 부분뿐만 아니라 동시에 기능 장애적인 갈등도 설명해 낼 수 있을 것이다.

7장

Nothing about Culture
Makes Sense Except
in the Light of Evolution

모든 문화는 진화론의 시각에서만 이치에 맞다

모든 생물학은 진화론의 시각에서만 이치에 맞다.
— 도브잔스키, 1973.

도브잔스키Theodosius Dobzhansky가 1970년대에 우리의 인용구를 썼을 때, 비교적 적은 수의 생물학자들이 진화론을 연구했었으며, 오늘날에도 진화생물학자들보다는 분자생물학자, 생리학자, 발달생물학자, 생태학자가 훨씬 많다. 그럼에도 진화론은 생물학에서 중추적인 역할을 한다. 왜냐하면 '왜'라는 질문에 대한 답을 주기 때문이다. 왜 인간은 큰 두뇌를 갖고 있나? 왜 말은 발끝으로 걷는가? 왜 암컷 점박이 하이에나는 수컷보다 우위에 있는가? 이 질문에 답하려면 생물학의 모든 분야를 동원해야 한다. 말이 왜 발끝으로 걷는지 설명하려면 중신세의 초원 생태와 척추동물의 다리에 대한 발달생물학, 양적 특질에 대한 유전학, 케라틴에 대한 분자생물학 및 생물물리학 등 수많은 지식이 필요하다. 진화는 왜 유기체가 지금처럼 되었는지 궁극적으로 설명하기 때문에, 생물학 모든 분야의 연구를 하나의 만족스러운 틀로 설명하여 연결시키는 거미줄에서 중심이라고 할 수 있다. 도브잔스키의 말을 빌리면, 진화론의 시각이 없었다면 생물학은 "자잘한 사실을 쌓아 놓은 것에 불과하며, 그 사실 중 몇 가지는 흥미롭거나 호기심을 유발하겠지만 전체로서는 아무런 의미가 없는 그림을 그리는 것에 불과하다."[1]

우리는 인간의 문화를 설명하는 데도 진화가 동일한 역할을 할 수 있다고 믿는다. 문화적 현상을 궁극적으로 설명하려면 그것을 발생시키는 유전적 그리고 문화적인 진화 과정을 이해해야만 한다. 문화는 인간생물학의 다른 부분과 깊숙이 연관되기 때문에 유전적 진화는 중요하다. 우리가 생각하는 방식, 학습하는 방식 및 느끼는 방식은 문화를 만들어 간다. 이는 다시 어떤 문화적 변형이 학습되며, 기억되고, 가르쳐지는가에 영향을 미치며, 따라서 어떤 문화적 변형이 지속되고 확산되는지에 영향을 미친다. 부모는 형제자매나 친구의 자식보다 자신의 자식을 더 사랑하며, 이는 분명 결혼 체계가 왜 존재하는지에 대한 설명의 일부이어야 한다. 그러나 왜 다른 아이들보다 자신의 아이들을 더 귀하게 여기는가? 분명, 그러한 감정이 우리의 진화적 과거에 자연선택에 의해서 선호되었다는 사실은 이 질문에 대답하는 데 짚고 넘어갈 부분이다.

문화의 진화는 문화의 본질을 이해하는 데도 중요하다. 문화는 전달되기 때문에 자연선택의 영향 아래에 있다. 어떤 문화적 변형은 그것을 지닌 사람으로 하여금 더 잘 생존하고 더 잘 모방되게 하기 때문에 지속되고 확산된다. 부모가 아들을 전쟁터에 보내는 이유는 아마도 그러한 행위를 격려하는 규범이 있는 사회가 그렇지 않은 사회와의 경쟁에서 이기기 때문일 것이다.

마지막으로, 유전자와 문화의 진화는 복잡한 방법으로 상호 작용한다. 다른 연구 전통 아래에 있는 사회심리학자와 실험경제학자들은 사람들에게 이타적으로 행동하도록 만드는 친사회적 성향이 있다는 매우 설득력 있는 증거를 각각 제시했다. 그러나 애당초 왜 우리는 그러한 성향을 가졌을까? 진화 이론이나 다른 영장류에서 큰 규모의 협동을 관찰하기 힘들다는 사실에 비추어 볼 때 유전자에 직접적으로 가해지는 자연선택만으로는 그러한 성향이 진화하기 힘들다. 그렇다면, 왜 그것이 진화했을까? 우리는 문화적인 진화 과정으로 인해 개인적인 자연선택이 남의 처지를 생각하는 이타주의를 선호하게 하는 사회적 환경이 만들어졌기 때문이라고 본다. 우리가 세세한 부분에 있어서는 틀렸을지도 모른다. 첫 시도부터 완벽할 수는 없지 않은가. 하지만 중요한 점은 우리 종을 형성시키는 데 있어서 진화하는 문화가 근본적으로 결정적인 역할을 했다는 것이다(이는 이론적으로는 확실하며, 실제로도 아마 그럴 것이다).

이중 유전 이론은 과연
문화의 진화를 설명하기에 적절한가?

물론 인간과학에서 진화 이론이 유용한 도구라는 것에 동의한다고 해서 우리가 제시하는 접근 방법이 옳다고 동의할 필요는 없다. 유명한 과학철학자인 칼 포퍼Karl Popper는 과학은 (아직) 검증되지 않은 억측인 채로만 거래된다고 지적했다. 그러나 어떤 논제는 증거가 너무 압도적이기 때문에 더 이상 비판받지 않는다. 우리의 일생 동안 '유전자는 DNA 이다'와 '해저의 팽창으로 인해 대륙이 이동한다'는 진술은 의심스러운 추론에서 교과서에 실리는 정설로 바뀌었다. 이처럼 과연 문화의 진화에 대한 다윈적인 이론이 현재 논쟁 중인 이슈 중에서 21세기 초반에 어떤 표준 교과서에나 실리게 될 운명일까? 이 장에서 우리는 앞서 풀어놓은 것들 중 이와 관련되는 실마리들을 모아서 독자들이 스스로 이 질문에 답할 수 있도록 할 것이다. 우리는 물론 이를 지지할 뿐만 아니라 이를 넘어서 편견이 없는 회의론자도 증거가 강력하며 충분히 탐구할 만한 주제라고 확신하길 바란다.

진화생물학자 에드워드 윌슨은 최근에 "통섭consilience"이라는 개념을 되살렸다.[2] 이 개념은 19세기의 대학자 윌리엄 휴얼William Whewell이 창안한 것이다. 이 개념은 다윈이 좋아했던 것이기도 한데, 세상에서 아무런 관련이 없어 보이는 현상도 실제로는 관련되어 있다는 뜻이다. 예를 들어, 핵물리학은 사회과학과 과학적으로 "멀리 떨어져" 있지만, 태양의 핵융합 반응은 지구상에서 가장 중요한 에너지의 원천이다. 또한 지구 내부에서 핵이 서서히 붕괴하면서 해저가 팽창하며, 이 팽창은 다시 지상의 생태에 영향을 준다. 그리고 핵무기는 국제 정치에 막대한 영향을 미친다. 선충학자들은 지구의 모든 생물권이 갑자기 사라지더라도 선충은 그 자취를 희미하게 더듬어 갈 수 있다고 주장한다. 그렇다면 원칙적으로 인간 종을 공부하는 데 관련이 없는 학문은 없는 셈이다. 이 때문에 과학 이론은 그것이 적용되는 모든 현상에서 반증이 되는 사례로부터 공격받을 수 있다.

진화 이론은 매우 통섭적인 현상에 적용된다. 독자들은 우리의 사례가 여러 영역에 얼기설기 펼쳐져 있다는 것을 눈치챘을 것이다. 진화 이론이 적용될 수 있는 연구 영역은 크게 다섯 종류로 나뉠 수 있다 — 논리적 일관성, 근접 원인의 탐구, 소진화 연구, 대진화 연구, 적응과 부적응의 패턴이 그것이다. 이는 편의상 이렇게 분류한 것일 뿐이지만, 대부분의 진화적 연구는 이 중 어느 영역에든 속한다. 이는 진화적 현상이 다양한 분야에 통섭된다는 것을 보여 주는 데 유용하다. 어떤 진화적인 가설이든지 대개 이 분야 중 몇 가지에 해당한다.

논리의 일관성

우리는 문화적 과정을 수학적인 모델로 만드는 데 수많은 노력을 경주했다. 여기서는 비록 일일이 소개하지 않았지만, 우리의 논지에서 모델이 차지하는 비중은 크다. 왜냐하면 모델은 우리의 논지가 연역적으로 문제가 없다는 것을 증명하기 때문이다.[3] 수학적 모델을 비판하는 사람들은 모델의 단순성을 지적한다. 허나, 인간의 마음은 복잡하게 얽힌 수량적인 인과 관계를 모두 따라갈 수 없기 때문에 단순한 모델은 유효한 보조 도구이다. 우리는 이 도구를 사용하여 복잡한 문제를 보다 명쾌하게 생각할 수 있는 것이다. 그러한 모델이 없다면 우리는 논리적 일관성을 점검하기 어려운 직관이나 언어로 된 논의에 전적으로 의지해야 한다.

우리의 문화적 진화와 유전자-문화 공진화에 대한 설명은 모두 수학적 모델에 기반한 것이다. 3장에서 우리는 집단생물학에서 차용한 모델을 문화와 유전자의 실질적인 차이를 고려하여 적절히 변형시킨다면 문화의 진화에 대한 가설이 과연 논리적으로 타당한지 검증하는 데 사용할 수 있다고 주장했다. 4장에서는 문화적 전달의 기본적인 적응 특성을 알아볼 수 있는 몇몇 모델을 설명했다. 이 모델에 따르면 문화는 변화하는 환경에 적응하기 위해 진화한 것으로 보인다. 5장에서 우리는 적응적인 문화 메커니즘이 어떻게 체계적으로 부적응적인 문화적 변형을 확산시키는지 보여 주었다. 마지막으로 6장에서 우리는 문화적인 집단 선택의 모델에 대한 개요를 그렸다. 이 작용으로 인해 인간은 매우 예외적이고 놀랄 만큼 성공적인 사회 체계를 갖게 된 것으로 보인다. 이 모델들에 오류가 있을 수도 있겠지만, (아마도) 연역적으로는 문제가 없을 것이다.

근접 메커니즘

4장에서 우리는 인간과 다른 동물의 사회적 학습을 비교했다. 많은 동물이 기초적인 사회적 학습 능력을 지니고 있지만, 인간은 이 능력이 상당히 비정상적으로 발달한 경우이다. 유아기 말기에 인간은 그 어떤 동물과 비교해도 매우 효율적인 모방 행위를 할 수 있다. 언어학의 주류 학파에서는 언어 학습이 특수 목적의 능력이라고 주장하지만, 아마도 이러한 모방 능력이 언어 능력의 기저에 있을 것이다. 이러한 논쟁의 세세한 부분은 제쳐 두고라도, 인간은 분명히 모방, 설명 및 언어적 의사소통으로 엄청난 양의 정보를 전달할 수 있다. 인간은 거대한 문화적 목록을 만들 수 있으며, 2장에서 살펴본 증거에 따르면 인간의 두드러진 행동 변이는 대부분 상이한 문화 전통에서 비롯된다. 인간 집단의 특징 중 하나는 동일한 환경에서조차 영속적인 전통으로 인해 다른 행동을 한다는 것이다.

인간 행동의 집단 간의 변이를 설명할 수 있는 메커니즘은 두 가지가 있다. 그 하나는 유전자의 차이이며, 또 하나는 환경의 차이에 개인적으로 적응하는 방식이 다르다는 것이다. 가장 직접적으로 관련된 증거인 다른 문화에 입양된 사례에 따르면, 유전자의 차이는 집단 간의 변이를 만들기 힘들다. 그에 따르면 다른 문화의 부모에 의해 양육된 아이들은 모든 중요한 측면에서 출생지의 문화보다 입양된 문화의 성원처럼 행동한다. 몇 천 년 전만 해도 모든 인류는 매우 단순한 사회에서 살았다. 그 이후, 비록 최근이 되어서야 변화가 일어난 사회도 있지만, 대부분은 훨씬 복잡한 사회에 살게 되었다. 진화하고 있는 문화적 전통의 영향을 받고 있는 인간의 행동은 뚜렷한 유전자의 진화가 발생하지 않더라도 크게 변화할 수 있다. 인간 집단 간에 평균적인 본유적 차이가 얼마가 되든지 간에, 문화적인 차이에 비할 바는 아닐 것이다.[4]

　지역 환경에 대한 개인의 행동적 적응과 문화적 적응 중 무엇이 중요한가는 좀 더 어려운 문제이다. 인간은 의심할 여지없이 적응적이고 창조적인 존재이다. 그러나 만약 집단 간의 행동 차이가 주로 각 개인이 스스로 지역 환경에 적응하느라 발생한 것이라면, 같은 환경에 사는 사람들은 다소간 비슷하게 행동하겠지만, 우리는 사람들이 때때로 그렇지 않다는 것을 알고 있다. 미국의 중부에서 나란히 살고 있는 루터파 독일계, 제세례파 독일계, 미국계의 농부들은 매우 다르게 행동하며, 이는 문화적 전통이 행동에 미치는 영향이 종종 강력하다는 것을 보여 준다.

소진화

　3장에서 우리는 문화가 다윈적인 도구를 사용하여 분석할 수 있는 진화적인 현상임을 보여 주었다. 다윈주의의 핵심은 한 세대에서 다음 세대로 넘어가는 시간 척도에서 정확한 관찰 및 통제된 실험을 통하여 진화적 과정을 가까이에서 관찰하는 것이다. 이와 같은 소진화 연구는 수천 세대 혹은 더 긴 시간 척도에서 발생한 진화의 거대한 결과를 탐구하는 대진화 연구와 대비된다. 대진화론자들은 대개 직접적인 관찰과 실험의 이점을 누릴 수 없으며 단편적인 화석 자료나 현존하는 형태의 비교 연구에 기댈 수밖에 없다. 대개 문화의 변화는 비교적 점진적이며, 분명 수수한 혁신이 기원한 곳으로부터 다른 곳으로 확산되면서 발생한다. 이러한 패턴은 19세기의 인류학자들이 잘 입증한 바 있다. 20세기에 "전파주의"는 이론적 기반이 부족하며 단지 서술적일 뿐이라고 비판받는다.

다윈 이론은 엄밀하게 발명과 확산의 과정을 분석하는 데 필요한 도구를 제공한다. 문화의 진화는 개체군적인 현상이다. 개인은 발명하기도 하지만 다른 이들의 행동도 관찰한다. 모방이 까다로운 관찰자에 의해 이루어지면서 혁신은 선택적으로 보존되고 확산되며, 그래서 축적되고 그 결과 복잡한 기술과 사회 조직이 생성된다. 다윈은 이러한 변화의 패턴을 "변화를 수반하는 유래descent with modification"라고 묘사했다. 유전자를 연구하기 위해 진화생물학자에 의해 고안된 이론적 및 경험적 도구는 적절하게 변형하기만 한다면 문화의 진화를 설명하는 데도 꼭 맞는다. 우리가 문화의 진화 과정에 관한 논지를 보여 주기 위해 사용한 사례들은 대부분 소진화적인 것이다. 예를 들어, 5장에서 우리는 부모에게서 자식에게로 이루어지는 문화적 전달에 비해 비부모적 전달의 영향이 커지도록 만드는 눈에 띄지 않는 다양한 작용들이 결국에는 가족의 크기나 가족계획 기술에 대한 태도에 성공적으로 영향을 준다는 것을 살펴보았다.

대진화

각기 다른 장소와 시간에서 진화의 속도를 제어하는 것이 무엇인가를 이해하는 것이 대진화 연구의 주요 목적인데, 이는 생물학에서조차 썩 진척이 되지 않는 부분이다. 대규모 증거 및 비교 증거에 따르면 인간 진화에서 중요한 사건을 이해하려면 문화의 진화를 이해해야만 한다. 4장에서 우리는 정보 전달의 문화적 체계가 어떤 적응적인 일을 할 수 있는지 대략적으로 살펴보았다. 이론적인 모델에 따르면 처음에 사회적 학습의 체계는 변화하는 환경에 적응할 수 있기 때문에 선호되었다. 고故기후학 연구에 따르면 지난 200만 년간 환경은 매우 변덕스러워졌기 때문에, 우리의 모델에 따르면 인간은 문화적 동물이어야만 했다. 왜 인간만이 이런 적응을 갖게 되었는지 감히 추측해 볼 수도 있다. 6장에서 우리는 문화적 집단 선택 이론으로부터 왜 인간이 매우 유별난 형태의 사회 조직을 갖게 되었는지 가설을 제시하였다. 이어서 우리는 문화와 유전자의 공진화로 인해 유전자만의 진화로는 진화할 수 없었던 본유적인 심리 기질이 발생했다는 것을 설명했다.

대진화의 자료로 우리는 여러 가설을 엄격히 검증할 수 있다. 왜냐하면 시간 척도상으로 설명의 아귀가 들어맞아야 되기 때문이다. 예를 들어, 지난 5천 년 동안 복합 사회가 등장했는데 이는 너무 짧은 시간 동안에 발생했기 때문에 유전자의 변화로만은 이루어질 수 없었을 것이다. 한편 순전히 개인적인 적응—그것이 합리적 선택이든 그 어떤 개인 수준의 심리적 작용이든 간에—만으로 이루어졌다고 하기에는 너무 천천히 발생한 것이다. 지난 5천 년 동안 사회의 복잡성이 적당히 빠르게 증가한 것을 설명하려면 적정 수준의 역사적인 관성이 있는 어떤 요소를 동원해야지만 가능할 것이다. 문화적 전통이 적절한 속도로 변화한다는 사실은 이 논의의 신뢰성을 증가시킨다. 그다음 질문은 과연 우리가 어떤 종류의 전통이 그러한 점진적인 사건의 연속이 발생하는 속도를 정하는지 알아낼 수 있을까 하는 것이다. 많은 학자는 외래의 사회 제도를 접하기가 어렵고 새로운 사회 제도를 실험하기가 어렵기 때문에 사회 제도의 진화 속도가 그 속도를 정한다고 주장한다.[5]

적응과 부적응의 패턴
인간은 변화하는 환경에 기술을 사용하여 빠르고 효율적으로 적응하며, 상당한 양의 합동, 조정, 노동의 분업을 발생시키는 다양하고 때로 복잡한 사회 제도를 진화시킨다. 시공간상에서 인간 행동의 다양성은 대개 기술과 사회 조직의 복합체를 만들어 내는 적응적인 미시 진화 작용 때문이다. 기술과 사회 조직의 복합체 덕분에 우리 인류는 지구상의 내륙과 연안에 위치한 거의 모든 거주지에 살 수 있다. 다른 유기체는 새로운 환경을 점유하려면 종 분화를 해야만 한다. 반면 인간은 문화를 이용할 수 있다. 현대 인류는 실질적으로 지구상의 거의 모든 거주지에 적합한 복합적인 문화적 적응을 만들어 내는 능력 덕분에 지난 10만여 년 동안 아프리카에서 벗어나 세계의 나머지 지역으로 퍼져 나갔을 것이다.[6]

문화적 부적응은 우리 접근 방법을 더 효과적으로 검증할 수 있는 방법이다. 일반적인 다윈의 이론이 그러하다. 신의 창조가 **적응**을 설명한다고 하더라도, 다윈의 이론은 또한 흔적 기관 및 다른 부적응을 설명할 수 있다는 강점이 있다. 부적응을 변화를 수반하여 승계되는 난잡한 자연 작용의 부산물로 설명할 수 있겠지만, 전지전능한 창조자의 작품이라고 할 수는 없다. 현대의 집단유전학자들은 유전자의 승계 체계의 특성으로부터 비롯된 유기체의 흥미로운 부적응을 발견하였다.

문화의 진화에 대한 다윈적인 모델은 우리가 상당히 자주 관찰할 수 있는 부적응이 어떤 부류인지 상세하게 예측한다. 5장에서 우리는 이기적인 문화적 변형이 어느 정도 널리 퍼져 있을 것이라고 주장했다. 적응적인 문화적 변형이 많이 존재하고 수많은 관념 중 어떤 것이 유용한지 평가하는 데 비용이 많이 들기 때문에 똑똑한 사회적 학습자는 딜레마에 빠지게 된다. 민감한 관찰자는 조악하게 적응된 문화적 변형을 모방하는 것을 주저하지 않을 것이지만, 보수적인 관찰자는 유용한 새로운 기술 및 사회 제도를 간과할 것이다. 인간의 문화적 심리는 이런 비용과 기회의 조화를 적절히 유지시키도록 적응된 것처럼 보인다. 우리는 좋은 관념은 모두 흡수하며 나쁜 관념은 받아들이지 않도록 하는 다양한 형태의 "빠르고 비용이 적게 드는" 전달 편향을 갖고 있다. 더 많은 모델을 둘러볼수록 이러한 편향이 좋은 변형을 발견할 가능성도 그만큼 더 높아진다. 그러나 비부모적 모델의 영향이 커질수록 자연선택이 이기적인 문화적 변형을 선호할 가능성도 높아진다. 고도의 문화를 지닌 생물에게는 설계상의 트레이드오프로 인해 필연적으로 어느 정도의 부적응이 있을 수밖에 없다.

5장에서 우리는 현대의 낮은 출산율로의 천이처럼 인간 사회의 공통적인 몇몇 특성은 이기적인 문화적 변형에서 기인한다는 증거를 제시하였다. 현대 사회에서 비부모적 전달의 기회가 급격히 증가하면서 비적응적인 밈을 선택할 가능성도 늘어났다. 한편으로는 현대적 기술과 사회 조직이 수많은 적응을 생산하였다. 또 다른 한편으로, 현대 사회에서는 출산율을 급격히 떨어뜨리는 순純 효과를 보이는 널리 선전되는 혁신들이 넘쳐난다. 이 혁신들로 인해 경제력과 번식 성공 사이의 양의 상관관계가 뒤집혔다. 재세례파 사회는 완고하게 동화를 거부하는 문화조차도 경제적으로 효율적인 혁신을 받아들일 수밖에 없지만, 적합도를 최대화하는 수준에서 출산율을 유지하는 전통적인 문화 가치를 유지하고 있다는 것을 보여 준다.

6장에서 우리는 유전자의 좁은 관점에서 볼 때 부적응을 만들어 내는 또 다른 장치인 문화적 집단 선택을 살펴보았다. 인간 사회는 불완전한 초유기체와 같다. 인간 종의 주된 사회적 적응들 중의 하나는 전형적인 영장류의 친족 집단보다 훨씬 큰 규모에서 협동 및 조화, 분업을 조직하는 능력이다. 하지만 문화적 집단 선택은 적은 규모로, 가족을 지향하며, 호혜적인 협동을 선호하는 유전자에 가해지는 선택과 계속해서 갈등을 일으킨다. 협동의 딜레마는 진화적 수준뿐만 아니라 개인적 수준에서도 존재한다. 유전자에 대한 선택은 설령 모든 개인에게 협동하는 것이 평균적으로 이익이 되더라도 대규모의 협동을 선호할 수 없다. 보다 다루기 쉬운 유전자에 대한 공진화적인 선택 압력을 고려하더라도 유전자에 대한 선택은 여전히 자기 자신과 자기 가족, 자신의 동료를 더욱더 신경 쓰는 사람들을 선호할 것이다. 인간의 사회 제도는(그중에서도 지난 5천 년 동안 존재했던 대단히 큰 규모의 사회들은 더더욱) 우리의 사회 심리상에 존재하는 피할 수 없는 갈등을 해결하기 위한 차선책을 개발해 왔다.

문화가 적응적인가 부적응적인가 또는 그저 중립적인가에 대한 논쟁은 거의 1세기 동안 지속되었다. 여기서 제시한 이론은 우리가 경험하는 것과 동일한 것을 예측한다. 다시 말해, 문화는 때로 적응적이며, 때로 부적응적이며, 때로 중립적이다. 그리고 우리의 이론은 유전자 관점에서의 부적응은 문화적 변이에 가해지는 선택에서 비롯된 것일지도 모른다는 미묘한 차이를 덧붙인다. 그렇다면 유전자는 문화적으로 진화한 사회 제도가 있는 세계에 2차적으로 적응하며, 따라서 유전자는 문화적 적응을 지원하게 된다. 넓은 의미에서는, 비록 유전자에 직접적으로 가해지는 자연선택이 대규모의 협동을 결코 선호하지 않더라도, 인간의 유전자도 평균적으로는 문화적 적응으로부터 이익을 받는다! 텔레비전 드라마에서 볼 수 있는 인간 삶의 난잡함은 다수준 선택으로 인해 우리의 본능과 사회 제도에 갈등이 발생한다는 생각과 일치한다.

문화의 진화 및 유전자-문화 공진화에 대한 다원적인 이론은 이 다섯 가지 영역에서 문제가 없지만, 오직 유전자와 개인의 의사 결정에 기반한 이론은 모든 영역에서 문제가 발생한다. 문화는 인간 행동 전체에 그 자취를 남긴다.

인간 행동에 대한 통합 이론이 필요하다

잠시 학부에서 생물학이 어떻게 가르쳐지는지 생각해 보라. 비록 학생들은 생물학이 여러 하위 학문으로 이루어졌다는 것을 알고 있지만—생태학, 분자생물학, 유전학 등—학부에서 첫 학습 과정까지만 통합된 교과로 가르쳐질 뿐이다. 좋은 교사는 생물학의 통합적인 주제를 제시하려고 노력한다. 이를테면, 유전학, 기초적인 대사의 원칙, 진화론이 이에 해당한다. 그러나 보통은 일반을 위한 일반적인 교육을 중시하기 때문에 그렇게 가르치지 않는다. 오히려 그들은 이 모든 유기체의 수준이 인과관계의 사슬로 엮여 있다는 것을 알고 있다. 생물학에는 많은 하위 분야가 있지만 그 하위 분야 간 그리고 생물학과 다른 자연과학과의 경계는 그리 공고하지 않다. 가장 창조적인 과학 연구는 대개 한 분야에서의 발견이나 방법론을 다른 분야에서 제기된 문제에 적용한 경우이다. 모범적인 사례로는 화학이 생물학에 수입되면서 생리학 및 생화학, 분자생물학을 비롯한 일련의 새로운 분야가 발생한 것을 들 수 있다. 게다가 초기의 수많은 분자 생물학자는 물리학의 훈련을 받았다.[7] 이후 리처드 르원틴Richard Lewontin이 생화학의 방법론을 거의 유전자 수준에서 분자의 변이를 연구하는 데 적용하면서[8] 수많은 유전자의 좌위가 다형성이라는 것을 밝혀내었다. 이 발견으로 인해 한 세대의 학자들이 유전자 수준에서 진화의 문제에 매력을 느끼게 되었으며 지금도 활발한 분야인 분자진화론이 잉태되었다.

처음 사회과학을 공부했을 때 우리는 사회과학과 자연과학의 격리 그리고 사회과학 각 분야 간의 격리에 놀랐다. 문제는 교육적인 전통에서 비롯된다. 심리학 및 사회학, 경제학, 언어학, 역사학, 정치학에서는 모두 자신만의 개론 과목을 가르친다. 학생들은 인간에 대한 공부가 이러한 역사적인 학문 분야에 대응하는 고립된 덩어리들로 나뉘어질 수 있다고 여기기 쉽다. 왜 생물학 1과 같은 교과목처럼 인간 행동을 이해하는 데 있어서의 모든 문제를 다루는 종합적인 개요 과목인 호모 사피엔스 1과 같은 교과목이 없을까? 전통적인 대학에선 학생들이 생물인류학 및 문화인류학, 고고학, 언어인류학의 하위 분과에 대한 각각의 개요 강좌를 수강해야만 하는 인류학에서조차도 하위 분과를 연결하고자 하는 노력은 한계가 있다(더군다나 최근에는 점점 유행에 뒤떨어진 일이 되어버렸다).[9]

그중 한 가지 이유는 아마도 사회과학에서 통합적인 핵심 영역이 개발되지 않았기 때문일 것이다. 그렇다면, 문화에 대한 적절한 진화적 이론이 사회과학의 통합에 중추적인 역할을 해야만 한다. 그러한 이론은 인간과학과 그 밖의 생물학의 통합을 부드럽게 할 뿐만 아니라 인간과학을 서로 연관 짓는 데도 틀을 제공한다. 인간심리학의 대부분은 문화적으로 정보를 어떻게 습득하며 처리하는가에 대한 것이며, 서로 다른 집단 간에 심리의 차이는 대개 문화적인 이유에서 비롯된다. 경제학과 게임 이론처럼 합리적 선택 이론에 기반을 둔 분야는 억제와 선호에 대한 이론을 필요로 하며, 이 중 많은 부분은 문화에 그 기원을 두고 있다. 인류학 및 사회학, 정치학, 언어학, 역사학은 인간 행동의 변화와 다양성을 문화를 이용하여 설명하였다. 이 책에서 우리는 문화의 진화의 본질을 더 잘 이해하려고 이러한 모든 분야에서의 경험적인 연구를 인용하였다. 지난 두 세기 동안 거의 대부분의 사회로 점진적으로 확산되었던 재산과 번식 성공의 상관관계의 놀랄 만한 역전처럼 우리는 사회과학자들이 수집했던 흥미로운 현상을 설명할 수 있는 문화 진화적 가설을 제시하였다. 우리는 이 가설들이 세월의 시련을 모두 견뎌 내리라고는 생각하지 않는다. 모두 틀린 것으로 판명 날 수도 있을 것이다. 우리는 이처럼 거대하고 귀중한 자료를 사용하여 사회과학에 진화론을 적용할 수 있다는 것을 보여 주고 싶었다.

우리는 또한 문화의 진화적 분석이 인간과학에 속한 다양한 분야와 학파의 자료를 통합할 수 있다는 것을 보여 주고 싶었다. 사회과학에서 엄청난 논쟁을 불러왔던 수많은 질문은 진화론의 얼개에서 자연스러운 해답을 찾을 수 있을 것이다.

방법론적 개체주의individualism냐 방법론적 집합주의collectivism냐

사회과학에서는 오랫동안 "거시-미시 문제"로 골치를 썩어 왔다.[10] 경제학자처럼 개인의 행동에 기반한 이론으로 시작한다면, 어떻게 사회제도처럼 사회 규모의 현상을 적절하게 설명할 수 있을까? 수많은 사회학자나 인류학자처럼 집합적인 제도에 기반한 이론으로부터 시작한다면, 어떻게 개인의 자리를 마련할 수 있을까? 놀랍게도 한 유명한 사회학자는 둘 중 하나를 선택할 수밖에 없으며 두 가지 접근 방법은 논리상으로 절대로 통합될 수 없다는 것이 **증명되었다**고 주장했다.

실제로 다윈적인 이론은 개체적 현상과 집합적 현상의 관계를 말끔하게 설명한다. 다윈의 도구는 수준들을 통합하기 위해서 **발명되었다**. 생물학의 기초적인 이론은 유전자, 개인, 집단을 포함한다. 이 모델에서 개**체**에게 발생하는 일(예를 들어, 자연선택)은 **집단**의 속성(예를 들어, 유전자의 빈도)에 영향을 미친다. 비록 개체는 유전자 풀에서 유전자를 받아내는 수인이더라도 말이다. 개체와 그들이 살고 있는 집단을 잇는 고리는 수없이 다양하며, 문화가 존재한다면 그 고리는 더 많아진다. 우리는 **집단**의 속성인 문화적 변형의 빈도가 개인들이 그 변형을 모방할 확률에 영향을 미치는 순응 편향과 같은 사례를 살펴보았다. 다윈의 도구는 당면한 문제가 요구하는 다양한 수준에서의 현상들을 연관 짓도록 해 준다. 단기적으로 보았을 때 개인의 결정이 사회에 미치는 영향이 크지 않기 때문에 개인은 그들이 살고 있는 사회의 불쌍한 수인이라고 여겨질 수도 있다. 그러나 장기적으로 보았을 때 개인의 결정이 축적되면서 사회에 미치는 영향은 막대해진다. 진화적 이론은 개인과 그들 사회의 집합적인 속성과의 관계의 근본 구조를 올바르게 이해하고 있다.

역사학 대 과학

역사학자와 역사학에 영향을 받은 사회과학자는 때때로 실제 사회 제도와 같은 것들의 진화는 특정한 장소와 시간에서 무수한 개개의 사건에 의해서 이루어지는 것이라고 주장한다. 경제학이나 심리학에서 사용되는 일반화 또는 일반적인 모델에서 유도한 가설은 이러한 개개의 사건들로 이루어진 역사에 별다른 도움이 되지 않으며, 당면한 실제의 사건을 이해하는 데 무엇이 잘못되었는가에만 우선적으로 관심을 갖기 때문에 때때로 명백히 잘못된 길로 인도한다.

역사적인 우연은 우리 종뿐만 아니라 다른 유기체에게도 중요하다. 결국 모든 종은 독특하며 자신의 진화적 역사에서 매우 우연적인 사건으로부터 기원한다. 동식물이 비슷하지만 격리된 환경에서 비슷한 수렴 적응convergent adaptation을 갖는 것은 때로 놀랍지만, 똑같은 정도로 놀라운 차이 또한 존재한다. 다윈의 이론적 도구 상자에는 그러한 현상에 적용할 수 있는 묶음으로 된 논리적 분석 도구들이 풍부하다. 이와 비슷하게 우리의 경험적 방법은 무엇보다도 개개의 역사적 궤적과 그 개개의 사건을 발생하게 만든 지역적인 인과적 과정을 정확히 묘사하는 데 적합하다. 특정한 문제를 연구하는 사람은 당면한 문제에 적합한 도구를 고르기 위해 도구 상자를 훑어보아야 한다. 결국에는 많은 문제에 적용될 수 있는 몇몇 모델이 있다는 것이 밝혀지며, 때로는 경험적 일반화가 대단한 힘을 발휘하기도 한다. 포괄적 적합도에 관한 해밀턴의 이론은 매우 광범위하게 적용할 수 있다. 예를 들어, 동물 사회에서 협동은 항상 가계를 따라 조직된다. 물론 이렇게 일반화하기에는 다양성도 무시할 수 없다. 포괄적 적합도 이론은 이러한 다양성의 많은 부분을 설명하지만 결코 모두를 설명할 수는 없다.[11] 인간은 해밀턴의 일반화에서 부분적인 예외이며, 우리는 문화적 집단 선택 이론이 인간에게서 보이는 예외적인 수준의 협동을 설명할 수 있다는 것을 보여 주었다. 문화적 집단 선택 모델은 인간의 독특함을 설명하기 위해 날카롭게 한 번 비튼 것 이외에는 해밀턴의 모델과 그 취지를 같이한다. 따라서 우리가 만든 모델과 우리가 지지하는 경험적인 연구들은 인간의 특이한 세부 사항을 간과하지 않는다. 진화생물학의 모든 것은 우리 종에서 문화가 갖는 중요성에 비추어 재고되어야 하며, 결국에는 도구 상자가 인간 진화의 독특한 특성에 맞추어 수정되어야 할 것이다.

어느 정도 일반적으로 적용할 수 있고 어느 정도 범위에서 경험적으로 일반화할 수 있는 모델이 매우 귀중한 이유에는 두 가지가 있다. 첫째, 우리가 해결하고자 하는 문제의 복잡성에 비교해 볼 때 개인들은 너무나 어리석다. 잘 연구된 모델과 잘 검증된 경험적 일반화가 쌓여서 과학자의 집합적인 지식이 축적된다. 개인적으로 고립된 사상가는 복잡한 문제를 접할 기회가 없다. 우리들은 선생이기 때문에 인구의 지수 증가처럼 단순한 집단 수준의 작용조차도 초심자가 이해하기에 당황스러운 때가 많다는 것을 안다. 둘째, 개개의 구체적인 사례는 너무 복잡해서 한 사람의 연구자가 모든 차원을 자세히 연구하기에는 벅차다. 실제의 역사 연구에서 주요한 작용과 사건이 기록에 남지 않는 경우는 허다하며, 연구자의 필요에 의해서 문제는 단순화되어 묘사된다(종종 언급만 하고 지나치기도 한다). 경험적 일반화와 이론의 도움으로 이러한 피할 수 없는 단순화가 투명하게 된다. 현명한 진화론자라면 많은 부분을 대답하지 않은 채 내버려 두었다는 것을 알며, 자신이 이르는 결론이 결과적으로는 언제든지 무너질 수 있다는 것도 알고 있다. 그들이 그저 바랄 수 있는 것은 신중하게 단순화함으로써 최대한 쉽게 이해할 수 있도록 만드는 것이다.

역설적으로, 진화론의 도구 상자는 왜 역사적 우연성이 커다란 역할을 하는지를 설명할 수 있게 해 준다. 예를 들어, 진화적 게임 이론은 다소 단순한 게임에서조차 다수의 진화적으로 안정적인 전략들이 쉽게 발생한다는 것을 보여 준다. 가령 반복되는 죄수의 딜레마와 같은 호혜에 대한 표준적인 모델에서, 그 어떤 행동이든지 — 전혀 협동하지 않는 전략부터 항상 협동하는 전략까지, 다시 말해 이 중간에 속하는 모든 행동 전략들 — 일단 충분히 흔하기만 하다면 자연선택에 의해 선호된다. 역사학자는 자신의 연구에 적절한 진화론의 도구를 사용한다고 해서 도움이 되면 되었지 잃을 것은 없을 것이다.

문화의 기능적 및 상징적 요소

문화의 기능적 요소와 상징적 요소의 관계는 다소 복잡하지만, 결코 다룰 수 없을 정도는 아니다. 문화의 상징적 측면에 관심이 있는 인간과학자는 문화를 상징적으로 이해하려면 문화를 기능적으로 해석하지 말아야 한다고 주장하곤 한다.[12] 일부 진화적 기능주의자들은 항아리 장식처럼 무작위적으로 진화하는 양식적 요소와 항아리의 크기와 모양처럼 선택에 의해 진화하는 기능적 요소를 엄격하게 분리해야 한다고 주장한다.[13] 진화적인 분석[14]은 일부 사회과학자들이 오랫동안 주장해 오던 것[15]을 뒷받침한다. 그 사회과학자들에 따르면, 양식의 엄밀한 한 형태는 기능을 갖고 있지 않더라도 양식의 차이는 기능이 있다. 항아리의 장식은 만든 사람이 어떤 집단에 속해 있는지 혹은 집단에서 어떤 지위에 있는지를 알리는 역할을 한다.[16] 진화 이론을 비롯한 몇몇 좋은 연구에 의하면 상징은 어떤 집단에 소속되었으며, 집단 내에서 어떤 역할을 맡았는지를 나타내는 표지이며 개인적인 지위를 내세우는 수단이다. 잠재적인 모방자는 양식적인 과시를 관찰하여 유용한 정보를 얻을 수 있다.[17] 한편, 줄달음 진화로 인해 양식의 비적응적인 과장이 일어나기도 한다. 우리는 인구학적 천이에서 지위를 얻고자 하는 소비 경쟁이 어떤 역할을 하는지 살펴보았다.

기능과 기능 장애

인간의 행복과 불행의 원천은 진화적이다. 사회 제도를 한번 생각해보자. 일부 단순 사회에서는 분쟁을 해결할 수 있는 효과적인 수단이 없는 반면, 매우 효과적인 수단이 있는 사회도 있다.[18] 신뢰와 행복의 정도, 그리고 삶에 대한 만족 수준은 서유럽 국가들 사이에서도 매우 다양하며 일인당 소득과도 무관하다.[19] 분명 사람들은 자신들에게 더 맞는 사회 제도를 찾아낸다. 개인의 의사 결정과 집합적인 의사 결정 제도 모두 문화의 진화에서 힘으로 작용하기 때문에, 우리는 우리 자신의 진화에 영향을 미치는 셈이다. 그러나 우리는 우리가 승계받는 문화와 유전자의 수인이기도 하다.

개인들의 결정이 어떻게 종합되어 집합적인 결정이 되는가는 이론상으로나 실제적으로나 어려운 문제이다.[20] 우리는 복잡한 사회가 가능하게 된 차선책을 논의하면서 각각의 기능적인 차선책에는 사악한 쌍둥이가 존재한다는 것을 지적하려고 노력했다. 다른 것을 희생시키고 한 요소를 강조하면 틀림없이 오류가 발생한다. 이상주의자는 사람들을 사슬에서 빠져나오도록 설득하는 데 끊임없이 실패하며, 혁명에의 시도는 희생자들을 불가능한 꿈과 이기적이고 사악하며 권력에 굶주린 음모에 빠트린다. 한편, 부패한 체제는 항상 개혁을 외치는 이타적인 동기를 가진 도덕주의자들의 저항에 직면하기 때문에 강압적일 수밖에 없다. 변화를 시도하지 않거나 변화가 불가능한 사회는 구성원들을 실패한 혁명과 동일한 악덕에 빠뜨린다. 그 기원이 무엇이든 간에 권위적인 정치 체제가 지배하는 신뢰가 낮은 사회는 비슷한 결말에 이르게 된다. 현대의 기술 진화에서 볼 수 있듯이 진화의 속도는 막대하게 빨라질 수 있으며, 소유권과 같은 제도가 갖추어진다면 바람직한 방향으로 가속될 수도 있다.[21] 사회 제도가 어떻게 진화하는가는 분명 이해하기 어려운 문제이지만, 열린 정치 체계에서 사회 제도가 바람직한 방향으로 혁신될 수 있는 바탕이 되는 상호간 신뢰가 구축될 수 있다는 사실은 분명 인상적이다. 만약 우리가 사회적인 진화의 본성을 더 잘 이해한다면 의심할 여지없이 이 과정을 더 향상시킬 수 있을 것이다.

우리의 일반적인 논의가 옳다면, 이러한 고전적인 문제들로 인해 과학적 진보가 발생하기보다 해결 불가능한 논쟁만 양산되는 이유는 다윈의 개념과 방법론이 유기체와 문화의 진화와 관련된 문제에 적합하다는 것을 의미한다. 이러한 도구를 사용하지 않고서는 문화적 진화와 관련된 문제를 논리 정연하게 생각할 수 없으며, 문화적 진화의 문제는 인간의 행동을 이해하는 데 꼭 필요하다.

이론으로부터 새로운 질문이 발생한다

과학자의 관점에서 볼 때 과학 이론의 가장 중요한 기능은 생산성이다. 연구를 쓸모 있는 방향으로 인도하는가? 문제를 해결하는 것보다 더 많은 새롭고 흥미로운 문제를 제기하는가? 한 사회학자는 문화의 진화에 대한 다윈적인 이론은 포장만 다르게 한 진부한 사회과학으로밖에 보이지 않는다고 말했다. 우리가 기존의 사회과학에서 이루어진 연구를 우리의 이론에 대한 예시로 사용할 수 있었다는 것은 이 비판에 무게를 더한다. 그러나 문화진화론자들은 기존의 도구를 고집하기보다 새로운 진화적 도구를 개발하는 것을 주저하지 않는다.

우리가 알고 지내는 많은 문화과학자들은 분명 권태감에 물들어 있다. 그들은 마치 막스나 베버, 뒤르켐, 파슨스 등과 같은 사망한 "위대한 학자들"이 인간의 조건에 관해서 말할 수 있는 모든 것을 말했다고 느끼는 것 같다. 당대의 학자들은 위대한 학자들이 지나친 작은 광석을 얻기 위해 노력할 수 있을 뿐이며, 그러기 위해선 오래된 논의를 작은 부분들로 나누어 재결합하여 흥미롭지만 그리 새롭지는 않은 변형을 얻어 낼 수밖에 없다고 여기는 듯하다. 혹은 인문주의적 입장에서 인간 행동을 자기 멋대로 해석하여 과학이길 포기한다. 우리는 사회과학자들이 낙담하지 말아야 한다고 생각한다. 우리가 어떻게 문화의 진화가 작용하는지에 대해 알고 있는 것은 참으로 매우 적다. 일부 독자는 과학적으로 문화의 진화를 이해하기가 매우 어렵기 때문에 그렇다고 생각할지도 모르겠다(적어도 우리가 제시하는 방식으로는 설명할 수 없다고 생각할지도 모르겠다). 그러나 우리는 다윈의 도구를 사용해서 문화를 연구한다면 새로운 길이 열릴 것이라고 믿는다.

문화 변이의 패턴에 대한 우리의 이해는 아직 많이 부족하며, 작용을 이해하려면 대개 패턴을 이해해야만 한다. 인간 행동 변이의 수많은 패턴을 유전자와 환경만으로는 설명할 수 없으며 문화가 개입되면 일관되게 설명할 수 있다는 우리의 주장에도 불구하고, 우수하고 체계적인 연구는 거의 없다. 문화의 변이에 대한 기술은 대개 양적이기보다 질적이다. 민족지는 물론 훌륭한 자료이지만, 문화의 진화가 어떻게 작용하는지 알려면 좀 더 정확한 기술이 필요하다. 질적 자료에 기반한 몇몇 연구는 다소 정교하지만,[22] 좀 더 나은 연구를 할 수 있는 가능성은 남아 있다. 우리는 유전자의 변이를 양적으로 자세하게 기술하는 것처럼 문화의 변이도 그렇게 할 필요가 있다. 비교문화 심리학에서의 최근 연구[23]와 경제학적 게임을 이용한 공평함의 규범에 대한 비교-문화적인 연구[24]로 인해 인간 행동 변이의 이해를 혁신적으로 개선시킬 양적 민족지의 새로운 시대가 열릴 것이다.

시간에 따른 문화적 변이 또한 수량화되지 않았다. 고고학자와 사학자는 오랜 시간에 걸친 문화의 변화를 매우 정확한 기록으로 남겼다. 그러나 그들의 연구 의도는 대개 과거에 존재했던 사회를 재구성하고자 하는 시도이다. 근본적으로 보다 단순한 작업은 단편적인 자료에서 최상의 부분만 이용하여 변화의 속도를 추정하는 것이다. 진화적인 과정에 대한 추측만으로는 진화의 속도에 대한 다양한 가설이 난무하게 되는데, 이러한 추측은 고고학이나 역사학의 자료로 검증할 수 있다. 예를 들어, 문자의 발명으로 뇌에서 이루어지는 것보다 제한이 덜하고 오류가 적은 기억 매체가 만들어졌기 때문에 진화의 속도는 분명 빨라졌을 것이다.[25] 인상적이게도 지난 5천 년 동안 문자의 발달과 확산으로 진화의 속도가 가속된 것처럼 보인다. 이러한 가설이 과연 양적 검증을 이겨 낼 수 있을까? 이와 유사한 효과를 내는 다른 작용이나 변수가 존재하는가?

문화에 가해지는 진화 작용은 아직 잘 밝혀지지 않았다. 이 책에서 우리는 우리의 기존 저서에서 발전시킨 문화의 변이에 가해지는 진화적 힘에 대한 용어를 그대로 사용하였다.[26] 비록 우리는 이 용어를 편애하지만, 분명 이 용어로는 불충분하다. 진화생물학의 경향은 진화 작용의 일반적 범주를 세분하여 수많은 개개의 하위 범주로 나누는 것이었으며,

그렇게 세분할 수 있는 이유는 그 하위 범주의 영향 아래에 있는 개체군의 역학적인 행동들도 각각 독특하기 때문이다. 4장에서 우리는 성공한 사람을 모방하는 것, 그리고 그 하위 형태의 하나인 명성이 있는 사람들을 모방하는 것에 대해 살펴보았다. 그러나 명성 그 자체는 복합적인 사회적 구조물이다. 어떤 명성은 개인적인 카리스마에서 기인하며, 어떤 명성은 제도화된 직무에서 기인한다. 어떤 종류의 명성은 사회에 있는 거의 모든 사람이 인지하며, 또 어떤 명성은 소수의 지역 사람들에게만 인지된다. 우리는 명성에 기반한 선택적인 모방에 얼마나 많은 독특한 종류들이 존재하는지 알지 못한다. 지금 여기에서 바라볼 때 비록 희미하게 복잡성을 상상할 수 있을 뿐이지만, 문화의 진화가 복잡하고 다양한 현상임에는 틀림없다.

진화의 개개의 사례에서 다양한 힘들이 양적으로 어떤 역할을 하는지도 거의 알려진 바가 없다. 이 책에서 문화 진화의 작용을 설명하기 위해 인용한 연구를 선택하면서, 우리는 대개 자연선택이나 의사 결정의 힘처럼 하나의 작용이 틀림없이 지배적으로 드러나는 사례에 집중했다. 일반적으로는 우리가 주목했던 그 어떤 문화의 진화든지 수많은 힘들이 동시에 영향을 미치는 경우가 많다. 예를 들어, 특정한 종교적인 믿음이나 혁신의 빈도가 늘어나거나 줄어드는 데 천성, 학습된 기질, 문화적으로 습득한 기질은 동시에 각각의 영향력을 행사한다(대개 그 방향은 다르다). 대부분의 진화과학은 경험적 일반화를 위해서 충분히 많은 사례에서 진화의 궤적에 각각의 효과가 미치는 강도를 추정하는 것으로 요약될 수 있다. 유기체 진화의 모범적인 연구는 진화하는 개체군에서 자연선택과 다른 힘들의 세기를 추정한 것이다.[27] 문화에 대해서는 그러한 연구가 아직 거의 없다.[28]

결론: 모든 문화는 진화론의 시각에서만 이치에 맞다

1982년에 진화경제학의 선구자인 리처드 넬슨Richard Nelson과 시드니 윈터Sidney Winter는 자신의 분야에서 지적으로 흥미로운 도전 중에서 "최근 몇 세기 동안 인간의 조건을 바꿔 놓은 기술과 경제 조직에서 복합적이고 누적적인 변화를 이해하게 된 것이 가장 중요하다"고 했다.[29] 역사학자와 사회학자는 아마도 5천 년 전에 복합 사회가 발생하여 그 이후 어떻게 발전했는가가 중요한 문제라고 주장할 것이다. 인류학자는 11,000년 전에 시작된 농경을 내세울 것이며, 고인류학자는 10만 년 혹은 그 이전부터 존재했으며 처음으로 복잡한 문화 체계를 발달시켰던 현대인의 등장을 내세울 것이다. 한편, 정치과학자는 새로운 정치 제도 및 공공 정책을 내세울 것이며, 이러한 지배 체계가 몇 번의 선거가 이루어질 시간 척도 동안 정치와 경제의 발전에 어떻게 영향을 미쳤는지가 중요하다고 주장할 것이다. 현재의 인간이 무엇인가는 이러한 과거와 진행 중인 진화적인 사건들의 산물이다.

따라서 우리 종에 대한 가장 흥미로운 질문의 핵심에는 진화의 작용이 있다. 어떻게 우리가 21세기 초반의 지금 상태에 이르게 되었는가? 그 이전 세기에 발생했던 모든 문화 진화적 사건들이 모두 이와 연관되어 있다. 왜 우리는 지금의 사회적 성향을 지니게 되었는가? 이는 100만 년 혹은 더 오랫동안의 유전자와 문화의 공진화에서 해답을 찾을 수 있을 것이다. 우리는 우리가 원하는 방향으로 인간 사회의 진화에 영향을 미칠 수 있는가? 인간으로서 우리는 우리 자신의 진화에 대단히 많이 관여한다. 우리 모두가 어떤 문화적 변형을 채택하고 무시할 것인지 선택하기 때문이다.[30] 더구나, 우리는 단순한 부족 협의회에서 연구 대학과 정당과 같은 매우 복잡한 현대적 협의회까지 문화적 진화가 어떻게 진행될 것인지를 결정하는 사회 단체를 조직한다.[31] 이처럼 우리는 문화를 구속하려고 애쓰지만, 문화의 진화는 쉽게 구속당하기에는 너무나 크다.

거대한 정치적 운동을 이끄는 문화적 영웅조차도 대개 큰 영향력을 행사하는 데 실패한다. 간디는 무슬림이 인도를 떠나는 것을 막지 못했으며, 힌두교도로 하여금 카스트 체계를 개혁하게 만드는 데에도 실패했다. 우리는 집단 수준의 과정을 엄밀하게 관찰함으로써만 문화적 진화가 어떻게 일어나는지 정확하게 그려 낼 수 있다. 문화의 진화에 대한 개요도를 손에 넣은 뒤에야 우리는 인간을 종종 고통에 빠뜨리는 작용을 누그러뜨릴 수 있는 방법을 찾을 수 있을 것이다.

이 책에서 우리는 다윈의 방법론을 사용하여 문화의 진화를 이해할 수 있다는 것을 보여 주었다. 문화는 개체군에 저장되며, 따라서 인간의 뇌를 이해하고 개체군이 어떻게 변해 가는지 이해하려면 개체군 사고가 필요하다. 다윈적인 설명은 한편으로는 부기와 같으며(문화적 변이와 그 변이의 시간에 따른 변화를 양적으로 기술한다), 또 다른 한편은 양적인 예산 검토와 같다(변화를 인과적 과정으로 체계적으로 설명한다). 만약 당신이 문화의 진화를 진지하게 연구하고자 한다면, 다윈의 분석 방법을 이용하지 않을 수 없을 것이다. 변화를 기술해야 할 뿐만 아니라 변화를 설명해야 하기 때문이다. 사회과학의 수많은 분야는 독립적으로 다윈적인 방법론에 주목하게 되었다. 방언이 어떻게 진화하는가를 밝혀 낸 사회언어학자의 미시진화적 연구는 그중에서도 흥미로운 연구이다.[32] 이 밖에도 우리는 많은 연구를 언급하였다.

독자들에게는 우리의 분석 방법이 서툴게 보일 수도 있을 것이다. 생물학에서 그 도구를 빌려와 문화에 적합하도록 개조하는 작업은 정교한 진화생물학을 이용할 수 있다는 점에서 매력적이지만 왜곡도 물론 발생한다. 더구나 앞서 말했다시피 현재까지의 다윈적인 연구는 기껏해야 심히 불완전할 뿐이다. 우리는 이에 대해서는 아무런 변호도 하지 않았다. 과학은 오류투성이이며, 한 번에 한 걸음씩 나아갈 수밖에 없으며, 영원히는 아니더라도 오랫동안 불완전한 이야기로 남을 수밖에 없다.[33] 우리가 절대적으로 확신을 갖고 강조하고자 하는 것은 다윈적인 접근 방법이 추구할 만한 가치가 있다는 것이다.**34** 이 추구에 동참하는 사람들은 우리 세대의 오류와 누락을 고쳐 나가면서 즐거움을 얻을 것이다!

인간에 다윈의 도구를 적용하는 것을 반대하는 이유는 대개 사람들이 인간을 그저 "또 하나의 독특한 종"으로 취급하는 것을 본능적으로 싫어하기 때문인 것 같다.**35** 진화론자의 관점에서는 인간만 예외로 취급할 수는 없다. 인간만이 다윈적인 통합에서 제외되고, 인간의 문화가 초유기체superorganic라고 여겨지는 한, 모든 다윈적인 연구 과제에는 잠재적으로 심각한 결함이 있을 수밖에 없다. 다윈은 『인간의 유래』에 대한 공격을 발판 삼아 자기 이론 전체에 공격이 가해질 수도 있다고 두려워했다. 이에 대한 그의 기대는 빗나갔다. 왜냐하면 『계간 평론Quarterly Review』의 논평자이자 아마도 오랫동안 다윈에게 적대적이며 신실한 가톨릭교도인 성 조지 미바트St. George Mivart가 기뻐하며 『인간의 유래』를 통하여 "그의 견해에 동의하는 것은 아니지만, 그의 모든 견해를 살펴볼 수 있는 좋은 기회를 제공했다"고 썼기 때문이다.**36** 현대에 종교계 바깥에서 발생했던 "과학 전쟁Science Wars"의 비평가들은 우리가 1장에서 비판했던 초유기체적인 인간 예외주의에 그 뿌리를 두고 있으며, 그들은 처음에 인간에 과학을 적용하는 데 반대했을 뿐이지만 점차 일반적인 과학에 적개심을 드러내었다. 물론, 근본주의자 진영에서 종교적인 반대도 상존한다. 덕 왓슨Doc Watson(미국의 포크 컨트리 기타리스트이자 가수—역주)은 다음과 같이 노래한다. "어떤 이들은 인간은 원숭이로부터 왔다고 말하지만, 성서는 그런 식으로 말하지 않아. 어떤 사람들처럼 나까지 그 우스꽝스러운 헛짓거리나 믿어야 한다면, 아예 사람이길 포기하고 그 원숭이에게 형님 소릴 하는 게 낫겠네."**37** 만약 인간이 과학의 경계 바깥에 있다면, 말할 것도 없이 다른 것들도 마찬가지이다. 과학은 **태생적으로** 인간의 진화를 설명해야만 한다.

다윈주의자는 대개 비판자들 때문에 괴롭다기보다 곤혹스러워한다. 과학자들은 공통적으로 인본주의적인 흥미를 지니고 있다. 그들은 그림을 그리며, 소설을 읽고, 역사를 기술한다. 실제로 많은 과학자들은 노년이 되면 철학에 손을 내밀며, 이는 실질적으로 늙어 간다는 평범한 신호로 여겨질 수 있을 것이다. 많은 과학자들은 종교적으로 활발하다. 종교적인 측면에서 볼 때, 만약 신을 충분히 넓게 정의한다면, 대부분의 과학자들이 신을 믿는다고 인정할 것이다.[38] 과학과 종교, 인본주의적인 욕구 사이에서 갈등을 느끼기보다 대부분의 과학자들은 과학에 아름다움과 숭고함이 충만하다고 생각한다.[39] 다윈은 아래에 옮겨 놓은 것처럼 『종의 기원』을 시적인 문단으로 끝내고 있다.

> 수많은 종류의 식물로 뒤덮여서, 덤불에는 새가 지저귀고, 다양한 곤충이 날아다니며, 축축한 땅 위로 지렁이가 기어다니는 얼기설기 얽힌 강 둔덕을 관찰하다가, 이처럼 복잡하게 서로서로 다르며 정밀하게 구성된 형태들이 모두 우리 주변에서 작용하는 법칙에 의해서 발생되었다고 생각해 보면 흥미롭다. (…) 이렇게 바라보면 생명은 경이롭다. 처음에는 수많은 힘들이 하나 혹은 소수의 생명에 숨을 불어넣었지만, 이 행성이 변하지 않는 중력 법칙에 따라 순환하는 동안, 그렇게 단순한 시작으로부터, 수없이 많은 형태의 가장 아름답고 가장 놀라운 생물들이 진화했으며 지금도 그 진화는 멈추지 않는다.

과학적 방법론은 선 수행법과 매우 닮았다. 꾸준히 힘겹게 하다 보면 언젠가는 사랑스러운 진실(비록 무너지고 틀리기 쉽더라도)을 얻으며 거대한 신비와 마주하게 된다. 수많은 과학자가 할퀸다면, 영묘한 자연은 피를 흘리리라. 우리는 우리의 연구 대상에 대해서도 똑같은 기분이 든다. 사람들과 그들의 문화는 놀라우며 다양하다. 인간의 다양성을 연구해 보면 우리는 매우 기이하게 보이는 동시대의 사람들과도 인간성의 많은 부분을 공유하고 있다는 것을 알 수 있다. 다윈은 허울 좋은 이데올로기에 길들여진 사람이 아니라면 누구나 다른 사람들의 고통에 연민을 느낄 것이라고 믿었다. 브라질에서 노예를 취급하는 것을 관찰했던 그는 그가 썼던 어떤 글보다도 노예 제도에 대해 강렬한 감정을 드러내었다.[40] 한편 문화의 차이는 뿌리 깊으며 매우 흥미로운 것이다. 우리는 극단적 형태의 문화상대주의에는 동의하지 않는다(나치즘은 어찌 되었건 독일 민속에 그 뿌리를 두고 있지 않다). 그러나 인류학자들처럼 다른 사회에 대한 평가를 유보하면서(적어도 그들을 잘 이해할 때까진 그래야 한다) 자민족중심주의의 값싼 기쁨을 거부하는 것은 격려되어야 한다. 재세례파나 누에르족처럼 고집스럽게 시대착오적인 사람들은 존경받아 마땅하다(경이롭기까지 하다). 이러한 사회에 동참할 사람들은 거의 없겠지만, 그 사회에서 자라난 사람들이 왜 자신을 자랑스럽고 성공적인 사람이라고 생각하는지는 충분히 이해할 수 있다.

앞서 말했듯이 수학적 모델은 일부러 사람들이 흥미를 느끼는 풍부한 세부 사항들을 생략한다. 물론 추상과 현실을 혼동하면서 수학적인 모델을 만드는 사람은 멍청한 사람이다. 그러나 적절히만 사용한다면 수학은 다른 기술이 할 수 없는 방식으로 우리의 직관을 훈련시킨다. 이는 자연을 명상할 수 있는 더할 나위 없이 좋은 방식이다. 우리는 우리의 짧은 직관이 막다른 길에 다다를 때 모델의 도움을 받아 새롭게 생각할 수 있을 때마다 놀라곤 한다. 모델은 복잡한 체계의 논리를 하나씩 분석하는 데 사용될 수 있다. 좋은 모델을 만들어 내기는 어려운 데 반해 그 모델이 이해하고자 하는 현상에 비해 모델 그 자체는 명백히 단순하다는 대조적인 사실은 우리를 숙연하게 아니 심지어 영적으로 만든다. 우리는 4장에서 개인적 학습만이 존재하는 단순한 진화적 모델에서 사회적 학습이 추가되면 어떻게 발전하는가를 지켜보았다. 우리는 적응적이지 않은 채 사회적 학습이 진화하도록 설정된 알란 로저스의 매우 단순한 모델을 살펴보았는데, 이 과정에서 문화가 적응적이려면 어떤 속성이 필요한지 중요한 통찰을 얻을 수 있었다. 좋은 모델은 진화의 작용 논리에 대해 다이아몬드처럼 투명한 연역적 통찰을 제공한다. 불행하게도 비판자들은 모델이 가져다주는 심미적인 차원을 경험하지 못한다. 직접 모델을 만드는 사람은 마치 어떤 물건이 간결하고 우아하게 기능적일 때 아름답다고 감탄하는 것처럼 잘 설계되고 잘 분석되어 표현된 모델을 사랑한다. 우리는 오래된 좋은 모델을 어떻게 해석할 것인가를 가리킬 때 훈훈하고 좋은 기분을 얼마간의 시간이 지난 후에 느끼곤 한다. 진화론 같은 연구 분야에서는 모델의 도움이 없이는 논리 정연하게 생각할 수 없다. 이는 좋은 등산화를 신지 않고 거친 길을 오래 걸을 수 없는 것과 같은 이치이다. 모델의 진가를 알기 위해 모델을 **직접** 만들어야 할 필요는 없다. 다른 예술 형태와 마찬가지로 교육받은 감식가라면 많은 것을 얻을 수 있을 것이다.

좋은 자료는 보기에 아름답다. 물론 가장 아름다운 자료가 어떤 복잡한 현상이라도 완벽하게 표현할 수 있다고 생각하는 경험주의자는 멍청한 사람이다. 특히 자신이 조사한 자료가 예외 없이 인간의 문화와 같은 다양한 체계에 적용될 수 있다고 생각하는 사람은 더욱 그렇다.[41] 자료는 그저 궁극적인 중재자일 뿐이다. 자료는 가설을 검증하는 것을 넘어서 무엇보다도 우리를 생각하게 만든다. 수리적 개체군 유전학의 위대한 선각자인 홀데인J.B.S. Haldane은 "세상은 우리의 상상보다 더 별날 뿐만 아니라 우리가 상상할 수 있는 것 이상이다"라고 말했다.[42] 2장에서 우리는 문화의 변이가 존재한다는 것을 보여 준 아름다운 연구들을 검토하였다. 많은 학자들은 문화적인 설명에 대해 세련되지 않았다고 폄하하며, 본유적인 정보, 이성적인 계산, 생태적인 변이가 문화적인 설명에 대한 적절한 대안이 될 수 있다고 설득력 있게 주장한다. 어떤 특정한 경우에는 아마도 그런 대안들이 옳을지 모르나, 이것이 문화적 설명에 대한 일반적인 반론이라면 경험적인 자료만으로도 충분히 명쾌하게 반박할 수 있을 것이다. 문화과학자들은 비록 대부분이 질적인 자료이긴 하지만 훌륭하고 설득력 있는 자료를 많이 축적하였다. 인간 종에서 문화적 변이가 갖는 중요성은 행성의 운동에서 인력의 역할처럼 의심할 여지가 없다. 모델로 인해 경험적인 자료가 하나씩 축적되며, 더 좋은 경험적인 자료가 쌓일수록 타당한 설명의 범위는 점차적으로 한정된다.

탁월한 자료는 우리가 세상을 보는 방식을 가장 놀라운 방식으로 완전히 바꿔 놓기도 한다. 지난 10년간 빙하와 대양의 원통형 표본에서 수집한 자료에 따르면 마지막 빙하 시대 동안 기후의 변덕이 매우 심했으며, 이는 우리의 문화 체계가 발생했던 세계가 어떤 세상이었는지에 대한 놀라운 그림을 제시한다. 우리의 모델에 따르면 그러한 변이로 인해 문화에 대한 우리의 능력이 진화했다고 보는 것이 타당하다고 하더라도, 우리는 이러한 자료가 나올지 상상도 하지 못했다. 과거와 미래의 기후에 대한 더 놀라운 발견이 분명 우리를 기다리고 있을 것이다.[43] 세계는 너무 복잡하기 때문에 적절한 경험적인 자료가 없다면 이론을 만들어야 하는 연구자는 눈이 먼 것이나 마찬가지이다. 수량화될 수 없는 복잡성을 연구할 수 있다는 주장은 비합리적이며, 복잡한 문제를 맞닥뜨릴 때마다 수량화는 필수적이다.

이 생각을 마지막으로 이만 이 책을 마친다.

주

1장

1 Nisbett and Cohen 1996.

2 니스벳과 코언의 분석은 유럽계 미국 남부 사람에게만 한정된다.

3 Mayr 1982, 45-47.

4 사람들은 수많은 차원 및 종류의 다양한 현상에 대해 **문화**라는 용어를 사용해 왔다. 사회적으로 전승되는 전통과 관례로써의 문화가 중요하다는 것에는 많은 사람이 동의한다. 그러나 그것을 어떻게 개념화할지 혹은 현상을 설명하기에 문화를 이처럼 개념화해도 되는지에 대해서는 아직 동의가 이루어지지 않았다. 우리가 정의하는 것처럼 개인적 및 심리적 측면을 강조하는 정의도 인류학에서 널리 쓰이는 것이지만, 다른 종류의 정의도 수없이 많다(Kroeber and Kluckhohn 1952; Fox and King 2002). 우리는 우리의 정의 혹은 다른 식의 정의 중 어느 것이 **문화**에 대한 "옳은" 정의인가를 논하는 것은 그리 중요하지 않다고 생각한다. 문화와 같이 복합적인 자연 현상을 단순한 정의로 담아 내는 것은 대단히 어려운 일이며, 수많은 현명한 정의 중에서 무엇이 최상인가 왈가왈부하는 것은 별로 쓸모 있는 일은 아닌 것 같다. 오히려, "그것은 유용한 이론을 발생시키는가?"가 질문이 되어야 한다.

5 오늘날 문화의 상당 부분은 문서의 형태(혹은 전자, 필름 등의 형태)로 보존되며(Donald 1991), 아마도 일부는 다양한 종류의 인공물의 형태로 항상 보존되어 왔다. 이러한 사실은 의심할 여지 없이 지난 몇 천 년 동안 문화의 진화에 상당한 영향을 미쳤을 것이다.

6 Kroeber 1948, 62.

7 이러한 생각은 20세기로 들어설 무렵 사회학과 인류학의 선구자들로부터 비롯되었다. 잉골드 Ingold(1986, 223)는 오랫동안 사회 과학자들이 사용했던 세 가지 다른 의미의 "초유기체"를 논의하며 다음과 같이 요약한다. "초유기체는 모든 다양한 종류의 인류학적, 사회학적 철학이 그 아래에서 마음껏 누빌 수 있었던 편리함의 기치가 되어 버렸다."

8 물론 인류학자들도 오랫동안 문화의 상당 부분을 적응적이라고 묘사해 왔다(예를 들면, Steward 1955).

9 Alexander 1974, 1979; Wilson 1975; Symons 1979; Chagnon and Irons 1979; and Barash 1977. 논쟁의 역사가 궁금하다면 Segerstråle 2000을 보라.

10 우리의 연구 전통을 포함하여 수많은 연구 전통에 대한 공평하며 비교적인 개요를 보고 싶다면 Laland and Brown 2002을 참조하라. 이들 모두는 진화적인 사회과학을 구성한다.

11 미국 정상 출산아 중에서 대략 0.05%가 손과 팔에 어떤 형태든 축소가 발생하며, 이 중 일부는 환경적인 요인에 노출되었기 때문으로 추정된다(Center for Disease Control 1993). 정상 출산아 중에서 약 0.2%가 다섯 개 이상의 손가락이나 발가락을 지닌 채 태어난다. 이처럼 정상보다

손가락이나 발가락의 숫자가 많은 채 태어나는 원인은 대개 드문 돌연변이 대립형질 때문이다.

12 여기선 발달 과정을 형성시키는 데 환경의 역할을 의미한다. 환경은 자연선택에서 궁극적인 역할을 수행한다.

13 근접 원인과 궁극 원인의 구분은 에른스트 마이어Ernst Mayr(1961)로부터 비롯되었다.

14 리처드 알렉산더Richard Alexander(1979, 75-81)는 이 점에서 매우 명쾌하다. 이러한 심리적 메커니즘의 세세한 점에 대해서는 진화론 사상가들 간에 동의가 이루어지지 않았다. 인간 행동생태학자들은 대개 무엇보다도 우선해서 심리적 메커니즘으로 인해 인간이 일반 목적의 유전적 적합도를 최대화하도록 행동한다고 본다. 여기서 정의된 바로의 문화는 엄밀히 말해 이차적 역할만 할 뿐이며, 실제적으로는 무시될 수 있다(Smith, Borgerhoff-Mulder, and Hill 2001). 수많은 진화심리학자는 홍적세의 채취자들이 맞닥뜨렸던 일련의 제한적인 문제들을 해결할 수 있는 다소 좁게 전문화된, 유전자에 바탕을 둔, 내용이 풍부한 수많은 알고리즘이 모여서 마음을 구성한다고 믿는 생득론자들이다. 현대의 환경은 완전히 변화하였기 때문에 오늘날 그 행동이 적합도를 최대화할 것이라고 믿는 것은 쓸데없는 일이다. 진화는 너무나도 느리게 발생하기 때문에 지난 몇 천 년 동안 인간의 마음이 현저히 재적응할 수 없었을 것이다(Tooby and Cosmides 1992).

15 이에 대한 가장 유명한 비판은 Gould and Lewontin 1979이다. 이러한 비판자들의 대안(예를 들어, Carroll 1997)은 Campbell 1965과 Dawkins 1989, Dennett 1995, Cziko 1995, Sober and Wilson 1998의 다원주의에 비해 그리 성공적이지 않았다.

16 저명한 진화론자들은 문화의 이러한 두 차원을 모두 강조했다. 도킨스Richard Dawkins(1976)는 문화의 유전자와 같은 속성을 강조하기 위해서 밈meme이라는 용어를 만들었으며, 알렉산더Richard Alexander(1979, 75-78)는 문화와 개인적 학습이 갖는 공통점을 강조했다.

17 그 이전 10만 년 동안에 비해 최근 11,500년 동안에는 기후의 변화가 거의 없었다. 따뜻한 간빙기가 모두 비슷했는지는 확실하지 않다.

18 에드워드 윌슨(Lumsden and Wilson 1981; Wilson 1998)은 문화가 중요하다고 생각한 점에서 우리가 논의하는 다른 대부분의 진화론자와 다르다. 그런데도 그는 궁극적으로는 유전자의 "속박"으로 인해 문화는 궁극적으로 유전자의 명령 아래에 있다고 생각한다.

19 Darwin 1874.

20 Galef 1996.

21 Alland 1985; Richerson 1988.

22 Hodgson 2004; Richards 1987; Richerson and Boyd 2001a.

23 Atran 2001; Aunger 1994; Boyer 1998; Cavalli-Sforza and Feldman 1981; Durham 1991; Bowles and Gintis 1998; Gil-White 2001; Henrich and Boyd 1998; Henrich and Gil-White 2001; Henrich 2001; McElreath, Boyd, and Richerson 2003; McElreath 인쇄 중; Lumsden and Wilson 1981; Pulliam and Dunford 1980; Sperber 1996.

2장

1 경제적 이론에 문화를 끌어들이는 메커니즘으로 개체군 모델을 포용한 경제학자들도 있다(Bowles 2004; Schotter and Sopher 2003).

2 Alexander 1979, 30.

3 Buss 1999, 407.

4 Betzig 1997, 17.

5 오들링-스미(Olding-Smee et al. 2003)는 실제로 자신의 환경을 구축하는 유기체는 많다고 주장한다.

인간은 극단적인 사례이다. 런던 사람들은 정교하며 효율적인 도시 철도 수송 네트워크를 즐기는 반면, 로스앤젤레스 사람들은 고도로 발달된 고속도로 체계를 즐긴다. 이들 모두 이전 세대에서 건설한 것이다. 이러한 "적소 구축"은 분명 행동에 현격한 영향을 준다.

6 예를 들어, 보너(J. T. Bonner 1980)는 『동물에서의 문화의 진화*The Evolution of Culture in Animals*』라는 책을 썼는데, 이 책은 행동의 사회적 전달이 아닌 일반적인 표현형적 가소성을 주로 다루고 있다.

7 Salamon 1985, 329.

8 Salamon 1984, 334.

9 Salamon 1984, 1980; Salamon and O'Reilly 1979; Salamon, Gegenbacher, and Penas 1986.

10 Kelly 1985.

11 Glickman 1972.

12 Edgerton 1971. 이 연구는 월터 골드슈미트Walter Goldschmidt가 기획하고 계획했던 큰 프로젝트의 일부분이었다.

13 Steward 1955.

14 Edgerton 1971, 271. 심지어 상위부족 수준인 반투Bantu족(헤헤Hehe족, 캄바Kamba족)과 칼렌진 Kalenjin족(포콧Pokot족, 세베이Sebei족)에서도 부족의 역사가 상당한 효과를 미친다. 차이점의 상당 부분은 주요 경제 변수와 관련이 있으며, 따라서 환경 가설에 의하면 환경을 반영해야 한다. 칼렌진족은 반투족에 비해 군사적 성공을 확신하나 토지의 소유권이나 근면함에는 관심이 적다.

15 McElreath, 출판 예정.

16 Paciotti 2002.

17 Knauft 1993은 인류학자가 환경과 일반적인 문화적 배경이 비슷한 문화 지역 내에서 사람들 간에서 일상적으로 관찰할 수 있는 다양성에 대한 뛰어난 사례를 보여 준다.

18 Greeley and McCready 1975.

19 Putnam, Leonardi, and Nanetti 1993.

20 Hofstede 1980.

21 LeVine 1966.

22 Finney 1972; Epstein 1968; Pospisil 1978.

23 Harris 1979.

24 Rogers 1983.

25 Handelman 1995.

26 Boehm 1983.

27 Brooke 1994.

28 Salamon 1984.

29 Gil-White 2001.

30 루스 베네딕트Ruth Benedict(1934)와 마가렛 미드Margaret Mead(1935)는 심리인류학에서의 이러한 가설에 대한 가장 유명한 대변인이다. Mussen et al. 1969는 보아스(F. Boas)적인 가설의 한 형태가 극단적으로 영향력을 발휘할 시기의 발달심리학을 보여 준다.

31 Eaves, Martin, and Eysenck 1989.

32 1960년대와 1970년대의 유전자-IQ 논쟁으로 인해 행동유전학자들은 인간 행동의 유전적인 요소에

관한 초기 연구의 약점에 대해 민감하게 반응하였다. 초기의 보다 단순한 연구의 결함을 바로잡기 위해서 현대의 연구는 큰 표본에 바탕을 두며 정교하고 복잡한 분석 방법을 사용한다. 연구의 초점은 IQ에서 발달심리학자들이 가정했던 "환경"에 의해서 강하게 결정되는(혹은 문화적 영향이라고 이해해도 된다) 보다 폭넓은 특질들로 옮아갔다(그중에서도 성격 특질은 강조되었다).

33 Feldman and Lewontin 1975; Feldman and Otto 1997.

34 Labov 1973.

35 Scarr 1981.

36 불행하게도 출판되지 않은 리덴스Lydens(1988)의 박사 논문에는 훌륭한 문헌 리뷰가 있다. Andujo 1988과 Altstein and Simon 1991도 참조하라.

37 이 논의는 Hallowell 1963과 Heard 1973에 빚진 바 크다.

38 개척 시기에 유럽계 미국인에게 입양된 아메리칸 인디언 "입양아"들은 그 시기의 강력한 인종차별주의로 인해서 훨씬 성공적이지 못했다. 아마도 이 시기에 완전히 입양된 인디언들은 아주 적거나 거의 없었을 것이다. 기숙학교에서 성장한 인디언들은 대개 민족적 정체성에 큰 혼란을 겪었다.

39 Gibbs and Grant 1987.

40 여기서 언급하는 종인 중간땅핀치Geospiza fortis의 부리는 같은 속(屬)에 속한 큰땅핀치Geospiza magnirostris의 부리보다 약 20% 정도 작다. 중간땅핀치는 약 75% 정도 가볍다. 그랜트가 1976년 가뭄 동안 관찰한 속도를 기준으로 계산한 바에 따르면 중간땅핀치가 큰땅핀치의 부리 크기로 진화하려면 36년에서 40년 정도 걸릴 것이다.

41 Roe 1955; Oliver 1962.

42 Tooby and Cosmides 1992, 115-16.

43 Gallistel 1990.

44 Hirschfeld and Gelman 1994를 참고하라.

45 Boyer 1994.

46 Atran et al. 1999; Atran 1990.

47 비커톤Bickerton(1990)은 크리올creole이라고 불리는 새로운 언어는 노예 집단의 아이들이 주로 언어를 받아들이는 원천이 대부분 구문론에 구애받지 않는 피진pidgin일 때 발생한다고 주장한다. 비커톤에 따르면 아이들의 진화된 언어 학습 장치로부터 크리올의 복잡한 구문론이 발생한다. 반면 다른 언어학자들은 주로 아이들의 부모가 사용하는 다른 언어로부터 구문론이 유래한다고 본다. 예를 들어, Thomason and Kaufman 1988을 참조하라.

48 Richerson, Boyd, and Bettinger 2001.

49 Pinker 1997, 209.

50 이와 비슷한 관점에 대해서는 Tooby and Cosmides 1992, 119-20을 참조하라.

51 Gould 1977.

52 Boyd and Richerson 1996.

53 Labov 1994, 2001.

54 Nisbett and Ross 1980; Tversky and Kahneman 1974; Tooby and Cosmides 1992; Simon 1979; Gigerenzer and Goldstein 1996. 이 저자들은 인간의 인지적 한계를 어떻게 해석할 것인지 그 중요성은 무엇인지에 대해서 동의하지는 않더라도, 인간 개개인의 의사 결정의 정확성과 포괄적인 이해력은 전적으로 한계가 있다는 데 모두 동의한다.

55 스퍼버Sperber(1996)를 비롯한 몇몇 학자들은 심리학자 도널드 캠벨Donald Campbell의 선구적인 업적에서 비롯된 다원적인 문화 진화론자들이 **개체군에 관련하여** 심리적 힘에 부여했던 중요성을 잘못 해석한다.

56 Basalla 1988.

57 켈러Keller(1931)는 20세기 초중반에 실질적으로 유일하게 뼛속까지 진화론을 신봉했던 사회과학자였으며, 개인적인 혁신자들의 노력을 하나도 언급하지 않을 정도로 몹시 무시했다.

58 Petroski 1992.

59 Sobel 1995.

60 Needham 1979.

61 Needham 1987.

62 Iannaccone 1994; Finke and Stark 1992; Marty and Appleby 1991.

63 Brooke 1994.

64 Diamond 1978, 1997. Henrich 2004도 참조하라.

3장

1 이 금언은 뉴욕 『썬Sun』지의 오랜 기간 편집자이자 근대 미국 신문의 창설자 중의 한 명인 찰스 앤더슨 다나Charles Anderson Dana(1819~1897)가 했던 말이다. 우리가 훌륭하다고 생각하는 다나의 금언은 또 하나가 있다. "당신의 소신을 위해서 투쟁하라. 그러나 그 소신에 모든 진실이 담겨 있다고 혹은 그것이 유일한 진실이라고 믿지는 말라."

2 고전적인 설명을 보려면 Burrow(1966)를 참고하라. Richerson and Boyd(2001a)도 참고하라.

3 White 1949; Sahlins, Harding, and Service 1960.

4 Steward 1955, Sahlins Harding and Service 1960, Harris 1979.

5 Johnson and Earle 2000; Carneiro 2003.

6 Sahlins, Harding, and Service 1960와 Steward 1955는 특정한 전통의 복잡성을 향한 진화와 일반적인 경향을 동시에 다룬 두 연구이다. 이런 종류의 진화주의의 최근 권위 있는 논술을 보고 싶다면 Johnson and Earle 2000을 참조하라.

7 농업의 기원에 관해서는 Cohen 1977을 참고하라. 해리스Harris(1977, 1979)와 존슨 및 얼Johnson and Earle(2000)은 문화적 진화의 동력을 인구압이라고 본다.

8 Richerson, Boyd, and Bettinger 2001, Richerson and Boyd 2001c.

9 Blurton-Jones and Konner 1976.

10 멀린 도널드Merlin Donald(1991)는 근대적인 정신의 기원에 있어서 문자의 발명과 그에 상당하는 정보 기술이 가장 큰 혁명 가운데 하나라고 주장한다. 그는 이로 인해 사람들이 접근할 수 있는 정보의 정확도와 용량이 대단히 증가했다고 주장한다. 우리는 여기서 정보 기술을 무시하려는 것이 아니다! 선구적인 진화경제학자인 리처드 넬슨Richard Nelson과 시드니 윈터Sidney Winter(1982)는 회사를 분석의 단위로, 회사의 일 처리 순서를 문화의 단위로 사용했다. 우리가 생각하기에 그들은 그들의 책 5장에서 문화가 개인의 머리 바깥에서 저장되는 수단에 관한 최고의 논의를 보여 주었다.

11 문화 특유의 개념으로 인해 감정의 과학적 연구가 어렵다는 논의에 관해서는 Griffiths 1997 and Wierzbicka 1992를 참조하라. Richard Nisbett 2003은 아시아인들이 미국인과는 매우 다른 식으로 생각한다는 상당한 증거를 제시한다.

12 진화적으로 세련된 행동주의에 관해서는 Baum 1994을, 인지적 관점에 관해서는 Pinker 1997를

참고하라.

13 정신적 표상에 관해서는 Gallistel 1990을, 적절하지 않다고 보는 이유에 관해서는 Churchland 1989을 참고하라.

14 Jackendoff 1990(Pinker and Bloom 1990에 대한 주해).

15 좀 더 정확히 말해서, 사회적 학습 그 자체는 수많은 하위 개념을 포함한 개념이다. 이 하위 개념 중 몇몇만이 인간의 모방에 기반한 문화에 합치한다(이는 인간이 단순한 종류의 사회적 학습을 하지 않는다는 뜻이 아니다). 이러한 복잡성에 관해서는 Galef 1988을 참조하라.

16 그러한 단순화된 모델을 설명하기 위한 목적으로 사용하는 것은 어떤 분야에서는 흔한 일이지만(예를 들어, 경제학, 진화생물학) 그렇지 않은 분야(예를 들어, 인류학, 역사학)도 있다.

17 Atran 2001; Boyer 1998; Sperber 1996.

18 Salamon 1992, 172.

19 전달과 힘을 구분하는 것은 존재론적인 의도가 아니라 분석적인 의도이다. 생애사의 한 단계에서 완벽한 전달이 발생하고 이어서 마음이 편향을 적용하여 완벽하게 학습된 문화적 변형 중에서 선택하는 또 다른 단계가 있다고 가정하는 것은 종종 편리하다. 여러 단계로 나뉜 생애사는 진화생물학으로부터 차용한 진화 모델의 분석과 구조를 단순화하는 비결이다. 실제는 이와 꽤 다를 것이다. 즉, 편향은 학습이 이루어지는 시점에서 문화적 변형을 왜곡할 수 있다. 대부분 구조상 약간의 차이는 모델의 결과에 큰 영향을 미치지 않으므로 단계-구조 접근 방법은 보통 해가 될 것이 없는 단순화이다. 이론상으로, 그리고 실제적으로도 이따금 더욱 실제에 가까운 전달의 심리를 상정하는 것이 필요할 때가 분명 있을 것이다. 분석을 위한 전략적인 단순화와 진실과 가까워야 한다는 당위를 구분하지 못한다면, 이 이론에 대해 부주의한 몇몇 비판은 결국 부당한 결론에 이르게 된다. 예를 들어, 미국 중서부의 농업 공동체에서 일어나고 있는 매우 복합적인 사건을 두 가지 문화적 변형과 두 가지 힘으로 분석하는 것은 "환원주의적"으로 보일지도 모르겠다. 우리는 우리가 제시하는 매우 단순화된 그림이 단지 그러한 복합적인 현상을 이해할 수 있는 좋은 우선적인 근사치일 뿐이라고 생각한다. 심지어 살라몬의 자료조차도 설명하는 데 부가적인 변형과 힘이 필요할 것이며, 하물며 그에 관련되는 모든 사실은 말할 것도 없다. 마치 모든 사실이 설명에 포함될 수 있는 것처럼 가정해야 한다(실질적으로 그렇게 할 수는 없더라도). 실제로는 그 어떤 경험적 혹은 이론적 연구도 진화의 특정한 사례에서 일어나는 모든 작용의 한정적인 일부분만 다룰 수 있을 뿐이다. 모든 연구자는 단순한 모델(혹은 단순한 실험 설계) 중에서 하나를 선택해야만 하며, 분석하지 않는다면 신비주의로 흐를 수밖에 없다. 적어도 적합한 사례에서는 진화적 작용들 가운데 몇 가지가 지배적이기 때문에 분석하여 훌륭한 통찰을 얻을 수 있다. 여기서 우리는 신비주의에 대해 반대하는 것은 아니다. 수많은 뛰어나고 "냉철한" 과학자들도 맥주 두 잔이면 신비주의자가 된다. 다윈의 『종의 기원』의 마지막 단락은 최고의 사례이다. 분석을 통하여 얻을 것이 없는 사례에서는 그저 얼기설기 얽힌 강둑의 복잡성에 외경심을 느낄 수밖에 없다. Richerson and Boyd 1987에서 우리는 무엇보다도 진화생물학자, 경제학자, 공학자가 애용하는 복잡한-현상에-대한-단순한-모델 전략을 개괄하고 옹호하였다.

20 좀 더 구체적인 논의가 보고 싶다면, Boyd and Richerson 1985, chap. 5를 참조하라.

21 Ryan and Gross 1943. 로저스Rogers(1983)가 이러한 문헌을 살펴본 바에 따르면, 그 시기까지 10개의 다른 분야에서 3,085개의 연구가 축적되었다.

22 로저스와 슈메이커Rogers and Shoemaker(1971)에 따르면, 혁신의 확산에 대한 연구에서 지각되는 이익이 가장 흔한 효과 가운데 하나였다. 그들은 1,500개의 혁신의 확산 연구에 대한 소박한 메타-분석을 책으로 엮었다. Henrich 2001은 그러한 혁신의 채택에 대한 자료를 양적으로 분석하여 어떻게 진화의 다양한 힘들의 영향력을 어림잡을 수 있는지 보여 준다.

23 Wiessner and Tumu 1998; Yen 1974. 콜럼버스의 항해를 따라서 수많은 신세계의 농작물이

구세계로 그리고 구세계의 동식물이 신세계로 어떻게 급속하게 확산되었는지에 대한 논의를 보려면 Crosby 1972, 1986을 참조하라.

24 언어의 진화를 부추기는 언어의 구조에 내재적인 원칙에 대한 논의를 보려면 Labov 1994를 참조하라.

25 Durham 1991.

26 Lindblom 1986, 1996.

27 Alexander 1979; Lumsden and Wilson 1981.

28 뮤지컬 「텍사스에서 가장 좋은 작은 유곽*The Best Little Whorehouse in Texas*」에서 가공의 텍사스 주지사인 멜빈 소프Melvin Thorpe는 다음과 같이 말했다. "오…… 나는 대충 눈감으면서 살고 싶어. 대중은 내가 뭘 하는지 알 때도 있지만, 모를 때도 있어. 나는 보일락 말락 살아왔지. ……오, 나는 대충 둘러대고는, 약간 빼기고서 대중을 인도하고 싶네(출처: "발뺌The Side Step", 가사: Carol Hall)." 심리적 요인으로 인해 언어가 의사소통의 효율성을 감소시키는 방향으로 변화하는 사례에 대해서는 Labov 1994를 참조하라.

29 관념들이 경쟁하고 이 경쟁의 결과로 인해 인간의 역사가 이루어진다는 생각은 20세기로 들어설 무렵 사회학자 가브리엘 타르드Gabriel Tarde(1903)가 제시한 것이다.

30 인간 문화의 몇몇 중요한 특징의 진화에서 잠재적으로 단순한 모방에 비해서 학습이 더 중요하다는 논의에 대해서는 Castro and Toro 1998를 참조하라.

31 Janssen and Hauser 1981.

32 McEvoy and Land 1981.

33 Eaves, Martin, and Eysenck 1989.

34 일부 사회과학자들은 이와 같은 사례를 신념, 욕망, 의도로 충분히 설명할 수 있다고 생각한다. 우리는 이에 동의하지 않는다. 조교수들이 종신제직권을 얻기 위해서 열심히 일하며, 종신제직권을 얻은 교수들은 학과의 우수성을 유지하기 위해서 태만한 교수에 반대표를 던진다는 설명은 우리의 민속 심리에 직관적으로 상당히 어필한다. 그렇다면, 아프리카의 시골에서는 대개 논문을 쓰는 것보다 아이를 기르는 것을 선호하는데, 왜 교수들은 그 반대의 목적을 갖게 되었는지는 어떻게 설명할 수 있을까? 신념, 욕망, 의도 그 자체는 기껏해야 근접 설명일 뿐이며, 여기에는 궁극적인 진화적 설명이 추가되어야 한다. 민속 심리에 기반한 과학적인 설명에 대한 비판을 보려면 Rosenberg 1988을 참조하라.

35 Hamilton 1967; Dawkins 1982; Jablonka and Lamb 1995; Rice 1996.

36 Cavalli-Sforza and Feldman 1981; Dawkins 1976; Durham 1991.

37 "Cornpone Opinions," Twain 1962, 24.

38 밈 개념을 사용한 연구에 대한 개괄을 보려면 Blackmore 1999를 참조하라. 블랙모어의 이 책에 리처드 도킨스가 쓴 머리말을 보면 적어도 도킨스는 전달이 이루어질 때의 높은 정확성을 매우 중요하게 생각했다는 것을 알 수 있다. 문화적 승계의 단위에 대한 다른 제안에 대한 논의를 보려면 Durham and Weingart 1997를 참조하라. 데넷D. Dennett(1995)의 저서 『다윈의 위험한 생각*Darwin's Dangerous Idea*』를 참조한다면, 누적적인 적응이 이루어지는 데 복제자가 필요하다는 생각을 옹호하는 광범위한 논의를 볼 수 있을 것이다.

39 이러한 관점에 대한 부가 설명과 비판을 보려면 Aunger 2002를 참조하라.

40 Sperber 1996.

41 Bynon 1977. 여기서 그녀는 Chomsky and Halle 1968와 같은 학자의 논의를 정리하여 제시한다.

42 이러한 현상은 촘스키의 자극 부족론the poverty of the stimulus으로 어느 정도 설명될 수 있다는 데

주목하라. 아마도 문법의 경우에는 미국식 영어가 모국어인 화자 모두가 머릿속에 동일한 규칙을 지니고 있진 않을 것이다. 학습자들은 충분히 많은 시간 동안 문법에 맞는 문장을 생성시키는 규칙을 우연히 발견하여 습득할 수도 있을 것이다. 문법에 맞는 문장을 생성시키는 규칙은 하나 이상일지도 모르며, 그렇기 때문에 모든 사람은 정확히 똑같은 언어를 말하지 않는다. 개개인의 화자는 분명 말하는 방식에서 약간의 차이를 보이며, 이를 개인어ideolect라고 한다. 사회언어학자에 따르면 개인어의 변이는 언어의 진화가 발생하는 원료이며, 이는 매우 다윈적인 개념이다(Labov 2001, Wardhaugh 1992). 개인어에 문법 규칙이 포함되는지는 확실하지 않지만, 만약 포함된다면 음운 체계의 진화에 대한 사회언어학자의 그림은 구문론에도 확장될 수 있을 것이다.

43 Bynon 1977.

44 Sperber 1996: Chapter 5.

45 Sperber 1996; Boyer 1998, 1994; Atran 2001.

46 Burke and Young 2001. 그들은 1대 1과 2대 1 계약뿐만 아니라 소수의 3대 2 계약을 관찰할 수 있었다. 일리노이주의 시장 지향적인 농부들에게 실제로 다른 종류의 계약은 존재하지 않는다. 버크와 영은 또한 농부들이 비료나 살충제를 이용하여 몫을 조정하지 않는다는 것을 보여 준다.

47 Bloom 2001.

48 Spelke 1994.

49 Tomasello 1999.

50 Mallory 1989.

51 Sperber 1996.

52 Byron 1977.

53 Cavalli-Sforza and Feldman, 1976, 1981, Karlin 1979.

54 Hallpike 1986, 46.

55 Thomason and Kaufman 1988. Thomason 2001도 참조하라.

56 Thomason and Kaufman 1988.

57 Ibid.

58 Ibid.

59 Welsch, Terrell, and Nadolski 1992.

60 Jorgensen 1980; Hodder 1978.

61 Dumézil 1958; Hallpike 1986; Mallory 1989, chap. 5.

62 Brown 1988. 바이다Vayda(1995)는 우리가 앞으로 주목할 일반적인 과정에 대한 설명보다는 그러한 설명이 훨씬 선호된다고 주장한다.

63 Boyd and Richerson 1992a.

64 다윈은 개를 따라 농촌을 거닐거나, 새를 사냥하거나, 딱정벌레를 수집하거나 아담 세즈윅Adam Sedgwick의 도움을 받아 지질학에 대해 사색하면서 그의 대학 시절을 "허비했다." 그런 자연학자가 다루는 맥락적인 자세함은 분명 민족지학자나 역사학자의 그것에 뒤지지 않는다. 몇몇 자연학자들은 눈으로 자연의 복잡함과 다양함을 관찰하면서 얻는 즐거움을 시적으로 쓰거나 말한다. 에드워드 윌슨이 1984년에 쓴 자연학자의 공예에 대한 찬사인『생물을 사랑함Biophilia』은 탁월한 사례이다. 다윈의『종의 기원』의 마지막 단락과『연구 일지Journal of Researches(비글호 항해기Voyage of the Beagle)』의 수많은 단락도 또한 훌륭한 사례이다. 윌리엄 해밀턴은 그와 가까운 지인들에 의하면 무엇보다도 두려움이 없고 자연에 끊임없이 매혹을 느끼는 자연학자였다.

최근에 세상을 떠난 진화이론가인 존 메이너드 스미스도 그러한 학자라고 말할 수 있다. 우리 둘 중 하나(피터)는 가장 단순한 생태계 중의 하나인 호수의 생태학을 이해하기 위해 많은 시간을 보냈으며, 우리 종이 일반적인 생태계보다 더 복잡하다고 믿는 인간 과학자들과 다양성과 복잡성에 대한 이야기를 교환하길 즐긴다. 어떻게 진화생물학자들이 그들이 선택한 "체계"에 몰두하는지 궁금하다면 피터 그랜트와 로즈메리 그랜트 부부가 갈라파고스군도에서 다윈의 핀치의 진화를 연구하는 이야기를 담은 조너던 와이너Jonathan Weiner의 책 『핀치의 부리 The Beak of the Finch』를 참조하라. 분명 그들의 연구는 일급이지만, 적어도 진화에 대한 모든 진지한 현장 연구는 결과적으로 어떤 특정한 특질에 대한 선택의 강도가 어떠어떠하다고 요약이 될 구체적 사건에 대한 형식적인 기술에 성공하고자 한다.

65 이에 대해 어떤 학자들은 문화의 진화와 유전자의 진화에는 다른 점이 존재하기 때문에 문화적 진화는 유전자의 진화와 완전히 다른 방법을 사용해야만 적절히 연구될 수 있다는 (때로는 모호한) 논의를 편다. 우리는 두 체계가 대체로 비슷하게 진화하기 때문에 같은 분석 방법이 적용될 수 있다고 생각한다. 각각 다른 도구를 사용하는 것은 적절하지 않다! Sober 1991과 Marks and Staski 1988을 참조하라.

66 이 논의에 대한 완전한 수학적인 기술에 대해서는 Boyd and Richerson 1985와 Cavalli-Sforza and Feldman 1981을 참조하라. 우리는 이 연구들과 뒷장에서 다루는 여타 공식적인 이론 연구들을 넓게 지칭하는 것이다.

67 예를 들어, 고고학자들은 종종 인구압을 이용하여 농업의 기원처럼 매우 긴 시간 척도에서 발생하는 현상을 설명하려고 한다. 인구와 진화적 시간 척도를 이용하여 다소 기초적인 모델을 만들어 보면 동물을 가축화하고 식물을 재배할 수 있기까지의 생존 수단의 변화가 너무 천천히 발생했기 때문에 인구압은 변화가 발생한 시점이나 변화의 속도 모두 설명하지 못한다는 것을 알 수 있다(Richerson, Boyd, and Bettinger 2001). 유기체의 진화에서처럼 인구압은 우리의 설명에서도 주요한 역할을 한다. 집단의 인구가 환경의 한도를 너머서 급속히 증가할 수 있는 맬서스적인 경향으로 인해 자연선택이 개입해야 하는 변형들 간의 경쟁이 발생한다. 본래 짧은 시간 척도에서 이루어지는 인구의 변화는 전형적인 진화의 시간 척도에서의 평균적인 수준의 인구압을 발생시킨다고 가정하기 때문에 그렇게 급속하게 이루어지는 변화는 진화적 과정의 속도에 영향을 주지 못한다. 한 세대씩 관찰하는 소진화 연구에서는 그러한 가정이 어긋날 것이며, 따라서 모델이 적절히 조정되어야 할 것이다.

68 엔들러Endler(1986)의 야생에서의 자연선택의 강도의 패턴에 관한 분석은 다양성과 복잡성에 직면해서 어떻게 일반화를 할 수 있는가에 대한 훌륭한 예시이다. 자연선택은 대개 다소 강력하며 엔들러가 글을 쓰기 이전에 대부분의 진화론자가 가정했던 것보다 더 자주 강력하다. 비교 문화적인 자료를 분석한 연구(Murdock 1949, 1983과 Jorgensen 1980를 비롯한 선구자의 연구를 참조하라)에 따르면 문화적 변이에도 패턴이 존재한다.

69 앞서 말한 것은 윔샛Wimsatt(1981)의 연구에 빚진 바 크다.

70 Sober 1991.

71 Ibid, 18.

72 Boyd and Richerson 1985; Cavalli-Sforza and Feldman 1981.

73 이에 대한 긴 논의를 보고 싶다면 Richerson and Boyd 1987을 참고하라.

4장

1 Boyd and Richerson 1985; Tooby and DeVore 1987; Rosenthal and Zimmerman 1978; Brandon and Hornstein 1986; Pinker and Bloom 1990.

2 이와 비슷한 게임(이 도구는 어디에 쓰이는 것일까요Guess the Gadget)이 디스커버리Discovery 방송의 "집안일Home Matters"이라는 프로그램에서 시청자의 참여와 함께 방영되었다.

3　그 밖의 다른 사례가 궁금하다면, Stephens and Krebs 1987을 참조하라.

4　Gould and Lewontin 1979.

5　Nilsson 1989.

6　예를 들어, Tomasello, Kruger, and Ratner 1993.

7　예를 들어, McGrew 1992.

8　Levebre and Palameta 1988; 모방의 진화에만 한정된 분석이 궁금하다면 Moore 1996을 참조하라.

9　Wrangham 1994; Whiten et al. 1999; McGrew 1992.

10　McGrew 1992.

11　태즈메이니아의 도구 모음은 매우 단순한 축에 속한다. 이에 대해서는 이 장 후반에 다시 다루었다. 고고학적 기록으로 보존되지 않은 더 많은 인공물이 이 도구 모음에 포함되었을 가능성을 배제할 수는 없다.

12　Van Schaik and Knott 2001.

13　Rendell and Whitehead 2001.

14　Moore 1996.

15　McComb et al. 2001.

16　Marler and Peters 1977; Baker and Cunningham 1985; Baptista and Trail 1992.

17　Galef 1996.

18　Levebre and Palameta 1988.

19　Lachlan, Crooks, and Laland 1998.

20　대부분의 실험실 연구자는 현장 연구에서 발견한 문화의 속성에 대해 의구심을 감추지 못한다. 이 논쟁에 대해 궁금하다면 Rendell and Whitehead 2001의 논평란을 참고하라. 실험주의자들은 통제된 실험이 아니고서는 관찰된 행동이 문화적으로 전달되는지 알아내기가 불가능하다고 주장한다. 한편 현장 연구자들도 마찬가지로 실험실 환경이 동물들이 그들 최상의 재주를 과시할 만한 여건이 되지 않으며 침팬지와 범고래처럼 복잡한 행동을 하는 동물은 실험실에서 다루기 힘들다고 생각한다. 그들은 세련된 문화가 존재한다는 정황적인 증거는 강력하다고 주장한다.

21　Chou and Richerson 1992; Terkel 1995; Zohar and Terkel 1992.

22　Galef 1988.

23　Slater, Ince, and Colgan 1980; Slater and Ince 1979.

24　가끔 모방은 동작 패턴을 똑같이 따라 하는 것을 함의하기도 한다. 그러나 우리는 다른 사람들을 관찰하여 행동을 학습하는 모든 형태에 모방이라는 용어를 사용했다. 예를 들어, 다른 사람들이 말하는 것을 듣고 문법 규칙을 학습하는 것은 우리의 정의에 따르면 모방이다.

25　Galef 1988; Visalberghi and Fragazy 1991; Whiten and Ham 1992.

26　Tomasello and Ratner 1993.

27　Galef 1988; Whiten and Ham 1992; Tomasello and Ratner 1993; Visalberghi 1993; Visalberghi and Fragazy 1991. 만약 증거를 다르게 해석하는 연구를 보고 싶다면, Heyes 1996를 참고하라.

28　Custance, Whiten, and Fredman 1999 and Tomasello 1996.

29　휘튼Whiten(2000)은 모방과 흉내의 차이는 양적이라고 주장한다. 분명 인간과 침팬지의 사회적 학습 기술에 관련된 엄밀한 차이는 아직 정확하게 기술되지 않았다.

30 Heyes and Dawson 1990; Voelkl and Huber 2000.

31 Herman 2001.

32 Pepperberg 1999; Moore 1996; Connor et al. 1998; Heyes 1993; Dawson and Foss 1965; Van Schaik ad Knott 2001; Russon and Galdikas 1995.

33 다윈과 그의 초기 추종자들은 곤충조차도 정확한 모방을 한다고 생각했다. 만약 다윈이 수많은 종이 단순한 사회적 학습을 한다는 것을 알게 되었다면 놀랐을 것이다(Richerson and Boyd 2001a; Galef 1988).

34 Rogers 1989; Boyd and Richerson 1995는 로저스의 연구 결과가 그의 단순한 모델을 넘어서 상당히 일반화될 수 있음을 보여 준다.

35 Kameda and Nakanishi 2002.

36 Kameda and Nakanishi 2002; Lefebvre and Geraldeau 1994.

37 Basalla 1988; Petroski 1992.

38 그렇지만 분자-후성학molecular epigenetic 체계에서 그와 유사한 현상이 나타난다는 몇몇 증거가 존재한다. Jablonka and Lamb 1995를 참조하라.

39 우리가 3장에서 살펴보았다시피, 수많은 유인이 존재할 때, 편향과 유도 변이는 서로 다른 방향으로 이끌 수도 있다. 그리고 이런 상황에서 유도 변이로 인해 모든 개인들의 믿음이 유인 중의 하나에게 이끌도록 집단이 진화할 수도 있다. 만약 이러한 유인들 간에 강력한 편향이 존재하지 않는다면, 약한 선택은 계속 영향력을 발휘할 수 있다.

40 Boyd and Richerson 1988b, 1989b.

41 Todd and Gigerenzer 2000.

42 Henrich and Boyd 1998. 다른 접근 방법을 보고 싶다면 Boyd and Richerson 1985, 1987과 Kameda and Nakanishi 2002를 참조하라.

43 Myers 1993; Sherif and Murphy 1936.

44 또 다른 고전은 Asch 1956이다. 순응이 표제가 되는 사회심리학의 문헌은 상당히 많으며 풍부하다. 우리가 말하는 순응적인 문화의 전달은 태도 및 신념, 기술 등에서 비교적 지속되는 변화를 일으키는 "정보 순응"의 일부분이다. 쉽게 접근 가능한 가장 최신의 개요에 대해서는 Aronson, Wilson, and Akert 2002(chap.8)을 참조하라. 그러나 5장에서 우리는 사회심리학자들이 그들의 실험에서 관찰했던 사회적 일탈자에 대한 강제적인 사회화가 존재하지 않는 처벌의 모델을 설명했다.

45 Boyd and Richerson 1985, 223-27.

46 Jacobs and Campbell 1961.

47 Myers 1993, chap. 7.

48 어떤 사람들은 그러한 효과를 창발적emergent 속성이라고 부르길 좋아한다. 하지만 우리는 이러한 용어를 그리 좋아하지 않는다. 왜냐하면 갖가지의 체계에서 전체와 부분의 관계는 매우 다양하기 때문이다. 날씨는 압축성의 유체가 뉴턴 역학에 따라 순환하는 매우 이해하기 힘든 현상이다. 난기류의 물리학은 진화를 추동하는 생태학 및 생물학과 유사한 점이 거의 없다. 하나의 용어로 허리케인과 적응의 현상을 이해하는 것은 그리 유용할 것 같지 않다.

49 하인즈Hanes 표 속옷의 제조사.

50 Henrich and Gil-White 2001.

51 Boyd and Richerson 1985, 223-27.

52 Ryckman, Rodda, and Sherman 1972.

53 Rogers 1983.

54 Labov 2001.

55 Brandon 1990.

56 Kaplan et al. 2000.

57 Byrne 1999. 그러나 어떤 새들은 그만큼 잘하거나 더 능숙하기도 하다! 뉴칼레도니아 까마귀New Caledonian crow의 놀라운 도구 사용 능력에 대해서 Hunt 1996 및 Weir, Chappell and Kacelnik 2002을 참조하라.

58 Kaplan et al. 2000.

59 사실 인간이 개인적으로 비비보다 훨씬 빠르거나 능숙하게 학습을 할 수 있는지는 확실하지 않다. 인간의 개인적인 학습 메커니즘은 문화를 다루도록 적응되었다. 그렇기 때문에 인간의 학습 메커니즘은 고도로 특수화된 문화적 적응을 인간과 비슷한 정도로 이용할 수 없는 동물의 학습 메커니즘보다 훨씬 일반 목적적이다. 만약 셜리 스트럼이 이를 궁금하게 여겨 어떤 인간 집단을 비비와 함께 이주시킨다면, 아마도 우리는 인간이 비비보다 빨리 학습할 수 있는지 알 수 있을 것이다. 인간은 아마도 어떤 한 개인의 성공 비결을 신속하게 집단 전체에 전달할 것이며, 이러한 방법을 이용하여 우리가 개체 대 개체로는 원숭이보다 똑똑하지 않을지 몰라도 가장 똑똑한 영장목이 된 것이다.

60 Lamb 1977; Alley 2000; Partridge et al. 1995; Bradley 1999; National Research Council, Committee on Abrupt Climate Change 2002.

61 Opdyke 1995.

62 Anklin et al. 1993; Lehman 1993; Ditlevsen, Svensmark, and Johnsen 1996.

63 Allen, Watts, and Huntley 2000; Dorale et al. 1998; Frogley, Tzedakis, and Heaton 1999; Hendy and Kennett 2000; Schulz, von Rad, and Erlenkeuser 1998.

64 Lamb 1977; Fagan 2002; Grove 1988.

65 Broecker 1996.

66 Jerison 1973.

67 Opdyke 1995; Klein 1999; deMenocal 1995.

68 Eisenberg 1981, 235-36.

69 Aiello and Wheeler 1995. Also see Martin 1981.

70 Reader and Laland 2002.

71 Kaplan and Robson 2002.

72 역으로 된 논의도 가능하다. 긴 수명을 선호하는 환경에서는 아동기가 늘어나는 데 큰 비용이 들지 않으며, 따라서 행동의 가소성이 증가하는 것과 더 큰 뇌도 선호될 것이다. 카플란과 롭슨은 올리고세Oligocene에 영장류가 나무 위에서 거주하게 되면서부터 포식 압력이 줄어들었고, 따라서 더 긴 수명이 선호되었기 때문에 큰 뇌가 진화할 수 있었다고 주장한다.

73 Boyd and Richerson 1996.

74 Cheney and Seyfarth 1990, 277-30; Tomasello 2000.

75 Diamond 1978.

76 Humphrey 1976; Whiten and Byrne 1988, 1997; Kummer et al. 1997; Dunbar 1992, 1998.

77 Boyd and Richerson 1992a.

78 Wood and Collard 1999.

79 Toth et al. 1993.

80 Susman 1994.

81 Povinelli 2000.

82 Dean et al. 2001.

83 Cavalli-Sforza and Feldman 1981; Shennan and Wilkinson 2001.

84 이와 다른 견해를 보려면 Mithen 1999를 참조하라.

85 일반적으로 포타슘-아르곤 연대측정법은 50만 년보다 어린 유적에 사용될 수 없으며, 탄소-14 연대측정법은 4만 년보다 오래된 유적에 사용될 수 없다. 지난 20년간 열발광연대법thermolumine-scence or TL과 전자 스핀 공명법electron spin resonance or ESR 같은 새로운 방법이 개발되면서 이 중간에 속하는 유적의 연대 측정이 가능하게 되었다. 그러나 수많은 중기 홍적세의 유적들은 이러한 방법이 개발되기 이전에 발굴되었다.

86 McBrearty and Brooks 2000.

87 Brooks et al. 1995.

88 Thieme 1997.

89 Henshilwood et al. 2002; Henshilwood et al. 2001.

90 Ingman et al. 2000; Kaessmann and Pääbo 2002; Underhill et al. 2000.

91 Hofreiter et al. 2001.

92 Templeton 2002.

93 Falk 1983; Holloway 1983.

94 Laitman, Gannon, and Reidenberg 1989; Lieberman 1984.

95 Shennan and Steele 1999.

96 Donald 1991.

97 Dunbar 1996; Thompson 1995.

98 Sperber 1996; Atran 2001; Castro and Toro 1998.

99 Henrich 2004.

100 고인류학에서 새로운 증거가 발견되고 새로운 방법이 개발될 때마다 호미니드 진화에 대한 우리의 이해도 천천히 나아질 것이다. 그러나 단시일 내에 이루어질 가장 중요한 진보는 아마도 고기후학에서 이루어질 것이다. 우리가 이 글을 쓰고 있는 동안 이 장에서 우리 분석의 핵심에 해당하는 기후의 매우 빈번한 변화에 관련된 자료는 마지막 빙하기와 충적세에 대한 것만 존재한다. 이와 관련 있는 나머지 부분에 대한 기록은 기껏해야 추측할 수 있을 뿐이다. 매우 변화가 심한 기후가 오래전부터 지속되었기 때문에 기후의 변화가 시작된 시점과 문화의 진화 사이에 긴 시간 격차가 존재하진 않았을까? 혹은 뇌 크기의 증가와 도구의 정교화가 홍적세 동안 지속되던 기후의 빈번한 변화를 반영하는 것은 아닐까? 오래된 호미니드의 이해할 수 없는 기이한 점들은 아직 우리가 이해하지 못한 환경 변이의 기이함 때문이 아닐까? 고기후학자들은 이러한 문제와 관련이 있는 자료를 열심히 추적하고 있는데, 그 이유 중의 하나는 지금 진행 중인 인류가 일으키는 기후 변화가 심각한 위협이 될 것이라는 두려움 때문이다.

101 Tooby and Cosmides 1989.

102 Odling-Smee 1995.

103 Maynard Smith and Szathmáry 1995; Corning 1983.

5장

1 Sahlins 1976a, 1976b; Hallpike 1986.

2 그 밖의 인류학자 중에서 마빈 해리스Marvin Harris(1977, 1972, 1979)는 아즈텍족의 식인 풍습과 인도인들이 소를 신성시하는 것과 같은 진귀한 문화적 관행을 기능적으로 설명하길 제안하면서 즐거움을 느끼자고 주장하는 관점의 대표적인 대변자였다.

3 Bongaarts and Watkins 1996; United Nations Population Division 2002.

4 Irons 1979; Borgerhoff-Mulder 1988a, 1988b.

5 Kaplan and Lancaster 1999.

6 Gould 2002; Levinton 2001; Carroll 1997; Alcock 1998, 2001.

7 Cronin 1991.

8 Land and Nilssson, 2002.

9 Martindale 1960.

10 Dawkins 1982, 1976. 우리(Richerson and Boyd 1976, 1978)도 거의 동일한 시기에 비슷한 논의를 했다.

11 Hamilton 1967.

12 최근 일어나는 유기체와 그들의 세포 내 공생자 간에 갈등에 관해서는 Werren 2000을 참조하라.

13 이에 대한 수학적인 논의는 Boyd and Richerson 1985, chap. 6.을 참조하라.

14 우리는 이 책에서 그 어떤 수학도 쓰지 않기로 결심했다. 그러나 이 단락에서 드러내고자 하는 생각은 특히 말로 표현하기 어려웠다. 그래서 수학이 가져다주는 고도의 정확성과 분명함에 대한 예시로써, 여기 대안적인 설명을 제시한다. 다음의 조건이 만족된다면 출산율을 감소시키는 변형이 확산될 것이다.

$(1-A)p+At>0$

A는 선생님들의 상대적인 영향력을 나타낸 것이며 0과 1사이의 숫자이다. 1−A항은 부모들의 상대적인 영향력을 나타낸다. 만약 A가 1에 가까우면, 아이들은 선생님의 신념을 획득하는 경향이 있으며, 부모는 중요하지 않다. 만약 A가 0에 가까우면, 선생님은 거의 영향력을 발휘하지 못한다. 매개변수 t는 늦게 결혼하게 만드는 밈을 지닌 사람이 교사가 될 확률과 임의의 사람이 교사가 될 확률의 차이를 임의의 사람이 교사가 될 확률로 나눈 것이다. p는 늦게 결혼하게 만드는 밈을 지닌 사람이 부모가 될 확률과 임의의 사람이 부모가 될 확률의 차이를 임의의 사람이 부모가 될 확률로 나눈 것이다. 이러한 수량은 집단유전학에서 선택 차이selection differential라고 불린다. 첫째, A = 0이면 이 수식은 음이 된다는 것을 주목하라. 이는 이치에 맞는다. 만약 부모로부터만 관념을 습득하면, 출산율을 감소시키는 관념은 분명히 패자가 된다. 반면, 교사가 어느 정도 영향력이 있다면, 늦은 결혼에 대한 신념이 확산될 수 있다. 설령 아이들의 가장 기본적인 태도에 대한 부모의 영향이 교사보다 더 크더라도, 그 신념은 확산될 수 있다. 이는 A가 1−A보다 작다는 것일 것이다. 그러나 교사의 역할 같은 사회적 역할에 도달하는 과정은 매우 선택적이다. 어린 나이에 결혼해서 가정을 갖는 것은 교사가 되기 위해서 교육을 받는 데 대단히 큰 불이익이 될 것이다. 그렇다면 t의 절대 값은 p의 절대 값보다 클 것이다. 만약 이러한 효과가 기본적인 가족적 가치를 가르치는 데 있어서 부모의 중요성이 갖는 차이를 극복할 만큼 더 크다면, 전체 수식은 쉽게 양이 되며, 따라서

늦은 결혼 규범이 확산된다. 이 모델이 어떻게 발달되었는지 알고 싶다면 Boyd and Richerson, chap. 6.을 참조하라.

15 Alexander 1979, 1974; Irons 1979; Durham 1976, 1991.

16 Parker and Maynard Smith 1990.

17 케찰코아틀루스*Quetzalcoatlus*속의 익룡Pterosaurs은 지구상에 생존했던 날 수 있는 생물 중 아마도 가장 무거운 생물이었을 것이다. 하늘 높이 날아오르는 이 파충류는 날개 길이가 11미터였으며, 한 마리의 돼지와 맞먹는 100킬로그램 정도의 몸무게를 가졌을 것으로 추정된다. 중생대 후기 동안 대기 중 산소 함량은 지금보다 높았으며, 이로 인해 그렇게 큰 생물이 날 수 있었을 것이다. 그 이유는 높은 산소 함량으로 인해 높은 신진대사 수준을 유지할 수 있으며, 두터운 공기층으로 인해 쉽게 날 수 있었기 때문이다.

18 Boyd and Richerson(1985, 53-55, 180)은 수직적 및 수평적, 비스듬한 문화적 전달의 중요성을 보여주는 몇 가지 연구들을 나열하였다. Harris 1998도 참조하라.

19 펠드맨과 오토Feldman and Otto(1997)는 문화적 전달에 대한 명시적인 용어가 있는 모델에 따르면 전형적인 행동유전학 연구 결과가 제시하는 것보다 문화가 더 큰 역할을 한다고 주장한다.

20 Labov 2001, 13장.

21 Hewlett and Cavalli-Sforza 1986.

22 Rogers 1983, 217-18.

23 Tooby and Cosmides 1992, 104.

24 창 발사기는 '아틀아틀atlatl'이라고도 불린다. 팔 길이 정도의 가벼운 나무 혹은 뼈, 상아의 끝에 가벼운 창 혹은 화살이 부착되는 고리가 달려 있다. 창을 던지는 사람은 발사기 고리의 반대쪽 끝을 잡고서 발사기의 길이를 이용하여 창의 속도를 높인다. 창 발사기로 던진 창은 보통의 화살보다 빠르고 비교적 무겁기 때문에 지방층이 두꺼운 바다 포유류 같은 큰 먹이를 잡을 때에 강한 타격을 줄 수 있어서 유리하다.

25 Arima 1975, 1987. 이 단락을 쓸 무렵 우리는 5월의 어느 햇볕이 가득한 날 베를린에 있었으며, 미국 기상청은 베링해에서 10피트의 파도와 30노트의 바람이 불 것이라고 보도했다.

26 Tooby and Cosmides 1992, 104-8.

27 Rogers 1983, 231-32.

28 여기서 "자신의 이익"은 집단 내 작용이 무엇을 선호하는지에 관계없이 자신에게 이익이 되는 것을 가리킨다. 문화적 집단 선택의 사례를 보려면, Boyd and Richerson 1982, 1985와 Soltis, Boyd, and Richerson 1995 그리고 Sober and Wilson 1998을 참조하라.

29 스타크Stark(1997)는 우리가 제시한 것과 비슷한 각본을 따라서 초기 기독교가 재빠르게 퍼져 나갔다고 주장한다. 윌슨Wilson(2002)은 종교 개혁기에 칼뱅주의도 비슷한 식으로 확장되었다고 말한다.

30 스타크Stark(2002, chap. 3)는 종교 재판소가 초기 근세에 사회 통제의 제도로서 기능했다는 흥미로운 관점을 제시한다. 그는 사회를 통제할 수 있는 기존의 지혜를 대부분 반기독교적인 관념이라고 간단히 언급하고 넘어간다.

31 Darwin 1874.

32 Fisher 1958[1930]. 피셔는 과장된 특질이 왜 균형 상태에서 유지되는지 설명해 내지 못했지만, 최근에 Iwasa and Pomiankowski 1995와 Pomiankowski, Iwasa, and Nee 1991는 이 문제를 해결할 수 있는 두 개의 다른 메커니즘을 제시했다.

33 Eberhard 1990.

34 Boyd and Richerson 1985, chap. 8.

35 Boyd and Richerson 1987; Richerson and Boyd 1989a.

36 Boyd and Richerson 1985, chap. 8.

37 비싼 신호 가설costly signaling hypothesis은 이것이 발생할 수 있는 또 다른 작용을 그에 반드시 수반되는 부적응적인 줄달음과 함께 설명한다. 우리는 이 가설을 "배낭 속에 바위 하나 더 넣기" 가설이라고 생각한다. 만약 로버트가 일상적으로 피터보다 더 무거운 짐을 들어서 육체적인 능력을 드러낸다면, 그는 그의 우월한 유전자를 과시할 수 있다(혹은 더 나은 훈련 방법을 과시할 수 있다). 만약 로버트가 하나의 바위를 넣어서 여자나 문화적인 명성을 얻는다면, 피터는 두 개를 나를 것이며, 이에 대해 로버트는 그의 짐을 세 개로 늘려야 할 것이다. 우리 둘 다 쓸모없는 바위를 가득 나르고 난 다음에야 경쟁은 끝날 것이지만, 상대편보다 기껏해야 조금 더 나를 수 있을 뿐이다. 관찰자가 경쟁자들 중에서 누가 더 나은지 결정할 수 있는 유일한 방법은 둘 다 충분히 많은 바위를 날라서 심각한 경쟁을 할 때뿐이다. 진화의 측면에서 볼 때, 소비적인 과시는 피셔적인 과정처럼 신호의 진실성을 보증하기 위해서 진화한다. 명성을 얻기 위한 경매에서 진화적인 입찰이 몇 차례 진행되는 동안 좋은 유전자 혹은 좋은 문화를 가진 이점은 그것을 광고하기 위해 소비적으로 과시하는 동안 다 소진된다. 다시 말해서, 험머 II의 소유주는 꽤 높은 수입원을 지니고 있겠지만, 또한 그들의 커다란 재원이 빚에 시달릴 수도 있다. 경제학자 스펜스Spence(1974)가 처음으로 이런 착상을 제시하였다. 나중에 생물학자들이 이런 논리를 성선택에 적용했으며(Zahavi 1975; Zahavi and Zahavi 1997; Grafen 1990a, 1990b), 스미스와 블라이지 버드Smith and Bliege Bird(2000)는 소규모 인간 사회에서 다양한 과장된 과시를 설명하기 위해 이러한 착상을 적용했다. 라이언Ryan(1998)은 이 착상을 이용하여 과장된 형질들이 암컷의 감각 체계에 대한 자연선택의 부산물이라고 설명했다. 이 세 가지의 가설들에서 과장된 행위 또는 형질은 모두 부적응적이다. 현대 성선택 이론에 대한 수학을 사용하지 않는 뛰어난 설명을 보고 싶다면 Miller 2000를 참조하라.

38 Richerson and Boyd 1989b. 종교적인 믿음을 입증하는 데 있어서 귀추적 논증의 역할에 관한 논의는 Boyer 1994를 참조하라.

39 Pascal 1660, §233.

40 만약 내기에서 파스칼 편을 들고 싶다면, 사후에 신이 얼마나 보상하고 처벌할지 정확하게 결정해야 하는 문제점이 있다! 교황은 얀센주의가 그 신도들의 영혼을 거대한 위험에 빠뜨린다고 믿었다. 신은 자신의 실재를 믿는 모든 겸손한 추종자들과 심지어 불가지론적인 과학자들까지 천당에 살게 해서 보상하고, 그의 마음을 안다고 생각했던 모든 독단적으로 말하는 사람들을 지옥에 보내 버렸을 수도 있다(파스칼과 교황도 여기에 포함된다).

41 막스 베버Max Weber(1951)가 말했듯이, 다른 종교보다 기독교에서 궁극적인 질문에 대한 이성적인 접근 방식이 더 현저하다. 특히 기독교는 의심에 빠지기 쉬운 신의 존재를 논증하는 데 몰두한다. 그럼에도 다른 종교들 심지어 꽤 "원시적인" 종교들조차도 귀가 얇은 사상가뿐만 아니라 냉철한 사상가의 마음을 사로잡았다. 이에 대해서는 Barth 1990를 참조하라. 스타크Stark(2003, chap. 2)가 주지하다시피, 뉴턴과 같은 수많은 선구적인 과학자들도 파스칼과 비슷한 신학적인 관념을 갖고 있었다.

42 Campbell 1974.

43 Boyer 1994.

44 귀추적 논증은 이와 같다. A는 B를 함축한다. B가 참이라는 것을 관찰한다. 따라서 A는 참이다.

45 Sloan, Begiella and Powell 1999는 심리적이고 영적인 치료법에 대해 회의적으로 바라보며 문헌을 개괄한다. 공동체 수준의 기능에 관해서는 Stark 2003과 Wilson 2002를 참조하라.

46 Schwartz 1999.

47 Knauft 1985a.

48 Stark 2003, chap. 3.

49 Rabinowitz 2003. Linder 2003도 참조하라. 오늘날에도 의례적인 아동 학대가 일어났다고 믿는 사람들의 논리를 알고 싶다면 인터넷에서 쉽게 찾을 수 있을 것이다.

50 Lindert 1985는 중세 후기부터 현대까지 영국에서 인구 주기를 보여 준다. 산업 혁명기에 맬서스적인 패턴이 발생하기까지의 과정이 잘 묘사되어 있다.

51 마치 세포 기관의 게놈의 크기가 줄어들면 성비의 왜곡으로 인한 위험이 줄어드는 것처럼, 비부모적 전달의 중요성이 감소하면 부적응적인 문화적 적응으로 인한 **위험**도 줄어든다. 현대 이전의 사람들이 빈번하게 부적응적인 출산율 감소의 희생자가 되었다는 증거가 있다. 브루스 노프트Bruce Knauft(1986)는 전산업화의 도시가 상대적으로 높은 출산율과 상대적으로 높은 사망률로 인해 인구의 블랙홀과 같았다고 주장한다. 로마 제국과 초기 근대 잉글랜드의 명성 체계로 인해 런던과 로마가 교외의 사람들에게 자기장으로 기능했으며, 출산율보다 사망률이 훨씬 높았는데도 지방으로부터 사람들이 유입되면서 인구를 유지할 수 있었다. 콜과 왓킨스 및 그들의 동료들Coale and Watkins(1986, 14-22 and chap. 3)은 본래의 인구학적 천이가 발생하기 훨씬 이전에 유럽의 몇몇 도시뿐만 아니라 시골에서 출산율이 교체 수준 이하로 떨어진 사례들을 발견하였다. 이들 중에는 사망률은 산업화 이전 수준인 데 비해 가족마다 한 아이 또는 두 아이를 갖는 것이 규범이 된 농촌의 사례도 있다. 그러한 집단의 인구는 급속히 감소했으며, 이는 그러한 관행을 유지시켰던 규범에 대한 자연선택으로 볼 수 있다.

52 Coale and Watkins 1986, chap. 1.

53 Skinner 1997.

54 이후의 논의는 Alter 1992 및 Pollack and Watkins 1993, Kirk 1996, Bongaarts and Watkins 1996, and Borgerhoff-Mulder 1998에 바탕을 둔 것이다.

55 Coale and Watkins 1986.

56 Rogers 1990a.

57 Kaplan et al. 1995.

58 Becker 1983.

59 Robinson and Godbey 1997.

60 예를 들어, 유명한 설명을 보고 싶다면 Schor 1991을 참조하라.

61 텔레비전 시청에 있어 이러한 변화는 특히 흥미롭다. 왜냐하면 텔레비전 시청은 가장 낮게 평가받는 여가 활동 중의 하나이기 때문이다. 물론 대부분의 설문 조사에서 육아를 포함하여 수많은 생산 활동이 텔레비전 시청과 동등한 행복을 가져다주는 것으로 꼽혔다. 텔레비전은 쉽게 접할 수 있으며, 비용이 적게 들고, 기묘하게도 우리의 주의를 중독적으로 잡아 두기 때문에 집 바깥에서 벌어지는 사교적인 활동처럼 더 높게 평가받는 활동을 밀어낸 것으로 보인다.

62 Easterlin, Schaeffer, and Macunovich 1993.

63 Kasarda, Billy, and West 1986, chap. 6.

64 Blake 1989.

65 출산을 촉진해야 한다는 신념을 갖고 있다면 가족 크기의 영향을 적게 받는다. 구교도 그중에서도 높은 지위와 교육을 받은 사람들은 신교도에 비해 형제자매 크기의 교육적인 성취에 대한 효과가 작았지만, 가족 크기의 효과는 사라지지 않았다.

66 Hill and Stafford 1974; Lindert 1978.

67 Witkin and Berry 1975; Witkin and Goodenough 1981; Werner 1979.

68 Inkeles and Smith 1974; Jain 1981.

69 Kohn and Schooler 1983.

70 Bongaarts and Watkins 1996.

71 Rogers 1983.

72 Westoff and Potvin 1967.

73 Roof and McKinney 1987.

74 Bongaarts and Watkins 1996.

75 우리의 논의는 Peter 1987 및 Hostetler 1993, Kraybill and Olshan 1994, Kraybill and Bowman 2001에 바탕을 두고 있다.

76 Nonaka, Miura, and Peter 1994.

77 심지어 현대의 일반적인 사회에서도 가족이 아이를 갖는 성향에 미치는 영향은 도드라진다. 심리학자 레슬리 뉴슨Lesley Newson은 현대 영국에서 출산과 문화적 전달의 패턴에 관련된 몇몇 흥미로운 자료를 수집하였다. 설문지 자료에 의하면 친척과 상대적으로 자주 만나는 남성과 여성들은 일찍 결혼하였다. 그러한 여성들은 첫 임신이 더 빨랐고, 더 많은 아이를 낳았다. 뉴슨은 한 역할 연기 실험에서 여성들에게 네 가지 상황 중 하나에서 나이 든 여성으로서 어린 여성(자신의 딸 혹은 자기보다 어린 친구)에게 할 수 있는 충고를 적으라고 했다. 각각의 각본에서 자신의 딸에게 충고한다고 생각한 여성들은 번식 성공을 불러오는 행동을 충고할 가능성이 더 높았다(Newson 2003). 이와 유사한 재세례파 공동체의 자료가 아마도 가장 흥미로운 자료일 것이다.

78 루시 워커Lucy Walker가 만든 럼스프링가에 대한 뛰어난 다큐멘터리 영화인「악마의 놀이터*The Devil's Playground*」(http://www.wellspring.com/devilsplayground/)를 참조하라.

79 Labov 1973.

80 1절은 다음과 같다.

> 어떤 이는 이렇게 생겼고, 또 어떤 이는 저렇게 생겼지.
> 그러나 내가 이렇게 생긴 걸 보고 뚱뚱하다고 하면 안 돼.
> 왜냐하면 난 편리함을 위해서 이렇게 생겨 먹은 거지, 빨리 뭘 하려고 그런 건 아니거든.
> 그러나 나에겐 모든 좋은 여자들이 원할 만한 것이 다 있어.

81 Tooby and Cosmides 1989, 34-35.

82 Borgerhoff-Mulder 1988a and 1988b.

83 Laland, Kumm, and Feldman 1995는 이에 관련된 모델과 시험적 사례를 제시한다. 그들이 제시한 사회는 여아의 영아 살해가 많이 발생하고 출생 성비가 남아에 치우친 사회이다. 하지만 여아에 편중된 영아 살해가 오랫동안 발생했던 중국에서의 자료에 의하면(Skinner and Jianhua 1998), 실제 출생 성비는 편향되지 않으며, 통계적으로 반대의 결과는 유전적인 변화가 아닌 비밀 영아 살해가 성행할 때 일어난다. 그럼에도 그들의 모델은 무엇이 일어날 수 있는지를 제시해 준다.

6장

1 Simoons 1970, 1969. Durham(1991, 5장)은 성인의 락토제 소화에 대한 자료를 재검토하고 다시 분석했다.

2 Cavali-Sforza, Menozzi, and Piazza 1994, Holden and Mace 1997.

3 Paul Ehrlich and Peter Raven(1964)은 나비와 식물의 진화적 관계를 설명하려고 공진화 coevolution라는 용어를 만들었다. 애벌레는 식물을 포식하며, 이에 대해 식물은 곤충의 공격으로 인한 피해를 경감시키기 위해 화학적인 방어를 진화시킨다. 이는 다시 애벌레의 해독 능력의 진화를 불러온다. 그 이후 공진화는 두 개의 독자적인 진화적 체계가 흥미로운 방식으로 상호 작용하는

어떤 사례이든 사용되면서 그 의미가 확장되었다.

4 유전자-문화 공진화를 또 다르게 생각해볼 수 있는 방법은 "적소 구축niche construction"의 관점에서 보는 것이다(Odling-Smee et al. 2003). 유기체가 환경을 변경할 때마다, 자연선택은 변경된 환경의 영향을 받을 것이다. 예를 들어, 비버는 댐을 구축하며, 그 결과 발생한 연못에서 수생 생활에 맞게 자신을 상당히 변화시켰다. 이런 식으로 생각해 볼 때, 문화의 산물은 유전자의 선택이 이루어지는 환경의 일부분이 되며, 유전자의 산물은 문화의 선택이 이루어지는 환경의 일부분이 되었다. 이에 대해서는 무엇이 계승되는 체계로 작용하는지 그리고 무엇이 그렇지 않은지만 주의 깊게 이해하면 된다. 비버의 댐은 스스로 번식할 수 없다. 다시 말해 비버는 원칙적으로 다른 비버의 댐을 관찰하여 댐 짓기를 학습할 수 있기는 하나, 어떻게 댐을 구축해야 하는지에 대한 정보는 댐 그 자체가 아니라 비버의 유전자에 부호화되어 있다.

5 Klein 1999, 474-76; Berger and Trinkhaus 1995.

6 이 과정에 대한 모델을 보고 싶다면 Richerson and Boyd 1989b, Laland 1994, 그리고 Laland, Kumm, and Feldman 1995을 참조하라.

7 Lumsden and Wilson 1981, 303. E. O. Wilson 1998도 참조하라.

8 Corning 2000, 1983은 이보다 조금 더 자세히 동반 상승의 진화적 결과에 대해 논한다.

9 Maynard Smith and Szathmáry 1995.

10 Margulis 1970.

11 Kaplan et al. 2000.

12 **본능**instinct이라는 용어에 대해 크게 두 가지의 반론이 존재한다. 첫째, 어떤 비판자들은 이 용어가 공허하다고 주장한다. 그들에 따르면, 어떠한 행동의 패턴이 존재하며 이를 단지 본능이라고 명명하는 것은 우리의 이해를 전혀 돕지 않는다. 이에 대해 우리는 행동에 영향을 미치는 것 중에서 유전적인 것과 문화적인 것을 구분하고 싶었다고 대답할 것이다. 둘째, 어떤 이들은 **본능**이라는 용어를 환경적 우연성 혹은 문화에 의해서 거의 변화하지 않는 행동의 본유적 패턴에만 한정한다. 윌슨Wilson(1975, 26-27)은 이렇게 본능을 정의하면 매우 극단적인 경우에만 적용된다고 지적하면서, 이어서 우리가 여기서 쓰는 용법을 지지한다.

13 우리는 인류학자들이 **부족**tribe이라는 용어를 너무나 다양한 방식으로 사용해서 많은 사람이 이 용어가 전혀 쓸모가 없을 정도로 뒤죽박죽이 되어 버렸다고 느낀다는 것을 잘 알고 있다. 일상적인 영어 용법 또한 꽤 다의적이다. 우리는 여기서 매우 좁은 의미로만 사용한다. 부족은 생물학적 근친도가 상대적으로 낮은 사람들이 공식적인 지배자에 의존하지 않은 채 공통의 사회 체계에 소속된 사회 조직의 단위를 가리킨다. 부족은 공식적인 법, 공식적인 강제의 권력이 있는 지도자 때문이 아니라 확장된 친족 관계, 감정, 비공식적인 사회 제도로 인해 작동된다. 버드셀Birdsell(1953)의 고전적인 연구의 추정에 따르면 오스트레일리아 대륙의 수렵 채집자 부족은 평균적으로 약 500명의 사람으로 구성되어 있다. 수렵 채집자들처럼 수많은 관계가 멀고, 대개 함께 거주하지 않는 가족들로 구성되는 사회적 단위는 인간에게만 독특한 것이다. 대개 상상으로 만들어졌거나 존경의 대상이며, 상징적인 공통 조상의 존재가 이데올로기의 핵심을 이루고 부족의 유대감을 일으키는데, 이는 다시 부족 내에서 협력적인 행동을 할 수 있는 주요한 원천이기도 하다. 어떤 학자들은 부족이라는 용어를 중간 정도의 크기에 중간 정도의 복잡성을 가진, 대개 수천 명으로 이루어진, 꽤 정교한 공식적인 정치 제도가 존재하지만 강제할 수 있는 권력이 있는 정규 지도자가 아직 존재하지 않는 사회들에 한정한다(Service 1962). 우리는 심지어 쇼쇼니족[the Shoshone; 스튜어드Steward(1955, 6장, 특히 109쪽을 참조하라)는 쇼쇼니족을 그의 이상적인 "가족 무리family band" 형태에 가깝다고 설명했다]과 같은 사회도 대개 지역의 평화를 유지하며 다른 부족으로부터의 침입에 저항하고 생존의 위기가 있을 때 원조를 얻기 위하여 수많은 무리가 모인 공동체의 일원이라고 믿는다(비록 극단적인 경우에는 이러한 기능들이 제한적이더라도). 로버트 머피와 욜란다 머피(Murphy and Murphy 1986) 그리고 토마스와 그 동료 학자들(Thomas et al. 1986)은 스튜어드가

쇼쇼니족을 가족 무리 사회라고 규정한 것은 그의 주의를 고려하더라도 그들의 사회적 복잡성을 간과한 것이라고 주장한다. 아무튼, 쇼쇼니족의 건조한 대평원에 대한 적응은 그 핵심적인 요소를 고려했을 때 매우 최근에 발생했으며, 고도로 파생적이고, 다소 복잡하다(Robert Bettinger, 개인적 의견 교환). 민족지에 기록된 사회 중에서 가족이나 같이 거주하는 무리보다 제법 더 큰 단위로 어떤 형태로든지 통합이 이루어지지 않은 사회는 없다. 보다 단순한 사회들은 사회적 조직화의 수많은 차원을 따라 상당한 변이를 보이며(예를 들어, Jorgensen 1980), 깔끔하게 분류되길 바라는 것은 허황된 희망일 뿐이다. 같이 거주하지 않는 관계가 먼 사람들 간에 사회적 유대가 등장하려면 적절한 칭호가 필요하며, 그 선택은 **부족** 혹은 서투른 신조어 중 하나이다.

14 Boehm 1992; Rodseth et al. 1991.

15 Hamilton 1964. 이전 단락에서 우리가 "유도한 것들"은 이 논문의 논지를 따른 것이다.

16 훌륭한 집단유전학자 홀데인J. B. S. Haldane의 이러한 원리에 대한 개요는 아마도 가장 명쾌한 설명일 것이다. 기자로부터 "진화를 공부하게 되면 더 쉽게 형제를 위해서 삶을 포기할 수 있습니까?"라는 질문을 받자, 홀데인은 이렇게 대답했다. "아니요. 그러나 두 명의 형제나 혹은 여덟 명의 사촌을 구하기 위해서는 내 삶을 포기할 것이요." 내친김에 여기서 홀데인에 대한 일화를 이 책의 주제와 아무런 관련이 없더라도 하나 더 소개하겠다. 앞서와 동일한 기자인지는 모르겠으나, 한 기자가 "진화를 공부하면서 창조자의 마음에 대해서 배운 게 있습니까?"라고 질문하자, 홀데인은 "신은 바퀴벌레를 지나치게 사랑한 것 같소"라고 대답한 것으로 전해진다.

17 Silk 2002; Keller and Chapuisat 1999; Queller and Strassman 1998; Queller 1989.

18 반면 『네이쳐Nature』지에는 현저하게 드러난다.

19 Hammerstein 원고.

20 작은 집단에서의 호혜성에 관해서는 Axelrod and Dion 1988과 Nowak and Sigmund 1993, 1998a and 1998b를 참조하라. 큰 집단에서의 호혜성에 관해서는 Boyd and Richerson 1988a, 1989a과 Joshi 1987를 참조하라. 글랜스와 허버만Glance and Huberman(1994)은 큰 집단에서 호혜성이 진화하는 모델을 제시했지만, 이 모델에서 호혜성이 진화할 때에는 주어진 몇 가지 전략 중에서 선택이 이루어진다는 제약이 지켜질 때뿐이다. 단순한 무조건적인 배신 전략이 그들의 협력적이고 진화적으로 안정적인 전략에 침투할 수 있다.

21 예를 들어, Binmore 1994.

22 Trivers 1971.

23 Boyd et al. 2003 and Boyd and Richerson 1992b.

24 Wynne-Edwards 1962.

25 Maynard Smith 1964; Williams 1966; Lack 1966.

26 Price 1972, 1970.

27 프라이스의 접근법은 지금까지 매우 다양한 연구를 자극했으며, 수많은 진화적 문제를 보다 명쾌하게 이해하도록 했다. 예를 들어, 친족 선택에 대한 앨런 그라펜Alan Grafen(1984)의 연구와 면역 체계의 진화, 다세포성multicellularity 및 이와 관련된 주제에 대한 스티븐 프랭크Steven Frank(2002)의 연구를 보라. 이 접근법은 문화의 진화를 연구하는 데에도 사용될 수 있다. Henrich(출판 중)와 Henrich and Boyd 2002를 참조하라.

28 Sober and Wilson 1998.

29 Eshel 1972; Aoki 1982; Rogers 1990b

30 자세한 내용이 궁금하다면 Boyd and Richerson 1990을 참조하라.

31 그 밖에도 순응 편향과 도덕적 처벌 간의 매우 흥미로운 상호 작용이 있다. 만약 널리 지켜지는

도덕적 처벌 규범이 있다면, 아마도 대부분의 사람이 협동할 것이다. 이는 다시 처벌이 개인적으로 이익인지(처벌하지 않는 사람들이 처벌받기 때문) 혹은 아닌지(처벌하지 않는 자들이 다른 이들의 치안 활동에 편승하기 때문) 알기 어렵다는 것을 뜻한다. 다양한 변형들 간의 상대적인 장점을 결정하기 어려울 때, 내용 편향과 같은 의사 결정의 힘이 비교적 약하다는 것을 상기하라. 이는 다시 비록 약한 순응 편향이라도 매우 중요해질 수 있다는 것을 의미한다. 이 경우 순응으로 인해 사람들을 도덕적 처벌에 종사하게 만드는 도덕적 규범이 유지된다. 그러한 규범은 집단에 이익이 되는 행동을 유지하는 많은 비용이 드는 처벌을 발생시킬 수 있다. 좀 더 자세한 논의를 보고 싶다면 Henrich and Boyd 2001을 참조하라.

32 Darwin 1874, 178-179. 다윈이 현대적 문화 개념과 상당히 비슷한 개념을 사용하긴 했지만, 그는 분명 유기체의 유전을 이해하지 못했다. 그는 유전자와 문화의 미세한 차이를 구별하지 못했지만, 자연선택이 대개 이기적인 행동을 선호할 것이라는 것은 이해하였다. Richards 1987과 Richerson and Boyd 2001a를 참조하라.

33 Palmer, Fredrickson, and Tilley 1997.

34 문화적 부동의 모델이 궁금하다면 Cavalli-Sforza and Feldman 1981를 참조하라. 집단이 유전적 부동으로 인해 하나의 균형 상태에서 다른 균형 상태로 변화하는 속도에 대해 궁금하다면 Coyne, Barton, and Turelli 2000와 Lande 1985를 참조하라.

35 Keeley 1996; Otterbein 1985; Jorgensen 1980.

36 Wiessner and Tumu 1998.

37 Boyd and Richerson 2002.

38 Stark 1997.

39 Johnson 1976, 75(Stark 1997에 인용되었음).

40 Stark 1997, 83-84.

41 혁신이 쉽게 확산되는데 이런 속성들이 왜 필요한지 알고 싶다면 Rogers 1995를 참조하라.

42 Barth 1969, 1981; Cohen 1974.

43 Rappaport 1979.

44 Barth 1981.

45 McElreath, Boyd, and Richerson 2003.

46 수학적으로 어떻게 모델화되는지 궁금하다면 Boyd and Richerson 1987을 참고하라.

47 Logan and Schmittou 1998에 따르면 대평원 크로우족의 예술이 이러한 과정을 보여 준다.

48 예를 들어, van den Berghe 1981; Nettle and Dunbar 1997; Riolo, Cohen, and Axelrod 2001.

49 Harpending and Sobus 1987.

50 공공재를 관리하는 데 있어 처벌에 대해서는 Ostrom 1990의 논의를 참조하라. 추방에 관해서는 Gruter and Masters 1986을, 매우 정교한 처벌이 존재하는 아프리카의 부족 체계에 대해서는 Paciotti 2002을 참조하라.

51 보이어Boyer(1998)와 같은 인지심리학자들은 아마도 우리에게 집단의 상징적인 표지가 기본 범주로 부여된 "순진한 존재(naive ontology)"가 있다고 말할 것이다.

52 Kelly 1995; Richerson and Boyd 1998, 2001b, Richerson, Boyd, and Henrich 2003.

53 현대 사회에서의 수많은 범죄 행위가 충동적이라거나 그 밖의 사회적으로 서투른 인성에서 비롯되었다는 생각은 고전적인 범죄학의 가설이다. 왜 어떤 사람들이 다른 사람들보다 처벌을 더 많이 받는지에 대해서는 학자들의 의견이 일치되지 않지만, 감옥의 수감자와 그 밖의 규범을

어기는 사람들은 일반적인 사람들보다 더 충동적이라는 것을 제시하는 연구들은 상당히 설득력이 있다(Caspi et al. 1994; Raine 1993).

54 Pinker 1994, 111-12.

55 Steward 1955, chaps. 6-8; Kelly 1995.

56 이에 대한 사례가 궁금하다면 Mansbridge 1990의 편집본을 참조하라.

57 Ghiselin 1974, 247.

58 Batson 1991.

59 Camerer 2003; Henrich et al. 2004.

60 Boehm 1993; Eibl-Eibesfeldt 1989, 279-314; Insko et al. 1983; Salter 1995.

61 Fehr and Gächter 2002.

62 20세기 초반 윌리엄 그래엄 섬너William Graham Sumner의 연구 이후 지금까지 사회학자들은 자민족중심주의와 관련되는 사건에 많은 관심을 기울였다. 주목할 만한 개요 글은 Robert LeVine and Donald Campbell 1972과 Nathan Glazer, Daniel Moynihan, and Corinne Schelling의 편집본(1975) 등이 있다.

63 Wiessner 1984, 1983.

64 Bettinger 1991

65 Tajfel 1982, 1981, 1978; Robinson and Tajfel 1996.

66 Turner 1984; Turner, Sachdev, and Hogg 1983.

67 Gil-White 2001 및 개인적 의견 교환.

68 Paldiel 1993.

69 Brewer and Campbell 1976.

70 Alexander 1987, 1979; Cosmides and Tooby 1989; Dunbar 1992.

71 이 가설은 피에르 반 덴 베르그Pierre van den Berghe(1981)가 처음으로 그리고 아마도 가장 명쾌하게 제시한 바 있다.

72 어떤 학자들은 노왁과 지그문트Nowak and Sigmund(1998a, 1998b)의 논의를 간접적인 호혜성으로 인해 큰 집단에서 협력이 이루어질 수 있다는 증거로 해석했다. 그러한 판단은 문제의 소지가 있다. 첫째, 노왁과 지그문트의 모델에는 심각한 기술적인 결함이 있다(Leimar and Hammerstein 2001). 둘째, 이를 시정하더라도 그들의 모델에서는 매우 제한된 상황에서만 간접적인 호혜성이 진화할 수 있다. Panchanathan and Boyd 2003도 참조하라. 셋째, 이 점이 가장 중요한데, 그들의 모델은 두 사람 간의 상호 작용에만 한정된다. 그 모델은 공공재 공급의 진화를 설명하지 못한다.

73 Jorgensen 1980.

74 Price and Brown 1985.

75 R. L. Bettinger (University of California, Davis) 개인적 의견교환.

76 Wiessner 1983, 1984.

77 Yengoyan 1968.

78 Knauft 1987.

79 Knauft 1985a Otterbein 1968.

80 Keeley 1996, 28.

81 Arnold 1996; Price and Brown 1985.

82 소규모 사회의 제도는 생태적인 조건과 드러나는 상관관계가 없는 이유로 인해 변이를 보이기도 한다. 이 책에 인용된 연구 중에서 Knauft 1985b, 1993과 Jorgensen 1980은 명백히 환경과 독립적으로 발생하는 단순 사회에 존재하는 상당한 변이의 정도를 보여 준다.

83 예를 들어, 한 상인이 말 시대의 두 번째 세대에 해당하는 1787년에 북서부의 대평원에 있던 검은발 동맹에 처음 방문했다. 그 시기에 도보로 사냥한 경험이 있는 소수의 노인들이 아직 살아 있었고 노인들은 상인에게 그 시절 삶이 어떠했는지 말해 주었다(Ewers 1958).

84 Otterbein 1968; Boehm 1984.

85 Service 1966, 54-61.

86 Boehm 1993.

87 Evans-Pritchard 1940; Kelly 1985, chap. 4.

88 Richerson, Boyd, and Bettinger 2001; Richerson and Boyd 2001c.

89 Kennedy 1987. 인스코와 동료들Insko et al(1983)의 사회적 진화에 대한 훌륭한 실험에 따르면 강제적인 지배가 발생시키는 저항은 보다 정통적으로 여겨지는 지도자에 대한 그것에 비해 월등히 크다. 그들은 또한 지배와 지배에의 저항이 집단 전체의 생산성을 어떻게 약화시키는지 보여 준다.

90 Eibl-Eibesfeldt 1989, 314.

91 솔터Salter(1995)는 복합 사회에서 지배의 사회 제도가 어떻게 기능하여 우리의 진화된 심리를 교묘히 이용하는지 자세히 분석한다.

92 베네딕트 앤더슨Benedict Anderson(1991)은 대중의 식자율이 상승하고 신문의 보급으로 인해 문화-정치적인 저술가들이 일상어를 말하는 공동체 전체에 호소할 수 있게 됨으로써 국가가 정치적 무대의 지배적인 행위자가 되었다고 주장한다. 우리는 지금은 유적으로 남은, 감탄해 마지않는 거대한 공공 건물에서 상연되던 의례 체계가 고대 도시 국가에서 그와 비슷한 역할을 했다고 믿는다. 그러한 대형 무대의 건설 및 무대에서 행해지던 의식에 참여했던 마야인들과 그리스인들은 자신들이 같은 공동체의 일원이라는 것을 쉽게 떠올릴 수 있었을 것이다. 오늘날 회교도의 메카 순례는 현존하는 가장 큰 의례이며, 회교 공동체의 거대한 크기에도 불구하고 회교도들은 순례를 통하여 같은 공동체에 속해 있다고 실감하는 것 같다(Peters 1994).

93 Kellett 1982, 112-17.

94 Garthwaite 1993; Curtin 1984; Gadgil and Malhotra 1983; Srinivas 1962; Fukuyama 1995; Putnam, Leonardi, and Nanetti 1993; Light and Gold 2000; Light 1972.

95 Marty and Appleby 1991; Roof and McKinney 1987; Juergensmeyer 2000.

96 Inglehart and Rabier 1986.

97 우리는 다른 글에서 두 개의 비교적인 사례를 살펴보았다. 2차 세계 대전 당시의 육군 및 촌락 규모의 공유지 관리 단체에서 각각 차선책과 그 문제점이 무엇이었나를 고려하여 검토하였다(Richerson, Boyd, and Paciotti 2002; Richerson and Boyd 1999).

7장

1 Dobzhansky 1973, 129.

2 Wilson 1998.

3 문화의 진화적 모델에 대한 입문을 보고 싶다면 Richerson and Boyd 1992를 참조하라. 거기서 더 나아가고 싶다면 Cavalli-Sforza and Feldman 1981과 Boyd and Richerson 1983을 참조하라.

4   인간유전학자에 따르면 인간의 총 유전적 변이는 그리 크지 않으며, 그 대부분은 집단 간에서
    보다 집단 내에서 나타난다. 그리고 아프리카인 전부는 우리 종의 그 나머지 부분보다 변이가 더
    크다(Harpending and Rogers 2000).

5   North and Thomas 1973; Bettinger and Baumhoff 1982.

6   Klein 1999, 7장. 우리는 물론 피부색, 신체의 형태, 병에 저항적인 대립형질과 같은 생물학적
    적응이 새로운 환경에 대한 인간의 적응에서 중요하다는 것을 부정하는 것은 아니다.

7   Weiner 1999.

8   Lewontin and Hubby 1966.

9   도널드 캠벨Donald Campbell(1969, 1979, 1986a)이 이미 한 세대 이전에 학제적인 연구를 독려했다는
    사실은 이 문제점을 인지하기 시작한 시점은 훨씬 이전이라는 것을 보여 준다.

10 Alexander 1987.

11 예를 들어, 켈러와 로스(Keller 1995 and Keller and Ross 1993)는 개미의 놀라운 사회 체계를
    설명한다. 여기 캘리포니아주의 여느 집 부엌에서 볼 수 있는 두 종류의 개미들은 모두 아르헨티나
    개미이다. 그들은 최근의 침입자로서 군체의 냄새에 대한 유전적 다양성이 부족하며 인간보다 훨씬
    심한 정도로 포괄적 적합도 이론이 기대하는 것에서 벗어난다. 이 종은 경쟁자들보다 대략 두 배
    정도의 이점을 가진 거대한 초군체supercolony를 형성한다. 군체들은 친족이 아닌 개미를 발견할 수
    없기 때문에 싸우지 않는다(하위 군체 내에서 개미들 간의 유전적 근친도는 0에 가깝다). 이로 인해 개미가
    거주할 수 있는 서식지에서 가장 경쟁력 있는 개미 종이 되었다(Holway, Suarez, and Case 1998).

12 Sahlins 1976a

13 Dunnell 1978.

14 Bettinger, Boyd, and Richerson 1996.

15 Cohen 1974.

16 Bettinger, Boyd, and Richerson 1996

17 Henrich and Gil-White 2001.

18 Edgerton 1992; Knauft 1985a.

19 Inglehart and Rabier 1986.

20 Arrow 1963.

21 North and Thomas 1973.

22 예를 들어, Jorgensen 1980.

23 Nisbett 2003, McElreath, 출판 예정.

24 Henrich et al. 2001.

25 Donald 1991.

26 Boyd and Richerson 1985

27 엔들러Endler(1986)는 자연선택의 강도에 대한 그의 메타 분석에서 야생에서의 자연선택에 관한
    그러한 수많은 연구들을 활용한다.

28 실험적인 사례가 궁금하다면 Insko et al. 1983을 참조하라. 관찰에 입각한 접근법이 궁금하다면
    Cavalli-Sforza et al. 1982와 McElreath(출판 중)을 참조하라.

29 Nelson and Winter 1982, 3.

30 다른 생물들도 그 자신의 진화에 "적소 구축"을 통하여 영향을 미친다. 문화는 그렇게 하는 그저

특별히 효율적인 메커니즘일 뿐이다. 보다 일반적인 이론이 궁금하다면 Odling-Smee et al. 2003을 참조하라.

31 Richerson and Boyd 2000.

32 Labov 2001; Weingart et al. 1997, 292-97.

33 바네바 부시Vannevar Bush가 1945년에 과학을 끊임없는 개척 행위라고 말했던 것을 상기해 보라. 만약 개척해야 할 것이 진정 끝이 없다면, 이야기는 끝내 완결될 수 없다.

34 과학철학자 존 비티John Beatty(1987)가 말했듯이, 이는 그 어떤 연구 분야에 있든지 당신이 할 수 있는 최상의 말이다.

35 이 문구를 쓰는 데 폴리Robert Foley 교수의 도움을 받았다.

36 작자 미상(St. George Mivart) 1871. 얄궂게도 미바트는 이후 가톨릭 정교와 충돌했으며, 교회로부터 파문당했다(http://www.newadvent.org/cathen/10407b.htm).

37 곡의 제목 "That's all". 이 곡이 수록된 앨범은 Elementary Doc Watson, Collectables, 1997.

38 Easterbrook 1997.

39 이러한 점에서 생물 다양성의 미학에 관한 키에스터Kiester(1996, 1997)의 수필은 흥미롭다.

40 Darwin 1902. 노예제에 대한 그의 비가는 다음과 같이 시작한다(561-63).

> 8월 19일 우리는 드디어 브라질을 떠났다. 내가 더 이상 노예 국가를 방문하지 않아도 된다는 것에 신께 감사드린다. 오늘까지도 멀리서 들려오는 비명을 들으면 그것은 마치 내가 페르남부쿠Pernambuco에서 어떤 집을 지나치며 들었던 가장 불쌍한 신음을 생생하게 떠올리게 하여 가슴을 아프게 한다. 나는 그 신음을 듣고는 어떤 가엾은 노예가 고문을 받는 소리라고 의심할 수밖에 없었으며, 그런데도 거기에 항의하기에는 내가 아이처럼 아무런 힘이 없다는 것도 알고 있었다.

> 그리고 이와 같이 끝맺는다.

> 자유를 위한다고 자랑스럽게 외치는 영국인들과 우리의 자손인 미국인들이 지금까지 그리고 지금도 죄를 짓고 있다고 생각하면 피가 끓고 가슴이 떨려 온다. 그러나 우리가 속죄를 위해서 그 어떤 나라보다도 더 큰 희생을 했다는 사실은 그나마 위안이 된다(대영제국은 1838년에 모든 식민지의 노예를 해방했다).

41 피터 리처슨은 때때로 호수를 연구하는 육수학자陸水學者이다. 육수학자들은 "사람들은 모두 자신의 호숫가에서 세상을 본다"라는 필연적으로 진실일 수밖에 없는 격언을 말하곤 한다.

42 Haldane 1927, 286.

43 최근 미국 국립과학원National Academy of Sciences의 위원회는 그들의 보고서에 "급격한 기후 변화: 피할 수 없는 기습 Abrupt Climate Change; Inevitable Surprises"이라는 제목을 붙였다(National Research Council 2002).

참고 문헌

Aiello, L. C., and P. Wheeler. 1995. The expensive-tissue hypothesis: The brain and the digestive system in human and primate evolution. *Current Anthropology* 36:199–221. [270n69]

Alcock, John. 1998. Unpunctuated equilibrium in the Natural History essays of Stephen Jay Gould. *Evolution and Human Behavior* 19:321–36. [272n6]

———. 2001. *The triumph of sociobiology*. Oxford: Oxford Univ. Press. [272n6]

Alexander, J. C., B. Giesen, R. Münch, and N. J. Smelser. 1987. *The micro-macro link*. Berkeley and Los Angeles: Univ. of California Press.

Alexander, Richard D. 1974. The evolution of social behavior. *Annual Review of Ecology and Systematics* 5:325–83. [18, 72, 260n9, 272n15]

———. 1979. *Darwinism and human affairs; The Jessie and John Danz lectures*. Seattle: Univ. of Washington Press. [260n9, 260n14, 260n16, 261n2, 265n27, 272n15, 280n70]

———. 1987. *The biology of moral systems*. Hawthorne, NY: A. de Gruyter. [280n70, 282n10]

Alland, Alexander. 1985. *Human nature, Darwin's view*. New York: Columbia Univ. Press. [261n21]

Allen, J. R. M., W. A. Watts, and B. Huntley. 2000. Weichselian palynostratigraphy, palaeovegetation and palaeoenvironment: The record from Lago Grande de Monticchio, southern Italy. *Quaternary International* 73/74:91–110. [270n63]

Alley, Richard B. 2000. *The two-mile time machine: Ice cores, abrupt climate change, and our future*. Princeton, NJ: Princeton Univ. Press. [270n60]

Alter, G. 1992. Theories of fertility decline: A nonspecialist's guide to the current debate.

In *The European experience of declining fertility, 1850–1970: The quiet revolution,* ed. J. R. Gillis, L. A. Tilly, and D. Levine, 13–27. Cambridge, MA: Blackwell. [275n54]

Altstein, H., and R. J. Simon. 1991. *Intercountry adoption: A multinational perspective.* New York: Praeger. [262n36]

Anderson, Benedict R. O'G. 1991. *Imagined communities: Reflections on the origin and spread of nationalism.* Rev. and extended ed. London: Verso. [281n92]

Andujo, E. 1988. Ethnic identity of transethnically adopted hispanic adolescents. *Social Work* 33:531–35. [262n36]

Anklin, M., J. M. Barnola, J. Beer, T. Blunier, J. Chappellaz, H. B. Clausen, D. Dahljensen, et al. 1993. Climate instability during the last interglacial period recorded in the GRIP ice core. *Nature* 364: 203–7. [270n62]

Anon. [St. George Mivart, The Wellesly Index]. 1871. Review of the *Descent of Man and Selection in Relation to Sex* by Charles Darwin. *The Quarterly Review* 131:47–90.

Aoki, K. 1982. A condition for group selection to prevail over counteracting individual selection. *Evolution* 36:832–42. [278n29]

Arima, Eugene Y. 1975. *A contextual study of the Caribou Eskimo kayak.* Ottawa: National Museums of Canada. [273n25]

———. 1987. *Inuit kayaks in Canada: A review of historical records and construction, based mainly on the Canadian Museum of Civilization's collection.* Ottawa: Canadian Museum of Civilization. [273n25]

Arnold, J. E. 1996. The archaeology of complex hunter-gatherers. *Journal of Archaeological Method and Theory* 3:77–126. [280n81]

Aronson, Elliot, Timothy D. Wilson, and Robin M. Akert. 2002. *Social psychology.* 4th ed. Upper Saddle River, NJ: Prentice-Hall. [269n44]

Arrow, Kenneth J. 1963. *Social choice and individual values.* 2nd ed. New Haven, CT: Yale Univ. Press. [282n20]

Asch, Solomon E. 1956. Studies of independence and conformity: I. A minority of one against a unanimous majority. *Psychological Monographs* 70:1–70. [122, 269n44]

Atran, Scott. 1990. *Cognitive foundations of natural history: Towards an anthropology of science.* Cambridge: Cambridge Univ. Press. [262n46]

———. 2001. The trouble with memes—Inference versus imitation in cultural creation. *Human Nature—An Interdisciplinary Biosocial Perspective* 12:351–81. [45, 261n23, 264n17, 266n45, 271n98]

Atran, Scott, D. Medin, N. Ross, E. Lynch, J. Coley, E. U. Ek, and V. Vapnarsky. 1999. Folkecology and commons management in the Maya lowlands. *Proceedings of the National Academy of Sciences of the United States of America* 96:7598–603. [83, 262n46]

Atran, Scott, D. Medin, N. Ross, E. Lynch, V. Vapnarsky, E. U. Ek, J. Coley, C. Timura, and M. Baran. 2002. Folkecology, cultural epidemiology, and the spirit of the commons—A common garden experiment in the Maya lowlands, 1991–2001. *Current Anthropology* 43:421–50.

Aunger, Robert. 1994. Are food avoidances maladaptive in the Ituri Forest of Zaire? *Journal of Anthropological Research* 50:277–310. [261n23]

———. 2002. *The electric meme: A new theory of how we think.* New York: Free Press. [266n39]

Axelrod, R., and D. Dion. 1988. The further evolution of cooperation. *Science* 242:1385–90. [278n20]

Baker, M. C., and M. A. Cunningham. 1985. The biology of bird-song dialects. *Behavior and Brain Science* 8:85–133. [268n16]

Bandura, Albert. 1977. *Social learning theory.* Englewood Cliffs, NJ: Prentice-Hall.

———. 1986. *Social foundations of thought and action: A social cognitive theory.* Prentice-Hall Series in Social Learning Theory. Englewood Cliffs, NJ: Prentice-Hall.

Baptista, L. F., and P. W. Trail. 1992. The role of song in the evolution of passerine birds. *Systematic Biology* 41:242–47. [268n16]

Barash, D. P. 1977. *Sociobiology and behavior: The biology of altruism.* New York: Elsevier. [260n9]

Barth, Fredrik. 1956. Ecologic relationships of ethnic groups in Swat, North Pakistan. *American Anthropologist* 58:1079–89.

———, ed. 1969. *Ethnic groups and boundaries. the social organization of culture difference.* Boston: Little, Brown and Co. [279n42]

———. 1981. *Features of person and society in Swat: Collected essays on Pathans.* London: Routledge & Kegan Paul. [279n42, 279n44]

———. 1990. Guru and the conjurer: Transactions in knowledge and the shaping of culture in Southeast Asia and Melanesia. *Man* 25:640–53.

Basalla, G. 1988. *The evolution of technology.* Cambridge: Cambridge Univ. Press. [263n56, 269n37]

Batson, C. Daniel. 1991. *The altruism question: Toward a social psychological answer.* Hillsdale, NJ: Lawrence Erlbaum Associates. [217, 218, 280n58]

Baum, William B. 1994. *Understanding behaviorism: Science, behavior, and culture.* New York: HarperCollins. [264n12]

Beatty, John. 1987. Natural selection and the null hypothesis. In *The latest on the best: Essays on evolution and optimality,* ed. J. Dupre. Cambridge, MA: MIT Press. [282n34]

Becker, Gary. 1983. Family economics and macro behavior. *American Economic Review* 78:1–13. [175, 275n58]

Benedict, Ruth. 1934. *Patterns of culture.* Boston: Houghton Mifflin Co. [262n30]

Berger, T. D., and E. Trinkhaus. 1995. Patterns of trauma among Neanderthals. *Journal of Archaeological Science* 22:841–52. [277n5]

Bettinger, R. L. 1991. *Hunter-gatherers: Archaeological and evolutionary theory.* New York: Plenum Press. [280n64]

Bettinger, R. L., and M. A. Baumhoff. 1982. The numic spread: Great Basin cultures in competition. *American Antiquity* 47:485–503. [282n5]

Bettinger, R. L., R. Boyd, and P. J. Richerson. 1996. Style, function, and cultural evolutionary processes. In *Darwinian Archaeologies,* ed. H. D. G. Maschner, 133–64. New York: Plenum Press. [282n14, 282n16]

Betzig, Laura L. 1997. *Human nature: A critical reader.* New York: Oxford Univ. Press. [19, 261n4]

Bickerton, Derek. 1990. *Language and species.* Chicago: Univ. of Chicago Press. [262n47]

Binmore, Kenneth G. 1994. *Game theory and the social contract.* Cambridge, MA: MIT Press. [278n21]

Birdsell, J. B. 1953. Some environmental and cultural factors influencing the structuring of Australian aboriginal populations. *The American Naturalist* 87:171–207. [277n13]

Blackmore, Susan. 1999. *The meme machine.* Oxford: Oxford Univ. Press. [81, 266n38]

Blake, Judith. 1989. *Family size and achievement.* Berkeley and Los Angeles: Univ. of California Press. [178, 275n64]

Bloom, Paul. 2001. *How children learn the meanings of words.* Cambridge, MA: MIT Press. [87, 266n47]

Blurton-Jones, Nicholas, and M. Konner. 1976. !Kung knowledge of animal behavior. In *Kalahari hunter-gatherers: Studies of the !Kung San and their neighbors,* ed. R. B. Lee and I. DeVore, 325–48. Cambridge: Cambridge Univ. Press. [263n9]

Boehm, Christopher. 1983. *Montenegrin social organization and values: Political ethnography of a refuge area tribal adaptation.* New York: AMS Press. [262n26]

———. 1984. *Blood revenge: The anthropology of feuding in Montenegro and other tribal societies.* Lawrence: Univ. Press of Kansas. [281n84]

———. 1992. Segmentary "warfare" and the management of conflict: Comparison of East African chimpanzees and patrilineal-patrilocal humans. In *Coalitions and alliances in humans and other animals,* ed. A. H. Harcourt and F. B. M. DeWaal, 137–73. New York: Oxford Univ. Press. [278n14]

———. 1993. Egalitarian behavior and reverse dominance hierarchy. *Current Anthropology* 34 (3): 227–54. [228, 280n60, 281n86]

Bongaarts, John, and Susan C. Watkins. 1996. Social interactions and contemporary fertility transitions. *Population and Development Review* 22:639–82. [179, 272n3, 275n54, 275n70, 276n74]

Bonner, John Tyler. 1980. *The evolution of culture in animals.* Princeton, NJ: Princeton Univ. Press. [261n6]

Borgerhoff Mulder, Monique. 1988a. Behavioural ecology in traditional societies. *Trends in Ecology & Evolution* 3:260–64. [272n4, 276n82]

———. 1988b. Kipsigis bridewealth payments. In *Human reproductive behaviour: A Darwinian perspective,* ed. L. L. Betzig, M. Borgerhoff Mulder, and P. W. Turke, 65–82. Cambridge: Cambridge Univ. Press. [272n4, 276n82]

———. 1998. The demographic transition: Are we any closer to an evolutionary explanation? *Trends in Ecology & Evolution* 44:266–72. [275n54]

Bowles, Samuel. 2004. *Microeconomics: Behavior, institutions, and evolution.* New York: Russell Sage Foundation; Princeton, NJ: Princeton Univ. Press. [261n1]

Bowles, S., and H. Gintis. 1998. The moral economy of communities: Structured populations and the evolution of pro-social norms. *Evolution and Human Behavior* 19:3–25. [261n23]

Boyd, Robert, Herbert Gintis, Samuel Bowles, and Peter J. Richerson. 2003. The evolution of altruistic punishment. *Proceedings of the National Academy of Sciences USA* 100: 3531–35. [278n23]

Boyd, Robert, and Peter J. Richerson. 1982. Cultural transmission and the evolution of cooperative behavior. *Human Ecology* 10:325–51. [273n28]

———. 1985. *Culture and the evolutionary process.* Chicago: Univ. of Chicago Press.

[265n20, 267n66, 268n1, 268n72, 269n45, 270n51, 272n13, 272n14, 273n18, 273n28, 273n34, 273n36, 281n3, 282n26]

———. 1987. The evolution of ethnic markers. *Cultural Anthropology* 2:65–79. [268n73, 269n42, 273n35, 279n46]

———. 1988a. The evolution of reciprocity in sizable groups. *Journal of Theoretical Biology* 132:337–56. [278n20]

———. 1988b. An evolutionary model of social learning: The effects of spatial and temporal variation. In *Social learning: Psychological and biological perspectives,* ed. T. Zentall and B. G. Galef, 29–48. Hillsdale, NJ.: Lawrence Erlbaum Associates. [269n40]

———. 1989a. The evolution of indirect reciprocity. *Social Networks* 11:213–36. [273n35, 278n20]

———. 1989b. Social learning as an adaptation. *Lectures on Mathematics in the Life Sciences* 20:1–26. [269n40]

———. 1990. Culture and cooperation. In *Beyond self-interest,* ed. J. J. Mansbridge, 111–32. Chicago: Univ. of Chicago Press. [278n30]

———. 1992a. How microevolutionary processes give rise to history. In *History and evolution,* ed. M. H. Nitecki and D. V. Nitecki, 178–209. Albany: State Univ. of New York Press. [266n63, 271n77]

———. 1992b. Punishment allows the evolution of cooperation (or anything else) in sizable groups. *Ethology and Sociobiology* 13:171–95. [278n23]

———. 1995. Why does culture increase human adaptability? *Ethology and Sociobiology* 16:125–43. [269n34]

———. 1996. Why culture is common but cultural evolution is rare. *Proceedings of the British Academy* 88:73–93. [263n52, 270n73]

———. 2002. Group beneficial norms can spread rapidly in a structured population. *Journal of Theoretical Biology* 215:287–96. [279n37]

Boyer, Pascal. 1994. *The naturalness of religious ideas: A cognitive theory of religion.* Berkeley and Los Angeles: Univ. of California Press. [45, 167, 262n45, 274n38, 274n43]

———. 1998. Cognitive tracks of cultural inheritance: How evolved intuitive ontology governs cultural transmission. *American Anthropologist* 100:876–89. [83, 261n23, 264n17, 266n45, 279n51]

Bradley, R. S. 1999. *Paleoclimatology: Reconstructing climates of the Quaternary.* 2nd ed. San Diego: Academic Press. [270n60]

Brandon, Robert N. 1990. *Adaptation and environment.* Princeton, NJ: Princeton Univ. Press. [127, 270n55]

Brandon, Robert N., and N. Hornstein. 1986. From icons to symbols: Some speculations on the origins of language. *Biology and Philosophy* 1:169–89. [268n1]

Brewer, Marilyn B., and Donald T. Campbell. 1976. *Ethnocentrism and intergroup attitudes: East African evidence.* Beverly Hills: Sage Publications. [280n69]

Broecker, W. 1996. Glacial climate in the tropics. *Science* 272:1902–3. [270n65]

Brooke, John L. 1994. *The refiner's fire: The making of Mormon cosmology, 1644–1844.* Cambridge: Cambridge Univ. Press. [53, 262n27, 263n63]

Brooks, A. S., J. Yellen, E. Corneliesen, M. Mehlman, and K. Stewart. 1995. A Middle Stone

Age worked bone industry from Katanda Upper Semliki Valley, Zaire. *Science* 268: 553–56. [271n87]

Brown, Donald E. 1988. *Hierarchy, history, and human nature: The social origins of historical consciousness.* Tucson: Univ. of Arizona Press. [266n62]

Brown, M. J. 1995. "We savages didn't bind feet." The implications of cultural contact and change in southwestern Taiwan for an evolutionary anthropology. Ph.D. diss., Anthropology, Univ. of Washington, Seattle.

Burke, Mary A., and Peyton Young. 2001. Competition and custom in economic contracts: A case study of Illinois agriculture. *American Economic Review* 91:559–73. [266n46]

Burrow, J. W. 1966. *Evolution and society: A study in Victorian social theory.* Cambridge: Cambridge Univ. Press. [263n2]

Bush, Vannevar. 1945. *Science, the endless frontier. A report to the President.* Washington, DC: U.S. Government Printing Office. [282n33]

Buss, David M. 1999. *Evolutionary psychology: The new science of the mind.* Boston: Allyn and Bacon. [18, 261n3]

Bynon, Theodora. 1977. *Historical linguistics.* Cambridge: Cambridge Univ. Press. [266n41, 266n43, 266n52]

Byrne, Richard W. 1999. Cognition in great ape foraging ecology: Skill learning ability opens up foraging opportunities. In *Mammalian social learning: Comparative and ecological perspectives,* ed. H. O. Box and K. R. Gibson, 333–50. Cambridge: Cambridge Univ. Press. [270n57]

Camerer, Colin. 2003. *Behavioral game theory: Experiments on social interaction.* Princeton, NJ: Princeton Univ. Press. [280n59]

Campbell, Donald T. 1960. Blind variation and selective retention in creative thought as in other knowledge processes. *Psychological Review* 67:380–400. [17, 263n55]

———. 1965. Variation and selective retention in socio-cultural evolution. In *Social change in developing areas: A reinterpretation of evolutionary theory,* ed. H. R. Barringer, G. I. Blanksten, and R. W. Mack, 19–49. Cambridge, MA: Schenkman Publishing Company. [17, 260n15, 263n55]

———. 1969. Ethnocentrism of disciplines and the fish-scale model of omniscience. In *Interdisciplinary relationships in the social sciences,* ed. M. Sherif and C. W. Sherif, 328–48. Chicago: Aldine Publishing Company. [17, 282n9]

———. 1974. Evolutionary epistemology. In *The philosophy of Karl Popper,* ed. P. A. Schilpp, 413–63. LaSalle, IL: Open Court Publishing Co. [274n42]

———. 1975. On the conflicts between biological and social evolution and between psychology and moral tradition. *American Psychologist* 30:1103–26. [263n55]

———. 1979. A tribal model of the social system vehicle carrying scientific knowledge. *Knowledge: Creation, Diffusion, Utilization* 1:181–201. [282n9]

———. 1986a. Science policy from a naturalistic sociological epistemology. In *PSA* 2:14–29. [282n9]

———. 1986b. Science's social system of validity-enhancing collective belief change and the problems of the social sciences. In *Metatheory in the social sciences: Pluralisms and subjectivities,* ed. D. W. Fiske and R. A. Shweder, 108–35. Chicago: Univ. of Chicago Press.

Carneiro, Robert. 2003. *Evolutionism in cultural anthropology*. Boulder, CO: Westview Press. [263n5]

Carpenter, Stephen R. 1989. Replication and treatment strength in whole-lake experiments. *Ecology* 70:1142–52.

Carroll, Robert L. 1997. *Patterns and processes of vertebrate evolution*. New York: Cambridge Univ. Press. [260n15, 272n6]

Caspi, Avshalom, Terrie E. Moffitt, Phil A. Silva, Magda Stouthamer-Loeber, Robert F. Krueger, and Pamela S. Schmutte. 1994. Are some people crime-prone? Replications of the personality-crime relationship across countries, genders, races, and methods. *Criminology* 32:163–195. [279n53]

Castro, Laureano, and Miguel A. Toro. 1998. The long and winding road to the ethical capacity. *History and Philosophy of the Life Sciences* 20:77–92. [265n30, 271n98]

Cavalli-Sforza, Luigi L., and Marcus.W. Feldman, 1976. Evolution of continuous variation: Direct approach through joint distribution of genotypes and phenotypes. *Proc. Natl. Acad. Sci. U.S.A.* 73:1689–92. [266n53]

———. 1981. *Cultural transmission and evolution: A quantitative approach*. Monographs in Population Biology, vol. 16. Princeton, NJ: Princeton Univ. Press. [79, 261n23, 265n36, 266n53, 267n66, 268n72, 271n83, 279n34, 281n3]

Cavalli-Sforza, L. L., M. W. Feldman, K. H. Chen, and S. M. Dornbusch. 1982. Theory and observation in cultural transmission. *Science* 218:19–27. [282n28]

Cavalli-Sforza, L. L., Paolo Menozzi, and Alberto Piazza. 1994. *The history and geography of human genes*. Princeton, NJ: Princeton Univ. Press. [276n2]

Centers for Disease Control. 1993. Surveillance for and comparison of birth defect prevalences in two geographic areas—United States, 1983–88. *CDC Weekly Mortality and Morbidity Report,* vol. 42 (March). [260n11]

Chagnon, Napoleon A., and William Irons. 1979. *Evolutionary biology and human social behavior: An anthropological perspective*. North Scituate, MA: Duxbury Press. [260n9]

Cheney, Dorothy L., and Robert M. Seyfarth. 1990. *How monkeys see the world: Inside the mind of another species*. Chicago: Univ. of Chicago Press. [271n74]

Chomsky, Noam, and Morris Halle. 1968. *The sound pattern of English*. New York: Harper & Row. [266n41]

Chou, L. S., and P. J. Richerson. 1992. Multiple models in social transmission of food selection by Norway rats, *Rattus norvegicus. Animal Behaviour* 44:337–43. [268n21]

Chrislock, C. H. 1971. *The Progressive Era in Minnesota 1988–1918*. St. Paul: Minnesota Historical Society.

Churchland, Patricia Smith. 1989. *Neurophilosophy: Toward a unified science of the mind-brain, computational models of cognition and perception*. Cambridge, MA: MIT Press. [264n13]

Coale, Ansley J., and Susan Cotts Watkins. 1986. *The decline of fertility in Europe*. Princeton, NJ: Princeton Univ. Press. [170, 172, 275n51, 275n52, 275n55]

Cohen, Abner. 1974. *Two-dimensional man: An essay on the anthropology of power and symbolism in complex society*. Berkeley and Los Angeles: Univ. of California Press. [279n42, 282n15]

Cohen, Mark N. 1977. *The food crisis in prehistory: Overpopulation and the origins of agriculture*. New Haven, CT: Yale Univ. Press. [263n7]

Connor, R. C., J. Mann, P. L. Tyack, and H. Whitehead. 1998. Social evolution in toothed whales. *Trends in Ecology and Evolution* 13:228–32. [269n32]

Corning, Peter A. 1983. *The Synergism hypothesis: A theory of progressive evolution.* New York: McGraw-Hill. [271n103, 277n8]

———. 2000. The synergism hypothesis: On the concept of synergy and its role in the evolution of complex systems. *Journal of Social and Evolutionary Systems* 21:133–72. [277n8]

Cosmides, Leda, and John Tooby. 1989. Evolutionary psychology and the generation of culture. 2. Case study: A computational theory of social exchange. *Ethology and Sociobiology* 10:51–97. [146, 189, 280n70]

Coyne, Jerry A., Nicholas H. Barton, and Michael Turelli. 2000. Is Wright's shifting balance process important in evolution? *Evolution* 54:306–17. [279n34]

Cronin, Helena. 1991. *The ant and the peacock: Altruism and sexual selection from Darwin to today.* Cambridge: Cambridge Univ. Press. [272n7]

Crosby, Alfred W. 1972. *The Columbian exchange: Biological and cultural consequences of 1492.* Westport, CT: Greenwood. [265n23]

———. 1986. *Ecological imperialism: The biological expansion of Europe, 900–1900.* Studies in Environment and History. Cambridge: Cambridge Univ. Press. [265n23]

Curtin, Philip D. 1984. *Cross-cultural trade in world history.* Studies in Comparative World History. Cambridge: Cambridge Univ. Press. [281n94]

Custance, D., A. Whiten, and T. Fredman. 1999. Social learning of an artificial fruit task in Capuchin monkeys (*Cebus apella*). *Journal of Comparative Psychology* 113:13–23. [109, 269n28]

Cziko, Gary. 1995. *Without miracles: Universal selection theory and the second Darwinian revolution.* Cambridge, MA: MIT Press. [260n15]

Darwin, Charles. 1874. *The descent of man and selection in relation to sex.* 2nd ed. 2 vols. New York: American Home Library. [254, 260n19, 273n31, 279n32]

———. 1902. *Journal of researches by Charles Darwin.* [2nd] ed. New York: P. F. Collier. [266–67n64, 283n40]

Dawkins, Richard. 1976. *The selfish gene.* Oxford: Oxford Univ. Press. [79, 152, 260n16, 265n36, 272n10]

———. 1982. *The extended phenotype: The gene as the unit of selection.* San Francisco: Freeman. [82, 152, 265n35, 272n10]

———. 1989. *The selfish gene.* New ed. Oxford: Oxford Univ. Press. [260n15]

Dawson, B. V., and B. M. Foss. 1965. Observational learning in budgerigars. *Animal Behaviour* 13:470–74. [269n32]

Dean, C., M. G. Leakey, D. Reid, F. Schrenk, G. T. Schwartz, C. Stringer, and A. Walker. 2001. Growth processes in teeth distinguish modern humans from *Homo erectus* and earlier hominins. *Nature* 414:628–31. [141, 271n82]

deMenocal, P. B. 1995. Plio-Pleistocene African climate. *Science* 270:53–59. [270n67]

Dennett, Daniel C. 1995. *Darwin's dangerous idea: Evolution and the meanings of life.* New York: Simon & Schuster. [260n15, 266n38]

Diamond, Jared. 1978. The Tasmanians: The longest isolation, the simplest technology. *Nature* 273:185–86. [54, 263n64, 271n75]

————. 1992. Diabetes running wild. *Nature* 357:362.

————. 1996. Empire of uniformity. *Discover,* March, 78–85.

————. 1997. *Guns, germs, and steel: The fates of human societies:* New York: W. W. Norton; London: Jonathan Cape/Random House. [54, 263n64]

Ditlevsen, P. D., H. Svensmark, and S. Johnsen. 1996. Contrasting atmospheric and climate dynamics of the last-glacial and Holocene periods. *Nature* 379:810–12. [270n62]

Dobzhansky, Theodosius. 1973. Nothing in biology makes sense except in the light of evolution. *American Biology Teacher* 35:125–29. [237, 238, 281n1]

Donald, Merlin. 1991. *Origins of the modern mind: Three stages in the evolution of culture and cognition.* Cambridge, MA: Harvard Univ. Press. [144, 263–64n10, 271n96, 282n25]

Dorale, J. A., R. L. Edwards, E. Ito, and L. A. Gonzales. 1998. Climate and vegetation history of the midcontinent from 75 to 25 ka: A speleothem record from Crevice Cave, Missouri, USA. *Science* 282:1871–74. [270n63]

Dudley, R. 2000. The evolutionary physiology of animal flight: Paleobiological and present perspectives. *Annual Review of Physiology* 62:135–55. [273n17]

Dumézil, G. G. 1958. *L'Ideologie Tripartie des Indo-Europeens.* Brussels: Colléction Latomus, vol. XXXI, *Latomus—Revue d'études latines.* [93, 266n61]

Dunbar, Robin I. M. 1992. Neocortex size as a constraint on group size in primates. *Journal of Human Evolution* 22:469–93. [271n76, 280n70]

————. 1996. *Grooming, gossip and the evolution of language.* London: Faber. [271n97]

————. 1998. The social brain hypothesis. *Evolutionary Anthropology* 6:178–90. [271n76]

Dunnell, R. C. 1978. Style and function: A fundamental dichotomy. *American Antiquity* 43:192–202. [282n13]

Durham, William H. 1976. The adaptive significance of cultural behavior. *Human Ecology* 4:89–121. [272n15]

————. 1991. *Coevolution: Genes, culture, and human diversity.* Stanford, CA: Stanford Univ. Press. [71, 79, 261n23, 265n25, 265n36, 272n15, 276n1]

Durham, William H., and Peter Weingart. 1997. Units of culture. In *Human by nature: Between biology and the social sciences,* ed. P. Weingart, S. D. Mitchell, P. J. Richerson, and S. Maasen, 300–13. Mahwah, NJ: Lawrence Erlbaum Associates. [266n38]

Easterbrook, G. 1997. Science and God: A warming trend? *Science* 277:890–93. [283n38]

Easterlin, R. A. , C. M. Schaeffer, and D. J. Macunovich. 1993. Will the baby boomers be less well off than their parents? Income, wealth, and family circumstances over the life cycle in the United States. *Population and Development Review* 19:497–522. [275n62]

Eaves, L. J., N. G. Martin, and H. J. Eysenck. 1989. *Genes, culture, and personality: An empirical approach.* San Diego: Academic Press. [262n31, 265n33]

Eberhard, William G. 1990. Animal genitalia and female choice. *American Scientist* 78:134–41. [273n33]

Edgerton, Robert B. 1971. *The individual in cultural adaptation: A study of four East African peoples.* Berkeley and Los Angeles: Univ. of California Press. [26, 55, 261n12, 261n14]

————. 1992. *Sick societies: Challenging the myth of primitive harmony.* New York: Free Press. [282n18]

Ehrlich, Paul R., and Peter H. Raven. 1964. Butterflies and plants: A study in coevolution. *Evolution* 18:586–608. [276n3]

Eibl-Eibesfeldt, Irenäus. 1989. *Human ethology*. New York: Aldine De Gruyter. [280n60, 281n90]

Eisenberg, John Frederick. 1981. *The mammalian radiations: An analysis of trends in evolution, adaptation, and behavior*. Chicago: Univ. of Chicago Press. [270n68]

Endler, John A. 1986. *Natural selection in the wild*. Monographs in Population Biology 21. Princeton, NJ: Princeton Univ. Press. [267n68, 282n27]

Epstein, T. S. 1968. *Capitalism, primitive and modern: Some aspects of Tolai economic growth*. Manchester: Manchester Univ. Press. [262n22]

Eshel, I. 1972. On the neighborhood effect and the evolution of altruistic traits. *Theoretical Population Biology* 3:258–77. [278n29]

Evans-Pritchard, E. E. 1940. *The Nuer: A description of the modes of livelihood and political institutions of a nilotic people*. Oxford: Clarendon Press. [281n87]

Ewers, John C. 1958. *The Blackfeet: Raiders on the northwestern Plains*. The Civilization of the American Indian. Norman: Univ. of Okalahoma Press.

Fagan, Brian M. 2002. *The little Ice Age: How climate made history, 1300–1850*. 1st pbk. ed. New York: Basic Books. [270n64]

Falk, D. 1983. Cerebral cortices of East-African early hominids. *Science* 221:1072–74. [271n93]

Fehr, E., and S. Gächter. 2002. Altruistic punishment in humans. *Nature* 415:137–40. [219, 220, 280n61]

Feldman, Marcus W., and Richard C. Lewontin. 1975. The heritability hangup. *Science* 190:1163–68. [262n33]

Feldman, M. W., and S. P. Otto. 1997. Twin studies, heritability, and intelligence. *Science* 278:1383–84. [262n33, 273n19]

Finke, R., and R. Stark. 1992. *The churching of America, 1776–1990: Winners and losers in our religious economy*. New Brunswick, NJ: Rutgers Univ. Press. [263n62]

Finney, Ben R. 1972. Big men, half-men, and trader chiefs: Entrepreneurial styles in New Guinea and Polynesia. In *Opportunity and response: Case studies in economic development*, ed. T. S. Epstein and D. H. Penny, 114–261. London: Hurst. [262n22]

Fisher, Ronald A. 1958. *The genetical theory of natural selection*. Rev. ed. New York: Dover. [88, 164, 273n32]

Foster, George M. 1960. *Culture and conquest: America's spanish heritage*. Viking Fund Publications in Anthropology, no. 27. New York: Wenner-Gren Foundation for Anthropological Research.

Fox, Richard Gabriel, and Barbara J. King. 2002. *Anthropology beyond culture*. Oxford: Berg.

Frank, Steven A. 2002. *Immunology and evolution of infectious disease*. Princeton, NJ: Princeton Univ. Press. [278n27]

Frogley, M. R., P. C. Tzedakis, and T. H. E. Heaton. 1999. Climate variability in northwest Greece during the last interglacial. *Science* 285:1886–89. [270n63]

Fukuyama, Francis. 1995. *Trust: Social virtues and the creation of prosperity*. New York: Free Press. [281n94]

Gadgil, Madhav, and K. C. Malhotra. 1983. Adaptive significance of the Indian caste system: An ecological perspective. *Annals of Human Biology* 10:465–78. [281n94]

Galef, B. G. Jr. 1988. Imitation in animals: History, definition, and interpretation of data from the psychological laboratory. In *Social learning: Psychological and biological perspectives,* ed. T. R. Zentall and B. G. Galef Jr., 3–28. Hillsdale, NJ: Lawrence Erlbaum Associates. [264n15, 268n22, 269n25, 269n27, 269n33]

———. 1996. Social enhancement of food preferences in Norway rats: A brief review. In *Social learning in animals: The roots of culture,* ed. C. M. Heyes and B. G. Galef Jr., 49–64. San Diego: Academic Press. [106, 261n20, 268n17]

Gallardo, Helio. 1993. *500 Año: Fenomenología del Mestizo: Violencia y Resistencia.* 1st ed. San José, Costa Rica: Editorial Departamento Ecuménico de Investigaciones.

Gallistel, C. R. 1990. *The organization of learning: Learning, development, and conceptual change.* Cambridge, MA: MIT Press. [262n43, 264n13]

Garthwaite, Gene R. 1993. Reimagined internal frontiers: Tribes and nationalism—Bakhtiyari and Kurds. In *Russia's Muslim frontiers: New directions in cross-cultural analysis,* ed. D. F. Eickelman, 130–48. Bloomington: Indiana Univ. Press. [281n94]

Ghiselin, Michael T. 1974. *The economy of nature and the evolution of sex.* Berkeley and Los Angeles: Univ. of California Press. [216, 280n57]

Gibbs, H. R., and P. L. Grant. 1987. Oscillating selection on Darwin's finches. *Nature* 327: 511–14. [42, 262n39]

Gigerenzer, G., and D. G. Goldstein. 1996. Reasoning the fast and frugal way: Models of bounded rationality. *Psychological Review* 103:650–69. [263n54]

Gil-White, Francisco J. 2001. Are ethnic groups biological "species" to the human brain? Essentialism in our cognition of some social categories. *Current Anthropology* 42:515–54. [222, 223, 261n23, 262n29, 280n67]

Glance, Natalie S., and Bernardo A. Huberman. 1994. Dynamics of social dilemmas. *Scientific American* 270:58–63. [278n20]

Glazer, Nathan, Daniel P. Moynihan, and Corinne Schelling, eds. 1975. *Ethnicity: Theory and experience.* Cambridge, MA: Harvard Univ. Press. [280n62]

Glickman, Maurice. 1972. The Nuer and the Dinka, a further note. *Man,* n.s. 7:587–94. [25, 261n11]

Gould, Stephen Jay. 1977. The return of the hopeful monster. *Natural History* 86:22–30. [49, 263n51]

———. 2002. *The structure of evolutionary theory.* Cambridge, MA: Harvard Univ. Press. [150, 272n6]

Gould, S. J., and R. C. Lewontin. 1979. The spandrels of San Marco and the panglossian paradigm: A critique of the adaptationist programme. *Proceedings of the Royal Society of London,* ser. B 205:581–98. [102, 103, 260n15, 268n4]

Grafen, Alan. 1984. A geometric view of relatedness. *Oxford Surveys of Evolutionary Biology* 2:28–89. [278n27]

———. 1990a. Biological signals as handicaps. *Journal of Theoretical Biology* 144:517–46. [274n37]

———. 1990b. Sexual selection unhandicapped by the Fisher process. *Journal of Theoretical Biology* 144:473–516. [274n37]

Graham, J. B., R. Dudley, N. M. Aguilar, and C. Gans. 1995. Implications of the Late Palaeozoic oxygen pulse for physiology and evolution. *Nature* 375:117–20.

Greeley, A. M., and W. C. McCready. 1975. The transmission of cultural heritages: The case of the Irish and Italians. In *Ethnicity: Theory and experience,* ed. N. A. Glazer and D. P. Moynihan, 209–35. Cambridge, MA: Harvard Univ. Press. [27, 261n18]

Griffiths, Paul E. 1997. *What emotions really are: The problem of psychological categories, science, and its conceptual foundations.* Chicago: Univ. of Chicago Press. [264n11]

Grousset, René. 1970. *The empire of the steppes: A history of central Asia.* New Brunswick, NJ: Rutgers Univ. Press.

Grove, Jean M. 1988. *The Little Ice Age.* London: Methuen. [270n64]

Gruter, Margaret, and Roger D. Masters. 1986. Ostracism as a social and biological phenomenon: An introduction. *Ethology and Sociobiology* 7:149–58. [279n50]

Haldane, J. B. S. 1927. Possible worlds. In *Possible worlds and other essays.* London: Chatto & Windus. [256, 283n42]

Hallowell, A. I. 1963. American Indians, white and black: The phenomenon of transculturalization. *Current Anthropology* 4:519–31. [262n37]

Hallpike, C. R. 1986. *The principles of social evolution.* New York: Oxford Univ. Press. [90, 266n54, 266n61, 272n1]

Hamilton, William D. 1964. Genetic evolution of social behavior I, II. *Journal of Theoretical Biology* 7:1–52. [198, 278n15]

———. 1967. Extraordinary sex ratios. *Science* 156:477–88. [265n35, 272n11]

Handelman, Stephen. 1995. *Comrade criminal: Russia's new Mafiya.* New Haven, CT: Yale Univ. Press. [262n25]

Harpending, H. C., and A. Rogers. 2000. Genetic perspectives on human origins and differentiation. *Annual Review of Genomics and Human Genetics* 1:361–85. [281–82n4]

Harpending, H. C., and J. Sobus. 1987. Sociopathy as an adaptation. *Ethology and Sociobiology* 8 (suppl.): 63–72. [279n49]

Harris, Judith R. 1998. *The nurture assumption: Why children turn out the way they do.* New York: Free Press. [273n18]

Harris, Marvin. 1972. *Cows, pigs, wars, and witches: The riddles of culture.* New York: Random House. [272n2]

———. 1977. *Cannibals and kings: The origins of cultures.* New York: Random House. [263n7, 272n2]

———. 1979. *Cultural materialism: The struggle for a science of culture.* New York: Random House. [29, 262n23, 263n4, 263n7, 272n2]

Heard, J. Norman. 1973. *White into red: A study of the assimilation of white persons captured by Indians.* Lanham, MD: The Scarecrow Press, Inc. [41, 42, 262n37]

Hendy, I. L., and J. P. Kennett. 2000. Dansgaard-Oeschger cycles and the California Current system: Planktonic foraminiferal response to rapid climate change in Santa Barbara Basin, Ocean Drilling Program Hole 893A. *Paleooceanography* 15:30–42. [270n63]

Henrich, Joseph. 2001. Cultural transmission and the diffusion of innovations: Adoption dynamics indicate that biased cultural transmission is the predominate force in behavioral change. *American Anthropologist* 103:992–1013. [124, 261n23, 265n22]

———. 2004. Demography and cultural evolution, why adaptive cultural processes produced maladaptive losses in Tasmania. *American Antiquity* 69:197–214. [145, 278n27]

———. 2004. Cultural group selection, coevolutionary processes and large-scale cooperation. *Journal of Economic Behavior and Organization* 53:3–35. [263n64, 271n99]

Henrich, Joseph, and Robert Boyd. 1998. The evolution of conformist transmission and the emergence of between-group differences. *Evolution and Human Behavior* 19:215–41. [261n23, 269n42]

———. 2001. Why people punish defectors—Weak conformist transmission can stabilize costly enforcement of norms in cooperative dilemmas. *Journal of Theoretical Biology* 208:79–89. [278–79n31]

———. 2002. On modeling cognition and culture: Why replicators are not necessary for cultural evolution. *Culture and Cognition* 2:67–112. [278n27]

Henrich, J., R. Boyd, S. Bowles, C. Camerer, E. Fehr, H. Gintis, and R. McElreath. 2001. In search of Homo economicus: Behavioral experiments in 15 small-scale societies. *American Economic Review* 91:73–78.

Henrich, J., R. Boyd, S. Bowles, C. Camerer, E. Fehr, H. Gintis. 2004. *Foundations of human sociality: Economic experiments and ethnographic evidence from fifteen small-scale societies.* New York: Oxford Univ. Press. [280n59, 282n24]

Henrich, Joseph, and Francisco J. Gil-White. 2001. The evolution of prestige—Freely conferred deference as a mechanism for enhancing the benefits of cultural transmission. *Evolution and Human Behavior* 22:165–96. [270n50, 282n17]

Henshilwood, Christopher S., Francesco d'Errico, Curtis W. Marean, Richard G. Milo, and Royden Yates. 2001. An early bone tool industry from the Middle Stone Age at Blombos Cave, South Africa: Implications for the origins of modern human behaviour, symbolism and language. *Journal of Human Evolution* 41:631–78. [271n89]

Henshilwood, Christopher S., F. d'Errico, R. Yates, Z. Jacobs, C. Tribolo, G. A. T. Duller, N. Mercier, J. C. Sealey, H. Valladas, I. Watts, and A. G. Wintle. 2002. Emergence of modern human behavior: Middle Stone Age engravings from South Africa. *Science* 295:1278–80. [271n89]

Herman, Louis M. 2001. Vocal, social, and self-imitation by bottlenosed dolphins. In *Imitation in animals and artifacts,* ed. K. D. and C. L. Nehaniv, 63–108. Cambridge, MA: MIT. [269n31]

Hewlett, Barry S., and Luigi L. Cavalli-Sforza. 1986. Cultural transmission among Aka Pygmies. *American Anthropologist* 88:922–34. [157, 273n21]

Heyes, Cecilia M. 1993. Imitation, culture, and cognition. *Animal Behavior* 46:999–1010. [269n32]

———. 1996. Genuine imitation? In *Social learning in animals: The roots of culture,* ed. C. M. Heyes and B. G. Galef Jr., 371–89. San Diego: Academic Press. [269n27]

Heyes, Cecilia M., and G. R. Dawson. 1990. A demonstration of observational learning using a bidirectional control. *Quarterly Journal of Experimental Psychology* 42B:59–71. [269n30]

Hildebrandt, William R., and Kelly R. McGuire. 2002. The ascendance of hunting during the California Middle Archaic: An evolutionary perspective. *American Antiquity* 67: 231–56.

Hill, R. C., and F. P. Stafford. 1974. The allocation of time to preschool children and educational opportunity. *Journal of Human Resources* 9:323–41. [275n66]

Hirschfeld, Lawrence A., and Susan A. Gelman. 1994. *Mapping the mind: Domain specificity in cognition and culture.* Cambridge: Cambridge Univ. Press. [262n44]

Hodder, Ian. 1978. *The spatial organisation of culture, new approaches in archaeology*. Pittsburgh: Univ. of Pittsburgh Press. [260n60]

Hodgson, Geoffrey M. 2004. *Reconstructing institutional economics: Evolution, agency and structure in American institutionalism*. London: Routledge. [261n22]

Hofreiter, M., D. Serre, H. N. Poinar, M. Kuch, and S. Pääbo. 2001. Ancient DNA. *Nature Reviews Genetics* 2:353–60. [271n91]

Hofstede, Geert H. 1980. *Culture's consequences: International differences in work-related values*. Beverly Hills, CA: Sage Publications. [28, 261n20]

Holden, C., and R. Mace. 1997. Phylogenetic analysis of the evolution of lactose digestion in adults. *Human Biology* 69:605–28. [276n2]

Holloway, Ralph. 1983. Human paleontological evidence relevant to language behavior. *Human Neurobiology* 2:105–14. [271n93]

Holway, D. A., A. V. Suarez, and T. J. Case. 1998. Loss of intraspecific aggression in the success of a widespread invasive social insect. *Science* 282:949–52. [282n11]

Hostetler, John Andrew. 1993. *Amish society*. 4th ed. Baltimore: Johns Hopkins Univ. Press. [276n75]

Humphrey, Nicolas. 1976. The social function of the intellect. In *Growing points in ethology,* ed. P. P. G. Bateson and R. A. Hinde, 303–17. Cambridge: Cambridge Univ. Press. [271n76]

Hunt, G. R. 1996. Manufacture and use of hook-tools by New Caledonian crows. *Nature* 379:1249–51. [270n57]

Iannaccone, L. R. 1994. Why strict churches are strong. *American Journal of Sociology* 99: 1180–1211. [263n62]

Inglehart, R., and J.-R. Rabier. 1986. Aspirations adapt to situations—but why are the Belgians so much happier the French? A cross-cultural analysis of the subjective quality of life. In *Research on the quality of life,* ed. F. M. Andrews, 1–56. Survey Research Center, Institute for Social Research, Univ. of Michigan. [281n96, 282n19]

Ingman, M., H. Kaessmann, S. Pääbo, and U. Gyllensten. 2000. Mitochondrial genome variation and the origin of modern humans. *Nature* 408:708–13. [271n90]

Ingold, Tim. 1986. *Evolution and social life*. Cambridge: Cambridge Univ. Press. [259–60n7]

Inkeles, A., and D. H. Smith. 1974. *Becoming modern: Individual change in six developing countries*. Cambridge, MA: Harvard Univ. Press. [275n68]

Insko, C. A., R. Gilmore, S. Drenan, A. Lipsitz, D. Moehle, and J. Thibaut. 1983. Trade versus expropriation in open groups: A comparison of two type of social power. *Journal of Personality and Social Psychology* 44:977–99. [280n60, 281n89, 282n28]

Irons, William. 1979. Cultural and biological success. In *Evolutionary biology and human social behavior,* ed. N. A. Chagnon and W. Irons, 257–72. North Scituate, MA: Duxbury Press. [272n4, 272n15]

Iwasa, Y., and A. Pomiankowski. 1995. Continual change in mate preferences. *Nature* 377: 420–22. [273n32]

Jablonka, Eva, and Marion J. Lamb. 1995. *Epigenetic inheritance and evolution: The Lamarckian dimension*. Oxford: Oxford Univ. Press. [261n20, 265n35, 269n38]

Jackendoff, Ray. 1990. What would a theory of language evolution have to look like? *Behavioral and Brain Sciences* 13:737–38. [62–63, 264n14]

Jacobs, R. C., and D. T. Campbell. 1961. The perpetuation of an arbitrary tradition through several generations of laboratory microculture. *Journal of Abnormal and Social Psychology* 62:649–68. [123, 269n46]

Jain, A. K. 1981. The effect of female education on fertility: A simple explanation. *Demography* 18:577–95. [275n68]

Janssen, S. G., and R. M. Hauser. 1981. Religion, socialization, and fertility. *Demography* 18:511–28. [76, 77, 265n31]

Jerison, H. J. 1973. *Evolution of the brain and intelligence.* New York: Academic Press. [270n66]

Johnson, Allen W., and Timothy K. Earle. 2000. *The evolution of human societies: From foraging group to agrarian state.* 2nd ed. Stanford, CA: Stanford Univ. Press. [263n5, 263n6, 263n7]

Johnson, Paul. 1976. *A history of Christianity.* London: Weidenfeld & Nicolson. [279n39]

Jones, Archer. 1987. *The art of war in the Western world.* Urbana: Univ. of Illinois Press.

Jorgensen, Joseph G. 1980. *Western Indians: Comparative environments, languages, and cultures of 172 western American Indian tribes.* San Francisco: W. H. Freeman. [266n60, 267n68, 277–78n13, 279n35, 280n73, 280–81n82, 282n22]

Joshi, N. V. 1987. Evolution of cooperation by reciprocation within structured demes. *Journal of Genetics* 66:69–84. [278n20]

Juergensmeyer, Mark. 2000. *Terror in the mind of God: The global rise of religious violence.* Updated ed. Berkeley and Los Angeles: Univ. of California Press. [281n95]

Kaessmann, H., and S. Pääbo. 2002. The genetical history of humans and the great apes. *Journal of Internal Medicine* 251:1–18. [271n90]

Kameda, Tatsuya, and Diasuke Nakanishi. 2002. Cost-benefit analysis of social/cultural learning in a nonstationary uncertain environment: An evolutionary simulation and an experiment with human subjects. *Evolution and Human Behavior* 23:373–93. [269n35, 269n36, 269n42]

Kaplan, Hillard S., K. Hill, J. Lancaster, and A. M. Hurtado. 2000. A theory of human life history evolution: Diet, intelligence, and longevity. *Evolutionary Anthropology* 9:156–85. [128, 129, 270n56, 270n58, 277n11]

Kaplan, Hillard S., and Jane B. Lancaster. 1999. The evolutionary economics and psychology of the demographic transition to low fertility. In *Adaptation and human behavior: An anthropological perspective,* ed. L. Cronk, N. Chagnon, and W. Irons, 283–322. New York: Aldine de Gruyter. [149, 272n5]

Kaplan, Hillard, Jane B. Lancaster, J. Bock, and S. Johnson. 1995. Does observed fertility maximize fitness among New Mexico men? A test of an optimality model and a new theory of parental investment in the embodied capital of offspring. *Human Nature* 6:325–60. [173, 275n57]

Kaplan, Hillard S., and A. J. Robson. 2002. The emergence of humans: The coevolution of intelligence and longevity with intergenerational transfers. *Proceedings of the National Academy of Sciences USA* 99:10221–26. [135, 270n71, 270n72]

Karlin, Samuel. 1979. Models of multifactorial inheritance. 1. Multivariate formulations and basic convergence results. *Theoretical Population Biology* 15:308–55. [266n53]

Kasarda, J. D., J. O. G. Billy, and K. West. 1986. *Status enhancement and fertility: Reproductive responses to social mobility and educational opportunity.* New York: Academic Press, Inc. [275n63]

Keeley, Lawrence H. 1996. *War before civilization.* New York: Oxford Univ. Press. [279n35, 280n80]

Keller, A. G. 1931. *Societal evolution: A study of the evolutionary basis of the science of society.* New York: The Macmillan Company. [263n57]

Keller, Laurent. 1995. Social life: The paradox of multiple-queen colonies. *Trends in Ecology & Evolution* 10:355–60. [282n11]

Keller, Laurent, and Michel Chapuisat. 1999. Cooperation among selfish individuals in insect societies. *Bioscience* 49:899–909. [278n17]

Keller, L., and K. G. Ross. 1993. Phenotypic plasticity and "cultural transmission" of alternative social organizations in the fire ant *Solenopsis invicta. Behavioral Ecology and Sociobiology* 33:121–29. [282n11]

Kellett, Anthony. 1982. *Combat motivation: The behavior of soldiers in battle.* Boston: Kluwer. [281n93]

Kelly, Raymond C. 1985. *The Nuer conquest: The structure and development of an expansionist system.* Ann Arbor: Univ. of Michigan Press. [23, 24, 261n10, 281n87]

Kelly, Robert L. 1995. *The Foraging spectrum: Diversity in hunter-gatherer lifeways.* Washington, DC: Smithsonian Institution Press. [279n52, 280n55]

Kennedy, Paul M. 1987. *The rise and fall of the great powers: Economic change and military conflict from 1500 to 2000.* 1st ed. New York: Random House. [281n89]

Khazanov, Anatoly M. 1994. *Nomads and the outside world.* 2nd ed. Madison: Univ. of Wisconsin Press.

Kiester, A. Ross. 1996/1997. Aesthetics of biodiversity. *Human Ecology Review* 3:151–57. [283n39]

Kirk, D. 1996. Demographic transition theory. *Population Studies* 50:361–87. [275n54]

Klein, R. G. 1999. *The Human career: Human biological and cultural origins.* 2nd ed. Chicago: Univ. of Chicago Press. [270n67, 277n5, 282n6]

Knauft, Bruce M. 1985a. *Good company and violence: Sorcery and social action in a lowland New Guinea society.* Studies in Melanesian Anthropology. Berkeley: Univ. of California Press. [168, 274n47, 280n79, 282n18]

———. 1985b. Ritual form and permutation in New Guinea: Implications of symbolic process for socio-political evolution. *American Ethnologist* 12:321–40. [280–81n82]

———. 1986. Divergence between cultural success and reproductive fitness in preindustrial cities. *Cultural Anthropology* 2:94–114. [275n51]

———. 1987. Reconsidering violence in simple human societies. *Current Anthropology* 28:457–500. [280n78]

———. 1993. *South coast New Guinea cultures: History, comparison, dialectic.* Cambridge Studies in Social and Cultural Anthropology 89. Cambridge: Cambridge Univ. Press. [261n17, 280–81n82]

Kohn, Melvin L., and Carmi Schooler. 1983. *Work and personality: An inquiry into the impact of social stratification.* Norwood, NJ: Ablex Pub. Corp. [178, 275n69]

Kraybill, Donald B., and Carl F. Bowman. 2001. *On the backroad to heaven. Old Order Hutterites, Mennonites, Amish, and Brethren.* Edited by G. F. Thompson, Center for American Places, Books in Anabaptist Studies. Baltimore: Johns Hopkins Univ. Press. [276n75]

Kraybill, D. B., and M. A. Olshan. 1994. *The Amish struggle with modernity.* Hanover, NH: Univ. Press of New England. [276n75]

Kroeber, Alfred L. 1948. *Anthropology: Race, language, culture, psychology, pre-history.* New ed. New York: Harcourt, Brace & World. [7, 208, 259n6]

Kroeber, Alfred L., and Clyde Kluckhohn. 1952. *Culture; A critical review of concepts and definitions.* Cambridge, MA: Peabody Museum of American Archæology and Ethnology, Harvard University.

Kummer, Hans, Lorraine Daston, Gerd Gigerenzer, and Joan Silk. 1997. The social intelligence hypothesis. In *Human by nature,* ed. P. Weingart, S. D. Mitchell, P. J. Richerson, and S. Maasen, 157–79. Mahwah, NJ: Lawrence Erlbaum Associates. [271n76]

Labov, William. 1973. *Sociolinguistic patterns.* Philadelphia: Univ. of Pennsylvania Press. [262n34, 276n79]

————. 1994. *Principles of linguistic change: Internal factors.* Oxford: Blackwell. [263n53, 265n24, 265n28]

————. 2001. *Principles of linguistic change: Social factors.* Oxford: Blackwell. [266n42, 270n54, 273n20, 282n32]

Lachlan, R. F., L. Crooks, and K. N. Laland. 1998. Who follows whom? Shoaling preferences and social learning of foraging information in guppies. *Animal Behaviour* 56: 181–90. [268n19]

Lack, David L. 1966. *Population studies of birds.* Oxford: Clarendon. [173, 202, 278n25]

Laitman, J. T., P. J. Gannon, and J. S. Reidenberg. 1989. Charting changes in the hominid vocal-tract-the fossil evidence. *American Journal of Physical Anthropology* 78:257–58. [271n94]

Laland, Kevin N. 1994. Sexual selection with a culturally transmitted mating preference. *Theoretical Population Biology* 45:1–15. [277n6]

————. 1999. Exploring the dynamics of social transmission with rats. In *Mammalian social learning: Comparative and ecological perspectives,* ed. H. O. Box and K. R. Gibson, 174–87. Cambridge: Cambridge Univ. Press.

Laland, Kevin N., J. Kumm, and Marcus W. Feldman. 1995. Gene-culture coevolutionary theory: A test case. *Current Anthropology* 36:131–56. [276n83, 277n6]

Laland, K. N., F. J. Odling-Smee, and M. W. Feldman. 1996. The evolutionary consequences of niche construction: A theoretical investigation using two-locus theory. *Journal of Evolutionary Biology* 9:293–316.

Laland, K. R., and G. R. Brown. 2002. *Sense and Nonsense: Evolutionary Perspectives on Human Behaviour.* Oxford: Oxford University Press. [260n10]

Lamb, H. H. 1977. *Climatic history and the future.* Princeton, NJ: Princeton Univ. Press. [270n60, 270n64]

Lanchester, F. W. 1916. *Aircraft in warfare; The dawn of the fourth arm.* London: Constable and Company Limited.

Land, Michael F., and Dan-Eric Nilsson. 2002. *Animal eyes.* Oxford: Oxford Univ. Press. [272n8]

Lande, Russell. 1976. The maintenance of genetic variability by mutation in a polygenic character with linked loci. *Genetic Research* 26:221–35. [266n53]

————. 1985. Expected time for random genetic drift of a population between stable phenotypic states. *Proceedings of the National Academy of Sciences USA* 82:7641–45. [279n34]

Lefebvre, L., and L.-A. Giraldeau. 1994. Cultural transmission in pigeons is affected by the number of tutors and bystanders present. *Animal Behaviour* 47:331–37. [269n36]

Lefebvre, L., and B. Palameta. 1988. Mechanisms, ecology, and population diffusion of socially-learned, food-finding behavior in feral pigeons. In *Social learning, psychological and biological perspectives,* ed. T. Zentall and J. B. G. Galef, 141–65. Hillsdale, NJ: Lawrence Erlbaum Associates. [104, 268n8, 268n18]

Lehman, S. 1993. Ice sheets, wayward winds and sea change. *Nature* 365:108–9. [270n62]

Leigh, Egbert G. J. 1977. How does selection reconcile individual advantage with the good of the group? *Proceedings of the National Academy of Sciences USA* 74:4542–46.

Leimar, Olof, and Peter Hammerstein. 2001. Evolution of cooperation through indirect reciprocity. *Proceedings of the Royal Society of London,* ser. B 268:745–53. [280n72]

LeVine, Robert Alan. 1966. *Dreams and deeds: Achievement motivation in Nigeria.* Chicago: Univ. of Chicago Press. [262n21]

LeVine, Robert, and Donald T. Campbell. 1972. *Ethnocentrism: Theories of conflict, ethnic attitudes, and group behavior.* New York: Wiley. [280n62]

Levinton, Jeffrey S. 2001. *Genetics, paleontology, and macroevolution.* 2nd ed. Cambridge: Cambridge Univ. Press. [272n6]

Lewontin, Richard C., and J. L. Hubby. 1966. A molecular approach to the study of genetic heterozygosity in natural populations. II. Amount of variation and degree of heterozygosity in natural populations of *Drosophila pseudoobscura. Genetics* 54:595–609. [245, 282n8]

Lieberman, Philip. 1984. *The biology and evolution of language.* Cambridge, MA: Harvard Univ. Press. [271n94]

Light, Ivan H. 1972. *Ethnic enterprise in America; Business and welfare among Chinese, Japanese, and Blacks.* Berkeley and Los Angeles: Univ. of California Press. [281n94]

Light, Ivan H., and Steven J. Gold. 2000. *Ethnic economies.* San Diego: Academic Press. [281n94]

Lindblom, B. 1986. Phonetic universals in vowel systems. In *Experimental phonology,* ed. J. J. Ohala and J. J. Jaeger, 13–44. Orlando, FL: Academic Press. [265n26]

———. 1996. Systemic constraints and adaptive change in the formation of sound structure. In *Evolution of human language,* ed. J. Hurford, 242–64. Edinburgh: Edinburgh Univ. Press. [265n26]

Linder, Douglas. 2003. *Famous trials: The McMartin preschool abuse trials.* Available from http://www.law.umkc.edu/faculty/projects/ftrials/mcmartin/mcmartin.html. [274n49]

Lindert, Peter H. 1978. *Fertility and scarcity in America.* Princeton, NJ: Princeton Univ. Press. [275n66]

———. 1985. English population, prices, and wages, 1541–1913. *Journal of Interdisciplinary History* 15:609–34. [275n50]

Logan, M. H., and D. A. Schmittou. 1998. The uniqueness of Crow art: A glimpse into the history of an embattled people. *Montana: The Magazine of Western History* (Summer): 58–71. [279n47]

Lumsden, Charles J., and Edward O. Wilson. 1981. *Genes, mind, and culture: The coevolu-*

tionary process. Cambridge, MA: Harvard Univ. Press. [72, 194, 260n18, 261n23, 265n27, 277n7]

Lydens, Lois A. 1988. A longitudinal study of crosscultural adoption: Identity development among Asian adoptees at adolescence and early adulthood. Ph.D. diss., Northwestern Univ., Chicago. [39, 40, 42, 262n36]

Mallory, J. P. 1989. *In search of the Indo-Europeans: Language, archaeology, and myth.* New York: Thames and Hudson. [266n50, 266n61]

Mänchen-Helfen, Otto. 1973. *The world of the Huns: Studies in their history and culture.* Berkeley and Los Angeles: Univ. of California Press.

Mansbridge, Jane J., ed. 1990. *Beyond self-interest.* Chicago: Univ. of Chicago Press. [280n56]

Margulis, Lynn. 1970. *Origin of eukaryotic cells: Evidence and research implications for a theory of the origin and evolution of microbial, plant, and animal cells on the Precambrian earth.* New Haven, CT: Yale Univ. Press. [277n10]

Marks, J., and E. Staski. 1988. Individuals and the evolution of biological and cultural systems. *Human Evolution* 3:147–61. [267n65]

Marler, Peter, and S. Peters. 1977. Selective vocal learning in a sparrow. *Science* 189:514–21. [268n16]

Martin, R. D. 1981. Relative brain size and basal metabolic rate in terrestrial vertebrates. *Nature* 293:57–60. [270n69]

Martindale, Don. 1960. *The nature and types of sociological theory.* Boston: Houghton Mifflin. [272n9]

Marty, Martin E., and R. Scott Appleby. 1991. *Fundamentalisms observed. The fundamentalism project,* vol. 1. Chicago: Univ. of Chicago Press. [263n62, 281n95]

Maynard Smith, John. 1964. Group selection and kin selection. *Nature* 201:1145–46. [202, 278n25]

Maynard Smith, John, and Eörs Szathmáry. 1995. *The major transitions in evolution.* Oxford: W. H. Freeman Spektrum. [194, 271n103, 277n9]

Mayr, Ernst. 1961. Cause and effect in biology. *Science* 134:1501–6. [5, 260n13]

———. 1982. *The growth of biological thought: Diversity, evolution, and inheritance.* Cambridge, MA: Harvard Univ. Press.

McBrearty, S., and A. S. Brooks. 2000. The revolution that wasn't: A new interpretation of the origin of modern human behavior. *Journal of Human Evolution* 39:453–563. [271n86]

McComb, K., C. Moss, S. M. Durant, L. Baker, and S. Sayialel. 2001. Matriarchs as repositories of social knowledge in African elephants. *Science* 292:491–94. [268n15]

McElreath, Richard. In press. Social learning and the maintenance of cultural variation: An evolutionary model and data from East Africa. *American Anthropologist.* [27, 261n15, 261n23, 282n23, 282n28]

McElreath, Richard, Robert Boyd, and Peter J. Richerson. 2003. Shared norms and the evolution of ethnic markers. *Current Anthropology* 44:122–29. [261n23, 279n45]

McEvoy, L., and G. Land. 1981. Life-Style and death patterns of Missouri RLDS church members. *American Journal of Public Health* 71:1350–57. [76, 265n32]

McGrew, W. C. 1992. *Chimpanzee material culture: Implications for human evolution.* Cambridge: Cambridge Univ. Press. [105, 268n7, 268n9, 268n10]

McNeill, William Hardy. 1963. *The rise of the West: A history of the human community*. New York: New American Library.

———. 1986. *Mythistory and other essays*. Chicago: Univ. of Chicago Press.

Mead, Margaret. 1935. *Sex and temperament in three primitive societies*. New York: W. Morrow & Company. [262n30]

Miller, Geoffrey F. 2000. *The mating mind: How sexual choice shaped the evolution of human nature*. 1st ed. New York: Doubleday. [274n37]

Mithen, Steven. 1999. Imitation and cultural change: A view from the Stone Age, with specific reference to the manufacture of handaxes. In *Mammalian social learning: Comparative and ecological perspectives*, ed. H. O. Box and K. R. Gibson, 389–99. Cambridge: Cambridge Univ. Press. [271n84]

Moore, Bruce R. 1996. The evolution of imitative learning. In *Social learning in animals: The roots of culture*, ed. C. M. Heyes and B. G. Galef Jr., 245–65. San Diego: Academic Press. [268n8, 268n14, 269n32]

Murdock, George Peter. 1949. *Social structure*. New York: Macmillan Co. [267n68]

———. 1983. *Outline of world cultures*. 6th rev. ed. HRAF manuals. New Haven, CT: Human Relations Area Files. [267n68]

Murphy, Robert F., and Yolanda Murphy. 1986. Northern Shoshone and Bannock. In *Handbook of North American Indians: Great Basin*, ed. W. L. d'Azevedo, 284–307. Washington, DC: Smithsonian Institution Press. [277n13]

Mussen, Paul Henry, John Janeway Conger, and Jerome Kagan. 1969. *Child development and personality*. 3rd ed. New York: Harper & Row.

Myers, D. G. 1993. *Social psychology*. 4th ed. New York: McGraw-Hill, Inc. [269n43, 269n47]

National Research Council, Committee on Abrupt Climate Change. 2002. *Abrupt climate change: Inevitable surprises*. Washington, DC: National Academy Press. [270n60, 283n43]

Needham, Joseph. 1979. *Science in traditional China: A comparative perspective*. Hong Kong: The Chinese Univ. Press. [263n60, 263n61]

———. 1987. *Science and civilization in China*. Vol. 5, pt. 7, *The gunpowder epic*. Cambridge: Cambridge Univ. Press.

Nelson, Richard R., and Sidney G. Winter. 1982. *An evolutionary theory of economic change*. Cambridge, MA: Harvard Univ. Press, Belknap Press. [252, 263–64n10, 282n29]

Nettle, D., and R. I. M. Dunbar. 1997. Social markers and the evolution of reciprocal exchange. *Current Anthropology* 38:93–99. [279n48]

Newson, Lesley. 2003. Kin, culture, and reproductive decisions. Ph.D. diss., Psychology, Univ. of Exeter. [276n77]

Nilsson, D. E. 1989. Vision optics and evolution—Nature's engineering has produced astonishing diversity in eye design. *Bioscience* 39:289–307. [268n5]

Nisbett, Richard E. 2003. *The geography of thought: How Asians and Westerners think differently—And why*. New York: Free Press. [264n11, 282n23]

Nisbett, Richard E., and Dov Cohen. 1996. *Culture of honor: The psychology of violence in the South*. New Directions in Social Psychology. Boulder, CO: Westview Press. [1, 2, 3, 259n1, 259n2]

Nisbett, R. E., K. P. Peng, I. Choi, and A. Norenzayan. 2001. Culture and systems of thought: Holistic versus analytic cognition. *Psychological Review* 108:291–310.

Nisbett, Richard E., and Lee Ross. 1980. *Human inference: Strategies and shortcomings of social judgment.* Englewood Cliffs, NJ: Prentice-Hall. [263n54]

Nonaka, K., T. Miura, and K. Peter. 1994. Recent fertility decline in Dariusleut Hutterites: An extension of Eaton and Mayer's Hutterite fertility study. *Human Biology* 66:411–20. [276n76]

North, Douglass C., and Robert P. Thomas. 1973. *The rise of the Western world: A new economic history.* Cambridge: Cambridge Univ. Press. [282n5, 282n21]

Nowak, Martin A., and Karl Sigmund. 1993. A strategy of win stay, lose shift that outperforms tit-for-tat in the prisoners dilemma game. *Nature* 364:56–58. [278n20]

———. 1998a. The dynamics of indirect reciprocity. *Journal of Theoretical Biology* 194: 561–74. [278n20, 280n72]

———. 1998b. Evolution of indirect reciprocity by image scoring. *Nature* 393:573–77. [278n20, 280n72]

Odling-Smee, F. John. 1995. Niche construction, genetic evolution and cultural change. *Behavioural Processes* 35:195–202. [271n102]

Odling-Smee, F. John, Kevin N. Laland, and Marcus W. Feldman. 2003. *Niche construction: The neglected process in evolution.* Ed. S. A. Levin and H. S. Horn. Monographs in Population Biology, vol. 37. Princeton, NJ: Princeton Univ. Press. [261n5, 276–77n4, 282n30]

Oliver, Chad. 1962. *Ecology and cultural continuity as contributing factors in the social organization of the Plains Indians.* Univ. of California Publications in American Archaeology and Ethnology, vol. 48, no. 1. Berkeley and Los Angeles: Univ. of California Press. [262n41]

Opdyke, Neil D. 1995. Mammalian migration and climate over the last seven million years. In *Paleoclimate and evolution, with emphasis on human origins,* ed. E. S. Vrba, G. H. Denton, T. C. Partridge, and L. H. Burckle, 109–14. New Haven, CT: Yale Univ. Press. [270n61, 270n67]

Ostergren, R. C. 1988. *A community transplanted: The trans-Atlantic experience of a Swedish immigrant settlement in the upper Middle West, 1835–1915.* Madison: Univ. of Wisconsin Press.

Ostrom, Elinor. 1990. *Governing the commons: The evolution of institutions for collective action, the political economy of institutions and decisions.* Cambridge: Cambridge Univ. Press. [279n50]

Otterbein, Keith F. 1968. Internal war: A cross-cultural study. *American Anthropologist* 80: 277–89. [280n79, 281n84]

———. 1985. *The evolution of war: A cross-cultural study.* New Haven, CT: Human Relations Area Files Press. [279n35]

Paciotti, Brian. 2002. Cultural evolutionary theory and informal social control institutions: The Sungusungu of Tanzania and honor in the American South. Ph.D. diss., Ecology Graduate Group, Univ. of California–Davis. [261n16, 279n50]

Paldiel, Mordecai. 1993. The path of the righteous: Gentile rescuers of Jews during the Holocaust. Hoboken, NJ: Ktav. [280n68]

Palmer, C. T., B. E. Fredrickson, and C. F. Tilley. 1997. Categories and gatherings: Group selection and the mythology of cultural anthropology. *Evolution and Human Behavior* 18:291–308. [279n33]

Panchanathan, Karthik, and Robert Boyd. 2003. A tale of two defectors: The importance of standing for evolution of indirect reciprocity. *Journal of Theoretical Biology* 224:115–26. [280n72]

Parker, George A., and John Maynard Smith. 1990. Optimality theory in evolutionary biology. *Nature* 348:27–33. [273n16]

Partridge, T. C., G. C. Bond, C. J. H. Hartnady, P. B. deMenocal, and W. F. Ruddiman. 1995. Climatic effects of Late Neogene tectonism and vulcanism. In *Paleoclimate and evolution with emphasis on human origins*, ed. E. S. Vrba, G. H. Denton, T. C. Partridge, and L. H. Burckle, 8–23. New Haven, CT: Yale Univ. Press. [270n60]

Pascal, Blaise. 1660. *Pensees*. Trans. W. F. Trotter. 1910 ed. available from CyberLibrary (http://www.leaderu.com/cyber/books/pensees/pensees.htm). [165, 274n39]

Pepperberg, I. M. 1999. *The Alex studies: Cognitive and communicative abilities of grey parrots.* Cambridge, MA: Harvard Univ. Press. [269n32]

Peter, K. A. 1987. *The dynamics of Hutterite society: An analytical approach.* Edmonton, Canada: Univ. of Alberta Press. [276n75]

Peters, F. E. 1994. *The Hajj: The Muslim pilgrimage to Mecca and the holy places.* Princeton, NJ: Princeton Univ. Press. [281n92]

Petroski, Henry. 1992. *The evolution of useful things.* New York: Vintage Books. [263n58, 269n37]

Pinker, Steven. 1994. *The language instinct.* 1st ed. New York: W. Morrow and Co. [280n54]

———. 1997. *How the mind works.* New York: Norton. [48, 263n49]

Pinker, S., and P. Bloom. 1990. Natural language and natural selection. *Behavioral and Brain Sciences* 13:707–84. [264n14, 268n1]

Pollack, R. A., and S. C. Watkins. 1993. Cultural and economic approaches to fertility—Proper marriage or misalliance? *Population and Development Review* 19:467–96. [275n54]

Pomiankowski, A., Y. Iwasa, and S. Nee. 1991. The evolution of costly mate preferences. 1. Fisher and biased mutation. *Evolution* 45:1422–30. [273n32]

Pospisil, Leopold J. 1978. *The Kapauku Papuans of West New Guinea.* 2nd ed. *Case studies in cultural anthropology.* New York: Holt Rinehart and Winston. [262n22]

Povinelli, D. J. 2000. *Folk physics for apes: The chimpanzee's theory of how the world works.* Oxford: Oxford Univ. Press. [271n81]

Price, George R. 1970. Selection and covariance. *Nature* 277:520–21. [202, 278n26]

———. 1972. Extensions of covariance selection mathematics. *Annals of Human Genetics* 35:485–90. [202, 278n26]

Price, T. Douglas, and James A. Brown. 1985. *Prehistoric hunter-gatherers: The emergence of cultural complexity.* Orlando, FL: Academic Press. [280n74, 280n81]

Pulliam, H. Ronald, and Christopher Dunford. 1980. *Programmed to learn: An essay on the evolution of culture.* New York: Columbia Univ. Press. [261n23]

Putnam, Robert D., Robert Leonardi, and Raffaella Nanetti. 1993. *Making democracy work:*

Civic traditions in modern Italy. Princeton, NJ: Princeton Univ. Press. [27, 261n19, 281n94]

Queller, David C. 1989. Inclusive fitness in a nutshell. *Oxford Surveys in Evolutionary Biology* 6:73–109. [278n17]

Queller, David C., and Joan E. Strassmann. 1998. Kin selection and social insects: Social insects provide the most surprising predictions and satisfying tests of kin selection. *Bioscience* 48:165–75. [278n17]

Rabinowitz, Dorothy. 2003. *No crueler tyrannies: Accusation, false witness, and other terrors of our times.* New York: Simon and Schuster. [169, 274n49]

Raine, Adrian. 1993. *The psychopathology of crime.* San Diego: Academic Press. [279n53]

Rappaport, Roy A. 1979. *Ecology, meaning, and religion.* Richmond, CA: North Atlantic Books. [279n43]

Reader, S. M. , and K. N. Laland. 2002. Social intelligence, innovation, and enhanced brain size in primates. *Proceedings of the National Academy of Sciences USA* 99:4436–41. [135, 270n70]

Rendell, Luke, and Hal Whitehead. 2001. Culture in whales and dolphins. *Behavioral & Brain Sciences* 24:309–82. [105, 268n13, 268n20]

Renfrew, C. Camerer. 1988. *Archaeology and language: The puzzle of Indo-European origins.* London: Jonathan Cape.

Rice, W. R. 1996. Sexually antagonistic male adaptation triggered by experimental arrest of female evolution. *Nature* 381:232–34. [265n35]

Richards, Robert J. 1987. *Darwin and the emergence of evolutionary theories of mind and behavior.* Chicago: Univ. of Chicago Press. [261n22, 279n32]

Richerson, Peter J. 1988. Review of "Human Nature: Darwin's View" by Alexander Alland Jr. *BioScience* 38:115–16. [261n21]

Richerson, Peter J., and Robert Boyd. 1976. A simple dual inheritance model of the conflict between social and biological evolution. *Zygon* 11:254–62. [272n10]

———. 1978. A dual inheritance model of the human evolutionary process I: Basic postulates and a simple model. *Journal of Social Biological Structures* 1:127–54. [272n10]

———. 1987. Simple models of complex phenomena: The case of cultural evolution. In *The latest on the best: Essays on evolution and optimality,* ed. J. Dupré, 27–52. Cambridge: MIT Press. [264–65n19]

———. 1989a. A Darwinian theory for the evolution of symbolic cultural traits. In *The relevance of culture,* ed. M. Freilich, 120–42. Boston: Bergin and Garvey.

———. 1989b. The role of evolved predispositions in cultural evolution: Or sociobiology meets Pascal's Wager. *Ethology and Sociobiology* 10:195–219. [274n38, 277n6]

———. 1992. Cultural inheritance and evolutionary ecology. In *Evolutionary ecology and human behavior,* ed. E. A. Smith and B. Winterhalder, 61–92. New York: Aldine De Gruyter. [281n3]

———. 1998. The evolution of human ultrasociality. In *Indoctrinability, ideology, and warfare; Evolutionary perspectives,* ed. I. Eibl-Eibesfeldt and F. K. Salter, 71–95. New York: Berghahn Books. [279n52]

———. 1999. Complex societies—The evolutionary origins of a crude superorganism. *Human Nature—An Interdisciplinary Biosocial Perspective* 10:253–89. [281n97]

————. 2000. Evolution: The Darwinian theory of social change. In *Paradigms of social change: Modernization, development, transformation, evolution,* ed. W. Schelkle, W.-H. Krauth, M. Kohli, and G. Elwert, 257–82. Frankfurt: Campus Verlag. [282n31]

————. 2001a. Built for speed, not for comfort: Darwinian theory and human culture. *History and Philosophy of the Life Sciences* 23:423–63. [261n22, 263n2, 263n8, 269n33, 279n32]

————. 2001b. The evolution of subjective commitment to groups: A tribal instincts hypothesis. In *Evolution and the capacity for commitment,* ed. R. M. Nesse, 186–220. New York: Russell Sage Foundation. [279n52]

————. 2001c. Institutional evolution in the Holocene: The rise of complex societies. In *The origin of human social institutions,* ed. W. G. Runciman, 197–234. Oxford: Oxford Univ. Press. [281n88]

Richerson, Peter J., Robert Boyd, and Robert L. Bettinger. 2001. Was agriculture impossible during the Pleistocene but mandatory during the Holocene? A climate change hypothesis. *American Antiquity* 66:387–411. [263n8, 263n48, 267n67, 281n88]

Richerson, Peter J., Robert Boyd, and Joseph Henrich. 2003. The cultural evolution and cooperation. In *Genetic and cultural evolution of cooperation,* ed. P. Hammerstein, 357–88. Berlin: MIT Press. [279n52]

Richerson, Peter J., Robert Boyd, and Brian Paciotti. 2002. An evolutionary theory of commons management. In *The drama of the commons,* ed. E. Ostrom, T. Dietz, N. Dolsak, P. C. Stern, S. Stonich, and E. U. Weber, 403–42. Washington, DC: National Academy Press. [281n97]

Ridley, Mark. 1993. *Evolution.* Cambridge, MA: Blackwell Scientific Publications.

Riolo, R. L., M. D. Cohen, and R. Axelrod. 2001. Evolution of cooperation without reciprocity. *Nature* 414:441–43. [279n48]

Robinson, J. P. , and G. Godbey. 1997. *Time for life: The surprising ways Americans use their time.* University Park, PA: Pennsylvania State Univ. Press. [275n59]

Robinson, W. P., and Henri Tajfel. 1996. *Social groups and identities: Developing the legacy of Henri Tajfel.* International Series in Social Psychology. Oxford: Butterworth-Heinemann. [280n65]

Rodseth, Lars, Richard W. Wrangham, A. M. Harrigan, and Barbara B. Smuts. 1991. The human community as a primate society. *Current Anthropology* 32:221–54. [278n14]

Roe, Frank Gilbert. 1955. *The Indian and the horse.* 1st ed. Norman: Univ. of Oklahoma Press. [262n41]

Rogers, Alan R. 1988. Does biology constrain culture? *American Anthropologist* 90:819–31. [111, 112, 113, 256, 269n34]

————. 1990a. Evolutionary economics of human reproduction. *Ethology and Sociobiology* 11:479–95. [275n56]

————. 1990b. Group selection by selective emigration: The effects of migration and kin structure. *American Naturalist* 135:398–413. [278n29]

Rogers, Everett M. 1983. *Diffusion of innovations.* 3rd ed.. New York: Free Press. [262n24, 265n21, 270n53, 273n22, 273n27, 275n71]

————. 1995. *Diffusion of innovations.* 4th ed. New York: Free Press. [279n41]

Rogers, Everett M., and F. Floyd Shoemaker. 1971. *Communication of innovations: A cross-cultural approach.* 2nd ed. New York: Free Press. [265n22]

Roof, Wade Clark, and William McKinney. 1987. *American mainline religion: Its changing shape and future.* New Brunswick, NJ: Rutgers Univ. Press. [180, 275n73, 281n95]

Rosenberg, Alexander. 1988. *Philosophy of social science.* Boulder, CO: Westview Press. [265n34]

Rosenthal, Ted L., and Barry J. Zimmerman. 1978. *Social learning and cognition.* New York: Academic Press. [268n1]

Ruhlen, Merritt. 1994. *The origin of language: Tracing the evolution of the mother tongue.* New York: Wiley.

Russon, A. E., and B. M. F. Galdikas. 1995. Imitation and tool use in rehabilitant orang-utans. In *The neglected ape,* ed. R. Nadler. New York: Plenum Press. [269n32]

Ryan, Bryce, and Neal C. Gross. 1943. The diffusion of hybrid seed corn in two Iowa communities. *Rural Sociology* 8:15–24. [69, 265n21]

Ryan, M. J. 1998. Sexual selection, receiver biases, and the evolution of sex differences. *Science* 281:1999–2003. [274n37]

Ryckman, R. M., W. C. Rodda, and W. F. Sherman. 1972. The competence of the model and the learning of imitation and nonimitation. *Journal of Experimental Psychology* 88:107–14. [270n52]

Sahlins, Marshall. 1976a. *Culture and practical reason.* Chicago: Univ. of Chicago Press. [148, 272n1, 282n12]

———. 1976b. *The use and abuse of biology.* Ann Arbor: Univ. of Michigan Press. [272n1]

Sahlins, Marshall David, Thomas G. Harding, and Elman Rogers Service. 1960. *Evolution and culture.* Ann Arbor: Univ. of Michigan Press. [263n3, 263n4, 263n6]

Salamon, Sonya. 1980. Ethnic-Differences in farm family land transfers. *Rural Sociology* 45:290–308. [23, 261n9]

———. 1984. Ethnic origin as explanation for local land ownership patterns. In *Focus on agriculture: Research in rural sociology and development,* ed. H. K. Schwarzweller. Greenwich, CT: JAI Press. [22, 23, 34, 261n8, 261n9, 262n28]

———. 1985. Ethnic-Communities and the structure of agriculture. *Rural Sociology* 50:323–40. [21, 261n7]

———. 1992. *Prairie patrimony: Family, farming, and community in the Midwest.* Studies in Rural Culture. Chapel Hill: Univ. of North Carolina Press. [66, 67, 68, 264n18]

Salamon, S., K. M. Gegenbacher, and D. J. Penas. 1986. Family factors affecting the intergenerational succession to farming. *Human Organization* 45:24–33. [23, 261n9]

Salamon, S., and S. M. O'Reilly. 1979. Family land and development cycles among Illinois farmers. *Rural Sociology* 44:525–42. [23, 261n9]

Salter, Frank K. 1995. *Emotions in command: A naturalistic study of institutional dominance.* Oxford: Oxford Univ. Press. [280n60, 281n91]

Scarr, S. 1981. *Race, social class, and individual differences in IQ.* Hillsdale, NJ: Lawrence Erlbaum Associates. [262n35]

Schor, J. B. 1991. *The overworked American: The unexpected decline of leisure.* New York: Basic Books. [275n60]

Schotter, Andrew, and Barry Sopher. 2003. Social learning and coordination conventions in inter-generational games: An experimental study. *Journal of Political Economy* 111: 498–529. [261n1]

Schulz, H., U. von Rad, and H. Erlenkeuser. 1998. Correlation between Arabian Sea and Greenland climate oscillations of the past 110,000 years. *Nature* 393:54–57. [270n63]

Schwartz, Scott W. 1999. *Faith, serpents, and fire: Images of Kentucky Holiness believers.* Jackson: Univ. Press of Mississippi. [274n46]

Segerstråle, Ullica. 2000. *Defenders of the truth: The sociobiology debate.* Oxford: Oxford Univ. Press. [260n9]

Service, Elman R. 1962. *Primitive social organization: An evolutionary perspective.* New York: Random House. [277n13]

———. 1966. *The hunters.* Englewood Cliffs, NJ: Prentice-Hall. [281n85]

Shennan, Stephen J., and James Steele. 1999. Cultural learning in hominids: A behavioural ecological approach. In *Mammalian social learning: Comparative and ecological perspectives,* ed. H. O. Box and K. R. Gibson, 367–88. Cambridge: Cambridge Univ. Press. [144, 271n95]

Shennan, S. J., and J. R. Wilkinson. 2001. Ceramic style change and neutral evolution: A case study from Neolithic Europe. *American Antiquity* 66:577–93. [271n83]

Sherif, Muzafer, and Gardner Murphy. 1936. *The psychology of social norms.* New York: Harper & Brothers. [122, 269n43]

Silk, Joan B. 2002. Kin selection in primate groups. *International Journal of Primatology* 23: 849–75. [278n17]

Simon, Herbert A. 1979. *Models of thought.* New Haven, CT: Yale Univ. Press. [263n54]

Simoons, Fredrick J. 1969. Primary adult lactose intolerance and the milking habit: A problem in biologic and cultural interrelations: I. Review of the medical research. *The American Journal of Digestive Diseases* 14:819–36. [191, 192, 276n1]

———. 1970. Primary adult lactose intolerance and the milking habit: A problem in biologic and cultural interrelations: II. A culture historical hypothesis. *The American Journal of Digestive Diseases* 15:695–710. [191, 192, 276n1]

Skinner, G. William. 1997. Family systems and demographic processes. In *Anthropological demography: Toward a new synthesis,* ed. D. I. Kertzer and T. Fricke, 53–114. Chicago: Univ. of Chicago Press. [171, 275n53]

Skinner, G. W., and Y. Jianhua. Unpublished manuscript. *Reproduction in a patrilineal joint family system: Chinese in the lower Yangzi macroregion.* [276n83]

Slater, P. J. B., and S. A. Ince. 1979. Cultural evolution of chaffinch song. *Behaviour* 71: 146–66. [268n23]

Slater, P. J. B., S. A. Ince, and P. W. Colgan. 1980. Chaffinch song types: Their frequencies in the population and distribution between the repertoires of different individuals. *Behaviour* 75:207–18. [268n23]

Sloan, R. P., E. Bagiella, and T. Powell. 1999. Religion, spirituality and health. *Lancet* 353: 664–67. [274n45]

Smith, Eric A., and Rebecca L. Bliege Bird. 2000. Turtle hunting and tombstone opening: Public generosity as costly signaling. *Evolution and Human Behavior* 21:245–61. [274n37]

Smith, E. A., M. Borgerhoff Mulder, and K. Hill. 2001. Controversies in the evolutionary social sciences: A guide for the perplexed. *Trends in Ecology & Evolution* 16:128–35. [260n14]

Sobel, Dava. 1995. *Longitude: The true story of a lone genius who solved the greatest scientific problem of his time.* New York: Walker. [263n59]

Sober, Elliot. 1991. Models of cultural evolution. In *Trees of life: Essays in philosophy of biology,* ed. P. Griffiths, 17–38. Dordrecht: Kluwer. [96, 267n65, 268n70, 268n71]

Sober, Elliot, and David Sloan Wilson. 1998. *Unto others: The evolution and psychology of unselfish behavior.* Cambridge, MA: Harvard Univ. Press. [260n15, 273n28, 278n28]

Soltis, Joseph, Robert Boyd, and Peter J. Richerson. 1995. Can group-functional behaviors evolve by cultural group selection? An empirical test. *Current Anthropology* 36:473–94. [208, 209t, 273n28]

Spelke, Elizabeth. 1994. Initial knowledge: Six suggestions. *Cognition* 50:431–45. [266n48]

Spence, A. Michael. 1974. *Market signaling: Informational transfer in hiring and related processes.* Cambridge, MA: Harvard Univ. Press. [274n37]

Sperber, Dan. 1996. *Explaining culture: A naturalistic approach.* Oxford: Blackwell. [82, 83, 84, 261n23, 263n55, 264n17, 266n40, 266n44, 266n45, 266n51, 271n98]

Srinivas, Mysore N. 1962. *Caste in modern India, and other essays.* Bombay: Asia Publishing House. [281n94]

Stark, Rodney. 1997. *The rise of Christianity: How the obscure, marginal Jesus movement became the dominant religious force in the Western world in a few centuries.* San Francisco: HarperCollins. [210, 273n29, 279n38, 279n39, 279n40]

———. 2003. *For the glory of God: How monotheism led to reformations, science, witch-hunts, and the end of slavery.* Princeton, NJ: Princeton Univ. Press. [168, 273n30, 274n41, 274n45, 274n48]

Stephens, D. W., and J. R. Krebs. 1987. *Foraging theory.* Princeton, NJ: Princeton Univ. Press. [268n3]

Steward, Julian H. 1955. *Theory of culture change: The methodology of multilinear evolution.* Urbana: Univ. of Illinois Press. [260n8, 261n13, 263n4, 263n6, 277n13, 280n55]

Sulloway, Frank J. 1996. *Born to rebel: Birth order, family dynamics, and creative lives.* 1st ed. New York: Pantheon Books.

Susman, R. L. 1994. Fossil evidence for early hominid tool use. *Science* 265:1570–73. [271n80]

Symons, Donald. 1979. *The evolution of human sexuality.* Oxford: Oxford Univ. Press. [260n9]

Tajfel, Henri. 1978. *Differentiation between social groups: Studies in the social psychology of intergroup relations.* European Monographs in Social Psychology 14. London: Academic Press. [221, 222, 280n65]

———. 1981. *Human groups and social categories: Studies in social psychology.* Cambridge: Cambridge Univ. Press. [221, 222, 280n65]

———. 1982. *Social identity and intergroup relations.* Cambridge: Cambridge Univ. Press. [221, 222, 280n65]

Tarde, Gabriel. 1903. *The laws of imitation.* New York: Holt. [265n29]

Templeton, A. R. 2002. Out of Africa again and again. *Nature* 416:45–51. [271n92]

Terkel, Joseph. 1995. Cultural transmission in the black rat—pine-cone feeding. *Advances in the Study of Behavior* 24:195–210. [107, 268n21]

Thieme, H. 1997. Lower Palaeolithic hunting spears from Germany. *Nature* 385:807–10. [271n88]

Thomas, David H., Lorann S. A. Pendleton, and Stephen C. Cappannari. 1986. Western Shoshone. In *Handbook of North American Indians: Great Basin,* ed. W. L. d'Azevedo, 262–83. Washington, DC: Smithsonian Institution Press. [277n13]

Thomason, Sarah Grey. 2001. *Language contact: An introduction.* Washington, DC: Georgetown Univ. Press. [266n55]

Thomason, Sarah Grey, and Terrence Kaufman. 1988. *Language contact, creolization, and genetic linguistics.* Berkeley and Los Angeles: Univ. of California Press. [91, 262n47, 266n55, 266n56, 266n57, 266n58]

Thompson, Nicolas S. 1995. Does language arise from a calculus of dominance? *Behavior and Brain Sciences* 18:387. [271n97]

Todd, Peter M., and Gerd Gigerenzer. 2000. Simple heuristics that make us smart. *Behavioral and Brain Sciences* 23:727–80. [119, 120, 269n41]

Tomasello, Michael. 1996. Do apes ape? In *Social learning in animals: The roots of culture,* ed. C. M. Heyes and B. G. Galef Jr., 319–46. New York: Academic Press. [110, 269n28]

———. 1999. *The cultural origins of human cognition.* Cambridge, MA: Harvard Univ. Press. [266n49]

———. 2000. Two hypotheses about primate cognition. In *The evolution of cognition,* ed. C. Heyes and L. Huber, 165–83. Cambridge, MA: MIT Press. [271n74]

Tomasello, M., A. C. Kruger, and H. H. Ratner. 1993. Cultural learning. *Behavioral and Brain Sciences* 16:495–552. [268n6, 269n26, 269n27]

Tooby, John, and Leda Cosmides. 1989. Evolutionary psychology and the generation of culture. 1. Theoretical considerations. *Ethology and Sociobiology* 10:29–49. [271n101, 276n81]

———. 1992. The psychological foundations of culture. In *The adapted mind: Evolutionary psychology and the generation of culture,* ed. J. Barkow, L. Cosmides, and J. Tooby, 19–136. New York: Oxford Univ. Press. [44, 45, 158, 160, 260n14, 262n42, 263n50, 263n54, 273n23, 273n26]

Tooby, J., and I. DeVore. 1987. The reconstruction of hominid behavioral evolution through strategic modeling. In *Primate models of hominid behavior,* ed. W. Kinzey, 183–237. New York: SUNY Press. [268n1]

Toth, N., K. D. Schick, E. S. Savage-Rumbaugh, R. A. Sevcik, and D. M. Rumbaugh. 1993. Pan the tool-maker—Investigations into the stone tool-making and tool-using capabilities of a bonobo (*Pan paniscus*). *Journal of Archaeological Science* 20:81–91. [271n79]

Trivers, Robert L. 1971. The evolution of reciprocal altruism. *Quarterly Review of Biology* 46:35–57. [200, 278n22]

Turner, J. 1984. Social identification and psychological group formation. In *The Social dimension: European developments in social psychology,* ed. H. Tajfel, C. Fraser, and J. M. F. Jaspars, 518–36. Cambridge: Cambridge Univ. Press. [222, 280n66]

Turner, J. C., I. Sachdev, and M. A. Hogg. 1983. Social categorization, interpersonal attraction and group formation. *British Journal of Social Psychology* 22:227–39. [222, 280n66]

Tversky, Amos, and Daniel Kahneman. 1974. Judgment under uncertainty: Heuristics and biases. *Science* 185:1124–31. [263n54]

Twain, Mark. 1962. *Mark Twain on the damned human race.* Ed. and with an introduction by Janet Smith. 1st ed. New York: Hill and Wang. [80, 266n37]

Underhill, P. A., P. D. Shen, et al. 2000. Y chromosome sequence variation and the history of human populations. *Nature Genetics* 26:358–61. [271n90]

United Nations Population Division. 2002a [cited October 29, 2002]. *Analytical Report,* vol. 3. Available from http://www.un.org/esa/population/publications/wpp2000/wpp2000_volume3.htm. [272n3]

———. 2002b. *World population prospects: The 2000 revision.* New York: United Nations.

van den Berghe, Pierre L. 1981. *The ethnic phenomenon.* New York: Elsevier. [279n48, 280n71]

Van Schaik, Carel P., and Cheryl D. Knott. 2001. Geographic variation in tool use on *Neesia* fruits in orangutans. *American Journal of Physical Anthropology* 114:331–42. [268n12, 269n32]

Vayda, A. P. 1995. Failures of explanation in Darwinian ecological anthropology: Part I. *Philosophy of the Social Sciences* 25:219–49. [266n62]

Visalberghi, Elisabetta. 1993. Ape ethnography. *Science* 261:1754. [269n27]

Visalberghi, E., and D. Fragaszy. 1991. Do monkeys ape? In *"Language" and intelligence in monkeys and apes,* ed. S. T. Parker and K. R. Gibson, 247–73. Cambridge: Cambridge Univ. Press. [269n25, 269n27]

Voelkl, Bernard, and Ludwig Huber. 2000. True imitation in marmosets. *Animal Behaviour* 60:195–202. [269n30]

Wardhaugh, Ronald. 1992. *An introduction to sociolinguistics.* 2nd ed. Oxford: Blackwell. [266n42]

Weber, Max. 1951. *The religion of China: Confucianism and Taoism.* Glencoe, IL: Free Press. [274n41]

Weiner, Jonathan. 1994. *The beak of the finch: A story of evolution in our time.* 1st ed. New York: Knopf. Distributed by Random House. [266–67n64]

———. 1999. *Time, love, memory: A great biologist and his quest for the origins of behavior.* 1st ed. New York: Knopf. [282n7]

Weingart, Peter, Sandra D. Mitchell, Peter J. Richerson, and Sabine Maasen. 1997. *Human by nature: Between biology and the social sciences.* Mahwah, NJ: Lawrence Erlbaum Associates. [282n32]

Weir, A. A. S., J. Chappell, and A. Kacelnik. 2002. Shaping of hooks in New Caledonian crows. *Science* 297:981. [270n57]

Welsch, R. L., J. Terrell, and J. A. Nadolski. 1992. Language and culture on the North Coast of New Guinea. *American Anthropologist* 94:568–600. [266n59]

Werner, Emmy E. 1979. *Cross cultural child development: A view from the planet Earth.* Monterey, CA: Brooks/Cole. [275n67]

Werren, J. H. 2000. Evolution and consequences of Wolbachia symbioses in invertebrates. *American Zoologist* 40:1255. [272n12]

Westoff, C. F., and R. H. Potvin. 1967. *College women and fertility values.* Princeton, NJ: Princeton Univ. Press. [275n72]

White, Leslie A. 1949. *The science of culture, a study of man and civilization.* New York: Farrar Straus. [263n3]

Whiten, Andrew. 2000. Primate culture and social learning. *Cognitive Science* 24:477–508. [109, 110, 269n29]

Whiten, Andrew, and Richard W. Byrne. 1988. *Machiavellian intelligence: Social expertise and the evolution of intellect in monkeys, apes, and humans.* Oxford: Oxford Univ. Press. [271n76]

———. 1997. *Machiavellian intelligence II: Extensions and evaluations.* Cambridge: Cambridge Univ. Press. [271n76]

Whiten, A., J. Goodall, W. C. McGrew, T. Nishida, V. Reynolds, Y. Sugiyama, C. E. G. Tutin, R. W. Wrangham, and C. Boesch. 1999. Cultures in chimpanzees. *Nature* 399:682–85. [268n9]

Whiten, A., and R. Ham. 1992. On the nature and evolution of imitation in the animal kingdom: Reappraisal of a century of research. *Advances in the Study of Behavior* 21:239–83. [269n25, 269n27]

Wierzbicka, A. 1992. *Semantics, culture, and cognition: Human concepts in culture-specific configurations.* New York: Oxford Univ. Press. [264n11]

Wiessner, Polly W. 1983. Style and social information in Kalahari San projectile points. *American Antiquity* 48:253–76. [221, 280n63, 280n76]

———. 1984. Reconsidering the behavioral basis for style: A case study among the Kalahari San. *Journal of Anthropological Archaeology* 3:190–234. [221, 280n63, 280n76]

Wiessner, Polly, and Akii Tumu. 1998. *Historical vines: Enga networks of exchange, ritual, and warfare in Papua New Guinea.* Smithsonian Series in Ethnographic Inquiry. Washington, DC: Smithsonian Institution Press. [265n23, 279n36]

Williams, George C. 1966. *Adaptation and natural selection: A critique of some current evolutionary thought.* Princeton, NJ: Princeton Univ. Press. [202, 278n25]

Wilson, David Sloan. 2002. *Darwin's cathedral: Evolution, religion, and the nature of society.* Chicago: Univ. of Chicago Press. [273n29, 274n45]

Wilson, Edward Osborne. 1975. *Sociobiology: The new synthesis.* Cambridge, MA: Harvard Univ. Press, Belknap Press. [260n9, 277n12]

———. 1984. *Biophilia.* Cambridge, MA: Harvard Univ. Press. [266–67n64]

———. 1998. *Consilience: The unity of knowledge.* New York: Knopf. [194, 239, 260n18, 277n7, 281n2]

Wimsatt, William C. 1981. Robustness, reliability, and overdetermination. In *Scientific inquiry and the social sciences,* ed. D. T. Campbell, M. B. Brewer, and B. E. Collins, 124–63. San Francisco: Jossey-Bass. [267n69]

Witkin, Herman A., and John W. Berry. 1975. Psychological differentiation in cross-cultural perspective. *Journal of Cross-Cultural Psychology* 6:111–78. [275n67]

Witkin, Herman A., and Donald R. Goodenough. 1981. *Cognitive styles, essence and origins: Field dependence and field independence.* Psychological Issues Monograph 51. New York: International Universities Press. [275n67]

Wood, B., and M. Collard. 1999. The human genus. *Science* 284:65–71. [271n78]

Wrangham, Richard W. 1994. *Chimpanzee cultures.* Cambridge, MA: Harvard Univ. Press. [268n9]

Wynne-Edwards, Vero C. 1962. *Animal dispersion in relation to social behaviour.* Edinburgh: Oliver and Boyd. [201, 278n24]

Yen, D. E. 1974. *The sweet potato and Oceania: An essay in ethnobotany.* Honolulu: Bishop Museum Press. [265n23]

Yengoyan, Aram A. 1968. Demographic and ecological influences on aboriginal Australian marriage systems. In *Man the hunter,* ed. R. B. Lee and I. DeVore, 185–99. Chicago: Aldine. [226, 280n77]

Zahavi, Amotz. 1975. Mate selection—A selection for a handicap. *Journal of Theoretical Biology* 53:205–14. [274n37]

Zahavi, Amotz, and Avishag Zahavi. 1997. *The handicap principle: A missing piece of Darwin's puzzle.* New York: Oxford Univ. Press. [274n37]

Zohar, O., and J. Terkel. 1992. Acquisition of pine cone stripping behaviour in black rats (*Rattus rattus*). *International Journal of Comparative Psychology* 5:1–6 [107, 268n21]

감사의 말

이 책까지 이어온 지적인 여정은 1970년대 초 저녁 식사가 끝난 후의 대화로부터 시작되었다. 그동안 우리는 우리의 가족을 비롯하여 많은 사람에게 빚을 지었다. 우리가 문화의 진화와 관련된 문제에 몰두하는 동안 그들은 관대했으며, 우리는 이에 매우 감사하게 생각한다. 돈 캠벨Don Campbell, 제리 에델만Gerry Edelman, 랠프 버호Ralph Burhoe, 하비 휠러Harvey Wheeler의 열렬한 지지는 초기에 큰 힘이 되어 주었다. 로버트 옹거Robert Aunger, 호워드 블룸Howard Bloom, 크리스 뵘Chris Boehm, 샘 보울즈Sam Bowles, 카발리-스포르자L. L. Cavalli-Sforza, 톰 디에츠Tom Dietz, 마크 펠드먼Marc Feldman, 러스 제닛Russ Genet, 존 길레스피John Gillespie, 허브 긴티스Herb Gintis, 타쯔야 카메다Tatsuya Kameda, 힐러드 카플란Hillard Kaplan, 케빈 라랜드Kevin Laland, 존 오들링 스미John Oldling-Smee, 앨런 로저스Alan Rogers, 에릭 스미스Eric Smith, 마이클 투렐리Micheal Turelli, 폴리 비스너Polly Wiessner, 데이빗 슬로안 윌슨David Sloan Wilson, 빌 윔샛Bill Wimsatt을 비롯한 많은 이들은 오랫동안 우리에게 상당한 도움과 위로,

지적인 자극을 주었다.

우리의 대학원생들은 이 책의 아이디어가 발전하는 동안 수많은 영감과 피드백을 주었다. 알피나 베고시Alpina Begossi 및 미카 코헨Mika Cohen, 에드 에드스튼Ed Edsten, 찰스 에퍼슨Charles Efferson, 프란시스코 길-화이트Francisco Gil-White, 조 헨리히Joe Henrich, 젠 메이어Jen Mayer, 리처드 맥엘리스Richard McElreath, 브라이언 파치오티Brian Baciotti, 카씩 판차탄Karthik Panchathan, 로어 러탠Lore Ruttan, 조셉 솔티스Joseph Soltis, 브라이언 빌라Bryan Vila, 팀 웨어링Tim Waring에게 감사한다.

피터 리처슨은 그가 평범하지 않은 연구를 진행하는 동안 변함없는 신뢰를 보내 준 예전과 현재의 학부 동료들에게 감사를 표한다. 물심양면으로 도와준 학과장 프란시스코 아얄라Francisco Ayala, 찰스 골드먼 Charles Goldman, 폴 사바티어Paul Sabatier, 앨런 헤이스팅즈Hastings에게 특별히 감사를 표한다. 그 밖에도 캘리포니아 주립 대학교 데이비드 캠퍼스의 빌리 봄Billy Baum, 밥 베팅거Bob Bettinger, 모니크 보져호프 멀더 Mornique Borgerhoff Mulder, 래리 코헨Larry Cohen, 빌 데이비스Bill Davis, 짐 그리즈머Jim Griesemer, 사라 허디Sarah Hrdy, 밥 잭맨Bob Jackman과 메리 잭맨Mary Jackman, 마크 루벨Mark Lubell, 리처드 맥엘리스Richard McElreath, 짐 맥에보이Jim McEvoy, 아람 옌고얀Aram Yengoyan을 비롯한 동료들은 막대한 지적인 자극 및 다른 형태의 도움을 주었다. 이 책의 최종 원고를 준비하는 동안 나를 초대해 준 레슬리 뉴슨Lesley Newson과 엑세터 대학교의 심리학부에 감사를 표한다.

로버트 보이드는 에모리 대학교와 UCLA(캘리포니아 대학교 로스 엔젤레스 캠퍼스)의 인류학과의 동료들에게 많은 지적인 자극을 준 데 대해, 어떤 것이 인류학이 될 수 있는가에 대해 넓은 아량을 가져준 데에 감사한다. 브래드 쇼어Bradd Shore, 피터 브라운Peter Brown, 부르스 노프트 Bruce Knaft는 그가 지적인 여정을 시작할 즈음 인류학의 풋내기에게 관대한 도움과 조언을 주었다. UCLA의 동료들, 그중에서도 클락 바렛Clark

Barrett, 닉 블러튼-존스Nick Blurton-Jones, 다니엘 페슬러Daniel Fessler, 앨런 피스크Alan Fiske, 앨런 존슨Allen Johnson, 낸시 레빈Nancy Levine, 조앤 실크Joan Silk, 탐 와이즈너Tom Weisner, 그리고 행동, 진화, 문화 센터(the Center for Behavior, Evolution and Culture)의 동료들, 그 중에서도 마티 헤이즐턴Martie Haselton, 잭 허쉬라이퍼Jack Hirshleifer, 수잔 로먼Susanne Lohman, 닐 말라무스Neil Malamuth, 데렉 펜Derek Penn, 존 슈먼John Schumann에게 감사한다. UCSB(캘리포니아 대학교 산타바바라 캠퍼스)와의 공동 연구를 하는 동안 레다 코스미데스Leda Cosmides, 존 투비John Tooby, 도널드 사이먼즈Donald Symons 및 그들의 학생들에게서도 많은 자극을 받았다. 나는 또한 인류학 186P 및 120G 강좌를 수강했던 학생들에게 감사를 전하고 싶다. 그들은 이 원고의 덜 다듬어진 조악한 활자판을 읽기 과제로 받았지만 불평하지 않았다. 그 밖에도, 베를린 고등연구소(Wissenschaftskolleg zu Berlin)에서의 일 년간은 유익했으며, 지적인 자극을 받을 수 있었다. 연구소 직원들과 연구원들에게 감사를 전하며, 그 중에서도 존 브루일리John Breuilly, 마틴 데일리Martin Daly, 오르얀 에케베리Örjan Ekeberg, 알렉스 케이슬닉Alex Kacelnik, 존 맥나마라John McNamara, 마고 윌슨Margo Wilson에게 감사한다. 함께 맥아더 선호도 네트워크(MacArthur Preferences Network) 연구 집단을 조직했던 동료들로부터도 많은 것을 얻었다. 샘 보울즈Sam Bowles, 콜린 캐머러Colin Camerer, 캐서린 엑켈Catherine Eckel, 에른스트 페르Ernst Fehr, 허브 긴티스Herb Gintis, 데이빗 레이슨David Laibson 및 폴 로머Paul Romer를 비롯한 동료들에게 감사한다. 나는 보츠와나의 마운(Maun)에 있는 비비 캠프(Baboon Camp)에서 이 책의 초고를 작성했으며, 그곳에서의 도로시 체니Dorothy Cheney와 로버트 세이파스Robert Seyfarth의 배려에 감사한다. 마지막으로, 조앤Joan, 샘Sam, 루비Ruby의 사랑과 지지는 모든 것의 버팀목이 되어 주었다.

많은 사람이 이 책의 부분 혹은 전체를 읽고 여러 초안을 다듬어서 더 좋은 글로 만들어 주었다. 그중에서도 샌디 헤이즐Sandy Hazel, 크리스티 헨리Christie Henry, 조앤 실크Joan Silk, 에릭 알덴 스미스Eric Alden Smith
는 원고 전부를 읽고 꼼꼼히 논평해 주었다. 그 밖에도 샘 보울즈Sam
Bowles, 피터 코닝Peter Corning, 리처드 맥엘리스Richard McElreath, 러스 제
닛Russ Genet, 피터 가드프리-스미스Peter Godfrey-Smith, 에드 헤이건Ed
Hagen, 킴 힐Kim Hill, 로버트 힌데Robert Hinde, 다니엘 페슬러Daniel Fessler,
개리 마커스Gary Marcus, 레슬리 뉴슨Lesley Newson, 존 오들링 스미John
Odling Smee, 루크 렌델Luke Rendell, 킴 스티렐니Kim Sterelny, 할 화이트헤
드Hal Whitehead를 비롯하여 수많은 사람이 검토해 주었다. 모니크 보져
호프 멀더Mornique Borgerhoff Mulder 및 팀 카로Tim Caro, 존 이디John Eadie
와 함께 가르친 캘리포니아 대학 데이비스 캠퍼스(UC Davis)의 동물행
동학 270 강좌의 학생들이 이 책의 초고를 모두 읽고 비판해 주었다.

우리는 빌레벨트 대학교의 학제 간 연구 센터(Center for Inter-
disciplinary Research)에서 페터 바인가르트Peter Weingart가 주도한 문화의
생물학적 기반이라는 프로젝트가 진행되는 동안 이 책을 집필하기 시작
했다. 참가자들은 우리에게 많은 피드백을 주었는데, 그중에서도 모니크
보져호프 멀더Mornique Borgerhoff Mulder, 레다 코스미데스Leda Cosmides,
빌 더햄Bill Durham, 베른트 기센Bernd Giesen, 페터 헤즐Peter Hejl, 사빈 마
젠Sabine Maasen, 알렉산드라 마얀스키Alexandra Maryanski, 산드라 미첼
Sandra Mitchell, 불프 쉬븐호벨Wulf Schievenhovel, 울리카 세게스트롤Ullica
Segerstråle, 피터 마이어Peter Meyer, 낸시 손힐Nancy Thornhill, 존 투비John
Tooby, 조너던 터너Jonathan Turner, 페터 바인가르트Peter Weingart에게 감사
한다.

시카고 대학교 출판사의 크리스티 헨리Christie Henry와 그녀의 동료들
은 힘든 상황에서도 저자들이 바라는 모든 지원을 아끼지 않았다.

찾아보기